离散数学及其应用

主编　姜同强

内容简介

本书共包含10章内容，可分为5个模块：集合与关系、数理逻辑、图论、代数系统和组合论初步。具体包括以下内容：第1篇集合与关系，包括第1章和第2章，着重介绍了集合的基本概念和运算、以及关系的定义及其表示、关系的性质、关系的运算，几类特殊的关系(如等价关系、偏序关系、函数等)。第2篇数理逻辑，包括第3章和第4章，着重介绍了命题逻辑和谓词逻辑。第3篇图论，包括第5章、第6章和第7章，着重介绍了图的基本概念、欧拉图、哈密顿图、二分图、树、图的着色问题等。第4篇代数系统，包括第8章和第9章，着重介绍了代数系统的基本概念、群、格与布尔代数等。第5篇组合论初步，包括第10章，着重介绍了组合数学中组合计数方面的基本概念、原理等。

本书可作为高等学校计算机类、信息管理类、电子商务类、大数据类等相关专业离散数学课程的教材。

图书在版编目(CIP)数据

离散数学及其应用 / 姜同强主编. --西安：西安交通大学出版社，2024.9. -- ISBN 978-7-5693-1828-9

Ⅰ. O158

中国国家版本馆 CIP 数据核字第 2024U7P216 号

书　　名　离散数学及其应用
LISAN SHUXUE JIQI YINGYONG
主　　编　姜同强
策划编辑　祝翠华
责任编辑　赵化冰
责任校对　韦鸽鸽
装帧设计　任加盟

出版发行　西安交通大学出版社
(西安市兴庆南路1号　邮政编码 710048)
网　　址　http://www.xjtupress.com
电　　话　(029)82668357　82667874(市场营销中心)
(029)82668315(总编办)
传　　真　(029)82668280
印　　刷　中煤地西安地图制印有限公司

开　　本　787 mm×1092 mm　1/16　**印张**　22　**字数**　481千字
版次印次　2024年9月第1版　2024年9月第1次印刷
书　　号　ISBN 978-7-5693-1828-9
定　　价　59.80元

如发现印装质量问题，请与本社市场营销中心联系。
订购热线：(029)82665248　(029)82667874
投稿热线：(029)82668818
读者信箱：457634950@qq.com

前 言

离散数学是研究离散系统结构的数学模型的数学分支的统称。

计算机本身是一个离散结构，它处理的数据是离散化了的数量关系。因此，计算机科学与技术领域面临的一个基本问题是：如何高效存储、表示、处理离散的对象和离散的数量关系，如何对离散结构建立数学模型，这也正是离散数学这门课程的主要任务。

离散数学已成为计算机科学与技术专业及其他相关信息类专业的核心基础课程。该课程所提供的在思维和建模能力方面的训练，对于提升学生抽象思维能力、逻辑思维能力、归纳构造能力等有着不可替代的作用。本课程的学习不仅能为学生后续专业课程的学习打下坚实的理论基础，也能为他们未来的专业发展提供必要的理论储备。同时，也必将增强学生的数学基本素养。

本书包括集合与关系、数理逻辑、图论、代数系统和组合分析初步 5 篇内容。

第 1 篇集合与关系，包括第 1 章和第 2 章。本篇主要介绍了集合理论的基本概念，二元关系的运算、性质，以及包括等价关系、偏序关系、函数等在内的一些特殊的关系。

第 2 篇数理逻辑，包括第 3 章和第 4 章。其中，第 3 章主要介绍了命题、命题联结词、命题公式、范式、真值表等基本概念，以及利用蕴含式和等价式进行简单的逻辑推理等内容。第 4 章主要介绍了一阶逻辑中的谓词、量词、个体、谓词公式等基本概念，以及如何利用谓词公式的等价式和蕴含式来证明逻辑推理的有效性等内容。

第 3 篇图论，包括第 5 章、第 6 章和第 7 章。图是一种重要的结构，在计算机等领域有着极为广泛的应用。第 5 章主要介绍了图论中的顶点、边、度数、路径、连通性等基本概念，以及图的多种矩阵表示和最短路径算法等内容。第 6 章主要介绍了一类特殊的图——树的相关概念和性质，该章的重点内容是无向树的 6 个等价定义、生成树的定义、无向图中生成树的 2 个求解算法，以及有向树与计算机搜索、编码等之间的关系。第 7 章主要介绍了包括欧拉图、哈密顿图、二分图及匹配、平面图和着色图在内的几类特殊图的基本概念、性质和判定方法。

第 4 篇代数系统，包括第 8 章和第 9 章。其中，第 8 章主要介绍了代数系统的基本结构以及群、环和域等抽象代数理论中的重要概念。第 9 章主要介绍了格的基本概念与性质，以及几种特殊的格及布尔代数的基本概念。

第5篇组合论初步，该部分仅包括第10章内容。本篇主要介绍了组合数学中集合计数的基本概念和原理等。

本书由北京工商大学姜同强教授主编，北京工商大学王健、高彦平、赵璇、谭励等老师参与了本书的编写。限于编者水平，书中难免存在疏漏与不妥之处，敬请读者批评指正。

编　者

2023年12月于北京

目　　录

第3篇 图论

第 4 篇　代数系统

第 5 篇　组合分析初步

第4篇 代数系统

第5篇 组合分析初步

绪 论

通过绪论来回答与本课程相关的几个问题：什么是离散数学？离散数学的主要内容是什么？离散数学和计算机科学与技术是什么关系？为什么要学习离散数学？

一、什么是离散数学？

世界之大，离散系统无处不在；世界之美，离散系统绚丽多彩。

大千世界的系统，均可分为连续系统和离散系统。“离散”与“连续”是事物关系中一对极为深刻的矛盾，它们之间的对立与统一是数学发展的重要动力之一。“离散”和“连续”是指事物及其关系的一种属性，这种属性体现在事物被分割或结合时是否会因此而丧失它们原有的属性。例如，实数系统是连续的，而整数系统则是离散的。

近代数学主要研究连续系统的数学模型，微积分是处理连续系统的典型数学工具。然而，计算机科学与技术的飞速发展与广泛应用，极大地冲击了现代数学。计算机是一个典型的离散系统，它只能处理离散的或离散化了的数量关系，因此，计算科学领域需要回答这样一些基本问题：如何高效地存储、组织和处理离散量和离散量之间的关系？如何建立离散系统的数学模型？如何将连续系统离散化以便由计算机进行处理？等等。因此，对于离散系统的研究和学习具有极其重要的意义。

人类的所有活动可归纳为认知、描述和改造世界。数学是人类认知世界、描述世界的一种高度抽象的语言和工具。因此，离散数学是人类认知、描述离散系统的建模语言和工具。

对任何系统的建模主要聚焦于行为特征和结构特征这两个维度和视角，即任何系统的建模都包括行为模型和结构模型这两种类型。

行为模型反映了系统的动态特征。行为特征包括系统的功能（做什么）、系统的状态迁移、功能执行的过程（流程）、组分之间以及组分与系统环境之间的交互行为等，刻画了系统的状态随时间变化而变化的规律。

结构模型描述了构成系统的元素（或组分）以及这些元素（或组分）之间的关系。结构模型反映了系统的静态特征，具有相对的稳定性。对离散系统进行结构建模正是离散数学研究的主体内容。因此，可以认为，离散数学是以研究离散系统结构（离散量及其关系）为目标的数学。离散数学是研究离散系统结构数学模型的数学分支的统称。

那么，如何描述离散系统结构呢？下面通过一些典型的离散系统的结构分析给出一个统一的范式。

示例 1 古诗词中的离散系统。

天净沙·秋思

(元)马致远

枯树老藤昏鸦，

小桥流水人家，

古道西风瘦马，

夕阳西下，

断肠人在天涯。

枯藤、老树、昏鸦、小桥……，这是一些离散的个体。这些个体单独无法描绘出诗人想要表达的意境，但是通过把这些离散对象汇集、交织在一起，诗人就能描绘出一幅凄凉动人的秋郊夕照图。

示例 2 阴阳五行系统。

五行是指金、木、水、火、土，是古人的世界起源论，表现了中国早期朴素唯物主义的思想。五行系统是一个具有内在结构和动力机制的系统。其精义是运用聚类取象的方式将天地万物归纳为五种形态，这五种形态之间具有相生相克的关系，存在循环变化的机制。阴阳五行系统是一个典型的离散系统，其研究对象可概括为一个集合：A＝{金，木，水，火，土}，研究内容除了关注五个要素的性质外，还重点研究其中存在的两种常见关系，即“相生”关系和“相克”关系。如图 1 所示。

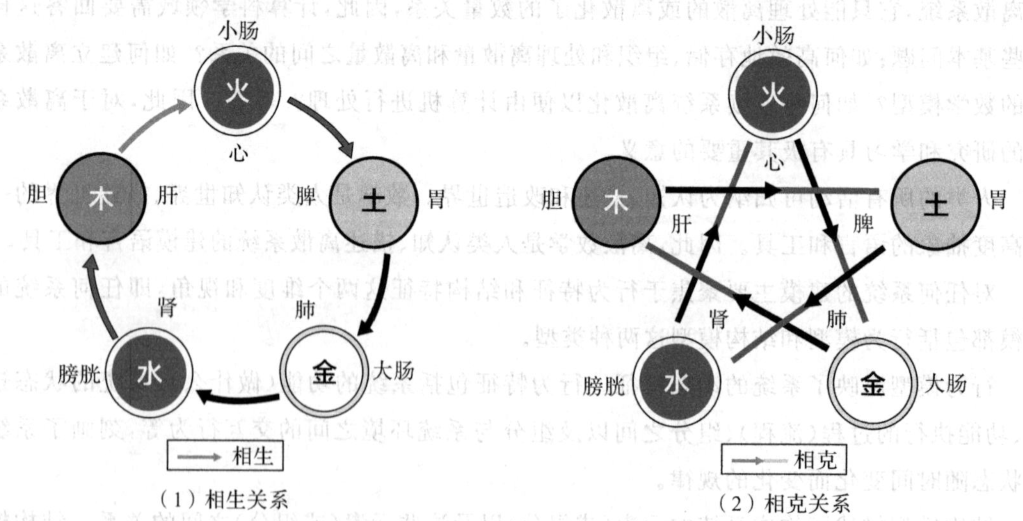

图 1 “相生”关系和“相克”关系

如何用数学语言来描述五行系统的结构呢？

该系统可形式化地描述为二元组：$\langle A;F\rangle$。其中：

研究对象 A＝{金，木，水，火，土}，为离散量的集合；关系 F＝{相生，相克}。

相生＝{〈金，水〉，〈水，木〉，〈木，火〉，〈火，土〉，〈土，金〉}。

相克＝{〈金，木〉，〈木，土〉，〈土，水〉，〈水，火〉，〈火，金〉}。

示例 3 社交网络系统。

图 2 表示的是一个社交网络（social network service，SNS），SNS 是一种在线社交媒体。SNS 平台允许用户创建、上载和共享内容，建立社交联系和互动，这些平台通常可以使人们特定的兴趣、活动、背景或真实身份相互连接，从而构成一个典型的离散系统。

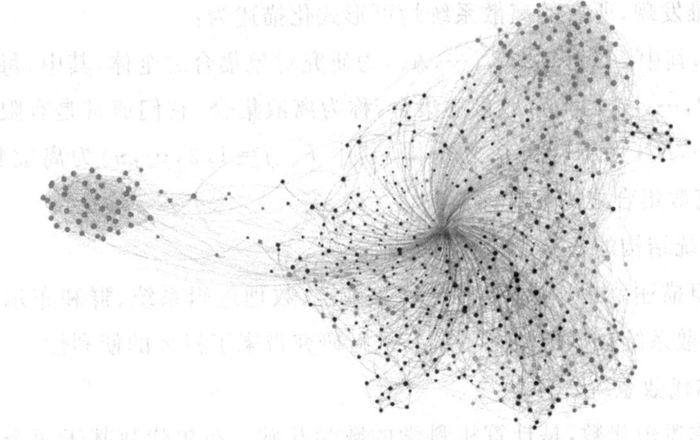

图 2 社交网络

示例 4 城市地铁系统。

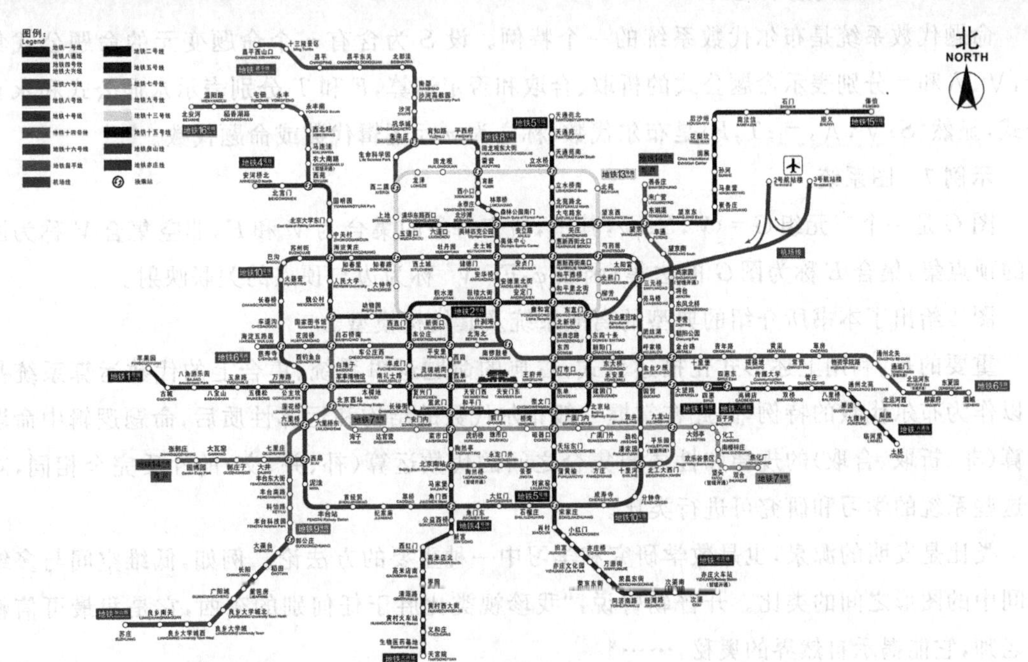

图 3 城市地铁系统

城市地铁系统也是一个典型的离散系统。各个站点的集合构成了研究对象，并与站点之间的连接关系共同构成了一个离散系统。

在自然界和人类社会的各个领域中，离散系统不胜枚举。

对任何离散系统的结构研究，首先，要研究离散系统的组成要素，即集合；其次，要研究这些组成要素之间存在的关系。

通过观察不难发现，所有的离散系统均可形式化描述为：

$DS=\langle A,F\rangle$，其中，$A=\{A_1,A_2,\cdots,A_m\}$为研究对象集合之全体，其中，每一个研究对象的集合 $A_i(i=1,2,\cdots,m)$均为离散量的集合，称为离散集合，它们通常是有限的或可数的集合；$F=\{F_1,F_2,\cdots,F_n\}$为所有关系之全体，其中 $F_j(j=1,2,\cdots,n)$为离散集合 $A_i(i=1,2,\cdots,m)$上的或离散集合之间的关系。

因此，离散系统结构的核心是集合和关系。

通过上述元组描述范式，对于将集合代数系统、数理逻辑系统、群和布尔代数等代数系统、图等典型的离散系统在该框架之下统一进行研究带来了极大的便利性。

示例 5 布尔代数系统。

布尔代数又称逻辑代数，是计算机科学的数学基础。布尔代数基于两个逻辑值和三个运算符，它是计算机二进制、开关逻辑元件以及逻辑电路设计的基础。其定义如下：

设$\langle B;\vee,\wedge,\neg\rangle$是代数系统，其中，$B$ 是有限集合，$\vee$ 和 $\wedge$ 是二元运算，$\neg$ 是一元运算。若 $\vee$ 和 $\wedge$ 运算满足交换律、分配律、补律、同一律，则称$\langle B;\vee,\wedge,\neg\rangle$是一个布尔代数。运算是一种特殊的关系。

示例 6 命题代数系统。

命题代数系统是布尔代数系统的一个特例。设 S 为含有 n 个命题变元的命题公式集合，$\vee$、$\wedge$ 和 $\neg$ 分别表示命题公式的析取、合取和否定运算，F 和 T 分别表示永假公式和永真公式，显然$\langle S;\vee,\wedge,\neg;T,F\rangle$是布尔代数，称之为 n 元逻辑代数或命题代数。

示例 7 图系统。

图 G 是一个三元组 $G=\langle V,E;\varphi\rangle$，其中，研究对象的集合为 V 和 E，非空集合 V 称为图 G 的顶点集，集合 E 称为图 G 的边集；函数 $\varphi:E\to V^2$ 称为边与顶点的关联映射。

图 4 给出了本书所介绍的典型的离散系统及其结构模型。

重要的是，利用上述形式化描述范式，古典的命题逻辑系统、集合上的代数运算系统都可以作为布尔代数的特例，因此在掌握一般布尔代数的结构和运算性质后，命题逻辑中命题演算（非、析取、合取）的规律和性质与集合之间的代数运算（补、并、交）的性质完全相同，对于这些系统的学习和研究可进行类比。

类比是发明的源泉，也是数学研究和学习中一种重要的方法论。例如，低维空间与多维空间中的图形之间的类比。开普勒曾说："我珍视类比胜于任何别的东西，它是我最可信赖的老师，它能揭示自然界的奥秘，……"

利用该描述范式，不仅可以在几个类似的离散结构之间进行同构类比，还可以举一反三，以理解和把握其他的离散结构，从而提高学生的模型思维能力。

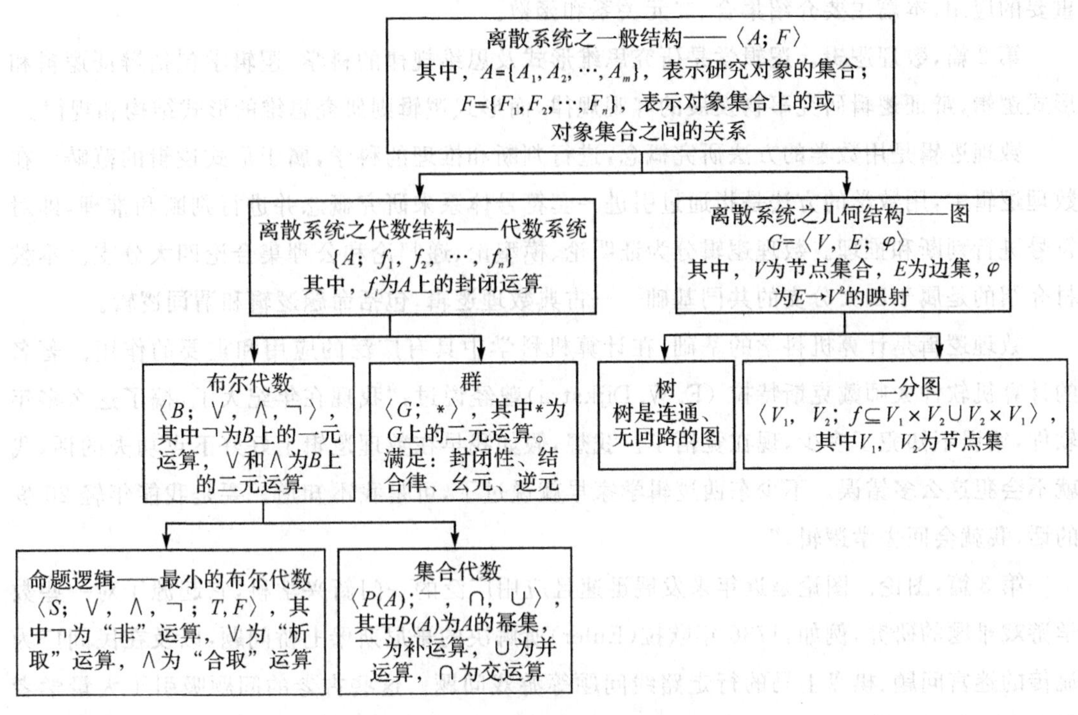

图 4 典型的离散系统结构

本课程的研究对象均可抽象地表示成上述一般离散系统的典型表达形式$\langle A;F\rangle$，或在一般意义上研究该离散系统。其内容体系如图 5 所示。

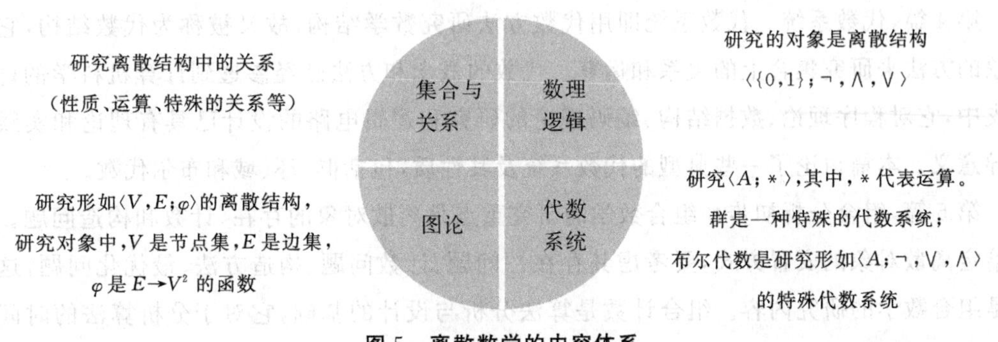

图 5 离散数学的内容体系

本书可分为集合与关系、数理逻辑、图论、代数系统和组合分析初步 5 篇内容：

第 1 篇，集合与关系。集合论是研究集合一般性质的数学分支，它对集合的研究不依赖于组成集合的事物的性质。在现代数学中，每个对象（如，数、函数等）本质上都是集合，都可以用某种集合来定义。数学的各个分支，本质上都是在研究这种或那种对象所组成的集合的性质。集合论已成为现代数学的理论基础，被广泛地应用于各种学科和技术领域。由于集合论的语言适用于描述和研究离散对象及其关系，故它也是计算机科学与工程的理论基础,在程序设计、关系数据库、排队论、开关理论,形式语言和自动机理论等学科领域中都有重要的应用,本篇主要介绍集合、二元关系和函数。

第 2 篇,数理逻辑。逻辑学是研究思维形式及思维规律的科学,逻辑学包括辩证逻辑和形式逻辑,辩证逻辑研究事物发展的客观规律,而形式逻辑则研究思维的形式结构和规律。

数理逻辑是用数学的方法研究概念,进行判断和推理的科学,属于形式逻辑的范畴。在数理逻辑中,用数学的方法是指通过引进一套符号体系来研究概念并进行判断和推理,即对符号进行判断和推理。数理逻辑分为证明论、模型论、递归论和公理集合论四大分支。本教材介绍的是属于四大分支的共同基础——古典数理逻辑,包括命题逻辑和谓词逻辑。

数理逻辑是计算机科学的基础,在计算机科学中具有广泛的应用和重要的作用。著名的计算机软件大师戴克斯特拉 (E. W. Dijkstra)曾经说过:“我现在年纪大了,搞了这么多年软件,错误不知犯了多少,现在觉悟了。我想,假如我早在数理逻辑上好好下点功夫的话,我就不会犯这么多错误。不少东西逻辑学家早就说过了,可是我不知道。要是我能年轻 20 岁的话,我就会回去学逻辑。”

第 3 篇,图论。图论是近年来发展迅速且应用广泛的一门新兴学科,它起源于对一些数学游戏难题的研究,例如,1736 年欧拉(Euler)所解决的哥尼斯堡七桥问题,以及在民间广为流传的迷宫问题、棋盘上马的行走路线问题等游戏问题。这些古老的问题吸引了大量学者的注意,因此在对这些问题研究的基础上,人们又提出了著名的四色猜想和环游世界的问题。随着图论的不断发展,它在解决运筹学、网络理论、信息论、控制论、博弈论以及计算机科学等各学科领域的问题时,显示出强大的作用。近年来,图论在人工智能技术中也有着广泛的应用。

第 4 篇,代数系统。代数系统即用代数方法研究数学结构,故又被称为代数结构,它用抽象的方法来研究集合上的关系和运算。代数的概念和方法已经渗透到计算机科学的许多分支中,它对程序理论、数据结构、编码理论的研究和逻辑电路的设计已具有理论和实践的指导意义。本篇讨论了一些典型的代数系统及其性质,包括群、环、域和布尔代数。

第 5 篇,组合分析初步。组合数学的研究重点是离散对象的存在、计数和构造问题。对于给定离散对象的安置方式,要考虑其存在性问题、计数问题、构造方法、最优化问题,这些都是组合数学的研究内容。组合计数是算法分析与设计的基础,它对于分析算法的时间复杂度和空间复杂度至关重要。本篇主要讨论组合计数的基本计数技巧和方法,包括计数的基本原理、排列组合、二项式定理、生成函数和递推关系等内容。

二、离散数学和计算机科学与技术的关系

人类社会有 3 大科学研究范型:理论范型、实验范型和计算范型。理论范型以理论的演绎、推理为主要研究形式,主要是逻辑思维,典型代表为数学学科,所以理论范型的思维形式又被称为数学思维。实验范型以实验,观察,数据收集、分析、归纳为主要研究形式,主要是

实证思维,其典型代表为物理学科和化学学科。计算范型以利用计算技术通过构建系统来进行问题求解为主要研究形式,人们将这种思维方式称为计算思维,其中,以计算学科为代表。

运用计算机科学与技术解决实际问题时,必须具备计算思维能力,学习离散数学有助于学生建立正确的计算思维。下面,我们简单讨论运用计算机科学与技术解决实际问题的一般规律和模式,进而阐述离散数学在其中的作用。

计算思维是运用计算机科学的基础概念进行问题求解、系统设计、以及人类行为理解等涵盖计算机科学广度的一系列思维活动。计算思维是与形式化问题及其解决方案相关的思维过程,其解决问题的表示形式可以有效地被信息处理代理执行。计算思维是一种解决问题的思维过程,能够清晰、抽象地将问题和解决方案用信息处理代理(机器或人)所能有效执行的方式表述出来。

计算思维是人类在利用计算技术求解问题时所运用的具有普适意义和价值的思维模式。图 6 展示了利用计算科学与技术解决问题的一个具有普适性的模型,该模型被称为三空间模型。

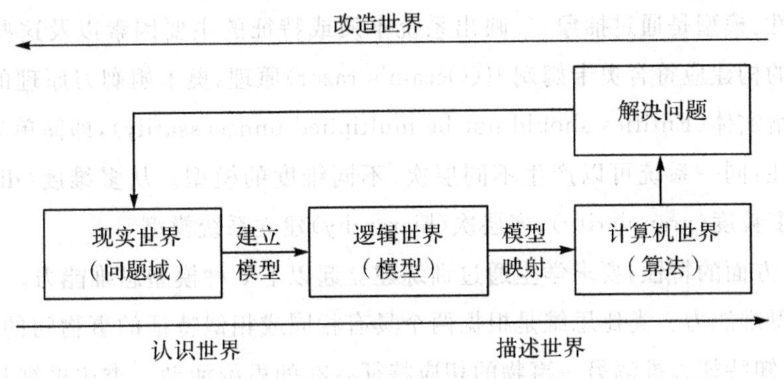

图 6　基于计算思维的三空间模型

运用计算技术求解问题需要分别在概念空间、逻辑空间和计算机空间上进行模型构建、算法设计、实验分析三项基本活动。三空间模型的基本要素是系统、模型和计算机。在基本要素中,系统是研究的对象,是问题的本源,也是系统分析的目的;模型是对系统的抽象,系统模型是连接系统和实验(目的和手段)的桥梁;计算机是工具与手段,计算机实验是解决问题、达到目标的手段。联系着基本要素的三项基本活动是模型建立、算法设计和仿真试验。

模型建立阶段:主要的研究内容是根据研究目的、系统的原理和数据建立系统模型,这一阶段的关键技术是建模方法学。

算法设计阶段:主要的研究内容是根据模型的形式、计算机的类型以及预期目标将模型转换为适合计算机处理的形式,这一阶段的关键技术是算法设计。设计算法并将模型转化为计算机程序,使系统的数学模型能为计算机所接受并能在计算机上运行。

仿真试验阶段:主要任务是设计好仿真实验方案,将模型装载在计算机上运行,按既定的规则输入数据，观察模型中变量的变化情况，对输出结果进行整理、分析并形成报告。

基于三空间模型，可将计算思维(Computational Thinking)简单归纳为如下公式：

$$计算思维=模型思维+算法思维+实证思维。$$

1. 模型思维

模型是实际系统的一种抽象，是对系统某方面本质的描述，它以某种确定的形式(例如，文字、符号、图表、实物、数学公式等)提供关于该系统的知识。模型是以数学公式和图表展现的形式化结构，能够帮助我们理解世界。模型具有7大用途，简称“REDCAPE”，这7大用途分别为，推理(reasoning)：识别条件并推断逻辑含义；解释(explain)：为经验现象提供(可检验的)解释；设计(design)：选择制度、政策和规则的特征；沟通(communicate)：将知识与理解联系起来；行动(act)：指导政策选择和战略行动；预测(predict)：对未来和未知现象进行数值和分类预测；探索(explore)：分析探索可能性和假说。

适用的系统模型应该具有相似性、简单性和多面性3个特征。

(1)相似性：模型是现实系统的模仿，衡量相似性的重要标准是对象系统和模型系统之间应具有同态(homomorphism)或同构(isomorphism)关系。

(2)简单性：模型是通过抽象，反映出系统本质或特征的主要因素以及这些因素之间的关系，即模型的构建应符合奥卡姆剃刀(Occam's razor)原理，奥卡姆剃刀原理的核心思想是如无必要，勿增实体(Entities should not be multiplied unnecessarily)，即简单有效原理。

(3)多面性：同一系统可以产生不同层次、不同维度的模型。从多维度(dimension)、多视图(view)、多粒度(granularity)、多层次(hierarchy)建立系统模型。

根据这3方面的特性，要求学生通过训练建立起以下3种模型思维能力。

(1)类比思维能力。类比思维是根据两个具有相同或相似特征的事物间的对比，从某一事物的某些已知特征去推测另一事物的相应特征存在的思维活动。类比思维是在两个特殊事物之间进行分析比较，不需要建立在对大量特殊事物分析研究并发现其中的一般规律的基础上。类比思维是一种或然性极大的逻辑思维方式，它的创造性表现为在发明创造活动中，人能够通过类比已有事物开启创造未知事物的发明思路，其中蕴含着触类旁通的含义。它把已有的事物与一些表面看来与之毫不相干的事物联系起来，寻找创新的目标和解决的方法。

类比的基础是两个系统具有类似的或相同的结构，这被称为同态或同构。

定义：设 $V_1=\langle S_1,\circ\rangle$ 和 $V_2=\langle S_2,*\rangle$ 是代数系统，其中$\circ$和$*$是二元运算。若 $f:S_1\to S_2$，且 $\forall x,y\in S_1$，$f(x\circ y)=f(x)*f(y)$，则称 f 为 V_1 到 V_2 的同态映射，简称同态。若 f 还是一个双射，则称 f 为 V_1 到 V_2 的同构映射，简称同构。

运用关系映射反演(relationship - mapping - inversion, RMI)原则可知，如果两个代数结构是同构的，那么它们的运算性质是完全相同的。

定理(有限布尔代数的表示定理)：设 L 是有限布尔代数，则 L 含有 2^n 个元素($n\in\mathbf{N}$)，

且 L 与 $\langle P(S);\cap,\cup,\overline{\ \ };\varnothing,S\rangle$ 同构，其中 S 是一个 n 元集合。

根据同构的概念和有限布尔代数的表示定理可知，含有 2^n 个元素的布尔代数在同构定义下只有一个，所以，集合上的运算性质与布尔代数的运算性质是完全相同的。因为离散数学课程体系中的布尔代数、集合代数和命题代数这 3 种离散结构具有同构关系，所以其性质是完全相同的。因此，只要理解了其中一种结构的性质，也就能够理解其他离散结构的性质。通过同构类比，能够提高学生对这一类结构的认知和把握，大大减轻了学生的学习负担。

(2)抽象思维能力。抽象是对事物进行人为处理，抽取出关心的、共同的、本质特征的属性，并对这些事物和特征属性进行描述，从而有效降低系统元素的绝对数量。抽象的特点包括：有足够简单和易于遵守的规则；无需知道具体实现方法就可以理解的行为；可以预知的功能组合；可以实现模块化的部件设计；确保行为的有效性；为了实现机器自动化，需要对问题进行精确描述和数学建模。

(3)多模型思维能力。多模型思维能够通过一系列不同的逻辑框架“生成”智慧。

模型思维是人脑借助于模型对事物的概括和间接的反应过程。离散数学提供了一些典型离散系统结构模型，如代数结构(群、布尔代数、数理逻辑)、几何结构(图)，这些模型是模型思维的代表性范例。学生学完离散数学后，不仅要对所介绍的典型离散系统结构的模型有深刻的认识，还要能够举一反三，运用模型思维来认知和描述新的离散系统。例如，如何描述佩特里网(Petri net)系统的结构？

示例 8　佩特里网系统。

佩特里网(图 7)是对离散并行系统的一种数学表示，它由德国科学家佩特里(C. A. Petri)于 1962 年提出，适用于描述异步的、并发的计算机系统模型。佩特里网既拥有严格的数学表述方式，又具备直观的图形表达方式；既包含丰富的系统描述手段和系统行为分析技术，也为计算机科学提供了坚实的概念基础。由于佩特里网能够表达并发的事件，因此它被认为是自动化理论的一种。在研究领域中，趋向于认为佩特里网是众多流程定义语言的鼻祖。

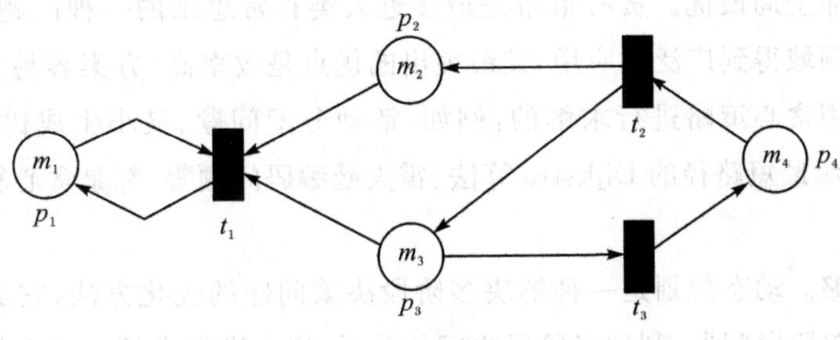

图 7　佩特里网

利用离散系统机构的元组描述范式，可给出佩特里网的如下描述：

定义：三元组 $N=\langle S,T;F\rangle$ 称为佩特里网的充要条件是：

(1)$S\neq\varnothing$,$T\neq\varnothing$;

(2)$S\cap T=\varnothing$;

(3)$F\subseteq(S\times T)\cup(T\times S)$。

其中,S 和 T 是研究对象的集合,分别称之为**库所**(place)和**变迁**(transition)。库所不仅表示一个场所而且表示在该场所存放了一定的资源,变迁代表资源的消耗、使用及产生对应于状态元素(库所)的变化。F 是 $S\rightarrow T$ 或 $T\rightarrow S$ 的二元关系。

2. 算法思维

当今社会,算法思维能力不仅仅是信息技术(information technology, IT)行业从业人员的核心竞争力,也已成为其他众多行业从业人员所必需的核心竞争力之一。这种能力显然不可能仅通过一两门专业课程来培养,因此其他专业课同样应当承担起培养这种能力的责任。离散数学本身就包含了众多著名的算法问题,如著名的旅行商问题(也称 TSP)、最短路径问题等。因此,该课程也应该承担培养算法思维能力的任务。

算法由一系列规定好的有限操作步骤组成,并能解决某一特定的问题。在生产实践中,任何一个产品的制造过程(即生产流程)都是一个确定的算法,对生产工序的优化过程,本质上就是要构造操作步骤更少、更经济的生产算法。可以说,没有算法思维方式,就不可能有现代意义的大工业生产。算法的现代意义与处方、过程、方法、技术、活动、规程等类似,正产生着极为广泛且极其深远的影响。将事物陈述为算法的方式比我们只用传统方式理解事物要深刻得多,如何根据实际问题,构思一个有效的算法,这本身就是一种创造的思维方式。在计算机广泛应用的今天,人们通过程序去指挥计算机解决各种算法问题。

算法思维本质上是求解问题的策略与方法。例如,贪心策略、分治策略、动态规划策略等都是解决一类问题的典型策略。算法设计中的每一种策略作为问题求解的方法,可应用于多个领域,表现出明显的计算思维特征。典型的算法设计策略在问题求解上具有通用性。如贪心策略和动态规划策略在很多离散数学问题的求解过程中均有所体现。

贪心策略。贪心策略是求解优化问题的一类算法策略,其基本思想是把求解问题的任务分解为若干个步骤,而算法在每一步骤的决定是"短视的",即该步骤所采取的行动或者选择是局部最优而非全局最优。贪心策略是最接近人类日常思维的一种问题求解策略,已在人类生活的各个领域得到广泛的应用,其最突出的优点是效率高,方案容易实施。很多离散数学问题都是利用贪心策略进行求解的,例如,活动分配问题、最小生成树的 Prim 算法和 Kruskal 算法、单源最短路径的 Dijkstra 算法、霍夫曼编码问题等,都是贪心算法求解策略的典型应用。

动态规划策略。动态规划是一种解决多阶段决策问题的优化方法,它通过把多阶段过程转化为一系列单阶段问题,利用各阶段之间的关系,逐个进行求解。动态规划不仅是一种有效的组合优化问题求解技术,还是一种基于归纳的算法设计策略,常用于处理子问题存在重叠的情况。从计算思维的角度,动态规划策略提供了如下方法指导:一项复杂任务往往包括多个子任务,且这些子任务之间通常存在一定的联系。按照规模从小到大逐步完成这些子任务，直至最终完成目标任务，成为了一种易于接受且以渐进方式解决问题的有效方法。当然，为了顺利完成任务，需要对其子任务的完成顺序提出一定的要求。动态规划策略已经在经济管理、生产调度、工程技术和最优控制等领域得到了广泛的应用，0-1背包问题是动态规划策略应用的典型案例。

3. 实证思维

实证思维也称为实验思维。实验是在受控条件下为演示一项真理、检验假设的正确性或确定某物（以前未试用过）的效能而做的试验。例如，要验证某种算法的优劣，除了可以通过其算法时间复杂度的数学分析证明之外，还可以通过大量实验结果的统计分析来验证算法的有效性。

三、为什么要学习离散数学？

离散数学作为数学的一个重要分支，除了一般数学所强调的培养目标（数学推理能力、抽象思维能力等）之外，还有两个重要目标：一是提高学生的模型思维能力，进而增强计算思维能力；二是为计算机类专业后续课程的学习奠定坚实的基础。

1. 模型思维能力

在自然界和人类社会中，几乎每个领域都存在大量的离散系统，尤其是计算机科学与技术领域中，网络系统、数据库系统均是典型的离散系统。在化学（如分子结构）、植物学、动物学、语言学、地理、商业等领域也广泛存在着离散系统。一般而言，离散数学提供了对离散系统结构进行建模的方法和工具，如代数系统方法、图的方法等。

著名物理学家劳厄（M. von Laue）曾说："重要的不是获得知识，而是发展思维能力，教育无非是将一切已学过的东西都遗忘时所剩下来的东西。""剩下来的"就是指思维能力，它可以长期发挥作用。因此，提高模型思维能力是本课程的核心目标之一。通过离散数学课程的学习，学生能够学会如何对离散结构进行建模，即学会如何使用表示离散对象及其相互关系的抽象数学结构。这些离散结构包括集合、置换、关系、图、树和有限状态机等。

本课程也体现了一些典型的数学方法论的运用，包括演绎法、归纳法、类比、反演（也称为 RMI 原理）、反例法、反证法等。

2. 离散数学为计算机类专业后续课程提供了基础

离散数学被电气电子工程师学会（Institute of Electrical and Electronics Engineers, IEEE）和国际计算机学会（Association for Computing Machinery）确定为计算机专业核心课程。它为许多学科的专业课程提供了理论基础，尤其是大多数算法的基础。计算机专业的后续课中大量地应用到了离散数学的基本理论，这些课程包括数据结构、操作系统、编译原理、算法分析、逻辑设计、系统结构、容错技术、人工智能等。因此，要想学好计算机及相关专业课程，必须先学好离散数学。

例如，关系代数是关系数据库的理论基础，数理逻辑在人工智能中具有广泛应用，图和树是计算机中数据的基本存储结构，群在通信和编码理论中的广泛应用，布尔代数是整个计算机的基础，代数系统在程序设计理论、电路设计中的广泛应用等。表1中罗列了离散数学与后续课程的相关知识点。

表1　离散数学与后续课程的相关知识点

后续课程	离散数学的相关知识点
数据结构	集合论、关系、图论、树
数据库原理	数理逻辑、关系
数字逻辑	数理逻辑
编译原理	语言和文法、有限状态机、图灵机
人工智能	数理逻辑、布尔代数
信息安全	群、初等数论
计算机图形学	图论
计算机网络	图论、树
软件工程	数理逻辑、图论
计算机体系结构	代数系统、哈夫曼编码

第1篇　集合与关系

集合论(set theory)是研究集合的性质以及集合之间关系的数学分支。

关于集合的概念,早在古希腊时期就已经被抽象地讨论。但是,集合论的真正发展始于19世纪后半叶,康托尔(Cantor)成为了这一时期集合论发展的关键人物之一。1874年,康托尔发表了一篇文章,引入了可以包含无限个元素的无穷集合概念,并且提出了不同集合之间的大小比较问题,即集合的基数问题。

在康托尔的基础上,罗素、佩亚诺、费斯特洛夫、弗雷格、宾廷豪斯等人对集合论的基础进行了深入的研究,推动了集合论的发展,使集合论逐渐成为了现代数学的一门基础性学科。

20世纪初,集合论成为数学领域的一个主要流派,逐渐发展出公理集合论、拓扑学、代数学、解析函数论等分支,使得越来越多的领域可以用集合的方法进行建模和研究,从而对整个数学领域产生了重要影响。

集合论的奠基人是德国数学家康托尔,他在1873年11月与戴德金的通信中已经提出了有理数集合是可数的观点。又在1873年12月7日写给戴德金的信中,说他已成功地证明了实数的"集体"是不可数的,这一天可以看成是集合论的诞生日。1874年,康托发表了集合论的第一篇论文《论所有实代数的集合的一个性质》,直至1897年他发表了有关集合论的最后一篇论文,其间共发表了十多篇有关论文,奠定了集合论的基础。

1897年,布拉里·福蒂第一个提出了集合论中存在悖论。而后罗素悖论的提出,以其简单明确性震动了整个数学界,引发了第三次数学危机。1908年,策墨罗采用了把集合论公理化的方法来消除悖论,随后又经过许多人的共同努力,公理化集合论逐渐成为数学中发展最为迅速的一个分支。

集合论是一门研究数学基础的学科。集合论不但是整个数学的基础,计算机科学及其应用的研究与集合论理论也有着极其密切的关系,它也是计算机科学工作者必不可少的基础知识。计算机科学领域中的大多数基本概念和理论,几乎均采用集合论的有关术语进行描述和论证。集合不仅可用来表示数及其运算,还可以用于非数值信息的表示和处理。如数据的删除、插入、排序,数据间关系的描述,数据的组织和查询都很难用传统的数值计算来处理,但却可以用集合运算来实现。例如,在关系数据库中,关系可以表示成元组的集合,数据的查询操作可以用集合的交、并、差、笛卡儿积等集合运算来表示。在许多编程语言中都包含集合类型和集合操作,如Python编程语言的set类型和各种集合方法,Java的HashSet

和 TreeSet 等。许多机器学习和数据挖掘算法基于集合论,如朴素贝叶斯方法、Apriori 算法(先验算法)等。在 Apriori 算法中使用集合来找出频繁项集,从而进行关联规则挖掘。

本篇主要介绍了集合的概念及其基本运算、关系的概念及其表示,关系的性质,关系的运算,以及包括等价关系、偏序关系、函数等在内的一些特殊关系。

第 1 章　关系

【内容提要】

离散系统无处不在，离散数学提供了研究离散系统结构的方法和手段。离散系统结构建模的核心是集合和关系。本章介绍了集合及其运算关系的概念及其表示、关系的性质、关系的运算，还介绍了两种典型的关系——等价关系、偏序关系。

1.1　集合及其运算

本节主要介绍了集合的相关概念，集合的描述方式，集合与元素之间的关系，集合与集合之间的关系以及集合的基本运算，集合的基本运算包括并、交、补、差、对称差、笛卡儿积等。

1.1.1　集合及其表示

一类不同的、确定的对象的全体称为**集合**(set)，这些对象称为集合的**元素**(element)，通常用大写字母表示集合，用小写字母表示元素。例如，可以用 **N** 表示自然数集{0,1,2,…}。

已知对象 a 与集合 A，若 a 是 A 中的元素，则称 a 属于 A，记为 $a \in A$；否则称 a 不属于 A，记为 $a \notin A$。

集合中的元素是无序的，即在列出集合元素时，元素的次序是无关紧要的，所以{1,2,3}和{2,3,1}是同一集合。另外，在列举集合中的元素时，不可以出现重复元素。

集合的基本表示方法有枚举法、谓词法等，除此之外，还可以利用图示法表示集合及其运算。在计算机中，集合可用比特串来表示。

枚举法是将集合中的元素一一列举出来，并将这些元素写在大括号内，用逗号隔开的方法。这种方法仅适用于集合元素个数较少的情形。

例题 1.1　运用枚举法表示下列集合。

(1)所有不大于 4 的自然数的集合 A。

(2)12 的所有因子的集合 B。

解　(1)$A=\{0,1,2,3,4\}$。

(2)$B=\{1,2,3,4,6,12\}$。

谓词法也称为性质描述法，是用集合中元素的共同性质来刻画集合。其格式为$A=\{x|P(x)\}$，其中，$P(x)$表示关于可变对象x的一个命题。$A=\{x|P(x)\}$表示P为真时所有对象x的整体。

例题 1.2 运用谓词法表示下列集合。

(1)正偶数集合A。

(2)$[0,1]$区间上所有连续函数。

(3)所有素数。

解 (1)正偶数集合A可表示为$A=\{x|x=2(n+1),n\in \mathbf{N}\}$。

(2)$[0,1]$区间上所有连续函数所构成的集合可表示为$\{f(x)|f(x)在[0,1]上连续\}$。

(3)所有素数(prime number)的集合可表示为$PN=\{x|x 是自然数,x>1,且只能被 1 和它自身整除\}$。素数也称质数。

一些特殊的集合及其表示：

$\varnothing$：空集，没有任何元素的特定集合。

E：全集，约定的个体域。

$\mathbf{N}$：自然数集$\{0,1,2,\cdots\}$。

$\mathbf{Z}$：整数集$\{\cdots,-2,-1,0,1,2,\cdots\}$。

$\mathbf{Z}^+$：正整数集$\{1,2,3,\cdots\}$。

$\mathbf{Q}$：有理数集。

$\mathbf{R}$：实数集。

1.1.2 集合之间的关系

定义 1.1 集合相等

若两个集合A和B中的元素完全相同，则称A和B相等，记作$A=B$。

定义 1.2 子集与包含

若集合A中的每一个元素都是集合B的一个元素，即对于任意$x\in A$，均有$x\in B$，则称A是B的**子集**(subset)或A**包含于**B，记作$A\subseteq B$。

任何集合都是其自身的子集。

$\varnothing$是任何集合的子集。注意：$\varnothing$和$\{\varnothing\}$是两个不同的集合。

注意区别属于和包含这两个概念，属于是描述元素对集合的隶属关系，其符号是$\in$。而包含是描述集合与集合之间的关系，其符号是$\subseteq$。

证明$A\subseteq B$成立的模式为：$\forall x\in A\Rightarrow x\in B$，其中符号$\forall$表示“任意的”。

证明两个集合相等的基本方法是**互为子集法**，即当且仅当$A\subseteq B$且$B\subseteq A$时，$A=B$成立。该方法主要是利用了集合的包含关系中典型的偏序关系这一性质(偏序关系的相关内容可参考本章 1.7 节)。

定义 1.3 真子集

若 $A\subseteq B$ 且 B 中至少有一元素不在 A 中,则称 A 为 B 的**真子集**(proper subset),或称 B 真包含 A,记为 $A\subset B$。

定义 1.4 幂集

若 A 是一个集合,则 A 的所有子集的集合称作 A 的**幂集**(power set),用 $P(A)$表示,即 $P(A)=\{B\mid \forall B\subseteq A\}$。

例题 1.3　设 $A=\{a,b,c\}$,求:

(1)$P(A)$;

(2)$P(\{a,\{b,c\}\})$;

(3)$P(\varnothing)$;

(4)$P(\{\varnothing\})$;

(5)$P(\{\varnothing,\{\varnothing\}\})$;

解　(1)$P(A)=\{\varnothing,\{a\},\{b\},\{c\},\{a,b\},\{a,c\},\{b,c\},A\}$。

(2)$P(\{a,\{b,c\}\})=\{\varnothing,\{a\},\{\{b,c\}\},\{a,\{b,c\}\}\}$。

(3)$P(\varnothing)=\{\varnothing\}$。

(4)$P(\{\varnothing\})=\{\varnothing,\{\varnothing\}\}$。

(5)$P(\{\varnothing,\{\varnothing\}\})=\{\varnothing,\{\varnothing\},\{\{\varnothing\}\},\{\varnothing,\{\varnothing\}\}\}$。

1.1.3　集合的基本运算及其性质

1. 集合的基本运算

集合的基本运算包括并、交、补、差、对称差和笛卡儿积,集合的运算结果仍是集合。

定义 1.5 并

由集合 A 与 B 的所有元素构成的集合称为 A 与 B 的**并**(union),记为 $A\cup B$,即 $A\cup B=\{x\mid x\in A\vee x\in B\}$。并运算可推广至 n 个集合,即

$$\bigcup_{i=1}^{n} A_i = A_1 \cup A_2 \cup \cdots \cup A_n = \{x \mid x \in A_1 \vee x \in A_2 \vee \cdots \vee x \in A_n\}。$$

定义 1.6 交

由集合 A 与 B 的公共元素构成的集合称为 A 与 B 的**交**(intersection),记为 $A\cap B$,即 $A\cap B=\{x\mid x\in A\wedge x\in B\}$。交运算可推广至 n 个集合,即

$$\bigcap_{i=1}^{n} A_i - A_1 \cap A_2 \cap \cdots \cap A_n = \{x \mid x \in A_1 \wedge x \in A_2 \wedge \cdots \wedge x \in A_n\}。$$

定义 1.7 差

由属于 A 但不属于 B 的一切元素构成的集合称为 A 与 B 的**差**(difference),记为 $A-B$,

即 $A-B=\{x \mid x \in A \land x \notin B\}$。

定义 1.8 补

由全集 E 中不属于集合 A 的一切元素构成的集合称为 A 的**补**(complement),记为 $\overline{A}$,即 $\overline{A}=E-A=\{x \mid x \in E \land x \notin A\}$。

定义 1.9 对称差

差集 $A-B$ 和 $B-A$ 的并集,称为 A 与 B 的**对称差**(symmetric difference),记为 $A \oplus B$,即 $A \oplus B=(A-B) \cup (B-A)$。

例题 1.4 设全集 $E=\{a,b,c,d,e,f,g\}$,$A=\{a,b,c\}$,$B=\{a,c,d,e\}$,求:

(1)$A \cup B$;(2)$A \cap B$;(3)$A-B$;(4)$\overline{A}$;(5)$A \oplus B$。

解 (1)$A \cup B=\{a,b,c,d,e\}$。

(2)$A \cap B=\{a,c\}$。

(3)$A-B=\{b\}$。

(4)$\overline{A}=\{d,e,f,g\}$。

(5)$A \oplus B=\{b,d,e\}$。

2. 集合运算的代数性质

定理 1.1 设 A、B、C 为任意集合,则定义在集合上的运算满足下列性质:

(1)交换律(commutative law):

$$A \cup B=B \cup A;A \cap B=B \cap A。$$

(2)结合律(associative law):

$$A \cup (B \cup C)=(A \cup B) \cup C;A \cap (B \cap C)=(A \cap B) \cap C。$$

(3)分配律(distributive law):

$$A \cup (B \cap C)=(A \cup B) \cap (A \cup C);A \cap (B \cup C)=(A \cap B) \cup (A \cap C)。$$

(4)幂等律(idempotent law):

$$A \cup A=A;A \cap A=A。$$

(5)吸收律(absorption law):

$$A \cup (A \cap B)=A;A \cap (A \cup B)=A。$$

(6)德·摩根律(De Morgan's law):

$$\overline{A \cup B}=\overline{A} \cap \overline{B};\overline{A \cap B}=\overline{A} \cup \overline{B}。$$

(7)双重否定律:

$$\overline{(\overline{A})}=A。$$

(8)补元律:

$$A \cup \overline{A}=E;A \cap \overline{A}=\varnothing。$$

(9)零律:

$$A \cap \varnothing=\varnothing;A \cup E=E。$$

(10)同一律：

$$A\cup\varnothing=A;A\cap E=A。$$

(11)否定律：

$$\overline{E}=\varnothing;\overline{\varnothing}=E。$$

证明 利用互为子集法给出定理 1.1 中(3)、(5)、(6)的证明过程，其余由学生自行证明。“$\Leftrightarrow$”表示“当且仅当”，即充分必要条件。

(3) $\forall x\in A\cup(B\cap C)\Leftrightarrow x\in A$ 或 $x\in B\cap C\Leftrightarrow x\in A$ 或 $x\in B$ 且 $x\in C$

$\Leftrightarrow(x\in A$ 或 $x\in B)$且$(x\in A$ 或 $x\in C)$

$\Leftrightarrow(x\in A\cup B)$且$(x\in A\cup C)$

$\Leftrightarrow x\in(A\cup B)\cap(A\cup C)$，

$\forall x\in A\cap(B\cup C)\Leftrightarrow x\in A$ 且 $x\in B\cup C\Leftrightarrow x\in A$ 且 $x\in B$ 或 $x\in C$

$\Leftrightarrow(x\in A$ 且 $x\in B)$或$(x\in A$ 且 $x\in C)$

$\Leftrightarrow(x\in A\cap B)$或$(x\in A\cap C)$

$\Leftrightarrow x\in(A\cap B)\cup(A\cap C)$。

(5) $\forall x\in A\cup(A\cap B)\Leftrightarrow x\in A$ 或 $x\in A\cap B\Leftrightarrow x\in A$ 或 $x\in A$ 且 $x\in B$

$\Leftrightarrow(x\in A$ 或 $x\in A)$且$(x\in A$ 或 $x\in B)$

$\Leftrightarrow(x\in A)$且$(x\in A\cup B)$

$\Leftrightarrow x\in A$，

$\forall x\in A\cap(A\cup B)\Leftrightarrow x\in A$ 且 $x\in A\cup B\Leftrightarrow x\in A$ 且 $x\in A$ 或 $x\in B$

$\Leftrightarrow(x\in A$ 且 $x\in A)$或$(x\in A$ 且 $x\in B)$

$\Leftrightarrow(x\in A)$或$(x\in A\cap B)$

$\Leftrightarrow x\in A$。

(6)因为 $\forall x\in\overline{A\cup B}\Leftrightarrow x\notin A\cup B\Leftrightarrow x\notin A$ 且 $x\notin B\Leftrightarrow x\in\overline{A}$ 且 $x\in\overline{B}\Leftrightarrow x\in\overline{A}\cap\overline{B}$，所以 $\overline{A\cup B}=\overline{A}\cap\overline{B}$。

事实上，可以证明，若一个代数系统$\langle B;\vee,\wedge,\neg;0,1\rangle$满足交换律、分配律、同一律和补元律，则该代数系统也满足所有其他的运算律，包括结合律、吸收律、幂等律、德·摩根律、双重否定律、零律和否定律。

在布尔代数这一章将会看到，若 A 是任一有限集，$|A|=n$，则代数系统$\langle P(A);\cup,\cap,\overline{\ }\rangle$是一个包含 2^n 个元素的布尔代数，且任一有限布尔代数都与某个集合上的布尔代数同构。其意义在于，说明同构的两个代数系统，其运算性质是完全相同的。因此，定理 1.1 中所描述的运算性质对于一类广泛的代数系统——布尔代数系统而言都是成立的，例如在第 2 篇中介绍的命题逻辑系统$\langle\{0,1\};\vee,\wedge,\neg\rangle$，本质上是具有两个元素的布尔代数系统，所以其运算性质完全与定理 1.1 中的性质相同。利用同构的方法认知未知系统是一个非常重要的手段。

定理 1.2 设 A 和 B 为任意集合，则

(1)$\varnothing\subseteq A-B\subseteq A$；

(2)$A\subseteq B\Leftrightarrow A-B=\varnothing\Leftrightarrow A\cup B=B\Leftrightarrow A\cap B=A$（包含的等价条件）；

(3)$A\cap B=\varnothing\Leftrightarrow A-B=A$ ；

(4)$A-B=A\cap\overline{B}$；

(5)$A-B=A-(A\cap B)$。

1.1.4 笛卡儿积及其性质

定义 1.10 序偶

两个按指定次序排列的对象 a 和 b 所组成的整体，称为**序偶**(ordered pair)，也称**有序对**，记为$\langle a,b\rangle$，称 a 和 b 分别为$\langle a,b\rangle$的**第一分量**和**第二分量**。

定义 1.11 n 元有序组

称$\langle a,b,c\rangle$为三元有序组，简称**三元组**；$\langle a_1,a_2,\cdots,a_n\rangle$为 n 元有序组，简称 **n 元组**，a_i 称为 n 元有序组的第 i 分量。

例如，平面上的点可表示为序偶$\langle x,y\rangle$，空间中的点可表示为三元有序组$\langle x,y,z\rangle$。

定义 1.12 序偶相等

序偶$\langle a,b\rangle=\langle c,d\rangle$，即$\langle a,b\rangle$和$\langle c,d\rangle$相等的充要条件是 $a=c$ 且 $b=d$。

定义 1.13 笛卡儿积

设 A、B 为两个任意集合，称 $A\times B=\{\langle a,b\rangle\mid\forall a\in A\wedge\forall b\in B\}$为 A 和 B 的**笛卡儿积**(Cartesian product)。推广至 n 个集合 $A_1,A_2,\cdots,A_n$ 中，称

$$A_1\times A_2\times\cdots\times A_n=\{\langle a_1,a_2,\cdots,a_n\rangle\mid a_i\in A_i,i=1,2,3,\cdots,n\}$$

为集合 $A_1,A_2,\cdots,A_n$ 的笛卡儿积。

当 $A_1=A_2=\cdots=A_n=A$ 时，可记 $A\times A\times\cdots\times A=A^n$。

例题 1.5 已知 $A=\{1,2,3\}$，$B=\{a,b\}$，计算 $A\times B$ 和 $B\times A$。

解 $A\times B=\{\langle 1,a\rangle,\langle 2,a\rangle,\langle 3,a\rangle,\langle 1,b\rangle,\langle 2,b\rangle,\langle 3,b\rangle\}$，

$B\times A=\{\langle a,1\rangle,\langle a,2\rangle,\langle a,3\rangle,\langle b,1\rangle,\langle b,2\rangle,\langle b,3\rangle\}$。

关于笛卡儿积有如下性质：

(1)$A\times B\neq B\times A$，

(2)$A\times\varnothing=\varnothing\times A=\varnothing$，

(3)不满足结合律，即 $A\times(B\times C)\neq(A\times B)\times C$。

定理 1.3 对于任意的 3 个集合 A、B 和 C，有

(1)$A\times(B\cup C)=(A\times B)\cup(A\times C)$，

(2)$A\times(B\cap C)=(A\times B)\cap(A\times C)$，

(3)$(A\cup B)\times C=(A\cup C)\times(B\cup C)$，

(4)$(A\cap B)\times C=(A\cap C)\times(B\cap C)$。

证明　本书中仅利用互为子集法证明定理 1.3 中的(1)式，其余各式请学生自行完成证明。

首先，证明 $A\times(B\cup C)\subseteq(A\times B)\cup(A\times C)$。

由 $\forall\langle x,y\rangle\in A\times(B\cup C)$，有 $x\in A, y\in B\cup C$，即 $x\in A$ 且 $y\in B$ 或 $y\in C$，所以有 $x\in A$ 且 $y\in B$ 或 $x\in A$ 且 $y\in C$，即 $\langle x,y\rangle\in A\times B$ 或 $\langle x,y\rangle\in A\times C$。

因此，$\langle x,y\rangle\in(A\times B)\cup(A\times C)$，$A\times(B\cup C)\subseteq(A\times B)\cup(A\times C)$ 得证。

其次，证明 $(A\times B)\cup(A\times C)\subseteq A\times(B\cup C)$。

由 $\forall\langle x,y\rangle\in(A\times B)\cup(A\times C)$，有 $\langle x,y\rangle\in A\times B$ 或 $\langle x,y\rangle\in A\times C$。

若 $\langle x,y\rangle\in A\times B$，则 $x\in A$ 且 $y\in B$；

若 $\langle x,y\rangle\in A\times C$，则 $x\in A$ 且 $y\in C$，

所以 $x\in A, y\in B$ 或 $y\in C$，即 $x\in A$ 且 $y\in B\cup C$。因此，$\langle x,y\rangle\in A\times(B\cup C)$，所以 $(A\times B)\cup(A\times C)\subseteq A\times(B\cup C)$ 得证。

由互为子集法可知，$A\times(B\cup C)=(A\times B)\cup(A\times C)$ 成立。

定理 1.4　若 C 是非空集合，则以下各式等价。

(1) $A\subseteq B$；(2) $A\times C\subseteq B\times C$；(3) $C\times A\subseteq C\times B$。

例题 1.6

(1)证明：若 $A=B$ 且 $C=D$，则 $A\times C=B\times D$。

(2) $A\times C=B\times D$ 是否能推出 $A=B$ 且 $C=D$？请说明原因。

解　(1)因为 $\forall\langle x,y\rangle\in A\times C\Leftrightarrow x\in A\wedge y\in C\Leftrightarrow x\in B\wedge y\in D\Leftrightarrow\langle x,y\rangle\in B\times D$，所以 $A\times C=B\times D$。

注意：若证明某个结论需要任取笛卡儿积中的某个元素，则根据笛卡儿积的特点，必须写成如下形式：$\langle x,y\rangle\in A\times B$。

(2)不一定。反例如下：

取 $A=\{1\}, B=\{2\}, C=D=\varnothing$，则 $A\times C=B\times D$，但 $A\neq B$。

进一步思考：若 $A\times C=B\times D$，且 A、B、C、D 均为非空集合，则是否一定存在 $A=B$ 且 $C=D$ 成立？

1.1.5　集合的图示化表示

在离散教学中，常用图示法来描述集合之间的关系及集合运算。用矩形表示全集 E，矩形内的点表示全集中的元素，用圆来表示全集 E 中的集合，则集合及集合运算的表示见图 1-1。这种图示法是英国数学家约翰·维恩(John Venn)于 1881 年提出的，所以也称为维恩图(Venn diagram)。

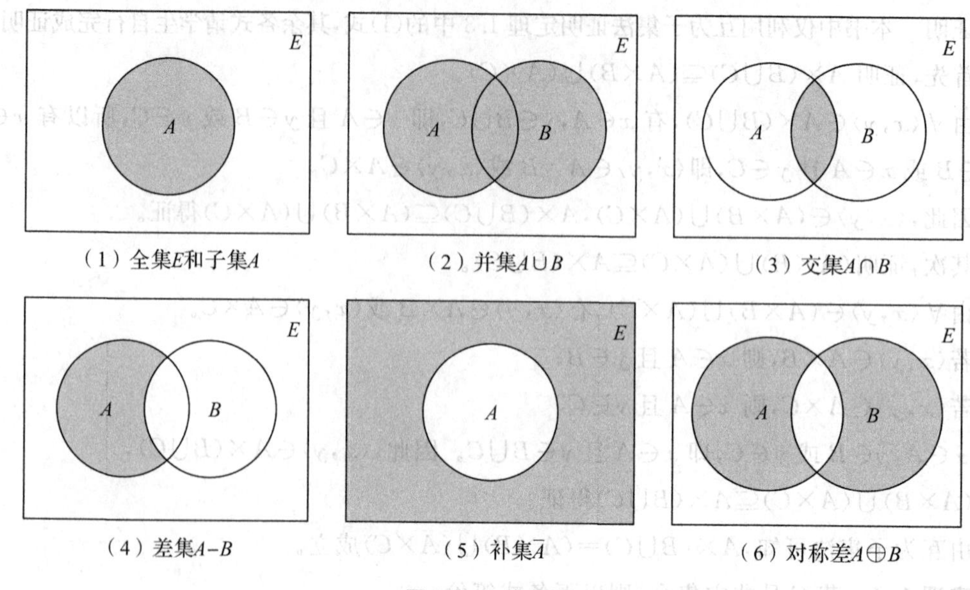

（1）全集E和子集A　（2）并集$A\cup B$　（3）交集$A\cap B$

（4）差集$A-B$　（5）补集$\overline{A}$　（6）对称差$A\oplus B$

图 1－1　维恩图

用维恩图来表示集合间的关系及运算具有直观性和启发性，但维恩图法不能作为推理的依据。

1.1.6　集合的计算机表示

集合的计算机表示方式有多种，其中一种方法是将集合中的元素无序地存储起来。这种方法最大的缺点是在进行集合的并、交、补、差等运算时，需要花费大量的时间进行元素搜索。为了克服这一缺点，可以将集合的元素按照任一顺序来存储，从而可以利用比特串来表示集合的子集，且利用比特串实现集合的各种运算比较容易。

定义 1.14 字母表

一个非空有限的符号集合称为**有限字母表**，简称**字母表**(alphabet)，记为Σ。

定义 1.15 串、比特串

由字母表中有限个字符所组成的有序排列称为字母表上的一个**串**(string)。

特别地，由有限个字符 1 和 0 所组成的有序排列称为一个**比特串**(bit string)，其字符数的个数称为该比特串的长度。

若$\Sigma_1=\{a,b,\cdots,z\}$为一字母表，is 和 then 都是$\Sigma_1$ 上的串，$\Sigma_2=\{a,b,\cdots,z,\square\}$，□表示空格符，则 this□is□a□string 是Σ_2 上的一个串。

定义 1.16 比特串的运算

设 $A=a_1a_2\cdots a_n,B=b_1b_2\cdots b_n$ 均是长度为 n 的比特串，则定义：

$A\vee B=c_1c_2\cdots c_n$，其中，$c_i=a_i\vee b_i,i=1,2,\cdots,n$；

$A\wedge B=c_1c_2\cdots c_n$，其中，$c_i=a_i\wedge b_i,i=1,2,\cdots,n$，

其中，$\vee$ 和 $\wedge$ 的运算法则如下：

$$1\vee 1=1,1\vee 0=1,0\vee 1=1,0\vee 0=0;$$

$$1\wedge 1=1,1\wedge 0=0,0\wedge 1=0,0\wedge 0=0。$$

可以用如下方法表示一个有限集合的子集。

设 E 是具有 n 个元素的有限集合，不妨假设 $E=\{a_1,a_2,\cdots,a_n\}$。若 A 是 E 的一个子集，则可用一个长度为 n 的比特串表示 A，具体方法为：若 $a_i\in A$，则 A 的比特串的第 i 位为 1；否则为 0。另外，利用比特串表示方法实现集合的基本运算也较为容易。

例题 1.7 设 $E=\{1,2,3,4,5,6,7,8,9,10\}$。

(1)试写出下列子集的比特串。

$$A_1=\{1,3,5,7,9\},A_2=\{1,2,3,4,5\},A_3=\{1,2,4,5,8,9,10\}。$$

(2)求下列集合运算的比特串。

$$A_1\cup A_2,A_1\cap A_2,A_1-A_2,\overline{A_1},A_1\oplus A_2。$$

解 (1)A_1 对应的比特串为 1010101010，

A_2 对应的比特串为 1111100000，

A_3 对应的比特串为 1101100111。

(2)$A_1\cup A_2$ 对应的比特串为 1111101010，

$A_1\cap A_2$ 对应的比特串为 1010100000，

A_1-A_2 对应的比特串为 0000001010，

$\overline{A_1}$对应的比特串为 0101010101，

$A_1\oplus A_2$ 对应的比特串为 0101001010。

习题 1.1

1.2 容斥原理

计数技术是算法的核心，有限集合的计数问题可以采用容斥原理来解决，它是计数组合学中的基本定理之一。

1.2.1 有限集合的计数

定义 1.17 有限集合的基数

若一个集合 A 有 n 个元素，其中 $n\in\mathbf{N}$，则称 A 是有限集合，称 n 为 A 的**基数**(cardinal number)，用$|A|$表示。

例如，若有限集 $A=\{a,b,c\}$，则$|A|=3$。若集合 $B=\{x\mid x^2+1=0,x\in\mathbf{R}\}$，则$|B|=0$。

例题 1.8 设 A 和 B 是两个有限集合。证明：

(1)若$|A|=n$,则$|P(A)|=2^n$。

(2)若$|A|=m$,$|B|=n$,则$|A\times B|=mn$。

证明 (1)若$|A|=n$,则可按A的子集所包括的元素个数来计算A的子集个数:

0个元素:1个子集,即为空集$\varnothing$;

1个元素:共有$C(n,1)$个不同的子集;

2个元素:共有$C(n,2)$个不同的子集;

……

n个元素:共有$C(n,n)$个不同的子集,

因此$|P(A)|=C(n,0)+C(n,1)+\cdots+C(n,n)=2^n$。

(2)运用乘法原理即可得证。

定理1.5 若A和B均为有限集,则$|A\cup B|=|A|+|B|-|A\cap B|$。

证明 若$A\cap B=\varnothing$,则$|A\cup B|=|A|+|B|$。

若$A\cap B\neq\varnothing$,则$A\cup B=(A-B)\cup(B-A)\cup(A\cap B)$,其中$A-B$,$B-A$及$A\cap B$两两不相交,从而$|A\cup B|=|A-B|+|B-A|+|A\cap B|$。

另一方面,$A=(A-B)\cup(A\cap B)$且$B=(B-A)\cup(A\cap B)$,其中$(A-B)\cap(A\cap B)=\varnothing$,$(B-A)\cap(A\cap B)=\varnothing$。由此可得$|A|=|A-B|+|A\cap B|$且$|B|=|B-A|+|A\cap B|$,即$|A-B|=|A|-|A\cap B|$且$|B-A|=|B|-|A\cap B|$。因此,

$$\begin{aligned}|A\cup B|&=|A-B|+|B-A|+|A\cap B|\\&=|A|-|A\cap B|+|B|-|A\cap B|+|A\cap B|\\&=|A|+|B|-|A\cap B|。\end{aligned}$$

该定理的证明运用了数学思维中的一种典型方式——转化的思想,先在某种特殊情形下证明结论是正确的,再将一般情形转化为特殊情形进行论证。

定理1.6 设A,B,C是有限集,则

$$|A\cup B\cup C|=|A|+|B|+|C|-|A\cap B|-|B\cap C|-|A\cap C|+|A\cap B\cap C|。$$

定理1.7 容斥原理

设S为有限集合,$P_1,P_2,\cdots,P_m$是m种性质,A_i是S中具有性质P_i的元素构成的子集,$i=1,2,\cdots,m$,则S中不具有性质$P_1,P_2,\cdots,P_m$的元素数为

$$\begin{aligned}&|\overline{A_1}\cap\overline{A_2}\cap\cdots\cap\overline{A_m}|\\&=|S|-\sum_{i=1}^{m}|A_i|+\sum_{1\leqslant i<j\leqslant m}|A_i\cap A_j|-\sum_{1\leqslant i<j<k\leqslant m}|A_i\cap A_j\cap A_k|+\cdots+\\&(-1)^m|A_1\cap A_2\cap\cdots\cap A_m|。\end{aligned}$$

证明 任取集合S中的一个元素x,考虑在计数时该元素对等式两边的贡献是否相等:若x不具有任何性质,则对等式右边计数的贡献应为1,否则应为0。

设元素x不具有任何性质,即对任意$i,j=1,2,\cdots,m$,同时满足

$$x\notin A_i,x\notin A_i\cap A_j,\cdots,x\notin A_1\cap A_2\cap\cdots\cap A_m,$$

则x对等式左端的计数贡献为1,对等式右端的计数贡献为

$$1-0+0-0+\cdots+(-1)^m\times 0=1,$$

此时左、右两边计数相等。

设 x 具有 n 条性质，$1\leqslant n\leqslant m$，则对左边贡献为 0，对右边各项，有

x 对 $|S|$ 贡献为 1；

x 对 $\sum_{i=1}^{m}|A_i|$ 贡献为 $n=C(n,1)$；

x 对 $\sum_{1\leqslant i<j\leqslant m}|A_i\cap A_j|$ 中任意一项 $A_i\cap A_j$ 有计数上的贡献，当且仅当 $x\in A_i$ 且 $x\in A_j$ 时，从而 x 对 $\sum_{1\leqslant i<j\leqslant m}|A_i\cap A_j|$ 的贡献为 $C(n,2)$；

同理，x 对 $\sum_{1\leqslant i<j<k\leqslant m}|A_i\cap A_j\cap A_k|$ 的贡献为 $C(n,3)$；…；x 对 $|A_1\cap A_2\cap\cdots\cap A_m|$ 的贡献为 $C(n,m)$，其中，当 $m>n$ 时，$C(n,m)=0$。

因此，x 对右边的总的贡献为

$$\begin{aligned}&1-C(n,1)+C(n,2)-\cdots+(-1)^mC(n,m)\\&=C(n,0)-C(n,1)+C(n,2)-\cdots+(-1)^nC(n,n)\\&=(1-1)^n=0,\end{aligned}$$

即此时左右两边计数相等，故推论成立。

由定理 1.7 易得容斥原理的另一种形式：

推论 设 A_i 为有限集合，$i=1,2,\cdots,m$，则

$$\begin{aligned}&|A_1\cup A_2\cup\cdots\cup A_m|\\&=\sum_{i=1}^{m}|A_i|-\sum_{1\leqslant i<j\leqslant m}|A_i\cap A_j|+\sum_{1\leqslant i<j<k\leqslant m}|A_i\cap A_j\cap A_k|-\cdots+\\&(-1)^{m-1}|A_1\cap A_2\cap\cdots\cap A_m|。\end{aligned}$$

1.2.2 利用容斥原理计数的实例

例题 1.9 全班 36 名女生结伴购物，其中，21 人买了长裙，24 人买了短裙，24 人买了超短裙；14 人买了长裙和短裙，15 人买了短裙和超短裙，13 人买了长裙和超短裙；只有 1 位羞涩的小姑娘 1 条裙子都没有买。问共有几名女生购买了全部 3 种裙子？

解 设集合 S 表示全班 36 名女生，A,B,C 分别表示购买长裙、短裙和超短裙的女生构成的集合，则购买了全部 3 种裙子的女生为 $|A\cap B\cap C|$。

根据题意可得，$|S|=36$，$|A|=21$，$|B|=24$，$|C|=24$，$|A\cap B|=14$，$|B\cap C|=15$，$|A\cap C|=13$，$|\overline{A}\cap\overline{B}\cap\overline{C}|=1$。

根据定理 1.7 可知，

$$|\overline{A}\cap\overline{B}\cap\overline{C}|=|S|-(|A|+|B|+|C|)+(|A\cap B|+|A\cap C|+|B\cap C|)-|A\cap B\cap C|,$$

则有

$$\begin{aligned}|A\cap B\cap C|&=|S|-(|A|+|B|+|C|)+(|A\cap B|+|A\cap C|+|B\cap C|)-|\overline{A}\cap\overline{B}\cap\overline{C}|\\&=36-(21+24+24)+(14+15+13)-1=8,\end{aligned}$$

综上，共有 8 名女生购买了全部 3 种裙子。

例题 1.10 求 1 到 1000 之间(包含 1 和 1000)既不能被 5 和 6 整除，也不能被 8 整除的整数有多少个？

解 设集合 $S=\{x \mid x\in \mathbf{Z}, 1\leqslant x\leqslant 1000\}$，定义 S 的 3 个子集 A,B,C 分别为：

$$A=\{x \mid x\in S, 5 \mid x\}, B=\{x \mid x\in S, 6 \mid x\}, C=\{x \mid x\in S, 8 \mid x\}。$$

对上述子集计数：

$|S|=1000$，

$|A|=[1000\div 5]=200$，$|B|=[1000\div 6]=166$，$|C|=[1000\div 8]=125$，

$|A\cap B|=[1000\div 30]=33$，

$|A\cap C|=[1000\div 40]=25$，

$|B\cap C|=[1000\div 24]=41$，

$|A\cap B\cap C|=[1000\div 120]=8$。

代入公式得：

$$\begin{aligned}N=|\overline{A}\cap\overline{B}\cap\overline{C}|&=|S|-(|A|+|B|+|C|)+(|A\cap B|+|A\cap C|+|B\cap C|)-|A\cap B\cap C|\\&=1000-(200+166+125)+(33+25+41)-8=600。\end{aligned}$$

例题 1.11 某班有 25 名学生，其中，14 人会打篮球，12 人会打排球，6 人会打篮球和排球，5 人会打篮球和网球，2 人这 3 种球都会打，而 6 个会打网球的人都会打另外 1 种球(篮球或排球)，求这 3 种球都不会打的学生人数。

解 设集合 S 表示全班学生，集合 A,B,C 分别表示会打篮球、排球和网球的学生的集合，则 3 种球都不会打的学生为 $|\overline{A}\cap\overline{B}\cap\overline{C}|$。根据题意得，$|S|=25$，$|A|=14$，$|B|=12$，$|C|=6$，$|A\cap B|=6$，$|A\cap C|=5$，$|A\cap B\cap C|=2$。由“6 个会打网球的人都会打另外 1 种球”，可得 $|B\cap C|=3$。

根据定理 1.7 可得，$|\overline{A}\cap\overline{B}\cap\overline{C}|=25-(12+6+14)+(3+5+6)-2=5$。

例题 1.12 现有 24 名科技人员，每人至少会 1 门外语，其中，13 人会英语，5 人会日语，10 人会德语，9 人会法语，2 人会英语和日语，4 人会英语和德语，4 人会英语和法语，4 人会法语和德语，而会日语的人不会法语和德语。分别求只会 1 种语言的人数和会 3 种语言的人数。

解 设同时会英语、法语、德语 3 种语言的人数为 x，只会英语、法语和德语的人数分别为 y_1, y_2, y_3，则根据题意可得：

$$\begin{cases}x+2(4-x)+y_1+2=13,\\x+2(4-x)+y_2=10,\\x+2(4-x)+y_3=9,\\x+3(4-x)+y_1+y_2+y_3=19,\end{cases}$$

解得 $x=1, y_1=4, y_2=3, y_3=2$。

例题 1.13 欧拉函数 $\varphi(n)$。

设 n 为正整数，若令 $\varphi(n)$ 表示小于 n 且与 n 互素的数的个数，则称 $\varphi(n)$ 为欧拉函数，求

$\varphi(n)$。

解 将 n 分解为不同的素数 $p_1,p_2,\cdots,p_k$ 之积，记为 $n=p_1^{\alpha_1}p_2^{\alpha_2}\cdots p_k^{\alpha_k}$。

令 $N=\{1,2,\cdots,n\}$ 中 p_i 倍数的数的集合为 $A_i,i=1,2,\cdots,k$。则

$$|A_i|=\frac{n}{p_i},\ i=1,2,\cdots,k。$$

因为 $p_i\neq p_j,i\neq j$，所以

$$|A_i\cap A_j|=\frac{n}{p_ip_j},i,j=1,2,\cdots,k,j>i;$$

$$|A_i\cap A_j\cap A_h|=\frac{n}{p_ip_jp_h},i,j,h=1,2,\cdots,k,h>j>i;$$

……

故 $\varphi(n)=|\overline{A_1}\cap\overline{A_2}\cap\cdots\cap\overline{A_k}|$

$$=n-\left(\frac{n}{p_1}+\frac{n}{p_2}+\cdots+\frac{n}{p_k}\right)+\left(\frac{n}{p_1p_2}+\frac{n}{p_1p_3}+\cdots+\frac{n}{p_{k-1}p_k}\right)-\cdots+(-1)^k\frac{n}{p_1p_2\cdots p_k}$$

$$=n\left(1-\frac{1}{p_1}\right)\left(1-\frac{1}{p_2}\right)\cdots\left(1-\frac{1}{p_k}\right)。$$

例题 1.14 错排问题。

设集合 $S=\{1,2,\cdots,n\}$，其全排列的个数为 $n!$。若任意元素 $i\in S$ 均不在排列中的第 i 个位置，则称该排列为集合 S 上的一个错排。若 $S=\{1,2\}$，则其错排只有 21；若 $S=\{1,2,3\}$，则其错排有 231 和 312，求 $S=\{1,2,\cdots,n\}$ 的错排数。

解 设集合 A_i 表示元素 $i\in S$ 恰好位于第 i 个位置的所有全排列的集合，$i=1,2,\cdots,n$，则 S 的错的排数为 $|\overline{A_1}\cap\overline{A_2}\cap\cdots\cap\overline{A_n}|$。

注意到 $A_i,i=1,2,\cdots,k$，有 $|A_i|=(n-1)!,i=1,2,\cdots,k$；

对于任意 $i,j=1,2,\cdots,k$ 且 $j>i$，$|A_i\cap A_j|=(n-2)!$；

对于任意 $1\leqslant i<j<k\leqslant n$，$|A_i\cap A_j\cap A_k|=(n-3)!$；

依此类推，则有 $|A_1\cap A_2\cap\cdots\cap A_n|=0!\ =1$。

故 $|\overline{A_1}\cap\overline{A_2}\cap\cdots\cap\overline{A_n}|$

$$=n!\ -C(n,1)(n-1)!\ +C(n,2)(n-2)!\ -C(n,3)(n-3)!\ +\cdots+(-1)^n0!$$

$$=n!-n(n-1)!+\frac{n!}{2!\ (n-2)!}(n-2)!-\frac{n!}{3!\ (n-3)!}(n-3)!+\cdots+(-1)^n0!$$

$$=n!\left[1-\frac{1}{1!}+\frac{1}{2!}-\frac{1}{3!}+\cdots+(-1)^n\frac{1}{n!}\right]。$$

习题 1.2

1.3 关系及其表示

1.3.1 关系的定义

自然界和人类社会中的很多事物之间都存在着某种关系(relation),如,父子关系、师生关系、同学关系等。日常生活中所讲的“关系”这一概念如何用数学语言来表达呢?先看以下几个例子。

例题 1.15 阴阳五行系统。

五行指金、木、水、火、土,是古人关于世界起源的学说,表现了中国早期的朴素唯物主义。五行系统是一个具有内在结构和动力机制的系统,其精义是运用聚类取象的方式将天地万物概括为五种形态,这五种形态之间具有相辅相成又相生相克的关系,存在循环变化的机制。阴阳五行系统是一个典型的离散系统,其中存在两种常见的关系,即相生关系和相克关系。如何用数学语言来描述这两种关系呢?

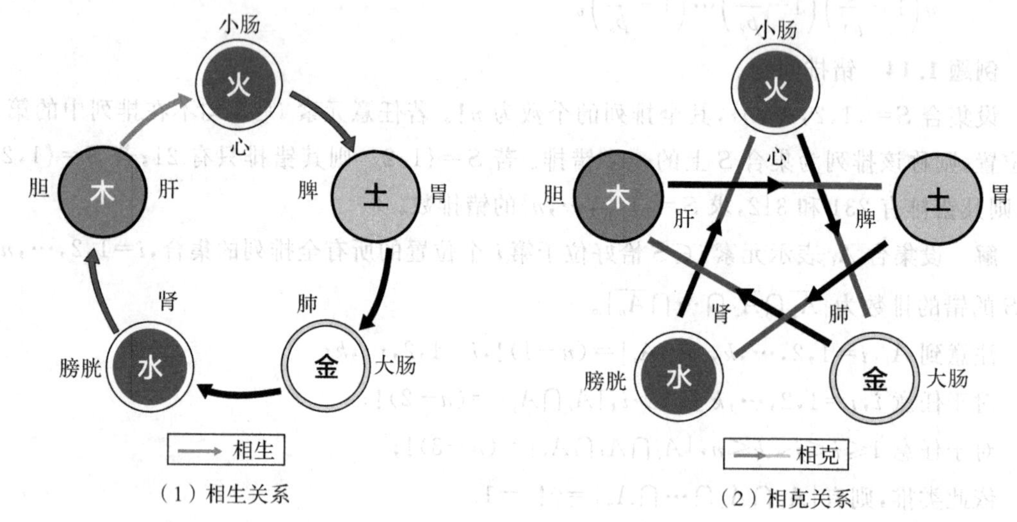

(1) 相生关系

(2) 相克关系

图 1-2 五行关系

解 如图 1-2 所示,令 $A=\{$金,木,水,火,土$\}$,则相生关系为:金生水,水生木,木生火,火生土,土生金。若两个元素 a 和 b 之间有相生关系,则可符号化为 $\langle a,b\rangle$。因此,相生关系可表示为集合:

$P_{相生}=\{\langle$金,水$\rangle,\langle$水,木$\rangle,\langle$木,火$\rangle,\langle$火,土$\rangle,\langle$土,金$\rangle\}$,显然有 $P_{相生}\subseteq A\times A=A^2$,是笛卡儿积 $A\times A$ 的一个子集。

同理,相克关系可表示为 $P_{相克}=\{\langle$金,木$\rangle,\langle$木,土$\rangle,\langle$土,水$\rangle,\langle$水,火$\rangle,\langle$火,金$\rangle\}$,则 $P_{相克}\subseteq A\times A=A^2$,也是笛卡儿积 $A\times A$ 的一个子集。

例题 1.16 如何描述两个变量 x 和 y 之间的线性关系?

解 若变量 x 和 y 之间存在线性关系,则 $y=ax+b$,其本质上是平面直角坐标系 $\mathbf{R}^2=$

$\mathbf{R}\times\mathbf{R}$ 中的一条直线，可表示为 $\{\langle x,y\rangle \mid (x\in\mathbf{R})\wedge(y\in\mathbf{R})\wedge(y=ax+b)\}$，也是 $\mathbf{R}^2$ 的一个子集。

那么，R^2 中的任何一个子集是否均可表达出变量 x 和 y 的某种关系？

例题 1.17　设 $A=\{$John, Tom, Abel, Jack, Neil$\}$ 为学生集合，$B=\{$离散数学，数据结构，高等数学，程序设计语言，线性代数$\}$ 为课程集合，$C=\{x\mid x\in\mathbf{R}\wedge 0\leqslant x\leqslant 100\}$ 为学习成绩集合。学生与课程之间存在着一种关系，不妨称之为选修关系；学生、课程和成绩之间也存在一种关系，可称之为学习成绩关系。如何表达学生和课程之间的选修关系？如何表达学生、课程、成绩之间的关系？

解　可以用具有这种关系的对象的有序元组的集合来表示这些关系。若 a 表示学生，b 表示课程，c 表示成绩，则学生 a 选修课程 b 可表示为 $\langle a,b\rangle$，学生 a 选修课程 b 并取得的成绩是 c 可表示为 $\langle a,b,c\rangle$。因此，设 R 表示选修关系，S 表示学习成绩关系，则

$R=\{$〈John，离散数学〉，〈John，数据结构〉，〈Tom，离散数学〉，〈Tom，程序设计语言〉，〈Abel，数据结构〉，〈Jack，离散数学〉，〈Jack，程序设计语言〉$\}$，…。

S＝{〈John，离散数学，95〉，〈John，数据结构，88〉，〈Tom，离散数学，92〉，〈Tom，程序设计语言，78〉，〈Abel，数据结构，90〉，〈Jack，离散数学，70〉，〈Jack，程序设计语言，65〉}，…。

通过上述 3 个例子，可以看出，用元组的形式来表示一对有关系的对象是恰当的，因此，关系可表示为某些序偶（元组）的集合，上述集合必为 A 与 B 的笛卡儿积的一个子集。

定义 1.18 二元关系

笛卡儿积 $A\times B$ 的任一子集称为 A 到 B 的一个**二元关系**（binary relation）。若元素 a 与元素 b 具有关系 R，则记为 $\langle a,b\rangle\in R$ 或 aRb。若元素 a 与元素 b 不具有关系 R，则记为 $\langle a,b\rangle\notin R$ 或 $a\overline{R}b$。

定义 1.19 n 元关系

$A_1\times A_2\times\cdots\times A_n$ 的任一子集被称为一个 **n 元关系**。

特别地，A^n 的任一子集被称为 **A 上的 n 元关系**。

例题 1.18　已知 $A=\{1,2,3,4\}$，写出 A 上的整除关系。

解　A 上的整除关系为

$$\{\langle 1,1\rangle,\langle 1,2\rangle,\langle 1,3\rangle,\langle 1,4\rangle,\langle 2,2\rangle,\langle 2,4\rangle,\langle 3,3\rangle,\langle 4,4\rangle\}。$$

以下为今后学习中常遇到的几个特殊的二元关系：

(1)称 $\varnothing$ 为 A 到 B 的**空关系**。

(2)称 $A\times B$ 为 A 到 B 的**全关系**。

(3)称 $I_A=\{\langle x,x\rangle\mid x\in A\}\subseteq A\times A$ 为 A 上的**恒等关系**。

定理 1.8

(1)若 $|A|=m$，$|B|=n$，则集合 A 到 B 有 2^{mn} 个不同的二元关系。

(2)若 $|A|=n$，则集合 A 上有 2^{n^2} 个不同的二元关系。

证明 (1)设$|A|=m$,$|B|=n$,由乘法原理知$|A\times B|=mn$,所以$|P(A\times B)|=2^{mn}$,即$A\times B$的子集有2^{mn}个,所以集合A到B有2^{mn}个不同的二元关系。

(2)由(1)易得,若$|A|=n$,则集合A上有2^{n^2}个不同的二元关系。

1.3.2 由关系产生的集合

定义 1.20 前域、陪域、定义域、值域

设R是集合A到B的二元关系,则

(1)A被称为R的**前域**,B被称为R的**陪域**。

(2)R的**定义域**(domain)为$\mathrm{dom}\,R=\{x|x\in A\wedge(\exists y)(y\in B\wedge xRy)\}$。

(3)R的**值域**(range)为$\mathrm{ran}\,R=\{y|y\in B\wedge(\exists x)(x\in A\wedge xRy)\}$。

定义 1.21 相关集

(1)若R是集合A到B的二元关系且$x\in A$,则称$R(x)=\{y|y\in B\wedge xRy\}$为$x$的$R$-**相关集**。

(2)若$A_1\subseteq A$,则称$R(A_1)=\{y|y\in B\wedge(\exists x)(x\in A_1\wedge xRy)\}$为$A_1$的$R$-**相关集**。

例题 1.19 已知$A=\{1,2,3\}$, $B=\{x,y,z,w,p,q\}$, $R=\{(1,x),(1,z),(2,w),(2,p),(3,y)\}$,$A_1=\{1,2\}$,求$\mathrm{dom}\,R$,$\mathrm{ran}\,R$,$R(1)$,$R(A_1)$。

解 $\mathrm{dom}\,R=\{1,2,3\}=A$;$\mathrm{ran}\,R=\{x,y,z,w,p\}$。

$R(1)=\{x,z\}$;$R(A_1)=\{x,z,w,p\}$。

定理 1.9 设R是从A到B的关系,A_1和A_2是A的子集,则

(1)若$A_1\subseteq A_2$,则$R(A_1)\subseteq R(A_2)$。

(2)$R(A_1\cup A_2)=R(A_1)\cup R(A_2)$。

(3)$R(A_1\cap A_2)\subseteq R(A_1)\cap R(A_2)$。

例题 1.20 设$A=\{1,2,3\}$,$B=\{x,y,z,w,p,q\}$,$A_1=\{1\}$,$A_2=\{2\}$,

$R=\{(1,x),(1,z),(2,x),(2,p),(3,y)\}$。

计算$R(A_1)$、$R(A_2)$、$R(A_1\cap A_2)$和$R(A_1)\cap R(A_2)$。

解 因为$R(A_1)=\{x,z\}$,$R(A_2)=\{x,p\}$,所以$R(A_1)\cap R(A_2)=\{x\}$。

又由于$A_1\cap A_2=\varnothing$,故$R(A_1\cap A_2)=\varnothing$,

因此,$R(A_1)\cap R(A_2)\subseteq R(A_1\cap A_2)$不成立,即$R(A_1\cap A_2)\neq R(A_1)\cap R(A_2)$。

例题 1.20 说明在定理 1.9 的(3)式中相等关系是不成立的,即$R(A_1\cap A_2)\neq R(A_1)\cap R(A_2)$。

1.3.3 布尔矩阵及其运算

关系具有不同的表示方式:

(1)集合方式——序偶的集合;

(2)代数方式——关系矩阵;

(3)几何方式——关系图;

(4)数据表方式——二维表。

用序偶的集合来表示关系有明显的不足:一是不能直观地展现出集合的特点及性质,二是给计算机的处理造成困难。关系矩阵及关系图的表示方法可以克服上述不足,用矩阵表示关系,为计算机处理关系提供了极大的便利;用关系图表示关系,也较为直观。除此之外,在关系数据库中,关系的基本结构是二维表。

在学习关系矩阵之前,需要先对布尔矩阵及其运算有所了解。

定义 1.22 布尔矩阵

若矩阵 $\boldsymbol{A}$ 的每个元素要么是 1 要么是 0,则称该矩阵为**布尔矩阵**。

定义 1.23 布尔并

设 $\boldsymbol{A}=[a_{ij}]_{m\times n}$,$\boldsymbol{B}=[b_{ij}]_{m\times n}$均为布尔矩阵,定义 $\boldsymbol{A}\vee\boldsymbol{B}=\boldsymbol{C}=[c_{ij}]_{m\times n}$,其中

$$c_{ij}=\begin{cases}1, & a_{ij}=1 \text{ 或 } b_{ij}=1,\\ 0, & a_{ij}=0 \text{ 且 } b_{ij}=0\end{cases}\quad (i=1,2,\cdots,m;\ j=1,2,\cdots,n)$$

称之为 $\boldsymbol{A}$ 和 $\boldsymbol{B}$ 的**布尔并**。

定义 1.24 布尔交

设 $\boldsymbol{A}=[a_{ij}]_{m\times n}$,$\boldsymbol{B}=[b_{ij}]_{m\times n}$均为布尔矩阵,定义 $\boldsymbol{A}\wedge\boldsymbol{B}=\boldsymbol{C}=[c_{ij}]_{m\times n}$,其中

$$c_{ij}=\begin{cases}1, & a_{ij}=1 \text{ 且 } b_{ij}=1,\\ 0, & a_{ij}=0 \text{ 或 } b_{ij}=0\end{cases}\quad (i=1,2,\cdots,m;\ j=1,2,\cdots,n)$$

称之为 $\boldsymbol{A}$ 和 $\boldsymbol{B}$ 的**布尔交**。

定义 1.25 布尔积

设 $\boldsymbol{A}=[a_{ij}]_{m\times p}$,$\boldsymbol{B}=[b_{ij}]_{p\times n}$均为布尔矩阵,定义 $\boldsymbol{A}\odot\boldsymbol{B}=\boldsymbol{C}=[c_{ij}]_{m\times n}$,其中

$$c_{ij}=\begin{cases}1, & \exists 1\leqslant k\leqslant p, a_{ik}=1 \text{ 且 } b_{kj}=1,\\ 0, & \text{其他}\end{cases}\quad (i=1,2,\cdots,m;\ j=1,2,\cdots,n)$$

称之为 $\boldsymbol{A}$ 和 $\boldsymbol{B}$ 的**布尔积**。布尔积也可写成如下的形式:

$$c_{ij}=\bigvee_{k=1}^{p}(a_{ik}\wedge b_{kj})\text{。}$$

思考 布尔积与普通的矩阵乘法运算有何区别?

定义 1.26 布尔幂

设 $\boldsymbol{A}=[a_{ij}]_{n\times n}$是布尔矩阵,$r$ 为正整数,$\boldsymbol{A}$ 的 r 次**布尔幂**是 r 个 $\boldsymbol{A}$ 的布尔积,记作 $\boldsymbol{A}^{(r)}$,即 $\boldsymbol{A}^{(r)}=\boldsymbol{A}\odot\boldsymbol{A}\odot\cdots\odot\boldsymbol{A}$。

定义 1.27 布尔补

设 $\boldsymbol{A}=[a_{ij}]$是一个 $m\times n$ 布尔矩阵,则定义其**布尔补**为

$$\overline{\boldsymbol{A}}=\overline{[a_{ij}]}=[1-a_{ij}]\text{。}$$

布尔矩阵的布尔并、布尔交运算的条件与普通矩阵的加法运算要求相同,布尔积的运算法则和要求与普通矩阵乘法运算的法则和要求相同。

定理 1.10 设布尔矩阵 $\boldsymbol{A},\boldsymbol{B}$ 和 $\boldsymbol{C}$ 具有兼容大小(即下述运算都可进行),则

(1)交换律:

$$\boldsymbol{A}\vee\boldsymbol{B}=\boldsymbol{B}\vee\boldsymbol{A};$$
$$\boldsymbol{A}\wedge\boldsymbol{B}=\boldsymbol{B}\wedge\boldsymbol{A}。$$

(2)结合律:

$$(\boldsymbol{A}\vee\boldsymbol{B})\vee\boldsymbol{C}=\boldsymbol{A}\vee(\boldsymbol{B}\vee\boldsymbol{C});$$
$$(\boldsymbol{A}\wedge\boldsymbol{B})\wedge\boldsymbol{C}=\boldsymbol{A}\wedge(\boldsymbol{B}\wedge\boldsymbol{C});$$
$$(\boldsymbol{A}\odot\boldsymbol{B})\odot\boldsymbol{C}=\boldsymbol{A}\odot(\boldsymbol{B}\odot\boldsymbol{C})。$$

(3)分配律:

$$\boldsymbol{A}\wedge(\boldsymbol{B}\vee\boldsymbol{C})=(\boldsymbol{A}\wedge\boldsymbol{B})\vee(\boldsymbol{A}\wedge\boldsymbol{C});$$
$$\boldsymbol{A}\vee(\boldsymbol{B}\wedge\boldsymbol{C})=(\boldsymbol{A}\vee\boldsymbol{B})\wedge(\boldsymbol{A}\vee\boldsymbol{C})。$$

定理 1.11 设布尔矩阵 $\boldsymbol{A},\boldsymbol{B}$ 和 $\boldsymbol{C}$ 具有兼容大小(即下述运算都可进行),则

(1)$(\boldsymbol{A}\vee\boldsymbol{B})^{\mathrm{T}}=\boldsymbol{A}^{\mathrm{T}}\vee\boldsymbol{B}^{\mathrm{T}}$;

(2)$(\boldsymbol{A}\wedge\boldsymbol{B})^{\mathrm{T}}=\boldsymbol{A}^{\mathrm{T}}\wedge\boldsymbol{B}^{\mathrm{T}}$;

(3)$(\boldsymbol{A}\odot\boldsymbol{B})^{\mathrm{T}}=\boldsymbol{B}^{\mathrm{T}}\odot\boldsymbol{A}^{\mathrm{T}}$。

1.3.4 关系矩阵

定义 1.28 关系矩阵

设 $A=\{a_1,a_2,\cdots,a_m\}$,$B=\{b_1,b_2,\cdots,b_n\}$,R 是从 A 到 B 的二元关系,则 R 的**关系矩阵**(relation matrix)定义为 $\boldsymbol{M}_R=[r_{ij}]_{m\times n}$,其中:

$$r_{ij}=\begin{cases}1, & \langle a_i,b_j\rangle\in R\\0, & \langle a_i,b_j\rangle\notin R\end{cases}\quad(i=1,2,\cdots,m;\ j=1,2,\cdots,n)$$

易见,A 上的二元关系的关系矩阵是一个 n 阶方阵,在给定集合元素次序的前提下,关系与关系矩阵是一一对应的。

例题 1.21 设 $A=\{a_1,a_2,a_3,a_4\}$,$B=\{b_1,b_2,b_3\}$,R 是从 A 到 B 的二元关系,其定义为 $R=\{\langle a_1,b_1\rangle,\langle a_1,b_3\rangle,\langle a_2,b_2\rangle,\langle a_2,b_3\rangle,\langle a_3,b_1\rangle,\langle a_4,b_1\rangle,\langle a_4,b_2\rangle\}$,求 R 的关系矩阵 $\boldsymbol{M}_R$。

解 R 的关系矩阵为

$$\boldsymbol{M}_R=\begin{bmatrix}1&0&1\\0&1&1\\1&0&0\\1&1&0\end{bmatrix}。$$

例题 1.22 设 $A=\{1,2,3,4\}$,R 是 A 上的二元关系,$R=\{\langle 1,1\rangle,\langle 1,2\rangle,\langle 2,3\rangle,\langle 2,4\rangle,$

$\langle 4,2\rangle\}$，求 R 的关系矩阵 $\boldsymbol{M}_R$。

解　R 的关系矩阵为

$$\boldsymbol{M}_R=\begin{bmatrix}1&1&0&0\\0&0&1&1\\0&0&0&0\\0&1&0&0\end{bmatrix}。$$

例题 1.23　设 $A=\{1,2,3\}$，$B=\{a,b,c\}$，R 是从 A 到 B 的二元关系，其关系矩阵为

$$\boldsymbol{M}_R=\begin{bmatrix}0&1&1\\1&0&1\\0&1&0\end{bmatrix},$$

用序偶的方式写出关系 R。

解　$R=\{\langle 1,b\rangle,\langle 1,c\rangle,\langle 2,a\rangle,\langle 2,c\rangle,\langle 3,b\rangle\}$。

利用布尔矩阵可以方便地实现关系的基本运算。

定理 1.12　设 R 和 S 是集合 A 到 B 的二元关系，则

(1)$\boldsymbol{M}_{R\cap S}=\boldsymbol{M}_R\wedge\boldsymbol{M}_S$；

(2)$\boldsymbol{M}_{R\cup S}=\boldsymbol{M}_R\vee\boldsymbol{M}_S$；

(3)$\boldsymbol{M}_{R-S}=\boldsymbol{M}_R-(\boldsymbol{M}_R\wedge\boldsymbol{M}_S)=\boldsymbol{M}_R\wedge\overline{\boldsymbol{M}_S}$；

(4)$\boldsymbol{M}_{\overline{R}}=\overline{\boldsymbol{M}_R}$。

1.3.5　关系图

定义 1.29 关系图

设 $A=\{a_1,a_2,\cdots,a_m\}$，$B=\{b_1,b_2,\cdots,b_n\}(A\neq B)$，$R$ 是从 A 到 B 的二元关系，则其关系图(relation digraph)有如下构造：

(1)集合中的元素 $a_1,a_2,\cdots,a_m$ 和 $b_1,b_2,\cdots,b_n$ 分别作为图中的顶点，用“∘”表示；

(2)若 $\langle a_i,b_j\rangle\in R$，则从 a_i 到 b_j 可用有向边“→”相连。

特别地，若 $A=\{a_1,a_2,\cdots,a_m\}$，R 是 A 上的二元关系，则其关系图可按如下方法构造：

(1)集合中的元素 $a_1,a_2,\cdots,a_m$ 分别作为图中的顶点，用“∘”表示；

(2)若 $\langle a_i,a_j\rangle\in R$，则从 a_i 到 a_j 可用有向边 $a_i\rightarrow a_j$ 相连；

(3)若 $\langle a_i,a_i\rangle\in R$，则从 a_i 到 a_i 可用自环(loop)表示。

思考　关系与关系图是一一对应的吗？

例题 1.24　设 $A=\{a_1,a_2,a_3,a_4\}$，$B=\{b_1,b_2,b_3\}$，R 是从 A 到 B 的二元关系，其定义为 $R=\{\langle a_1,b_1\rangle,\langle a_1,b_3\rangle,\langle a_2,b_2\rangle,\langle a_2,b_3\rangle,\langle a_3,b_1\rangle,\langle a_4,b_1\rangle,\langle a_4,b_2\rangle\}$，画出 R 的关系图。

解　图 1-3 为 R 的关系图。

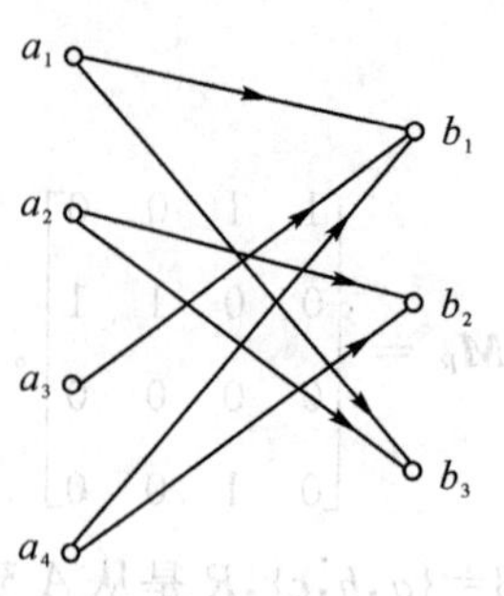

图 1-3 R 的关系图

例题 1.25 设 $A=\{1,2,3,4\}$，R 是 A 上的二元关系，其定义为 $R=\{\langle 1,1\rangle,\langle 1,2\rangle,\langle 2,1\rangle,\langle 3,1\rangle,\langle 3,2\rangle,\langle 4,1\rangle,\langle 4,2\rangle,\langle 4,3\rangle\}$，画出 R 的关系图。

解 图 1-4 为 R 的关系图。

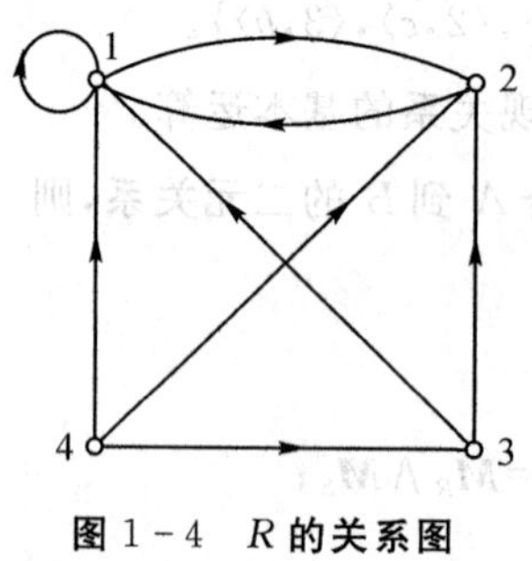

图 1-4 R 的关系图

1.3.6 关系图中的路

定义 1.30 道路与环

设 R 是集合 A 上的二元关系，$a\in A, b\in A$。若存在一个有限序列 $\pi:a,x_1,x_2,\cdots,x_{n-1},b$，并且满足 $aRx_1,x_1Rx_2,\cdots,x_{n-1}Rb$，则称在 R 中从 a 到 b 存在长度为 n 的**道路**(path)。一条从同一顶点开始并且结束的道路称作**回路**(circuit)。

定义 1.31 道路的复合

设 R 是集合 A 上的二元关系，$\pi_1:a,x_1,x_2,\cdots,x_{m-1},b$ 和 $\pi_2:b,y_1,y_2,\cdots,y_{n-1},c$ 是关系 R 中的两条道路，则定义 π_1 和 π_2 的复合为道路 $a,x_1,x_2,\cdots,x_{m-1},b,y_1,y_2,\cdots,y_{n-1},c$。

显然，π_1 和 π_2 复合后的道路长度为 $m+n$。

定义 1.32 关系的幂 R^n

设 R 是集合 A 上的二元关系，$n\in\mathbf{N}$，定义 R 的 n 次幂 R^n 为 xR^ny，当且仅当在 R 中存在从 x 到 y 长度为 n 的一条道路。

定义 1.33 连通关系 R^∞

设 R 是集合 A 上的二元关系，定义 A 上的关系 R^∞ 为 $xR^\infty y$，当且仅当在 R 中存在从 x

到 y 的某条道路。关系 R^∞ 称为 R 的**连通关系**。

定义 1.34 可达关系 R^*

设 R 是集合 A 上的二元关系，定义 A 上的关系 R^* 为 xR^*y，当且仅当 $x=y$ 或 $xR^\infty y$ 时成立。关系 R^* 称为 R 的**可达关系**。

定理 1.13　设 R 是集合 $A=\{a_1,a_2,\cdots,a_p\}$ 上的二元关系，则：

(1) $\boldsymbol{M}_{R^2}=\boldsymbol{M}_R\odot\boldsymbol{M}_R$；

(2) $\boldsymbol{M}_{R^n}=\boldsymbol{M}_R\odot\boldsymbol{M}_R\odot\cdots\odot\boldsymbol{M}_R$（$n$ 个因子，$n\geqslant 2$）；

(3) $\boldsymbol{M}_{R^\infty}=\boldsymbol{M}_R\vee\boldsymbol{M}_{R^2}\vee\cdots\vee\boldsymbol{M}_{R^n}\vee\cdots$；

(4) $\boldsymbol{M}_{R^{m+n}}=\boldsymbol{M}_{R^m}\odot\boldsymbol{M}_{R^n}$。

证明　本书仅对(1)和(4)进行证明。

(1)设 $\boldsymbol{M}_R=[a_{ij}]$，$\boldsymbol{M}_{R^2}=[b_{ij}]$，$\boldsymbol{M}_R\odot\boldsymbol{M}_R=[c_{ij}]$。

由定义可知 $c_{ij}=1$ 当且仅当 $\exists k,1\leqslant k\leqslant n$，使得 $a_{ik}=1$ 和 $a_{kj}=1$。由矩阵 $\boldsymbol{M}_R$ 的定义可知 a_iRa_k 和 a_kRa_j，因此 $a_iR^2a_j$，所以 $b_{ij}=1$。从而证明了 $\boldsymbol{M}_R\odot\boldsymbol{M}_R$ 中的位置 (i,j) 上的元素等于 1 当且仅当 $\boldsymbol{M}_{R^2}$ 中的位置 (i,j) 上的元素等于 1 时，即推出 $\boldsymbol{M}_{R^2}=\boldsymbol{M}_R\odot\boldsymbol{M}_R$。

(4)设 $\boldsymbol{M}_R=[a_{ij}]$，$\boldsymbol{M}_{R^{m+n}}=[b_{ij}]$，$\boldsymbol{M}_{R^m}\odot\boldsymbol{M}_{R^n}=[c_{ij}]$，$\boldsymbol{M}_{R^m}=[a_{ij}^{(m)}]$，$\boldsymbol{M}_{R^n}=[a_{ij}^{(n)}]$。

由定义可知 $c_{ij}=1$，当且仅当 $\exists k,1\leqslant k\leqslant n$ 时，使得 $a_{ij}^{(m)}=1$ 和 $a_{ij}^{(n)}=1$。由矩阵 $\boldsymbol{M}_{R^n}$ 的定义可知 $a_iR^ma_k$ 和 $a_kR^na_j$，因此，在 R 的关系图中，存在两条路：$\pi_1:a_i,\cdots,a_k$ 和 $\pi_2:a_k,\cdots,a_j$，将这两条路进行复合(首尾连接)，即可得到一条从 a_i 到 a_j 长度为 $m+n$ 的路，即 $a_iR^{m+n}a_j$，所以 $b_{ij}=1$。从而证明了 $\boldsymbol{M}_{R^m}\odot\boldsymbol{M}_{R^n}$ 中的位置 (i,j) 上的元素等于 1，当且仅当 $\boldsymbol{M}_{R^{m+n}}$ 中的位置 (i,j) 上的元素等于 1 时。即推出 $\boldsymbol{M}_{R^{m+n}}=\boldsymbol{M}_{R^m}\odot\boldsymbol{M}_{R^n}$。

思考　如何求 $\boldsymbol{M}_{R^*}$？

例题 1.26　已知 $A=\{a,b,c\}$，$R=\{\langle a,b\rangle,\langle b,c\rangle,\langle c,a\rangle\}$。计算 $\boldsymbol{M}_{R^2}$，$\boldsymbol{M}_{R^3}$，$\boldsymbol{M}_{R^4}$，$\boldsymbol{M}_{R^\infty}$。

解　因为

$$\boldsymbol{M}_R=\begin{bmatrix}0&1&0\\0&0&1\\1&0&0\end{bmatrix},$$

$$\boldsymbol{M}_{R^2}=\boldsymbol{M}_R\odot\boldsymbol{M}_R=\begin{bmatrix}0&1&0\\0&0&1\\1&0&0\end{bmatrix}\odot\begin{bmatrix}0&1&0\\0&0&1\\1&0&0\end{bmatrix}=\begin{bmatrix}0&0&1\\1&0&0\\0&1&0\end{bmatrix},$$

$$\begin{aligned}\boldsymbol{M}_{R^3}&=\boldsymbol{M}_R\odot\boldsymbol{M}_R\odot\boldsymbol{M}_R\\&=\begin{bmatrix}0&1&0\\0&0&1\\1&0&0\end{bmatrix}\odot\begin{bmatrix}0&1&0\\0&0&1\\1&0&0\end{bmatrix}\odot\begin{bmatrix}0&1&0\\0&0&1\\1&0&0\end{bmatrix}\\&=\begin{bmatrix}0&0&1\\1&0&0\\0&1&0\end{bmatrix}\odot\begin{bmatrix}0&1&0\\0&0&1\\1&0&0\end{bmatrix}=\begin{bmatrix}1&0&0\\0&1&0\\0&0&1\end{bmatrix}=\boldsymbol{M}_{I_A},\end{aligned}$$

所以
$$\boldsymbol{M}_{R^4}=\boldsymbol{M}_{R^3}\odot\boldsymbol{M}_R=\boldsymbol{M}_{I_A}\odot\boldsymbol{M}_R=\boldsymbol{M}_R,$$

$$\boldsymbol{M}_{R^\infty}=\boldsymbol{M}_R\vee\boldsymbol{M}_{R^2}\vee\boldsymbol{M}_{R^3}=\begin{bmatrix}0&1&0\\0&0&1\\1&0&0\end{bmatrix}\vee\begin{bmatrix}0&0&1\\1&0&0\\0&1&0\end{bmatrix}\vee\begin{bmatrix}1&0&0\\0&1&0\\0&0&1\end{bmatrix}=\begin{bmatrix}1&1&1\\1&1&1\\1&1&1\end{bmatrix}。$$

1.3.7 关系与二维表

二维表是人们在日常工作和生活中常用的一种数据表示形式，如花名册、成绩单。关系实质上也可以用二维表进行表示，关系数据库的理论基础之一就是关系代数。

以下为二维表的应用实例。

令 R 是软件 221 班所有学生学号的集合，B 是该班所有学生姓名的集合，则表 1-1 中的每一行都可以用序偶表示，例如，第一行可表示成〈20220101，小明〉。上述花名册是行的集合，因而也是序偶的集合，即 $S=\{$〈20220101，小明〉，〈20220102，大壮〉，…$\}$，因此，$S\subseteq A\times B$，按照关系的定义可知，S 实质上是一个从集合 A 到集合 B 的二元关系，该二元关系表达了学号和姓名之间的对应关系。

表 1-1　软件 221 班的花名册 S

学号	姓名
20220101	小明
20220102	大壮
…	…

令 A 是软件 221 班所有学生学号的集合，B 是该班所有学生姓名的集合，$C=\{x\mid x\in\mathbf{R}\wedge 0\leqslant x\leqslant 100\}$，易见，表 1-2 的成绩单 T 描述的是 A、B、C 之间的三元关系，即 $T\subseteq A\times B\times C$。

表 1-2　离散数学课程成绩单 T

学号	姓名	成绩
20220101	小明	89
20220102	大壮	65
…	…	…

同理，可以将一个 m 行 n 列的二维表表示成一个 n 元的关系。

习题 1.3

1.4　关系的性质

不失一般性,下面将要介绍的 5 种关系的性质,都是定义在集合 A 上的,即 $A\times A$ 的子集。

1.4.1　自反性和反自反性

定义 1.35 自反性

设 R 是集合 A 上的关系,若 $\forall a\in A$,都有 $\langle a,a\rangle\in R$,则称 R 是**自反的**(reflexive)。具有自反性的关系称为自反关系。

定义 1.36 反自反性

设 R 是集合 A 上的关系,若 $\forall a\in A$,都有 $\langle a,a\rangle\notin R$,则称 R 是**反自反的**(irreflexive)。具有反自反性的关系称为**反自反关系**。

易知,R 是自反的当且仅当 $\overline{R}$ 是反自反的。

例题 1.27　设 $A=\{1,2,3\}$,判断下列关系是自反关系还是反自反关系。

(1)$R_1=\{\langle 1,1\rangle,\langle 1,2\rangle,\langle 2,2\rangle,\langle 2,3\rangle,\langle 3,3\rangle\}$。

(2)$R_2=\{\langle 1,3\rangle,\langle 3,2\rangle\}$。

(3)$R_3=\{\langle 1,1\rangle,\langle 1,2\rangle,\langle 2,2\rangle,\langle 2,3\rangle,\langle 3,2\rangle\}$。

(4)$I_A=\{\langle 1,1\rangle,\langle 2,2\rangle,\langle 3,3\rangle\}$。

(5)空关系$\varnothing$。

解　(1)R_1 是自反关系,但不是反自反关系。

(2)R_2 是反自反关系,但不是自反关系。

(3)因为$\langle 3,3\rangle\notin R_3$,所以 R_3 不是自反关系;因为$\langle 1,1\rangle\in R_3$,所以 R_3 也不是反自反关系。

(4)I_A 是 A 上的恒等关系,是 A 上的最小自反关系。

(5)空关系$\varnothing$是 A 上的反自反关系但不是自反关系。

由定义和例题 1.27 可知:

自反关系一定不是反自反关系,反之亦然。R_3 说明:一个关系可以既不是自反的,也不是反自反的。一个关系不是自反的,不一定就是反自反的;反之亦然。

自反关系和反自反关系的关系矩阵有如下特点:自反关系的关系矩阵,其主对角线上一定都是 1;反之亦然。反自反关系的关系矩阵,其主对角线上一定都是 0;反之亦然。

自反关系和反自反关系的关系图有如下特点:自反关系的关系图中,每个顶点均有一个长度为 1 的环;反之亦然。反自反关系的关系图中,没有长度为 1 的环;反之亦然。

1.4.2　对称性和反对称性

定义 1.37 对称性

设 R 是集合 A 上的关系,若 $\forall\langle a,b\rangle\in R$,必有 $\langle b,a\rangle\in R$,则称 R 是**对称**(symmetry)的。

具有对称性的关系称为**对称关系**。

定义 1.38 反对称性

设 R 是集合 A 上的关系，若 $\forall \langle a,b\rangle \in R, \langle b,a\rangle \in R$，必有 $a=b$，则称 R 是**反对称**(anti-symmetry)的。具有反对称性的关系称为**反对称关系**。

例题 1.28 设 $A=\{1,2,3\}$，判断下列关系是对称关系还是反对称关系。

(1)$R_1=\{\langle 1,1\rangle,\langle 2,2\rangle,\langle 3,3\rangle,\langle 1,3\rangle,\langle 3,1\rangle\}$。

(2)$R_2=\{\langle 1,2\rangle,\langle 1,3\rangle,\langle 2,2\rangle,\langle 3,3\rangle\}$。

(3)$R_3=\{\langle 1,1\rangle,\langle 2,1\rangle,\langle 2,3\rangle,\langle 3,2\rangle\}$。

(4)$I_A=\{\langle 1,1\rangle,\langle 2,2\rangle,\langle 3,3\rangle\}$。

(5)空关系 $\varnothing$。

解 (1)因为 $\langle 1,3\rangle \in R_1$，$\langle 3,1\rangle \in R_1$，但 $1\neq 3$，所以 R_1 是对称关系，不是反对称关系。

(2)R_2 是反对称关系，不是对称关系。

(3)因为 $\langle 2,1\rangle \in R_3$，$\langle 1,2\rangle \notin R_3$，所以 R_3 不是对称关系。因为 $\langle 2,3\rangle \in R_3$，$\langle 3,2\rangle \in R_3$，但 $2\neq 3$，所以 R_3 也不是反对称关系。

(4)I_A 是 A 上的恒等关系，既是 A 上的对称关系，也是反对称关系。

(5)空关系 $\varnothing$ 既是 A 上的对称关系，也是反对称关系。

从定义和例题 1.28 可以看出：

R_3 说明，当一个关系不是对称的时，它也不一定是反对称的，一个关系可以既不是对称的也不是反对称的。

一个关系既可以是对称的，也可以是反对称的，但同时满足这两个性质的关系一定只有恒等关系和空关系。

对称关系和反对称关系的关系矩阵具有如下特点：对称关系的关系矩阵 $\boldsymbol{M}_R=[r_{ij}]$ 是对称矩阵；反之亦然。反对称关系的关系矩阵 $\boldsymbol{M}_R=[r_{ij}]$ 满足性质：若 $i\neq j$，则 $r_{ij}\cdot r_{ji}=0$；反之亦然。

对称关系和反对称关系的关系图具有如下特点：对称关系的关系图中，若存在从顶点 i 到顶点 j 的一条边，则必存在从顶点 j 到顶点 i 的一条边。即对称关系的关系图中，有向边是成对出现的。对于反对称关系而言，任意两个不同的顶点 i 和 j，从顶点 i 到顶点 j 的有向边和从顶点 j 到顶点 i 的有向边不可能同时出现。当 $i=j$ 时，不存在任何强加条件。

1.4.3 传递性

定义 1.39 传递性

设 R 是集合 A 上的关系，若 $\forall \langle a,b\rangle \in R, \langle b,c\rangle \in R$，必有 $\langle a,c\rangle \in R$，则称 R 是**可传递的**(transitive)。具有传递性的关系称为**传递关系**。

例题 1.29 设 $A=\{1,2,3\}$，判断下列关系是否为传递关系。

(1)$R_1=\{\langle 1,1\rangle,\langle 2,1\rangle,\langle 2,3\rangle,\langle 3,1\rangle\}$。

(2)$R_2=\{\langle 1,2\rangle,\langle 2,2\rangle,\langle 2,3\rangle\}$。

(3)$R_3=\{\langle 1,2\rangle,\langle 2,1\rangle,\langle 2,2\rangle\}$。

(4)$R_4=\{\langle 1,2\rangle\}$。

(5)$I_A=\{\langle 1,1\rangle,\langle 2,2\rangle,\langle 3,3\rangle\}$。

(6)空关系$\varnothing$。

解 (1)R_1 是传递关系。

(2)因为$\langle 1,2\rangle\in R_2$,$\langle 2,3\rangle\in R_2$,但$\langle 1,3\rangle\notin R_2$,所以 R_2 不是传递关系。

(3)因为$\langle 1,2\rangle\in R_3$,$\langle 2,1\rangle\in R_3$,但$\langle 1,1\rangle\notin R_3$,所以 R_3 不是传递关系。

(4)因为传递性定义的前提对 R_4 而言为假,所以 R_4 是传递关系。

(5)I_A 是传递关系。

(6)因为传递性定义的前提对$\varnothing$而言为假,所以空关系$\varnothing$是传递关系。

易知,传递关系的关系矩阵具有如下特点:若关系 R 是传递的,则其关系矩阵 $\boldsymbol{M}_R=[r_{ij}]$ 具有以下性质:若 $r_{ik}=1$ 和 $r_{kj}=1$,则 $r_{ij}=1$。即若 $\boldsymbol{M}_R\odot\boldsymbol{M}_R=\boldsymbol{M}_R$,则 R 是传递的;反之不成立。

传递关系的关系图特点:若从 a 到 b 存在一条有向路,则 a 到 b 就应存在一条有向边。a 到 b 的有向路指存在一个顶点序列 $a=a_0,a_1,a_2,\cdots,a_n=b$,对于 $\forall i,0\leqslant i\leqslant n,a_i$ 到 a_{i+1} 都存在一条有向边。

例题 1.30 设 $A=\mathbf{Z}^+$,$R=\{\langle a,b\rangle\mid a\in A,b\in A$,且 a 整除 $b\}$,试判断 R 的自反性、反自反性、对称性、反对称性和传递性。

解 因为$\forall a\in A$,都有 a 整除 a,即$\langle a,a\rangle\in R$,所以 R 是自反关系,但不是反自反关系。

因为$\forall\langle a,b\rangle\in R$, $\langle b,a\rangle\in R$,都有 $a=b$,所以 R 是反对称关系,但不是对称关系。

因为$\forall\langle a,b\rangle\in R$, $\langle b,c\rangle\in R$,都有$\langle a,c\rangle\in R$,所以 R 是传递关系。

需要说明的是,对称性、反对称性及传递性的定义中,其基本结构是命题逻辑中的蕴涵联结词。以对称性的定义"$\forall\langle a,b\rangle\in R$,必有$\langle b,a\rangle\in R$"为例,根据命题逻辑,该命题是否为真,取决于当该命题的前件($\langle a,b\rangle\in R$)为真时,后件($\langle b,a\rangle\in R$)是否为真。若前件为真,后件亦为真,则命题为真;否则,若前件为真,后件为假,则命题为假。若前件为假,则无论后件取真或假,命题均为真。因此,对于对称关系(包括反对称关系或传递关系)的判断:若关系 R 中没有符合假设的情况存在,则该关系也同样是对称关系(反对称关系或传递关系)。例如,空关系$\varnothing$中无任何元素,故它是反自反的。因为不存在$\langle a,b\rangle\in\varnothing$,所以$\varnothing$是对称的。因为不存在$\langle a,b\rangle\in\varnothing$,$\langle b,a\rangle\in\varnothing$,故$\varnothing$也是反对称的。同理,$\varnothing$也是可传递的。

任何非空集合上的空关系都是反自反、对称、反对称、传递的。恒等关系是自反、对称、反对称、传递的。全关系是自反、对称、传递的。正整数集合上的整除关系、幂集上的包含关系是自反、反对称、传递的。三角形的相似关系、全等关系是自反、对称、传递的。

例题 1.31 证明:若 R 和 S 都是 A 上的对称关系,则 $R\cap S$ 和 $R\cup S$ 也是 A 上的对称关系。

证明 设 $a,b\in A$，$\forall\langle a,b\rangle\in R\cap S$，则 $\langle a,b\rangle\in R$，且 $\langle a,b\rangle\in S$。

因为 R 和 S 都是对称的，所以 $\langle b,a\rangle\in R$，且 $\langle b,a\rangle\in S$，所以 $\langle b,a\rangle\in R\cap S$。

根据对称性的定义可知，$R\cap S$ 是对称的。

设 $a,b\in A$，$\forall\langle a,b\rangle\in R\cup S$，则 $\langle a,b\rangle\in R$ 或 $\langle a,b\rangle\in S$。

因为 R 和 S 都是对称的，所以 $\langle b,a\rangle\in R$ 或 $\langle b,a\rangle\in S$，所以 $\langle b,a\rangle\in R\cup S$。

根据对称性的定义可知，$R\cup S$ 是对称的。

1.4.4 关系性质的判断

1. 关系性质的特征

5 种类型关系的关系矩阵、关系图特点如表 1－3 所示。

表 1－3 5 种类型关系的关系矩阵和关系图

关系性质	关系矩阵特征	关系图特征
自反关系	对角线元素均为 1	每一顶点处有一环
反自反关系	对角线元素均为 0	每一顶点处均无环
对称关系	矩阵为对称矩阵，即 $\boldsymbol{M}_R=\boldsymbol{M}_R^{\mathrm{T}}$	两顶点间的边成对出现(方向相反)
反对称关系	$\forall i\neq j, c_{ij}\cdot c_{ji}=0$	没有方向相反的边成对出现
传递关系	$\forall i,k,j$，若 $c_{ik}=c_{kj}=1$，则 $c_{ij}=1$	若顶点 v_1 和 v_n 之间有路：$v_1,\cdots,v_{n-1},v_n$，则必有边 v_1v_n

2. 关系性质的证明模式

表 1－4 给出了证明在关系 A 上 R 是否具有某种性质的模式。

表 1－4 关系性质的证明模式

关系性质	假设	证明过程	结论
自反性	$\forall x\in A$	结合已知条件，由定义或定理进行推导	$\langle x,x\rangle\in R$
反自反性	$\forall x\in A$		$\langle x,x\rangle\notin R$
对称性	$\forall x\in A,\forall y\in A$，若 $\langle x,y\rangle\in R$		$\langle y,x\rangle\in R$
反对称性	$\forall x\in A,\forall y\in A$，若 $\langle x,y\rangle\in R\wedge\langle y,x\rangle\in R$		$x=y$
传递性	$\forall x\in A,\forall y\in A,\forall z\in A$，若 $\langle x,y\rangle\in R\wedge\langle y,z\rangle\in R$		$\langle x,z\rangle\in R$

习题 1.4

1.5　关系运算

由定义知，关系是笛卡儿积的子集，本质上来说，关系仍然是一个集合。因此，集合的传统运算及其性质，包括并、交、补、差、对称差等，均适用于关系。此外，关系还可以进行如下3种特殊运算：逆运算、复合运算、闭包运算。

1.5.1　逆运算

定义 1.40 逆运算

设 R 是从集合 A 到集合 B 的二元关系，$R^{-1}=\{\langle b,a\rangle \mid \forall \langle a,b\rangle \in R\}$是从 B 到 A 的二元关系，称为 R 的**逆**(inverse)，即 $bR^{-1}a$ 当且仅当 aRb。易见，逆运算满足下列性质：

(1)$(R^{-1})^{-1}=R$。

(2)$\mathrm{dom}(R^{-1})=\mathrm{ran}(R)$。

(3)$\mathrm{ran}(R^{-1})=\mathrm{dom}(R)$。

定理 1.14　设 R 和 S 是从集合 A 到集合 B 的二元关系，则：

(1)$\boldsymbol{M}_{R^{-1}}=(\boldsymbol{M}_R)^{\mathrm{T}}$。

(2)若 $R\subseteq S$，则 $R^{-1}\subseteq S^{-1}$；反之亦然。

(3)若 $R\subseteq S$，则 $\overline{S}\subseteq\overline{R}$；反之亦然。

(4)$(R\cap S)^{-1}=R^{-1}\cap S^{-1}$。

(5)$(R\cup S)^{-1}=R^{-1}\cup S^{-1}$。

(6)$\overline{R\cap S}=\overline{R}\cup\overline{S}$。

(7)$\overline{R\cup S}=\overline{R}\cap\overline{S}$。

1.5.2　复合运算

定义 1.41 复合运算

设 A、B 和 C 都是集合，R 是从集合 A 到集合 B 的二元关系，S 是从集合 B 到集合 C 的二元关系。记 $R\circ S$ 是从集合 A 到集合 C 的一个关系，且 $R\circ S=\{\langle a,c\rangle \in R\circ S \mid \forall a\in A, \forall c\in C, \exists b\in B$，使得 aRb 和 $bSc\}$，则称 $R\circ S$ 为 R 和 S 的**复合**(composition)。

例题 1.32　设 $A=\{1,2,3,4\}$，$R=\{\langle 1,2\rangle,\langle 1,1\rangle,\langle 1,3\rangle,\langle 2,4\rangle,\langle 3,2\rangle\}$，$S=\{\langle 1,3\rangle,\langle 1,4\rangle,\langle 2,3\rangle,\langle 3,1\rangle,\langle 4,1\rangle\}$，计算 $R\circ S$ 和 $S\circ R$。

解　$R\circ S=\{\langle 1,3\rangle,\langle 1,4\rangle,\langle 1,1\rangle,\langle 2,1\rangle,\langle 3,3\rangle\}$。

$S\circ R=\{\langle 1,2\rangle,\langle 2,2\rangle,\langle 3,2\rangle,\langle 3,1\rangle,\langle 3,3\rangle,\langle 4,2\rangle,\langle 4,1\rangle,\langle 4,3\rangle\}$。

由定义和上述例子可知：复合运算需要满足一定的条件和要求。若 R 是从集合 A 到集合 B 的二元关系，S 是从集合 B 到集合 C 的二元关系，则 $R\circ S$ 是有意义的，但 $S\circ R$ 未必满足复合的条件；即使 $R\circ S$ 和 $S\circ R$ 均满足复合的条件，$R\circ S=S\circ R$ 也未必成立。

定理 1.15　设 R 是从 A 到 B 的关系，S 是从 B 到 C 的关系，若 $A_1\subseteq A$，则 $R\circ S(A_1)=$

$S(R(A_1))$。

证明 用互为子集法证明。

若$\forall c \in R \circ S(A_1)$，由相关集的定义可知$\exists a \in A_1$，使得$aR \circ Sc$，由复合的定义可知，$\exists b \in B$，使得$aRb, bSc$，所以$b \in R(A_1)$，$c \in S(R(A_1))$，这说明$R \circ S(A_1) \subseteq S(R(A_1))$。

反之，若$\forall c \in S(R(A_1))$，由相关集的定义可知$\exists b \in B$，使得bSc且$b \in R(A_1)$，所以$\exists a \in A_1$使得aRb，由复合的定义可知$aR \circ Sc$，即$c \in R \circ S(A_1)$，这说明$S(R(A_1)) \subseteq R \circ S(A_1)$。

故$R \circ S(A_1) = S(R(A_1))$。

定理 1.16 若R是从A到B的关系，S是从B到C的关系，则$\boldsymbol{M}_{R \circ S} = \boldsymbol{M}_R \odot \boldsymbol{M}_S$。

证明 设$A = \{a_1, a_2, \cdots, a_m\}$，$B = \{b_1, b_2, \cdots, b_p\}$，且$C = \{c_1, c_2, \cdots, c_n\}$。

再设$\boldsymbol{M}_R = [r_{ij}]$，$\boldsymbol{M}_S = [s_{ij}]$，且$\boldsymbol{M}_{R \circ S} = [t_{ij}]$，

则$t_{ij} = 1$当且仅当$a_i R \circ Sc_j$，即$\exists 1 \leqslant k \leqslant p$，使得$a_i R b_k$且$b_k R c_j$。因此，$r_{ik} = 1$且$s_{kj} = 1$。该条件与$\boldsymbol{M}_R \odot \boldsymbol{M}_S$在位置$(i,j)$上为1所需要的条件相同，因此$\boldsymbol{M}_{R \circ S} = \boldsymbol{M}_R \odot \boldsymbol{M}_S$。

定理 1.17 设A、B、C和D都是集合，若R是从A到B的关系，S是从B到C的关系，T是从C到D的关系，则$R \circ (S \circ T) = (R \circ S) \circ T$。

证明 $\forall \langle x, y \rangle \in R \circ (S \circ T)$，

$\langle x, y \rangle \in R \circ (S \circ T)$

$\Leftrightarrow \exists t(\langle x, t \rangle \in R \land \langle t, y \rangle \in S \circ T)$

$\Leftrightarrow \exists t(\exists s(\langle x, t \rangle \in R \land \langle t, s \rangle \in S) \land \langle s, y \rangle \in T)$

$\Leftrightarrow \exists t \exists s(\langle x, t \rangle \in R \land \langle t, s \rangle \in S \land \langle s, y \rangle \in T)$

$\Leftrightarrow \exists s(\exists t(\langle x, t \rangle \in R \land (\langle t, s \rangle \in S) \land \langle s, y \rangle \in T))$

$\Leftrightarrow \exists s(\langle x, s \rangle \in R \circ S \land \langle s, y \rangle \in T)$

$\Leftrightarrow \langle x, y \rangle \in (R \circ S) \circ T$，

所以$R \circ (S \circ T) = (R \circ S) \circ T$。

定理 1.18 设A、B、C都是集合，若R是从A到B的关系，S是从B到C的关系，则$(R \circ S)^{-1} = S^{-1} \circ R^{-1}$。

证明 $\forall \langle x, y \rangle \in (R \circ S)^{-1}$，

$\langle x, y \rangle \in (R \circ S)^{-1}$

$\Leftrightarrow \langle y, x \rangle \in R \circ S$

$\Leftrightarrow \exists t(\langle y, t \rangle \in R \land \langle t, x \rangle \in S)$

$\Leftrightarrow \exists t(\langle x, t \rangle \in S^{-1} \land \langle t, y \rangle \in R^{-1})$

$\Leftrightarrow \langle x, y \rangle \in S^{-1} \circ R^{-1}$，

所以$(R \circ S)^{-1} = S^{-1} \circ R^{-1}$。

定理 1.19 揭示了复合运算的几何意义。

定理 1.19 设R是集合A的关系，$m, n \in \mathbf{N}$，则

(1)$R^2 = R \circ R$。

(2)$R^n = R \circ R \circ \cdots \circ R$($n$ 个 R 的复合)。

(3)$R^m \circ R^n = R^{m+n}$。

(4)$(R^m)^n = R^{mn}$。

定理 1.19 说明,n 个关系 R 的复合等价于 R 的关系图中长度为 n 的路。

注意,定理 1.19 中的结论(3)对于负整数不成立。例如,若 $A=\{1,2\}$,$R=\{\langle 1,2\rangle\}$,则 $R \circ R^{-1} = R^0 = I_A$ 是不一定成立的,因为 $R \circ R^{-1} = \{\langle 1,1\rangle\} \neq I_A$。

1.5.3　闭包运算

闭包(closure)运算是关系运算中一种比较重要的特殊运算,是对原关系的一种扩充。在实际应用中,有时会遇到这样的问题,给定的某一关系并不具有某种性质,要使其具有这一性质,就需要对原关系进行扩充,而所进行的扩充又是“最小”的,这种关系的扩充就是对原关系的这一性质的闭包运算。

例题 1.33　一个计算机网络在北京、上海、天津、青岛、重庆和广州设有数据中心。从北京到上海、北京到青岛、上海到青岛、青岛到天津、重庆到广州、广州到天津都有单向的电话线。如何确定从一个中心是否有一条电话线或多条电话线(可能不直接)连接到另一个中心?

解　令 $A=\{$北京,上海,天津,青岛,重庆,广州$\}$,定义 A 上的关系 R 如下:

$R=\{\langle a,b\rangle \mid a\in A, b\in A$,且 a 与 b 之间有单向电话线路连接$\}$。

该问题实质上就是求关系 R 的传递闭包。

1. 闭包运算的定义

定义 1.42 自反闭包

若 R 是集合 A 上的关系,$r(R)$也是 A 上的关系,且满足:

(1)$R \subseteq r(R)$;

(2)$r(R)$是自反的;

(3)若存在一个自反关系 R' 使得 $R \subseteq R'$,则 $r(R) \subseteq R'$。

则称 $r(R)$为 R 的**自反闭包**(reflexive closure)。

易知,$r(R)$是 A 上包含 R 的最小自反关系。

定义 1.43 对称闭包

若 R 是集合 A 上的关系,$s(R)$也是 A 上的关系,且满足:

(1)$R \subseteq s(R)$;

(2)$s(R)$是对称的;

(3)若存在一个对称关系 R' 使得 $R \subseteq R'$,则 $s(R) \subseteq R'$。

则称 $s(R)$为 R 的**对称闭包**(symmetric closure)。

易知,$s(R)$是 A 上包含 R 的最小对称关系。

定义 1.44 传递闭包

若 R 是集合 A 上的关系，$t(R)$ 也是 A 上的关系，且满足：

(1)$R \subseteq t(R)$；

(2)$t(R)$是传递的；

(3)若存在一个传递关系 R' 使得 $R \subseteq R'$，则 $t(R) \subseteq R'$。

则称 $t(R)$ 为 R 的**传递闭包**(transitive closure)。

易知，$t(R)$是 A 上包含 R 的最小传递关系。

可类似定义等价闭包的概念。

由闭包的定义，容易得出：

(1)R 是自反的$\Leftrightarrow r(R)=R$。

(2)R 是对称的$\Leftrightarrow s(R)=R$。

(3)R 是传递的$\Leftrightarrow t(R)=R$。

2. 关系闭包的构造

定理 1.20 设 R 为有限集合 A ($|A|=n$) 上的关系，则有：

(1)$r(R)=R \cup I_A$。

(2)$s(R)=R \cup R^{-1}$。

(3)$t(R)=R \cup R^2 \cup R^3 \cup \cdots = \bigcup\limits_{i=1}^{\infty} R^i = R^{\infty}$。

(4)$t(R)=R \cup R^2 \cup \cdots \cup R^n$。

定理 1.20 给出了关系闭包的构造方法。

证明 (1)易知，$R \subseteq R \cup I_A$，且 $R \cup I_A$ 是自反关系。

接下来要证明若存在一个自反关系 R' 使得 $R \subseteq R'$，则 $R \cup I_A \subseteq R'$。

因为 R' 是自反的，所以 $I_A \subseteq R'$，故 $R \cup I_A \subseteq R'$。

因此，$r(R)=R \cup I_A$。

(2)易知，$R \subseteq R \cup R^{-1}$，且 $R \cup R^{-1}$ 是一对称关系。

接下来要证明若存在一个对称关系 R' 使得 $R \subseteq R'$，则 $R \cup R^{-1} \subseteq R'$。

假设$\langle a,b \rangle \in R \cup R^{-1}$，则$\langle a,b \rangle \in R$ 或$\langle a,b \rangle \in R^{-1}$。

若$\langle a,b \rangle \in R$，则$\langle a,b \rangle \in R'$；

若$\langle a,b \rangle \in R^{-1}$，则$\langle b,a \rangle \in R$，所以$\langle b,a \rangle \in R'$。因为 R' 是对称的，所以$\langle a,b \rangle \in R'$。

因此，$R \cup R^{-1} \subseteq R'$。

由对称闭包的定义可知，$s(R)=R \cup R^{-1}$。

(3)**方法 1** 使用互为子集法，即证明 $R^{\infty} \subseteq t(R)$ 且 $t(R) \subseteq R^{\infty}$。

假设$\langle a,b \rangle \in R^{\infty}$，则 $\exists n \in \mathbf{N}$，使得$\langle a,b \rangle \in R^n$，所以存在一条路 π：$x_0=a, x_1, x_2, \cdots, x_{n-1}, x_n=b$，即 $x_i R x_{i+1}$ $(i=0,1,2,\cdots,n-1)$。由 $t(R)$的定义，易知 $R \subseteq t(R)$，所以$\langle x_i, x_{i+1} \rangle \in t(R)$ $(i=0,1,2,\cdots,n-1)$。又 $t(R)$是传递的，所以$\langle a,b \rangle \in t(R)$，即 $R^{\infty} \subseteq t(R)$得证。

根据传递闭包的定义可知，欲证 $t(R) \subseteq R^{\infty}$，只需证 R^{∞}是传递的。

假设$\langle a,c\rangle\in R^{\infty}$且$\langle c,b\rangle\in R^{\infty}$，则$\exists m\in\mathbf{N}$，$n\in\mathbf{N}$使得$\langle a,c\rangle\in R^{m}$，$\langle c,b\rangle\in R^{n}$。

易知，从a到b存在一条长度为$m+n$的路，即$\langle a,b\rangle\in R^{m+n}\subseteq R^{\infty}$。

因此，R^{∞}是传递的，故$t(R)\subseteq R^{\infty}$。

方法2　根据传递闭包的定义证明。

①易知，$R\subseteq R^{\infty}$。

②R^{∞}是传递的，证明过程参见方法1。

③接下来证明如果存在一个传递关系R'使得$R\subseteq R'$，那么$R^{\infty}\subseteq R'$，为此，只需证明对所有的$n=1,2,3,\cdots$，均有$R^{n}\subseteq R'$。假设$\langle a,b\rangle\in R^{n}$，则$a$到$b$在关系$R$中存在一条长度为$n$的路$\pi:x_0=a,x_1,x_2,\cdots,x_{n-1},x_n=b$，即$x_iRx_{i+1}$。因为$R\subseteq R'$，所以对所有的$i=0,1,2,\cdots,n-1$，均有$x_iR'x_{i+1}$。

因为R'是传递的，所以$\langle a,b\rangle\in R'$，即$R^{n}\subseteq R'$。

因此$R^{\infty}\subseteq R'$。

按照传递闭包的定义可知，$t(R)=R\cup R^2\cup R^3\cdots=\bigcup\limits_{i=1}^{\infty}R^i=R^{\infty}$。

(4)**方法1** 因为$\forall\langle a,b\rangle\in t(R)$，有$\langle a,b\rangle\in R^{\infty}$，所以$\exists k(k=1,2,\cdots)$，使得$\langle a,b\rangle\in R^{k}$，即在$R$中存在一条路$\pi:a=x_0,x_1,x_2,\cdots,x_{k-1},x_k=b$，使得$\langle x_i,x_{i+1}\rangle\in R(0\leqslant i\leqslant k-1)$。

若$k>n$，由鸽巢原理可知，$\exists x_i$和x_j使得$i<j$且$x_i=x_j$，则这条路可以分成三部分：先是a到x_i的一条路，然后是x_i到x_j的一条路，最后是x_{j+1}到b的一条路。因为中间的路是环，所以将其删掉，把剩下的两条路首尾相接连在一起，从而得到一条从a到b的更短的路$\pi:a=x_0,x_1,x_2,\cdots,x_i,x_{j+1},\cdots,x_{k-1},x_k=b$。若此路的长度大于$n$，则由上述讨论，又可得到一条更短的路，如此进行下去，可得到一条从a到b的最短路。若$a\neq b$，则所有的顶点$a=x_0,x_1,x_2,\cdots,x_{k-1},x_k=b$是不同的，否则，由前面的讨论将会找出一条更短的路，因此这条路的长度最大为$n-1$(由于$|A|=n$)。若$a=b$，则同理可证，顶点$a=x_0,x_1,x_2,\cdots,x_{k-1}$是不同的，所以这条路的长度最大为$n$。总之，若$\langle a,b\rangle\in R^{\infty}$，则对某个$k(1\leqslant k\leqslant n)$，存在$\langle a,b\rangle\in R^{k}$。

因此$t(R)=R\cup R^2\cup R^3\cup\cdots\cup R^n$。

方法2　反证法。

结论可写成“$\forall\langle x,y\rangle\in t(R)$，均存在一个正整数$k(1\leqslant k\leqslant n)$，使得$\langle x,y\rangle\in R^{k}$。”

设$\exists\langle x,y\rangle\in t(R)$，使得只要$\langle x,y\rangle\in R^{m}$，则$m>n$。

不妨假设m是满足上述条件的一个最小的正整数，

则存在序列$x=x_0,x_1,x_2,\cdots,x_{m-1},x_m=y$，使得$\langle x_i,x_{i+1}\rangle\in R(\forall 0\leqslant i\leqslant m-1)$。

由鸽巢原理知，存在一个x_i重复出现于上述序列中，即存在i和$j(0\leqslant i<j\leqslant m)$，使得$x_i=x_j$。因此，上述序列可写成$x=x_0,x_1,x_2,\cdots,x_i,x_{j+1},\cdots,x_{m-1},x_m=y$。

因此，在R中从x到y也存在一条长度为$m-(j-i)$的路径，即$\langle x,y\rangle\in R^{m-(j-i)}$。

但是$m-(j-i)<m$，这与m的最小性矛盾。故定理得证。

例题1.34　设$X=\{a,b,c\}$，R是集合X上的一个关系，$R=\{\langle a,b\rangle,\langle b,c\rangle,\langle c,a\rangle\}$，计算

$r(R)$，$s(R)$，$t(R)$。

解 (1)$r(R)=R\cup I_A=\{\langle a,b\rangle,\langle b,c\rangle,\langle c,a\rangle,\langle a,a\rangle,\langle b,b\rangle,\langle c,c\rangle\}$。

(2)$s(R)=R\cup R^{-1}=\{\langle a,b\rangle,\langle b,c\rangle,\langle c,a\rangle,\langle b,a\rangle,\langle c,b\rangle,\langle a,c\rangle\}$。

(3)$R=\{\langle a,b\rangle,\langle b,c\rangle,\langle c,a\rangle\}$,$R^2=\{\langle a,c\rangle,\langle b,a\rangle,\langle c,b\rangle\}$,$R^3=\{\langle a,a\rangle,\langle b,b\rangle,\langle c,c\rangle\}=I_A$,

$t(R)=R\cup R^2\cup R^3=\{\langle a,b\rangle,\langle b,c\rangle,\langle c,a\rangle,\langle a,c\rangle,\langle b,a\rangle,\langle c,b\rangle,\langle a,a\rangle,\langle b,b\rangle,\langle c,c\rangle\}$。

也可以利用关系矩阵求关系的闭包。设 R 为有限集合 A（$|A|=n$）上的关系，则：

(1)$\boldsymbol{M}_{r(R)}=\boldsymbol{M}_R\vee\boldsymbol{I}_A$。

(2)$\boldsymbol{M}_{s(R)}=\boldsymbol{M}_R\vee\boldsymbol{M}_R^{\mathrm{T}}$。

(3)$\boldsymbol{M}_{t(R)}=\boldsymbol{M}_R\vee\boldsymbol{M}_{R^2}\vee\boldsymbol{M}_{R^3}\vee\cdots\vee\boldsymbol{M}_{R^n}$。

3. 传递闭包构造的 Warshall 算法

从算法的时间复杂度来看，定理 1.20 给出的求传递闭包的算法时间的复杂度为$(n-1)\cdot(n^3+n^2)$，即 $O(n^4)$。1962 年，斯蒂芬·沃沙尔(Stephen Warshall)提出了一个求 $t(R)$更有效的Warshall算法。

Warshall 算法的基本原理是基于图的传递性来计算有向图的传递闭包。如图 1－5 所示，若存在边$\langle i,k\rangle$，且从顶点 k 到顶点 j 也存在边$\langle k,j\rangle$，则根据图的传递性，存在边$\langle i,j\rangle$。Warshall 算法以每条边$\langle i,k\rangle$为出发点，遍历所有可能的边$\langle k,j\rangle$，检查是否存在这样的路径。若存在，则令$\langle i,j\rangle=1$，表示 i 能够到达 j。整个计算过程是在关系矩阵 $\boldsymbol{M}$ 上进行的。

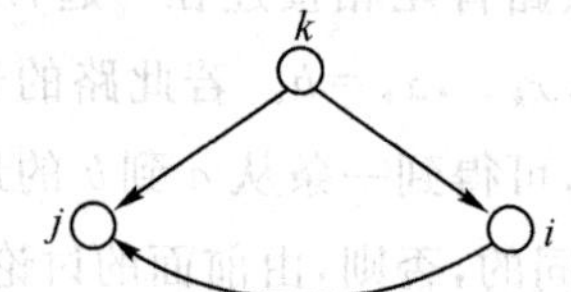

图 1－5 Warshall 算法原理图

算法 1.1 Warshall 算法

设 R 为有限集 A 上的二元关系，$|A|=n$，$\boldsymbol{M}$ 为 R 的关系矩阵，可按照如下算法求传递闭包 $t(R)$的关系矩阵 $\boldsymbol{T}$。算法的具体描述如下：

(1)$\boldsymbol{T}\leftarrow\boldsymbol{M}$

(2)for $i=1$ to n

(3)for $j=1$ to n

(4)for $k=1$ to n

(5)$\boldsymbol{T}[j,k]\leftarrow\boldsymbol{T}[j,k]\vee(\boldsymbol{T}[j,i]\wedge\boldsymbol{T}[i,k])$

由以上算法过程可知，Warshall 算法的实质是：

若 $\boldsymbol{T}[j,i]=0$，则 $\boldsymbol{T}[j,k]$的值不变；

只有当 $\boldsymbol{T}[j,i]=1$ 时，$\boldsymbol{T}[j,k]\leftarrow\boldsymbol{T}[j,k]\vee\boldsymbol{T}[i,k]$。

例题 1.35 设 $A=\{1,2,3,4\}$，$R=\{\langle 1,1\rangle,\langle 1,2\rangle,\langle 2,4\rangle,\langle 3,3\rangle,\langle 4,2\rangle\}$，利用 Warshall

算法计算 R 的传递闭包。

解 用 Warshall 算法求 $t(R)$，显然

$$\boldsymbol{M}=\begin{bmatrix}1&1&0&0\\0&0&0&1\\0&0&1&0\\0&1&0&0\end{bmatrix},$$

以下是使用 Warshall 算法解答例题 1.35 的具体过程：

$$\boldsymbol{T}=\begin{bmatrix}1&1&0&0\\0&0&0&1\\0&0&1&0\\0&1&0&0\end{bmatrix}$$

$$\Downarrow$$

$$\text{当 } i=1 \text{ 时，}\begin{cases}\boldsymbol{T}(1,1)=1,\text{修改第 1 行},\boldsymbol{T}(1,k)=\boldsymbol{T}(1,k)\vee\boldsymbol{T}(1,k),\\\boldsymbol{T}(2,1)=0,\text{第 2 行保持不变},\\\boldsymbol{T}(3,1)=0,\text{第 3 行保持不变},\\\boldsymbol{T}(4,1)=0,\text{第 4 行保持不变}\end{cases}$$

$$\Downarrow$$

$$\boldsymbol{T}=\begin{bmatrix}1&1&0&0\\0&0&0&1\\0&0&1&0\\0&1&0&0\end{bmatrix}$$

$$\Downarrow$$

$$\text{当 } i=2 \text{ 时，}\begin{cases}\boldsymbol{T}(1,2)=1,\text{修改第 1 行},\boldsymbol{T}(1,k)=\boldsymbol{T}(1,k)\vee\boldsymbol{T}(2,k),\\\boldsymbol{T}(2,2)=0,\text{第 2 行保持不变},\\\boldsymbol{T}(3,2)=0,\text{第 3 行保持不变},\\\boldsymbol{T}(4,2)=1,\text{修改第 4 行},\boldsymbol{T}(4,k)=\boldsymbol{T}(4,k)\vee\boldsymbol{T}(2,k)\end{cases}$$

$$\Downarrow$$

$$\boldsymbol{T}=\begin{bmatrix}1&1&0&1\\0&0&0&1\\0&0&1&0\\0&1&0&1\end{bmatrix}$$

$$\Downarrow$$

$$\text{当 } i=3 \text{ 时，}\begin{cases}\boldsymbol{T}(1,3)=0,\text{第 1 行保持不变},\\\boldsymbol{T}(2,3)=0,\text{第 2 行保持不变},\\\boldsymbol{T}(3,3)=1,\text{修改第 3 行},\boldsymbol{T}(3,k)=\boldsymbol{T}(3,k)\vee\boldsymbol{T}(3,k),\\\boldsymbol{T}(4,3)=0,\text{第 4 行保持不变}\end{cases}$$

$$\Downarrow$$

$$\boldsymbol{T}=\begin{bmatrix}1&1&0&1\\0&0&0&1\\0&0&1&0\\0&1&0&1\end{bmatrix}$$

$$\Downarrow$$

$$\text{当 } i=4 \text{ 时,}\begin{cases}\boldsymbol{T}(1,4)=1,\text{修改第 1 行},\boldsymbol{T}(1,k)=\boldsymbol{T}(1,k)\vee\boldsymbol{T}(4,k),\\\boldsymbol{T}(2,4)=1,\text{修改第 2 行},\boldsymbol{T}(2,k)=\boldsymbol{T}(2,k)\vee\boldsymbol{T}(4,k),\\\boldsymbol{T}(3,4)=0,\text{第 3 行保持不变},\\\boldsymbol{T}(4,4)=1,\text{修改第 4 行},\boldsymbol{T}(4,k)=\boldsymbol{T}(4,k)\vee\boldsymbol{T}(4,k)\end{cases}$$

$$\Downarrow$$

$$\boldsymbol{T}=\begin{bmatrix}1&1&0&1\\0&1&0&1\\0&0&1&0\\0&1&0&1\end{bmatrix}。$$

也可以采用 Warshall 算法的**纸上作业法**来求关系的传递闭包。具体解题方法是：第 k 次($k=1,2,\cdots,n$)，

(1)第 k 行中元素 1 所在列画纵向直线；

(2)第 k 列中元素 1 所在行画横向直线；

(3)若直线相交位置为 0,则将 0 改为 1。

以下是使用纸上作业法解答例题 1.35 的具体过程：

对于
$$\boldsymbol{M}=\begin{bmatrix}1&1&0&0\\0&0&0&1\\0&0&1&0\\0&1&0&0\end{bmatrix},$$

当 $k=1$ 时，

$$\boldsymbol{M}=\begin{bmatrix}1&1&0&0\\0&0&0&1\\0&0&1&0\\0&1&0&0\end{bmatrix},$$

交叉位置均为 1,故不变.

当 $k=2$ 时，

$$\boldsymbol{M}=\begin{bmatrix}1&1&0&0\\0&0&0&1\\0&0&1&0\\0&1&0&0\end{bmatrix}\Rightarrow\boldsymbol{M}=\begin{bmatrix}1&1&0&1\\0&0&0&1\\0&0&1&0\\0&1&0&1\end{bmatrix},$$

当 $k=3$ 时，

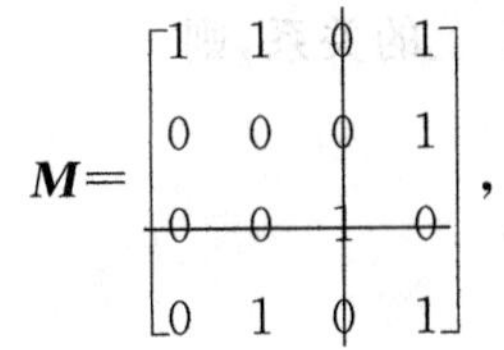

交叉位置均为 1，故不变.

当 $k=4$ 时，

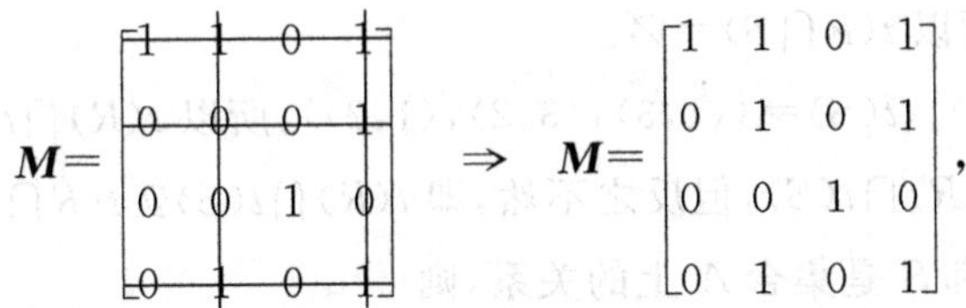

结果与 Warshall 算法求解的结果相同。

思考 (1)为什么按照定理 1.20 的公式求传递闭包，其算法时间复杂度是 $O(n^4)$，而采用 Warshall 算法的时间复杂度是 $0(n^3)$？试比较分析 Warshall 算法改进的效率。

(2)为什么说纸上作业法与 Warshall 算法本质上是相同的？

Warshall 算法是一种基于动态规划的算法，可以在有向图中求出任意两个节点之间是否存在路径。Warshall 算法本质上是通过一系列矩阵的运算来判断节点之间的关系，进而求解关系的传递闭包。在计算路径时，算法会对两个节点之间的传递关系进行判断，判断两者间是否存在中间节点，如果存在，那么这两个节点之间就存在路径。

Warshall 算法还可用于寻找图中的强连通分量，计算图的闭包、可达矩阵等。

Warshall 算法的时间复杂度为 $O(n^3)$，其中 n 是图中节点的数量，该算法使用三重循环来计算矩阵的传递闭包，所以其时间复杂度依然很高。Warshall 算法的时间复杂度可能会限制其在大型图中的应用，因此，一些快速计算传递闭包的算法也被提出，如 Floyd－Warshall 算法，该算法的时间复杂度与 Warshall 算法相同，但是其空间复杂度略高。另外还有基于矩阵快速幂的算法和基于矩阵向量积的算法，它们都是通过优化矩阵运算来加速传递闭包计算的。因此，在使用 Warshall 算法时，需要考虑到数据的规模和算法的时间复杂度，并合理设置计算环境和算法参数，从而达到更高的计算效率和准确性。

4. 关于闭包运算的一些结论

定理 1.21 若 R 和 S 是集合 A 上的关系，且 $R\subseteq S$，则：

(1) $r(R)\subseteq r(S)$。

(2) $s(R)\subseteq s(S)$。

(3) $t(R)\subseteq t(S)$。

证明 (1)因为 $r(R)=R\cup I_A$，$r(S)=S\cup I_A$，又 $R\subseteq S$，所以 $r(R)\subseteq r(S)$。

(2)因为 $s(R)=R\cup R^{-1}$，$s(S)=S\cup S^{-1}$，又 $R\subseteq S$，所以 $R^{-1}\subseteq S^{-1}$。因此，$s(R)\subseteq s(S)$。

(3)因为 $R\subseteq S$ 且 $S\subseteq t(S)$，所以 $R\subseteq t(S)$。又 $t(S)$ 是传递的，由传递闭包的定义可知，$t(R)\subseteq t(S)$。

定理 1.22 若 R 和 S 是集合 A 上的关系，则

(1)$r(R\cap S)=r(R)\cap r(S)$。

(2)$s(R\cap S)=s(R)\cap s(S)$。

(3)$t(R\cap S)\subseteq t(R)\cap t(S)$。

例题 1.36 举反例证明：$t(R)\cap t(S)\not\subseteq t(R\cap S)$。

解 设 $X=\{1,2,3\}$，$R=\{\langle 1,2\rangle\}$，$S=\{\langle 1,3\rangle,\langle 3,2\rangle\}$，分别计算 $t(R\cap S)$ 和 $t(R)\cap t(S)$。

因为 $R\cap S=\varnothing$，所以 $t(R\cap S)=\varnothing$。

因为 $t(R)=\{\langle 1,2\rangle\}$，$t(S)=\{\langle 1,3\rangle,\langle 3,2\rangle,\langle 1,2\rangle\}$，所以 $t(R)\cap t(S)=\{\langle 1,2\rangle\}$。

因此，$t(R\cap S)\subseteq t(R)\cap t(S)$，但反之不然，即 $t(R)\cap t(S)\not\subseteq t(R\cap S)$。

定理 1.23 若 R 和 S 是集合 A 上的关系，则

(1)$r(R\cup S)=r(R)\cup r(S)$。

(2)$s(R\cup S)=s(R)\cup s(S)$。

(3)$t(R)\cup t(S)\subseteq t(R\cup S)$。

例题 1.37 举反例证明：$t(R\cup S)\not\subseteq t(R)\cup t(S)$。

解 设 $X=\{1,2,3\}$，$R=\{\langle 1,2\rangle\}$，$S=\{\langle 2,3\rangle\}$，分别计算 $t(R\cup S)$ 和 $t(R)\cup t(S)$。

因为 $t(R)=\{\langle 1,2\rangle\}$，$t(S)=\{\langle 2,3\rangle\}$，所以 $t(R)\cup t(S)=\{\langle 1,2\rangle,\langle 2,3\rangle\}$。

因为 $R\cup S=\{\langle 1,2\rangle,\langle 2,3\rangle\}$，所以 $t(R\cup S)=\{\langle 1,2\rangle,\langle 2,3\rangle,\langle 1,3\rangle\}$。

因此，$t(R)\cup t(S)\subseteq t(R\cup S)$，但反之不然，即 $t(R\cup S)\not\subseteq t(R)\cup t(S)$。

定理 1.24 若 R 和 S 是集合 A 上的关系，则

(1)$rs(R)=sr(R)$。

(2)$rt(R)=tr(R)$。

(3)$st(R)\subseteq ts(R)$。

例题 1.38 设 $X=\{1,2,3\}$ 且 $R=\{\langle 1,1\rangle,\langle 2,1\rangle\}$，计算 $st(R)$ 和 $ts(R)$。

解 $t(R)=\{\langle 1,1\rangle,\langle 2,1\rangle\}$，

$st(R)=\{\langle 1,1\rangle,\langle 2,1\rangle,\langle 1,2\rangle\}$，

$s(R)=\{\langle 1,1\rangle,\langle 2,1\rangle,\langle 1,2\rangle\}$，

$ts(R)=\{\langle 1,1\rangle,\langle 2,1\rangle,\langle 1,2\rangle,\langle 2,2\rangle\}$，

因此，$st(R)\subseteq ts(R)$，但 $ts(R)\not\subseteq st(R)$，也即 $st(R)\neq ts(R)$。

例题 1.38 说明在定理 1.24 的(3)中相等关系是不成立的，即 $st(R)\neq ts(R)$。

例题 1.39 举反例证明：$rts(R)\subseteq rst(R)$ 为假。

解 设 $X=\{1,2,3\}$ 且 $R=\{\langle 1,2\rangle,\langle 1,3\rangle\}$，计算 $rst(R)$ 和 $rts(R)$。

$t(R)=\{\langle 1,2\rangle,\langle 1,3\rangle\}$，

$st(R)=\{\langle 1,2\rangle,\langle 1,3\rangle,\langle 2,1\rangle,\langle 3,1\rangle\}$，

$rst(R)=\{\langle 1,1\rangle,\langle 2,2\rangle,\langle 3,3\rangle,\langle 1,2\rangle,\langle 1,3\rangle,\langle 2,1\rangle,\langle 3,1\rangle\}$

$\quad=\{\langle 1,1\rangle,\langle 1,2\rangle,\langle 1,3\rangle,\langle 2,1\rangle,\langle 2,2\rangle,\langle 3,1\rangle,\langle 3,3\rangle\}$，

$s(R)=\{\langle 1,2\rangle,\langle 1,3\rangle,\langle 2,1\rangle,\langle 3,1\rangle\}$,

$ts(R)=\{\langle 1,2\rangle,\langle 1,3\rangle,\langle 2,1\rangle,\langle 3,1\rangle,\langle 1,1\rangle,\langle 2,2\rangle,\langle 2,3\rangle,\langle 3,2\rangle,\langle 3,3\rangle\}$,

$rts(R)=\{\langle 1,1\rangle,\langle 1,2\rangle,\langle 1,3\rangle,\langle 2,1\rangle,\langle 2,2\rangle,\langle 2,3\rangle,\langle 3,1\rangle,\langle 3,2\rangle,\langle 3,3\rangle\}$,

由以上结果可知，$rst(R)\neq rts(R)$。

1.5.4　关系性质的判定

定理 1.25　设 R 为 A 上的关系，则：

(1)R 自反当且仅当 $I_A\subseteq R$。

(2)R 反自反当且仅当 $R\cap I_A=\varnothing$。

(3)R 对称当且仅当 $R=R^{-1}$。

(4)R 反对称当且仅当 $R\cap R^{-1}\subseteq I_A$。

(5)R 传递当且仅当 $R^2\subseteq R$。

定理 1.25 给出了判定关系 5 种性质的充要条件。

证明　(1)R 在 A 上自反 $\Leftrightarrow\forall x\in A$，$\langle x,x\rangle\in R\Leftrightarrow I_A\subseteq R$。

(2)设 R 在 A 上是反自反的，可用反证法证明 $R\cap I_A=\varnothing$。

设 $R\cap I_A\neq\varnothing$，则 $\exists x\in A$，使得 $\langle x,x\rangle\in R\cap I_A$，故 $\langle x,x\rangle\in R$，这与 R 在 A 上反自反矛盾。

反之，若 $R\cap I_A=\varnothing$，则 $\forall x\in A$，必有 $\langle x,x\rangle\notin R$，因此 R 在 A 上是反自反的。

(3)设 R 在 A 上对称，则 $\forall\langle x,y\rangle\in R$，有 $\langle y,x\rangle\in R$，即 $\langle x,y\rangle\in R^{-1}$，故 $R\subseteq R^{-1}$。

若 $\forall\langle y,x\rangle\in R^{-1}$，则 $\langle x,y\rangle\in R$，又 R 对称，故 $\langle y,x\rangle\in R$，因此，$R^{-1}\subseteq R$。

故 $R=R^{-1}$。

反之，设 $R=R^{-1}$，则 $\forall\langle x,y\rangle\in R$，有 $\langle y,x\rangle\in R^{-1}$，因此，$\langle y,x\rangle\in R$，故 R 在 A 上对称。

(4)设 R 在 A 上反对称，则 $\forall\langle x,y\rangle\in R\cap R^{-1}$，有 $\langle x,y\rangle\in R$，且 $\langle x,y\rangle\in R^{-1}$，故 $\langle y,x\rangle\in R$，有 $x=y$，即 $\langle x,y\rangle\in I_A$，故 $R\cap R^{-1}\subseteq I_A$。

反之，若 $R\cap R^{-1}\subseteq I_A$，则 $\forall\langle x,y\rangle\in R$，$\forall\langle y,x\rangle\in R$，有 $\langle x,y\rangle\in R^{-1}$，即 $\langle x,y\rangle\in R\cap R^{-1}$，故 $\langle x,y\rangle\in I_A$，因此 $x=y$。故 R 在 A 上反对称。

(5)设 R 在 A 上传递，$\forall\langle x,z\rangle\in R^2$，则 $\exists y$，使得 $\langle x,y\rangle\in R$，$\langle y,z\rangle\in R$。又 R 在 A 上传递，所以 $\langle x,z\rangle\in R$，故 $R^2\subseteq R$。

反之，若 $R^2\subseteq R$，则 $\forall\langle x,y\rangle\in R$，$\langle y,z\rangle\in R$，有 $\langle x,z\rangle\in R^2$，故 $\langle x,z\rangle\in R$，因此，R 在 A 上传递。

推论　R 在集合 A 上传递当且仅当 $\forall n\geqslant 1$，有 $R^n\subseteq R$。

证明　首先，用数学归纳法证明若 R 在 A 上传递，则 $\forall n\geqslant 1$，有 $R^n\subseteq R$。

(1)当 $n=1$ 时，显然有 $R\subseteq R$。

(2)当 $n=2$ 时，$\forall\langle x,z\rangle\in R^2$，则 $\exists y\in A$，使得 $\langle x,y\rangle\in R$，$\langle y,z\rangle\in R$。由于 R 传递，故 $\langle x,z\rangle\in R$。因此，$R^2\subseteq R$。

(3)设对于 $n-1$,有 $R^{n-1}\subseteq R$。

$\forall\langle x,z\rangle\in R^n$,则 $\exists y\in A$,使得 $\langle x,y\rangle\in R^{n-1}$,$\langle y,z\rangle\in R$。因此 $\langle x,y\rangle\in R$,$\langle y,z\rangle\in R$。由于 R 传递,$\langle x,z\rangle\in R$,故 $R^n\subseteq R$。

其次,证明若 $\forall n\geqslant 1$,有 $R^n\subseteq R$,则 R 是传递的。

对于 $\forall\langle a,b\rangle\in R$,$\langle b,c\rangle\in R$,由 R^2 的定义可知,$\langle a,c\rangle\in R^2$。因为 $R^2\subseteq R$,故 $\langle a,c\rangle\in R$。因此,R 在 A 上传递。

例题 1.40 设 R 是集合 A 上的二元关系,若 $\boldsymbol{M}_R\odot\boldsymbol{M}_R=\boldsymbol{M}_R$,则说明 $R^2=R$,因此 R 在 A 上传递;反之不然,即若 R 在 A 上传递,$\boldsymbol{M}_R\odot\boldsymbol{M}_R=\boldsymbol{M}_R$ 未必成立,举反例说明。

解 设 $X=\{1,2,3\}$ 且 $R=\{\langle 1,2\rangle,\langle 2,3\rangle,\langle 1,3\rangle\}$,故 $R^2=\{\langle 1,3\rangle\}$,$R$ 显然是 A 上的传递关系,但 $R^2\neq R$。

1.5.5 关系性质的运算保持性

若具有某种性质的关系实施某种关系运算后关系的性质不变,则称该性质在这种运算下是保持的。

定理 1.26 设 R 和 S 是集合 A 上的关系,表 1-5 给出了 5 种关系性质在 5 种运算下保持的结果(√表示保持,×表示不保持)。

表 1-5 运算保持性

运算	性质				
	自反性	反自反性	对称性	反对称性	传递性
R^{-1}	√	√	√	√	√
$R\cap S$	√	√	√	√	√
$R\cup S$	√	√	√	×	×
$R-S$	×	√	√	√	×
$R\circ S$	√	×	×	×	×

例题 1.41 举反例说明下列各结论。

(1)若 R 和 S 是自反的,则 $R-S$ 一定不是自反的。

(2)若 R 和 S 是反自反的,但 $R\circ S$ 未必一定是反自反的。

(3)若 R 和 S 是对称的,但 $R\circ S$ 未必一定是对称的。

(4)若 R 和 S 是反对称的,但 $R\cup S$ 和 $R\circ S$ 未必一定是反对称的。

(5)若 R 和 S 是传递的,但 $R\cup S$ 未必一定是传递的。

(6)若 R 和 S 是传递的,但 $R-S$ 未必一定是传递的。

(7)若 R 和 S 是传递的,但 $R\circ S$ 未必一定是传递的。

解 (1)设 $A=\{1,2,3\}$,$R=\{\langle 1,1\rangle,\langle 2,2\rangle,\langle 3,3\rangle,\langle 1,3\rangle,\langle 3,2\rangle\}$,$S=\{\langle 1,1\rangle,\langle 2,2\rangle,$

$\langle 3,3\rangle,\langle 2,3\rangle,\langle 3,2\rangle\}$，显然，$R$ 和 S 都是自反关系，但 $R-S=\{\langle 1,3\rangle\}$，不是自反关系。

(2)设 $A=\{1,2,3\}$，$R=\{\langle 1,3\rangle,\langle 3,2\rangle\}$，$S=\{\langle 2,3\rangle,\langle 3,2\rangle\}$，显然，$R$ 和 S 都是反自反关系，但 $R\circ S=\{\langle 1,2\rangle,\langle 3,3\rangle\}$，不是反自反关系。

(3)设 $A=\{1,2,3\}$，$R=\{\langle 1,3\rangle,\langle 3,1\rangle\}$，$S=\{\langle 2,3\rangle,\langle 3,2\rangle\}$，显然 R 和 S 都是对称关系，但 $R\circ S=\{\langle 1,2\rangle\}$，不是对称关系。

(4)设 $A=\{1,2,3\}$，$R=\{\langle 1,3\rangle,\langle 2,1\rangle\}$，$S=\{\langle 1,1\rangle,\langle 3,1\rangle,\langle 3,2\rangle\}$，显然 R 和 S 都是反对称关系，但 $R\cup S=\{\langle 1,3\rangle,\langle 2,1\rangle,\langle 1,1\rangle,\langle 3,1\rangle,\langle 3,2\rangle\}$，由于 $\langle 1,3\rangle\in R\cup S$，$\langle 3,1\rangle\in R\cup S$，但 $1\neq 3$，所以 $R\cup S$ 不是反对称关系。$R\circ S=\{\langle 1,1\rangle,\langle 1,2\rangle,\langle 2,1\rangle\}$，显然也不是反对称关系。

(5)设 $A=\{1,2,3\}$，$R=\{\langle 1,3\rangle,\langle 3,1\rangle,\langle 1,1\rangle,\langle 3,3\rangle\}$，$S=\{\langle 3,2\rangle\}$，则

$R\cup S=\{\langle 1,3\rangle,\langle 3,1\rangle,\langle 1,1\rangle,\langle 3,3\rangle,\langle 3,2\rangle\}$，由于 $\langle 1,2\rangle\notin R\cup S$，因此 $R\cup S$ 不是传递关系。

(6)设 $A=\{1,2,3\}$，$R=\{\langle 1,3\rangle,\langle 3,2\rangle,\langle 1,2\rangle\}$，$S=\{\langle 1,2\rangle\}$，则

$R-S=\{\langle 1,3\rangle,\langle 3,2\rangle\}$，由于 $\langle 1,2\rangle\notin R-S$，因此 $R-S$ 不是传递关系。

(7)设 $R=\{\langle 1,2\rangle,\langle 2,3\rangle,\langle 1,3\rangle\}$，$S=\{\langle 2,3\rangle,\langle 3,1\rangle,\langle 2,1\rangle\}$，则 $R\circ S=\{\langle 1,3\rangle,\langle 1,1\rangle,\langle 2,1\rangle\}$，由于 $\langle 2,3\rangle\notin R\circ S$，因此 $R\circ S$ 不是传递关系。

定理 1.27　若 R 是集合 A 上的关系，则：

(1)若 R 是自反的，则 $s(R)$ 和 $t(R)$ 也是自反的；

(2)若 R 是对称的，则 $r(R)$ 和 $t(R)$ 也是对称的；

(3)若 R 是传递的，则 $r(R)$ 也是传递的。

证明　(1)设 R 自反，则 $I_A\subseteq R$，故 $I_A\subseteq R\subseteq s(R)$，$I_A\subseteq R\subseteq t(R)$，故 $s(R)$ 和 $t(R)$ 也是自反的。

(2)设 R 对称，则 $R^{-1}=R$，因此 $r(R)^{-1}=(R\cup I_A)^{-1}=R^{-1}\cup I_A^{-1}=R\cup I_A=r(R)$，故 $r(R)$ 是对称的。

设 R 对称，则 $R^{-1}=R$，因此 $(R^2)^{-1}=(R^{-1})^2=R^2$，故 R^2 也是对称的。同理，$\forall k\in\mathbf{N}$，R^k 也是对称的，因此 $t(R)=\bigcup_{i=1}^{n}R^i$ 也是对称的。

(3)设 R 传递，则 $R^2\subseteq R$，所以 $(r(R))^2=(R\cup I_A)^2=(R\cup I_A)\circ(R\cup I_A)=R^2\cup R\circ I_A\cup I_A\circ R\cup I_A^2\subseteq R\cup I_A=r(R)$，因此，$r(R)$ 也是传递的。

例题 1.42　设 $A=\{1,2,3\}$，$R=\{\langle 1,3\rangle\}$，判断 $s(R)$ 是否是传递关系？

解　因为 $s(R)=R\cup R^{-1}=\{\langle 1,3\rangle,\langle 3,1\rangle\}$，所以 $s(R)$ 不是传递关系。

例题 1.42 说明，R 是传递的不能保证 $s(R)$ 一定是传递关系。

1.5.6　其他的关系运算

在应用(如关系数据库理论)中，还用到了一些特殊的关系运算，包括限制运算、投影运算、连接运算和除运算。

定义 1.45 限制运算

设 R 为一个 n 元关系，P 为一个 n 元谓词公式，则关系 R 在 P 上的**限制**(restriction)表示为 $R[P]$，定义为 $R[P]=\{\langle x_1,x_2,\cdots,x_n\rangle \mid \langle x_1,x_2,\cdots,x_n\rangle\in R\wedge P(x_1,x_2,\cdots,x_n)\}$。

限制运算在关系数据库中被称为"选择运算"。特别地，若 R 是集合 A 上的二元关系，$B\subseteq A$，称关系 $R\cap(B\times B)$ 是 R 在集合 B 上的限制，记作 $R\upharpoonright B$。

例题 1.43 (1)设 $R=\{\langle 1,2,3\rangle,\langle 3,3,3\rangle,\langle 3,2,1\rangle,\langle 3,2,3\rangle,\langle 1,3,1\rangle\}$，$P(x_1,x_2,x_3):x_1=x_3$，求 $R[P]$。

(2)设 $A=\{a,b,c,d\}$，$B=\{a,b\}$，R 是 A 上的关系，定义：$R=\{\langle a,a\rangle,\langle b,b\rangle,\langle a,b\rangle,\langle b,a\rangle,\langle b,c\rangle\}$，求 $R\upharpoonright B$。

解 (1)$R[P]=\{\langle 3,3,3\rangle,\langle 3,2,3\rangle,\langle 1,3,1\rangle\}$。

(2)$R\upharpoonright B=\{\langle a,a\rangle,\langle b,b\rangle,\langle a,b\rangle,\langle b,a\rangle\}$。

限制运算的意义在于，若原有的关系过于庞大而性质欠佳，则可以通过限制运算，选取其中性质优良的子关系。

定义 1.46 投影运算

设 R 为一个 n 元关系，A 为 $\{1,2,\cdots,n\}$ 上的一个 k 元素序列：$i_1,\cdots,i_k$。记 $x=\langle x_1,\cdots,x_n\rangle$，$p_i(x)=x_i(i=1,2,\cdots,n)$，则关系 R 在 A 上的**投影运算**表示为 $R[A]$，定义为

$$R[A]=\{\langle p_{i_1}(x),\cdots,p_{i_k}(x)\rangle \mid x\in R\}。$$

例题 1.44 设 $R=\{\langle 1,2,3\rangle,\langle 3,3,3\rangle,\langle 3,2,1\rangle,\langle 3,2,3\rangle,\langle 1,3,1\rangle\}$，取 A 为序列 2,3，求 $R[A]$。

解 $R[A]=\{\langle 2,3\rangle,\langle 3,3\rangle,\langle 2,1\rangle,\langle 3,1\rangle\}$。

定义 1.47 连接运算

设 R 为一个 n 元关系，S 为一个 m 元关系，则将 R 和 S 依据条件 P 的**连接运算**记为 $R[P]S$，定义为 $R[P]S=\{\langle x_1,\cdots,x_n,y_1,\cdots,y_m\rangle \mid x\in R\wedge y\in S\wedge P(x_1,\cdots,x_n,y_1,\cdots,y_m)\}$。

当 P 为恒真公式时，$R[P]S$ 简记为 $R*S$，称为 R 与 S 的自然连接。

例题 1.45 设 $R=\{\langle 1,0,1,1\rangle,\langle 1,1,0,1\rangle,\langle 1,0,0,0\rangle,\langle 0,1,1,1\rangle\}$，$S=\{\langle 1,1,1\rangle,\langle 0,0,0\rangle,\langle 1,0,1\rangle\}$，$P(x_1,x_2,x_3,x_4,y_1,y_2,y_3)$ 表示"$x_1+x_2+x_3+x_4+y_1+y_2+y_3$ 为偶数"，求 $R[P]S$。

解 $R[P]S=\{\langle 1,0,1,1,1,1,1\rangle,\langle 1,1,0,1,1,1,1\rangle,\langle 1,0,0,0,1,1,1\rangle,\langle 0,1,1,1,1,1,1\rangle\}$。

定义 1.48 除运算

设 R 为一个 n 元关系，S 为一个 m 元关系，$m\leqslant n$，则 R 除以 S 的商称为**除**(divide)运算，记为 $R\div S$，定义为 $R\div S=\{t \mid \{t\}*S\subseteq R\}$，其中 t 为 $n-m$ 元序组。

例题 1.46 设 $R=\{\langle 1,1,1\rangle,\langle 1,1,0\rangle,\langle 0,1,1\rangle,\langle 0,1,0\rangle,\langle 1,0,1\rangle,\langle 0,0,1\rangle\}$，$S=\{\langle 1,1\rangle,\langle 1,0\rangle\}$，求 $R\div S$。

解　$R \div S = \{\langle 1\rangle, \langle 0\rangle\}$，约定$\langle x\rangle$表示为$x$，它们的集合表示一个一元关系(即性质)。

习题 1.5

1.6　等价关系

假如作为研究对象的集合很复杂，当研究对象是无限集合，或者虽是有限集合，但由于研究成本或其他原因无法对集合中的元素逐一进行研究时，应如何应对呢？

从认识论的角度看，人类认识客观世界总是遵循从简单到复杂这一规律，也就是说，要把复杂的问题简单化，所谓“万物之始，大道至简，衍化至繁”。人类解决问题的一种典型思路是化繁为简，那么如何实现化繁为简呢？

一个朴素的想法是将原对象系统划分成几个互不相交的子集，如果每个子集中的元素的性质是相同的，那么可以从每个子集中挑选出一个元素作为代表元进行研究，并可以认为此代表元素的性质等价于它所在的子集的所有元素的性质，如图 1-6 所示。

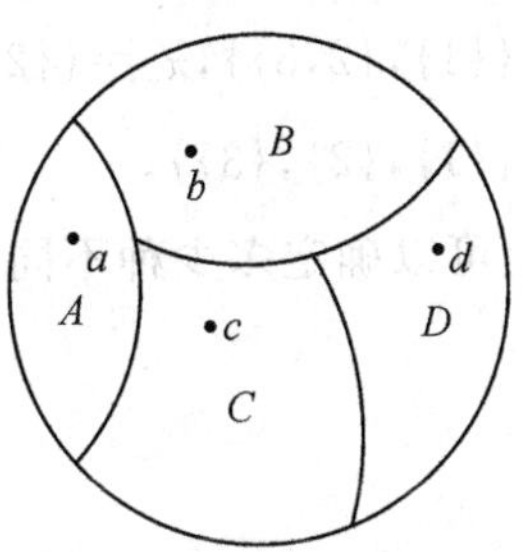

图 1-6　物以类聚

问题在于如何确保每个子集中的元素性质相同，这就需要在对象系统上定义一种等价关系，使得可以认为相互等价的元素之间具有相同的性质，而且这些等价的元素都应当被划分在同一子集中，即所谓的“物以类聚，人以群分”。

另一方面，我们可以按不同的粒度逐一对对象系统中的元素进行划分，不同的划分提供了研究对象系统的一种视图(view)，这有助于我们更深入地理解系统。

1.6.1　覆盖与划分

定义 1.49 覆盖、极小覆盖

对于非空集合X及非空集族$C=\{C_1, C_2, \cdots, C_n\}$，若$\bigcup_{i=1}^{n} C_i = X$，则称$C$构成集合$X$的一

个**覆盖**(cover)。

设 C 为集合 X 的一个覆盖，若不存在其他覆盖 C'，能使 $C' \subset C$，则称 C 为 X 的**极小覆盖**。

例题 1.47 设 $X=\{1,2,3,4\}$，在 $C_1=\{\{1,2,3,4\}\}$，$C_2=\{\{1\},\{2\},\{3\},\{4\}\}$，$C_3=\{\{1\},\{1,2\},\{1,3,4\}\}$，$C_4=\{\{1,2\},\{1,3,4\}\}$中，哪些是 X 的覆盖，哪些是 X 的极小覆盖？

解 C_1,C_2,C_3,C_4 均为 X 的覆盖，其中 C_1,C_2,C_4 为 X 的极小覆盖。

定义 1.50 划分

设 A 是非空集合，$\pi=\{S_1,S_2,\cdots,S_m\}$，$S_i\neq\varnothing$，$i=1,\cdots,m$，且满足：

(1) $\forall S_i\in\pi, S_i\subseteq A$，

(2) $S_1\cup S_2\cup\cdots\cup S_m=A$，

(3) $S_i\cap S_j=\varnothing, \forall i\neq j$，

则称 π 是 A 的一个**划分**(partition)，称 $S_i(i=1,\cdots,m)$是 A 的**划分块**。

易知，划分是覆盖的特例。

例题 1.48 设 $A=\{1,2,3\}$，试确定 A 的所有划分。

解 集合 A 有 5 种不同的划分方法，分别是：

(1)有 1 个划分块的划分：$\pi_1=\{\{1,2,3\}\}$。

(2)有 2 个划分块的划分：$\pi_2=\{\{1\},\{2,3\}\}$，$\pi_3=\{\{2\},\{1,3\}\}$，$\pi_4=\{\{3\},\{1,2\}\}$。

(3)有 3 个划分块的划分：$\pi_5=\{\{1\},\{2\},\{3\}\}$。

思考 若 $|A|=n$，则集合 A 上可以确定多少种不同的划分？

1.6.2 等价关系与等价类

定义 1.51 等价关系

设 R 为非空集合上的关系，若 R 是自反的、对称的和传递的，则称 R 为 A 上的**等价关系**(equivalence relation)。设 R 是一个等价关系，若$\langle x,y\rangle\in R$，则称 x 等价于 y，记作 $x\sim y$。

例题 1.49 设 m 是大于 1 的整数，若 x 和 y 是整数，且 $x-y$ 被 m 整除，则称 x 与 y **模 m 同余**，记为 $x\equiv y(\mathrm{mod}\ m)$，这种正整数集合 $\mathbf{Z}^+$ 上的关系称为模 m 同余关系。

证明：模 m 同余关系是等价关系。

证明 对于 $\forall x\in\mathbf{Z}^+$，有 $x\equiv x(\mathrm{mod}\ m)$；

对于 $\forall x,y\in\mathbf{Z}^+$，若 $x\equiv y(\mathrm{mod}\ m)$，则有 $y\equiv x(\mathrm{mod}\ m)$；

对于 $\forall x,y,z\in\mathbf{Z}^+$，若 $x\equiv y(\mathrm{mod}\ m)$，$y\equiv z(\mathrm{mod}\ m)$，则有 $x\equiv z(\mathrm{mod}\ m)$，

因此，自反性、对称性、传递性得到验证，即 $x\equiv y(\mathrm{mod}\ m)$是一个等价关系。

例如，若 $A=\{1,2,\cdots,8\}$，A 上的模 3 同余关系 $R=\{\langle x,y\rangle \mid x,y\in A\wedge x\equiv y(\mathrm{mod}\ 3)\}$是一个等价关系，其关系图如图 1-7 所示。

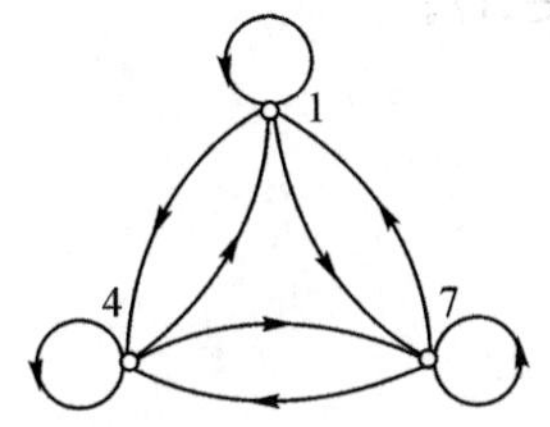

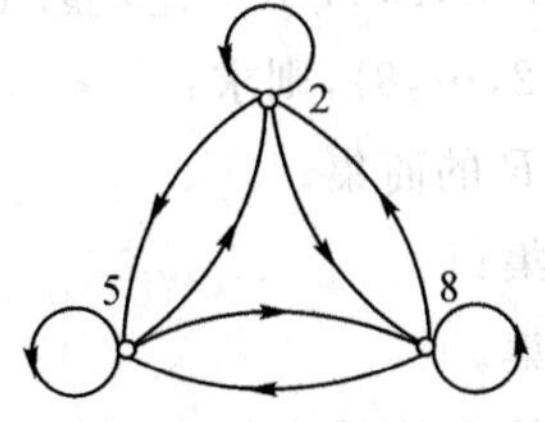

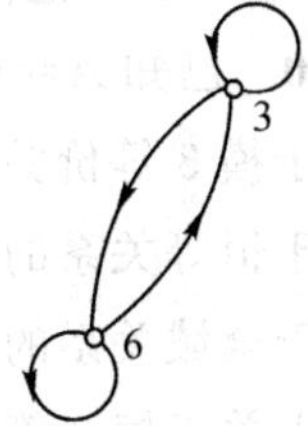

图 1-7 模 3 同余关系的关系图

同余关系经常用于代码中校验码的设计和随机数的生成。

定义 1.52 等价类

设 R 为非空集合 A 上的等价关系，对于 $\forall x \in A$，令 $[x]_R = \{y \mid y \in A \land xRy\}$，则称 $[x]_R$ 为 x 关于 R 的**等价类**(equivalence class)，简称为 x 的等价类，简记为 $[x]$。易见，x 关于 R 的等价类就是 x 的 R 相关集，即 $[x]_R = R(x)$。

定义 1.53 等价关系的秩

等价关系中不同等价类的数目称为该等价关系的**秩**(rank)。

定义 1.54 模 m 同余关系的等价类称为**模 m 同余类**，所有模 m 同余类的集合记为 Z_m。例如，$A = \{1,2,\cdots,8\}$ 上模 3 同余关系的等价类为：

$[1]=[4]=[7]=\{1,4,7\}$；$[2]=[5]=[8]=\{2,5,8\}$；$[3]=[6]=\{3,6\}$，

因此，$Z_m = \{[1],[2],[3]\}$。这也说明，模 3 同余关系的秩为 3，模 m 同余关系的秩为 m。

定理 1.28 设 R 是非空集合 A 上的等价关系，则

(1) 对于 $\forall x \in A$，$[x]$ 是 A 的非空子集。

(2) 对于 $\forall x, y \in A$，若 xRy，则 $[x]=[y]$。

(3) 对于 $\forall x, y \in A$，若 $x\overline{R}y$，则 $[x] \cap [y] = \varnothing$。

(4) $\bigcup_{x \in A} [x] = A$，即所有等价类的并集就是 A。

证明 (1) 因为 R 是自反的，所以 $\forall x \in A$，$x \in [x]$，因此 $[x]$ 是非空的。

(2) 对于 $\forall x, y \in A$，若 xRy，则 $\forall a \in [x] \Rightarrow xRa \Rightarrow aRx \Rightarrow aRy \Rightarrow a \in [y]$，故 $[x] \subseteq [y]$。同理可证 $[y] \subseteq [x]$，因此 $[x]=[y]$。

(3) 用反证法。设 $[x] \cap [y] \neq \varnothing$，则 $\exists a \in [x] \cap [y]$，所以 $a \in [x]$，$a \in [y]$，即 $aRx \land aRy$，$xRa \land aRy$，所以 xRy，与已知条件矛盾，故 $[x] \cap [y] = \varnothing$ 得证。

(4) 显然有 $\forall x \in A$，$[x] \subseteq A$，因此 $\bigcup_{x \in A} [x] \subseteq A$；反之，$\forall x \in A$，$x \in [x]$，因此，$A \subseteq \bigcup_{x \in A} [x]$，所以结论成立。

1.6.3 等价关系与划分

定义 1.55 商集

设 R 为非空集合 A 上的等价关系，以 R 的所有等价类作为元素的集合称为 A 关于 R

的**商集**(quotient sets),记作 A/R,即 $A/R=\{[x]_R \mid \forall x\in A\}$。

例题 1.50 已知 $A=\{1,2,\cdots,8\}$,则求:

(1)A 关于模 3 等价关系 R 的商集;

(2)A 关于恒等关系的商集;

(3)A 关于全域关系的商集。

解 (1)A 关于模 3 等价关系 R 的商集为 $A/R=\{\{1,4,7\},\{2,5,8\},\{3,6\}\}$。

(2)A 关于恒等关系的商集为 $A/I_A=\{\{1\},\{2\},\cdots,\{8\}\}$。

(3)A 关于全域关系的商集为 $A/E_A=\{\{1,2,\cdots,8\}\}$。

定理 1.29 设 R 为非空集合 A 上的等价关系,则

(1)商集 A/R 是 A 的一个划分。

(2)任给 A 的一个划分 π,定义 A 上的关系 R 为

$$R=\{\langle x,y\rangle \mid x,y\in A\wedge x\text{ 与 }y\text{ 在 }\pi\text{ 的同一划分块中}\},$$

则 R 为 A 上的等价关系,且该等价关系确定的商集就是 π。

证明 (1)设 R 是 A 上的等价关系,由定理 1.28 可知,A 关于 R 的商集 A/R 是 A 的一个划分。

(2)设 $\pi=\{S_1,S_2,\cdots,S_m\}$是 A 的一个划分,定义如下关系:

$R=\{\langle x,y\rangle \mid x,y\in A\wedge x$ 与 y 在 π 的同一划分块中$\}$,则 R 是 A 上的等价关系。

设 $x\in A$,显然,x 与其自身在 π 的同一个划分块中,于是有$\langle x,x\rangle\in R$,即 R 是自反的。

设$\langle x,y\rangle\in R$,x 和 y 在某个 S_j 中,则 y 和 x 也在划分块 S_j 中,所以$\langle y,x\rangle\in R$,即 R 是对称的。

设$\langle x,y\rangle\in R\wedge\langle y,z\rangle\in R$,则 x 和 y 在 S_i 中,且 y 和 z 在 S_j 中,$y\in S_i\cap S_j\neq\varnothing$,因为 S 是 X 的一个划分,故必有 $S_i=S_j$,即 x 和 z 在 S_j 中,因此,$\langle x,z\rangle\in R$,即 R 是传递的。

等价关系 R 称作划分 S 诱导的等价关系,划分 S 诱导的等价关系 R 也可以表示为:

$$R=(S_1\times S_1)\cup(S_2\times S_2)\cup\cdots\cup(S_m\times S_m)。$$

定义 1.56 等价闭包

设 R 是集合 A 上的关系,$tsr(R)$是 R 的**等价闭包**,称之为 R 诱导的等价关系,即包含 R 的最小等价关系。

例题 1.51 设 $X=\{1,2,3,4\}$,X 的划分 $S=\{\{1\},\{2,3\},\{4\}\}$,试写出 S 诱导的等价关系 R。

解 $R=\{\langle 1,1\rangle,\langle 2,2\rangle,\langle 2,3\rangle,\langle 3,2\rangle,\langle 3,3\rangle,\langle 4,4\rangle\}$。

可以验证 R 是 X 上的等价关系。

定理 1.29 揭示了一个重要的结论,即等价关系与划分是一一对应的。二者的这种一一对应关系为许多研究对象庞大的问题,特别是对无穷集合问题的研究,提供了一种更好的方式。该方法的步骤如下:

(1)在无穷集合上确定一个等价关系。

(2)按此等价关系对集合进行划分。常选择较理想的等价关系,可将无穷集合划分为有

限个类，这样就可以把无穷集合转化为有限集合，从而使问题的研究变得更加方便，甚至使问题由不可研究变为可研究。

(3)由于每一类中的元素都具有共同的特性，故常在每一类中选一个代表元素，或选取标准型进行研究。

这样就可以将无穷集合转化为有限类，即有限集合进行研究。这种研究方法和思想，在许多领域中得到了广泛的应用，如线性代数、布尔代数、数理逻辑等。

1.6.4　等价关系计数问题

一个具有 n 个元素的有限集上可以确定多少种不同的等价关系？下面的定理给出了两种不同形式的答案。

定理 1.30　设 A 是有限集，且 $|A|=n(n\in\mathbf{N})$，则在 A 上可定义的不同等价关系的个数为

$$B_n=\sum_{m=1}^{n}\frac{\sum_{i=0}^{m}(-1)^iC(m,i)\,(m-i)^n}{m!}。$$

定理 1.31　设 $S(n,k)$ 表示将含有 n 个元素的有限集 A 划分为 k 个块的方案数，B_n 表示将含有 n 个元素的有限集进行划分所得的划分方案数，则

$$S(n,k)=S(n-1,k-1)+kS(n-1,k)，其中，S(1,1)=1，S(n,n)=1；$$

$$B_n=\sum_{i=1}^{n}S(n,i)。$$

证明　不妨假设 $A=\{a_1,a_2,\cdots,a_n\}$，其划分块为 k 的方案可分解成如下两种类型：

对于 $\forall a_i\in A$，

(1)若 a_i 单独构成一个划分快，则这类划分方案数为 $S(n-1,k-1)$。

(2)若 a_i 不单独构成一个划分块，可以先将其余的 $n-1$ 个元素划分成 k 个划分块，共有 $S(n-1,k)$ 种划分方案。再将 a_i 放入到这 k 个划分块中，共有 k 种方案。由乘法原理可知，此类划分方案数为 $k\times S(n-1,k)$。

(3)利用加法原理，有

$$S(n,k)=S(n-1,k-1)+kS(n-1,k),$$

其中，$S(1,1)=1$，$S(n,n)=1$。

对含有 n 个元素的有限集进行划分，其方案可以分为互不相容的 n 类方案：

第 1 类方案，将有限集划分为 1 个块，其划分方案数为 $S(n,1)$；

第 2 类方案，将有限集划分为 2 个块，其划分方案数为 $S(n,2)$；

……

第 n 类方案，将有限集划分为 n 个块，其划分方案数为 $S(n,n)$，

因此，$B_n=\sum_{i=1}^{n}S(n,i)$。

定理 1.30 也揭示了 n 个元素的有限集 A 上可以定义的不同等价关系的个数为 B_n，B_n

也称为**贝尔数**(Bell Number),$S(n,k)$称为**第二类斯特林数**,参见表 1-6。

表 1-6　第二类斯特林数 $S(n,k)$

n	$S(n,k)$									
	$k=1$	$k=2$	$k=3$	$k=4$	$k=5$	$k=6$	$k=7$	$k=8$	$k=9$	$k=10$
1	1									
2	1	1								
3	1	3	1							
4	1	7	6	1						
5	1	15	25	10	1					
6	1	31	90	65	15	1				
7	1	63	301	350	140	21	1			
8	1	127	966	1701	1050	266	28	1		
9	1	255	3025	7770	6951	2646	462	36	1	
10	1	511	9330	34105	42525	2282	5880	750	45	1

思考　参考动态规划算法,如何求解递推式 $S(n,k)=S(n-1,k-1)+kS(n-1,k)$?

1.6.5　等价关系在计算机中的应用

等价关系在计算机技术中有着广泛的应用,下面以 2 个实例进行说明。

1. 等价关系在软件测试中的应用

软件测试(software testing)是为了发现错误而执行程序的过程。使用人工或自动方式来运行并测试某个系统,以此来检验系统是否满足规定的需求,并确定预期结果与实际结果的差异。一般可通过设计合适的测试用例来发现软件系统中存在的错误。

测试用例(testing case)是为某个特殊目标而编制的一组测试输入、执行条件以及预期结果,以便测试程序某个路径或核实是否满足某个特定需求。

等价类测试是一种典型的黑盒测试法,其基本思想是:把全部的输入数据划分成若干个等价类,在每一个等价类中取一个测试用例来进行测试。

等价类是输入域的某个子集,而所有的等价类的并集是整个输入域。在每个等价类中,各个输入数据对于揭露程序中的错误是等效的。测试某等价类的代表值,就等效于对这个等价类中其他值的测试。

针对等价类设计的 3 个约束条件是:

(1)分而不交,即子集互不相交;

(2)合而不变,即并集是整个集合;

(3)类内等价，即同一类中的测试用例对于揭露程序中的错误是等效的。

等价类包括有效等价类和无效等价类。有效等价类是指对于程序的规格说明而言，是合理的、有意义的输入数据所构成的集合。无效等价类是指对于程序的规格说明而言，是不合理的、没有意义的输入数据所构成的集合。

例题 1.52 在某系统的用户注册界面，要求用户名必须由字符和数字组成，且必须以字符开头，不能包含特殊字符，长度需介于 6～12 位之间，试利用等价类划分法设计测试用例。

解 根据等价类的设计原则：当输入数据必须遵循一定规则时，可确定 1 个有效等价类(符合所有规则)和若干个无效等价类(从不同角度违反规则)。因此，根据图 1－8 中的决策树可知，本题可确立 1 个有效等价类和 5 个无效等价类。

测试用例设计结果如下：

(1)有效等价类：abc123。

(2)无效等价类：123abc，abcdefg，abc@123，abc12，abcdefg123456。

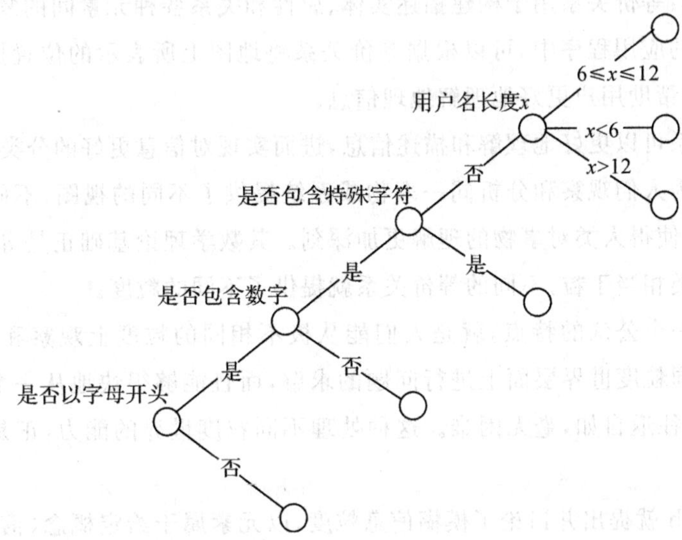

图 1－8 等价类设计决策树

2. 等价关系在粒计算中的应用

宋代文学家苏轼的诗作《题西林壁》是一首诗中有画的写景诗，又兼具哲理深度，其哲理深藏于对庐山景色的细腻描绘之中。诗中云：“横看成岭侧成峰，远近高低各不同。不识庐山真面目，只缘身在此山中。”前两句生动展现了庐山形态的多变：庐山横亘眼前，绵延不绝，崇山峻岭郁郁葱葱，连绵成趣；而侧面观之，则峰峦叠嶂，奇峰突兀，直插云霄。从不同距离与角度审视庐山，所领略到的山色与气势亦各有千秋。

这首富含深邃哲理的诗作，亦向我们揭示了一个道理：任何事物，当我们从不同视角或维度去观察时，所得到的感受是不同的。因此，为了实现对事物更为全面而深刻的理解，我们必须具备多模型思维的能力，即能够运用多样化的视角与框架来审视同一系统。粒计算正是这一思维模式的生动体现。

粒计算作为一种先进的信息处理方法，其核心在于运用微粒作为信息的基本单位，将复杂的信息拆解为基于微粒的多个层次结构，并深入探究微粒之间的相互关联与影响。在这一框架下，等价关系展现出广泛的应用价值，特别是在基于等价关系的数据聚类与语义推理领域。具体而言，等价关系能够有效地应用于以下几个方面。

(1)数据聚类：在数据挖掘和机器学习中，等价关系用于识别数据集重要的特征或子集，将数据按照相似度或等价关系进行分组，从而形成聚类。例如，有一个数据集包含不同牌子的汽车，可以基于等价关系判断同一厂商、同一车系、同一车型等，然后对这些汽车进行聚类分析。

(2)语义推理：在人工智能和自然语言处理中，利用等价关系来推断词语之间的语义联系。例如，在一组关于生物学的术语中，可以通过等价关系来找到同一概念的不同术语，从而建立词汇表、语义网络等。

(3)知识建模：等价关系用于构建描述实体、属性和关系各种元素间的复杂模型。例如，在一个带有地图的应用程序中，可以根据等价关系将地图上所表示的位置按照区域、城市、国家等分组，从而帮助用户更好地理解地理信息。

利用等价关系可以更好地理解和描述信息，进而实现对信息更好的分类和处理。

粒计算理论为人们观察和分析同一事物或系统提供了不同的视图，不同的粒度对应着事物的不同视图，使得人类对事物的理解更加深刻。其数学理论基础正是等价关系，等价关系中的每个等价类相当于粒，不同的等价关系就提供了不同的粒度。

人类智能的一个公认的特点，就是人们能从极不相同的粒度上观察和分析同一问题。人们不仅能在不同粒度世界层面上进行问题的求解，而且能够很快地从一个粒度世界跳到另一个粒度世界，往返自如，毫无困难。这种处理不同粒度世界的能力，正是人类求解问题的强有力的表现。

1979 年 Zadeh 就提出并讨论了模糊信息粒度，以元素属于给定概念(信息粒)的隶属程度作为粒度的衡量标准，推动了模糊逻辑理论及其应用的发展。并于 1996 年提出了词计算理论，认为人类认知的三个主要概念是粒化(包括将全体分解为部分)、组织(包括从部分集成全体)和因果(包括因果的关联)，人类在进行思考、判断和推理时主要是用语言进行的，而语言本身就是一种粒度。

按照 Zadeh 的定义，粒是一簇点(对象、物体)，这些点由于难以区别，或相似、或接近、或具有某种功能而结合在一起。

1990 年，中国学者张钹和张铃进行了关于粒度问题的讨论，并为这种“粒度世界模型”建立了一整套理论和相应的算法，成功地将其应用于启发式搜索、路径规划等方面，取得了较大的成就。

粒计算理论主要包括：模糊集理论、粗糙集理论和商空间理论。

(1)模糊集理论。模糊集理论是 Zadeh 于 1965 年首先提出的，是经典理论的推广。它认为元素总是以一定的程度属于某个集合,也可能以不同的程度属于几个集合。它研究的是一种不确定性现象,这种不确定性是由于事物之间差异的中间过渡性所引起的划分上的不确定性,是事物本身固有的。它摆脱了经典数学中的二元性(非此即彼),使得概念的外延具有一种模糊性(亦此亦彼)。

(2)粗糙集理论。粗糙集理论(Rough Set Theory)是 Pawlak 于 1982 年首先提出的,是处理不确定性问题的一种手段。它无需借助数据以外的先验信息就可对数据进行比较客观的处理。该理论利用等价关系将集合中的元素进行分类,生成集合的某种划分,与等价关系相对应。根据等价关系的性质,同一分组(等价类)中的元素是不可分辨的,因此对信息的处理就可以在等价类上进行。

(3)商空间理论。商空间理论是我国学者于 1989 年提出的。商空间理论将不同的粒度世界与数学上的商集概念统一起来,用一个三元组 $\langle X,f,T\rangle$ 来描述一个问题,即论域、属性、结构。在其论域上引入等价关系 R,对应于 R 的商集 X/R,然后将 X/R 当作新的论域,也必有一个对应的三元组 $\langle X/R,[f],[T]\rangle$ 对它进行分析、研究,从而将问题表述成不同的粒度世界,进而达到简化问题、解决问题的目的。和粗糙集方法一样,商空间理论也是利用等价类来描述"粒度",用"粒度"来描述概念。但是,商空间理论讨论的论域是一个拓扑空间,元素之间有拓扑关系,而粗糙集理论,其论域只是简单的点集,元素之间没有拓扑关系。

三者都是将所讨论的对象的集合构成论域,都是通过子集来描述粒。商空间理论、粗糙集理论认为概念可以用子集来表示,不同粒度的概念可以用不同大小的子集来表示,所有这些表示可以用等价关系来描述。一个等价关系对应一个粒,它们的粒可定义为

$$G_R U/R=\{[x]_R \mid x\in U\}。$$

只不过,粗糙集主要是以 G^* 中的元素(也即等价类)为研究对象。

习题 1.6

1.7 序关系

序关系是关系中的一大类型,具有传递的性质,因此可根据这一特性比较集合中各元素的先后顺序。事物之间的次序常常是事物群体的重要特征,次序也是事物间的一种关系。本节研究的是可以对集合中元素进行排序的关系——序关系,其中,偏序关系是很重要的一类关系。

要想使元素之间有序,应满足哪些基本的条件呢?

首先,对于 $\langle a,b\rangle\in R$ 且 $\langle b,a\rangle\in R$,无法确定 a 与 b 谁大谁小,或谁先谁后,故要想使元素间有序,关系 R 必须是反对称的。

其次，对于$\langle a,b\rangle\in R$，$\langle b,c\rangle\in R$和$\langle c,a\rangle\in R$，a,b,c三者形成循环，也无法确定出谁先谁后，所以要有序，关系R还必须是传递的。

一般来说，满足反对称性和传递性的关系即为序关系，包括拟序关系、偏序关系、全序关系和良序关系，其中偏序关系是最重要的一类序关系。在代数系统中，格(lattice)这一代数系统就是从偏序关系中引出的。

1.7.1 拟序关系与偏序关系

定义 1.57 拟序关系

设A为任意集合，若A上的关系R是反自反且传递的，则称R为**拟序关系**(quasi-order relation)，称二元组$\langle A,R\rangle$为**拟序集**(quasi-ordered set)。

以下为两个典型的拟序关系：

(1)数集上的小于关系为拟序。

(2)集族上的真包含关系为拟序。

因为小于关系(<)是典型的拟序关系，所以常用符号"$\prec$"来表示一般的拟序关系。

序关系必须是反对称的，可拟序关系的定义中为何没有提到反对称性呢？事实上，若一个关系是反自反和传递的，则其必为反对称的。

定义 1.58 偏序关系

设A为任意集合，若A上的关系$\preccurlyeq$是自反、反对称且传递的，则称R为**偏序关系**(partial order relation)，称二元组$\langle A,\preccurlyeq\rangle$为**偏序集**(partial ordered set)。

以下为三个典型的偏序关系：

(1)数集上的小于等于关系($\leqslant$)为偏序。

(2)整数集上的整除关系为偏序。

(3)集族上的包含关系为偏序。

定理 1.32

若$\langle A,\preccurlyeq\rangle$和$\langle B,\preccurlyeq\rangle$是偏序集，则$\langle A\times B,\preccurlyeq\rangle$也是一个偏序集，偏序关系"$\preccurlyeq$"定义为：若在$A$中$a\preccurlyeq a'$、在$B$中$b\preccurlyeq b'$，则$\langle a,b\rangle\preccurlyeq\langle a',b'\rangle$。

定理 1.33 偏序关系的有向图中没有长度比1大的环。

证明 假设在集合A上偏序$\preccurlyeq$的有向图包含一个长度大于等于2的环，则存在互不相同的元素$a_1,a_2,a_3,\cdots,a_n\in A$，使得$a_1\preccurlyeq a_2,a_2\preccurlyeq a_3,\cdots,a_{n-1}\preccurlyeq a_n,a_n\preccurlyeq a_1$。由偏序的传递性，使用$n-1$次得到$a_1\preccurlyeq a_n$。由假设和反对称性可得$a_1=a_n$，这与假设互不相同是矛盾的。

定义 1.59 字典序

设$\langle A,\preccurlyeq\rangle$是一个偏序集，若$a\preccurlyeq b$，但$a\neq b$，则$a\prec b$。

假设$\langle A,\preccurlyeq\rangle$和$\langle B,\preccurlyeq\rangle$是偏序集，在$A\times B$上定义另一个偏序关系，用$\preccurlyeq$表示，其定义为$\langle a,b\rangle\preccurlyeq\langle a',b'\rangle$当且仅当$(a\prec a')\vee((a=a')\wedge(b\preccurlyeq b'))$，这种排序称为**字典序**(lexicographic order)，又称**字母序**。

1.7.2 哈斯图

在研究偏序关系时，其关系图比较复杂，可以用一种简化的图等价描述偏序关系，这就是哈斯图。

定义 1.60 盖住关系

设$\langle A,\preccurlyeq\rangle$是一个偏序集，$\forall x,y\in A$，若

(1)$x\prec y$；

(2)不存在元素$z\in A$使得$x\neq z$，$y\neq z$满足$x\preccurlyeq z$和$z\preccurlyeq y$，

则称y盖住了x，或x被y盖住。

称$\mathrm{cov}(A)=\{\langle x,y\rangle\mid x$被$y$盖住$\}$为偏序集$\langle A,\preccurlyeq\rangle$的**盖住关系**。

定义 1.61 哈斯图

将偏序集$\langle A,\preccurlyeq\rangle$的盖住关系$\mathrm{cov}(A)$的关系图称为该偏序集的**哈斯图**(hasse diagram)。

例题 1.53 设$A=\{a,b,c\}$，$\langle P(A),\subseteq\rangle$是一个偏序集，计算$\mathrm{cov}(P(A))$并画出其哈斯图。

解 $\mathrm{cov}(P(A))=\{\langle\varnothing,\{a\}\rangle,\langle\varnothing,\{b\}\rangle,\langle\varnothing,\{c\}\rangle,\langle\{a\},\{a,b\}\rangle,\langle\{a\},\{a,c\}\rangle,\langle\{b\},\{a,b\}\rangle,\langle\{b\},\{b,c\}\rangle,\langle\{c\},\{a,c\}\rangle,\langle\{c\},\{b,c\}\rangle,\langle\{a,b\},\{a,b,c\}\rangle,\langle\{b,c\},\{a,b,c\}\rangle,\langle\{a,c\},\{a,b,c\}\rangle\}$。

包含关系的哈斯图见图 1-9。

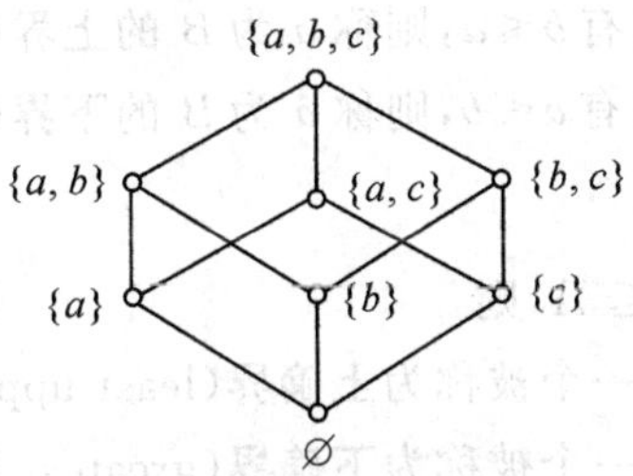

图 1-9 包含关系的哈斯图

例题 1.54 设$A=\{1,2,3,4,5,6,7,8,9\}$，$R=\{\langle a,b\rangle\mid a$整除$b\}$，画出它的哈斯图。

解 整除关系的哈斯图见图 1-10。

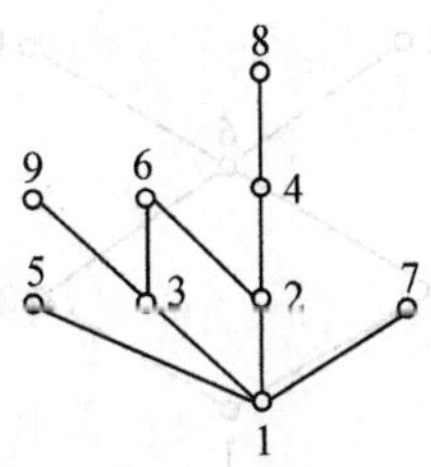

图 1-10 整除关系的哈斯图

1.7.3 偏序集中的特殊元素

定义 1.62 极大元和极小元

设$\langle A,\leqslant\rangle$为一个偏序集,$B\subseteq A$。

(1)若$\exists b\in B$,使 B 中不存在任何元素 b',满足 $b\leqslant b'$,则称 b 为 B 中的**极大元**(maximal element)。

(2)若$\exists b\in B$,使 B 中不存在任何元素 b',满足 $b'\leqslant b$,则称 b 为 B 中的**极小元**(minimal element)。

简言之,存在极大元 b 是指子集 B 中没有比 b 更大的元素;存在极小元 b 是指子集 B 中没有比 b 更小的元素。

定义 1.63 最大元和最小元

设$\langle A,\leqslant\rangle$为一个偏序集,$B\subseteq A$。

(1)若$\exists b\in B$,使得$\forall b'\in B$,均有 $b'\leqslant b$,则称 b 为 B 中的**最大元**(greatest element)。

(2)若$\exists b\in B$,使得$\forall b'\in B$,均有 $b\leqslant b'$,则称 b 为 B 中的**最小元**(least element)。

简言之,存在最大元 b 是指子集 B 中所有的元素都比 b 小;存在最小元 b 是指子集 B 中所有元素都比 b 大。

若一个偏序集的最大元存在,则用 1 表示,称之为**单位元**。若一个偏序集的最小元存在,则用 0 表示,称之为**零元**。

定义 1.64 上界和下界

设$\langle A,\leqslant\rangle$为一个偏序集,$B\subseteq A$。

(1)若$\exists a\in A$,使$\forall b\in B$ 均有 $b\leqslant a$,则称 a 为 B 的**上界**(upper bound)。

(2)若$\exists a\in A$,使$\forall b\in B$ 均有 $a\leqslant b$,则称 a 为 B 的**下界**(lower bound)。

定义 1.65 上确界和下确界

设$\langle A,\leqslant\rangle$为一个偏序集,$B\subseteq A$,则

(1)B 的所有上界中最小的一个被称为**上确界**(least upper bound)。

(2)B 的所有下界中最大的一个被称为**下确界**(greatest lower bound)。

从上述定义中可以看出:如果子集 B 的极大元、极小元、最大元、最小元存在,那么它们一定在子集 B 里;但对于上界、下界、上确界、下确界却未必。

例题 1.55 $A=\{1,2,3,6,12,18\}$,$B=\{1,2,3,6\}$,$\langle A,\leqslant\rangle$为一个偏序集,其哈斯图如图 1-11所示。判断 A 和 B 是否有极大元、极小元、最大元、最小元、上界、下界、上确界和下确界?

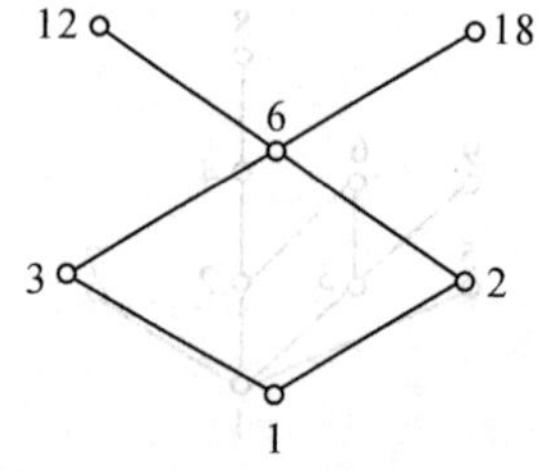

图 1-11 哈斯图

解 (1)A 的极大元为 12 和 18，极小元为 1；B 的极大元为 6，极小元为 1。

(2)A 无最大元，最小元为 1；B 的最大元为 6，最小元为 1。

(3)A 无上界，下界为 1；B 的上界为 6、12 和 18，下界为 1。

(4)A 无上确界，下确界为 1；B 的上确界为 6，下确界为 1。

由例题 1.55 也可以得出如下结论：

子集 B 的极大元和极小元不一定存在，即使存在也未必唯一；子集 B 的最大元和最小元也未必存在，但若存在则必唯一，即使存在极大元或极小元，也未必一定有最大元或最小元。

子集 B 的上界和下界不一定存在，即使存在也未必唯一；上确界和下确界也未必存在，但若存在则必唯一，即使存在上界或下界，也未必一定有上确界或下确界。

定理 1.34 设 $\langle A, \preccurlyeq \rangle$ 为一个偏序集，$B \subseteq A$，$b \in B$。

(1)若 B 有最大(小)元，则必唯一。

(2)若 b 是 B 的最大(小)元，则它必是 B 的极大(小)元。

(3)b 是 B 的最大(小)元的充要条件为 b 是 B 的上(下)确界。

定理 1.35

设 $\langle A, \preccurlyeq \rangle$ 为一有限非空偏序集，则 A 至少有一个极大元和一个极小元。

证明 设 a 是 A 的任意一个元素，若 a 不是极大元，则能够找到一个元素 $a_1 \in A$ 使得 $a < a_1$。若 a_1 不是极大元，则能够找到一个元 $a_2 \in A$ 使得 $a_1 < a_2$。因为 A 是有限集，所以这种推理不能无限次继续下去。因此，最终获得有限链：$a < a_1 < a_2 < \cdots < a_{k-1} < a_k$，但它不能继续扩充。因此，对于任意 $b \in A$，不存在 $a_k < b$，所以 a_k 是 $\langle A, \preccurlyeq \rangle$ 的一个极大元。

1.7.4 全序与良序

设 $A=\{2,3,6,7\}$，其上的整除关系 R 以及小于等于关系($\leqslant$)都是偏序关系，但存在明显的区别。A 中任意两个元素之间不一定都有整除关系 R，而 A 中任意两个元素之间都有 $\leqslant$ 关系。

定义 1.66 全序集

设 $\langle A, \preccurlyeq \rangle$ 为一个偏序集，若 $\forall a, b \in A$，$a \preccurlyeq b$ 或 $b \preccurlyeq a$，二者必居其一，则称此关系为**全序关系**(total order)或线序关系，称 $\langle A, \preccurlyeq \rangle$ 为**全序集**(totally ordered set)，全序集又名为**链**(chain)。

定义 1.67 良序集

设 $\langle A, \preccurlyeq \rangle$ 为一个偏序集，若其每一个非空子集皆存在最小元素，则称该关系为 A 上的**良序关系**(well order relation)，称 $\langle A, \preccurlyeq \rangle$ 为一个**良序集**(well ordered set)。

整数集上的小于等于关系为全序，但不是良序。自然数集上的小于等于关系为良序。集合 A 的幂集 $P(A)$ 上的包含关系($\subseteq$)为良序。

定理 1.36 每一个良序集都是全序集。

证明 设 $\langle A, \preccurlyeq \rangle$ 是良序集，则对任意 $a, b \in A$，可以构成子集 $\{a, b\}$，必定存在最小元素，

即必有 $a \leqslant b$ 或 $b \leqslant a$，因此，$\langle A, \leqslant \rangle$ 是全序集。

定理 1.37 每一个有限全序集都是良序集。

1.7.5 拓扑排序及其应用

拓扑排序在很多领域中都有非常重要的作用，尤其是在任务调度和计划调度问题中，可以利用拓扑排序给定一个执行任务的顺序。

所谓进行拓扑排序，就是将图 G 中所有顶点排成一个线性序列，使得对于图中任意一对顶点 u 和 v，若边 $\langle u, v \rangle \in E(G)$，则 u 在线性序列中出现在 v 之前。通常，这样的线性序列称为满足拓扑次序的序列，简称拓扑序列（topological sequence）。简言之，由某个集合上的一个偏序得到该集合上的一个全序，则称这一操作为拓扑排序。

定义 1.68 拓扑排序

$\langle A, \leqslant \rangle$ 为一个有限偏序集，对其进行**拓扑排序**是指将其扩张成一个全序集 $\langle A, \prec \rangle$，使得 $\leqslant \subseteq \prec$，即对于任意 $a, b \in A$，若 $a \leqslant b$，则 $a \prec b$。

利用极小元的概念，可为已知有限偏序集 $\langle A, \leqslant \rangle$ 给出一种求拓扑排序的算法。该算法的主要依据是：若 $a \in A$，且 $B = A - \{a\}$，则偏序关系 $\leqslant$ 在 B 上的限制 $\leqslant \upharpoonright B$ 也是一个偏序集。

算法 1.2 拓扑排序

拓扑排序 $\langle A, R \rangle$ 算法如下：

输入：偏序集 $\langle A, R \rangle$。

输出：A 的元素在 $\prec$ 意义下“从小到大”逐一列出所形成的序列：

第一步，$B \leftarrow A$，$S \leftarrow R$，List $\leftarrow \varnothing$，

第二步，While $|B| > 0$ do，

①从 B 中选择一个极小元 x 加入队列 List，

②$B \leftarrow B - \{x\}$，

③$S \leftarrow S \upharpoonright B$。

第三步，Return List。

例题 1.56 设 $A = \{a, b, c, d, e, f\}$，A 上的偏序关系（$\leqslant$）的哈斯图如图 1-12 所示，利用算法 1.2 给出偏序集 $\langle A, \leqslant \rangle$ 的拓扑排序。

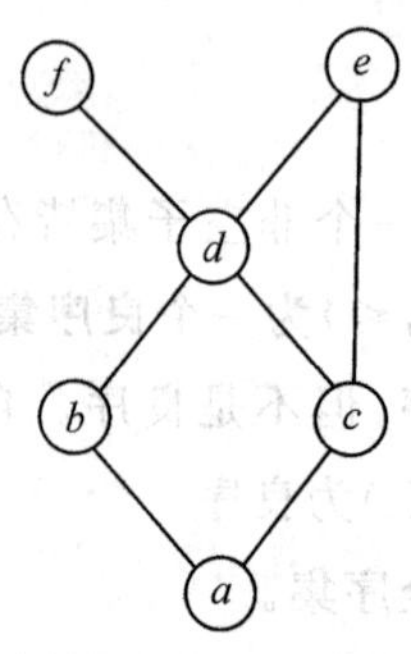

图 1-12 偏序关系 $\langle A, \leqslant \rangle$ 的哈斯图

解 根据拓扑排序算法，依次找出偏序集 A 的极小元，放入拓扑排序中，然后删除该极小元；在剩余的集合中再找出其极小元，重复上述步骤，直至最后一个顶点，所得到的拓扑排序为：abcdef、acbdfe、abcdfe 或 acbdef。

拓扑排序在大型工程中的任务安排问题中有典型的应用价值，工程中许多应用场景都需要用到拓扑排序。在任务调度中，拓扑排序被用于计算任务之间的依赖关系，以确定任务执行顺序。例如，一个任务的后续任务必须等待该任务执行完成后才能继续执行。通过应用拓扑排序，可以确定任务的执行顺序，以确保最有效地完成任务。

近年来，拓扑排序在一些新兴领域中也得到了广泛的应用。例如，在社交网络中，拓扑排序可以被用于分析社交网络中每个节点的重要程度。

下面介绍拓扑排序在活动网络中的简单应用。

活动网络可用来描述生产计划、施工工程、生产流程、程序流程等工程中各子工程的安排问题。顶点活动网是一种典型的活动网络。

一个较大的工程往往被划分成许多活动。在整个工程中，有些活动必须在其他活动完成之后才能开始，也就是说，一个活动的开始是以它的所有前序活动的结束为先决条件的，但有些活动没有先决条件，可以安排在任何时间开始。为了形象地反映出整个工程中各活动之间的先后关系，可用一个有向无环图表示工程中各个任务之间的关系，这个关系一定是一个偏序关系。图中的顶点代表活动，图中的有向边代表活动的先后关系，即有向边的起点的活动是终点活动的前序活动，只有当起点活动完成之后，其终点活动才能进行。

定义 1.69 AOV 网

以顶点表示活动，以边表示活动之间先后关系的有向图被称为**顶点活动网**(activity on vertex network，AOV)，简称 AOV 网。在 AOV 网中，若存在有向边 $\langle u,v\rangle$，则活动 u 必须在 v 之前进行，并称 u 是 v 的**直接前驱**(immediate predecessor)，v 是 u 的**直接后继**(immediate successor)。

由 AOV 网构造出拓扑序列的实际意义是：按照拓扑序列中的顶点次序，在开始每一项活动时，能够保证它的所有前驱活动都已完成，从而使整个工程按顺序进行，不会出现冲突的情况。对 AOV 网进行拓扑排序不仅可以得到整个工程的安排表(各个任务可以按照拓扑有序序列中的顺序完成)，还可以判断 AOV 网络中是否存在有向回路。若 AOV 网络中存在有向回路，则意味着某项任务以自身作为先决条件，这是不合理的。如果设计出这样的工程图，将导致工程无法进行。这意味着，若有向图中存在回路，则无法完成其拓扑排序。

拓扑排序在大型工程中的任务安排问题中有典型的应用价值。例题 1.62 是拓扑排序在软件工程中的一个应用实例。

例题 1.57 假设某软件工程开发项目的任务清单如表 1-7 所示。

表 1-7　软件工程任务清单

任务	任务代码	工时/天	前继任务
项目规划	A	5	无
需求获取	B	4	无
需求建模	C	3	A,B
编制需求文档	D	2	C
总体设计	E	8	C
详细设计	F	9	D,E
编码	G	10	F
单元测试	H	5	G
集成测试	I	5	E
系统测试	J	2	H,I
系统部署	K	8	J

(1)画出该工程的 AOV 网。

(2)给出其拓扑排序。

解　(1)AOV 网如图 1-13 所示。

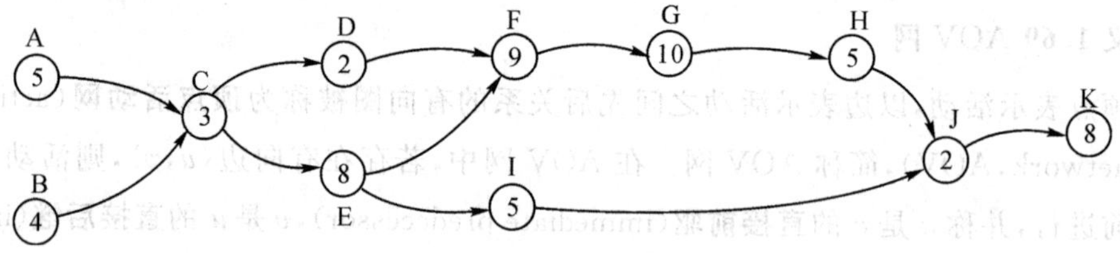

图 1-13　AOV 网

(2)该工程的一种拓扑排序为 ABCDEFGHIJK。

思考　图 1-13 还有其他拓扑排序吗？若有，请一一列出。

习题 1.7

1.8　关系代数在关系数据库中的应用

关系模型是一种重要的数据模型。1970 年美国 IBM 公司的研究员埃德加·弗兰克·科德(Edgar Frank Codd)首次提出了数据库的关系模型，开创了关系数据理论的研究，为数据库技术奠定了理论基础。

采用关系模型作为数据的组织方式的数据库系统称为关系数据库系统,即在一个给定的应用领域中,由所有实体及实体之间联系所构成的关系集合共同构成一个关系数据库。这些典型的关系数据库系统有:ORACLE、MySQL、SQLServer、DB2 等。

1.8.1 关系模型的数据结构

关系数据模型由关系数据结构、关系操作集合和关系完整性约束三大要素组成。

关系模型的数据结构单一,在关系模型中,现实世界的实体以及实体间的各种联系均用关系来表示。从数学的角度来看,关系是笛卡儿积的子集。关系的相关概念描述如下。

定义 1.70 域

一组具有相同数据类型的值的集合称为**域**(domain)。

定义 1.71 元组、分量

给定一组域 $D_1, D_2, \cdots, D_n$,这些域中可以有相同的。令 $D_1 \times D_2 \times \cdots \times D_n = \{\langle d_1, d_2, \cdots, d_n\rangle \mid d_i \in D_i, i=1,2,\cdots,n\}$。笛卡儿积中的元素 $\langle d_1, d_2, \cdots, d_n\rangle$ 叫作一个 n **元组**(n-tuple)或简称**元组**(tuple)。笛卡儿积元素 $\langle d_1, d_2, \cdots, d_n\rangle$ 中的每一个值 d_i 叫作一个**分量**(component)。

易见,若 $D_i(i=1,2,\cdots,n)$ 为有限集,其基数为 $m_i(i=1,2,\cdots,n)$,则 $D_1 \times D_2 \times \cdots \times D_n$ 的基数为 $m_1 \times m_2 \times \cdots \times m_n$。

定义 1.72 关系

$D_1 \times D_2 \times \cdots \times D_n$ 的子集称为在域 $D_1, D_2, \cdots, D_n$ 上的**关系**(relation),表示为 $R(D_1, D_2, \cdots, D_n)$,其中,R 是关系名;n 称作关系 R 的**目或度**(degree),也称为关系 R 的元数。

在用户看来,关系模型中数据的逻辑结构是一个二维表。下面通过一个实例揭示了关系和二维表之间的对应关系。

表 1-8 为导师相关信息,表 1-9 为研究生相关信息。

表 1-8 导师相关信息

导师编号	姓名	年龄	性别	职称
1001	Tom	45	男	教授
2003	Erica	40	女	副教授
1004	Duke	55	男	教授
1005	Bill	58	男	教授

表 1-9 研究生相关信息

学号	姓名	年龄	性别	导师编号
20070101	Jack	23	男	1001
20070102	Lisa	20	女	1004
20070201	John	21	男	1001
20070103	Ella	20	女	1005
20070202	Bert	26	男	2003

接下来，借助表 1-8 和表 1-9 中的信息来说明关系和二维表之间的对应关系。

(1)关系。关系即二维表，二维表名就是关系名，所以导师和研究生是两个关系的名称。

(2)属性和值域。二维表中的列(字段)称为属性(attribute)。每个属性对应关系的一个域，属性的个数称为关系的元数。属性值的取值范围称为值域。

表 1-8 中导师关系的属性有导师编号、姓名、年龄、性别、职称，所以元数是 5；年龄属性的值域是大于等于 30 岁，小于等于 60 岁。

(3)关系模式。二维表中的行定义(记录的型)，即对关系的描述，称为**关系模式**(relation schema)。一般表示为：关系名(属性 1，属性 2，…，属性 n)。

表 1-8 中的关系模式表示为：导师(导师编号，姓名，年龄，性别，职称)；

表 1-9 中的关系模式表示为：研究生(学号，姓名，年龄，性别，导师编号)。

(4)元组。在二维表中，一行称为一个**元组**(tuple)。关系模式和元组的集合通称为关系。

例如，(“1001”，“李小军”，45，“男”，“教授”)是导师关系中的一个元组。

(5)分量。元组中的一个属性的值称为**分量**(component)。

例如，在导师关系中，元组(“1001”，“李小军”，45，“男”，“教授”)的属性值为“1001”，“李小军”，45，“男”，“教授”，它们都是分量。

1.8.2 关系代数

关系模型把关系看成是行的一个集合，即关系模型建立在关系代数基础上。关系代数的基本操作包括并、交、差、笛卡儿积、选择、投影、连接、除，以及查询操作和增加、删除、修改操作两大部分。

关系操作的特点是集合操作方式，即操作的对象和结果都是集合，这种操作方式也称为一次一个集合的方式。关系代数用到的运算符如表 1-10 所示。

表 1-10　关系代数用到的运算符

运算符类型	运算符	含义
集合运算符	$\cup$	并
	$-$	差
	$\cap$	交
	$\times$	笛卡儿积
专门的关系运算符	σ	选择
	Π	投影
	$\bowtie$	连接
	$\div$	除

续表

运算符类型	运算符	含义
比较运算符	>	大于
	⩾	大于等于
	<	小于
	⩽	小于等于
	=	等于
	≠	不等于
逻辑运算符	¬	非
	∧	与
	∨	或

在关系代数运算中，把基本的关系代数运算经过有限次复合的式子称为关系代数运算表达式(简称代数表达式)，这种表达式的运算结果仍是一个关系，可以用关系代数表达式表示所要进行的各种数据库查询和更新处理的需求。

传统的关系运算主要包括：并、交、差、笛卡儿积。专门的关系运算包括：选择、投影、连接和除，其中，投影操作是对关系进行垂直分解，选择操作是对关系进行水平分解，连接操作是对多个关系的结合。

(1)并。设关系 R 和关系 S 具有相同的目 n（即两个关系都有 n 个属性)，且相应的属性取自同一个域，则关系 R 与关系 S 的并由属于 R 或属于 S 的元组组成，其结果关系仍为 n 目关系。记作

$$R\cup S=\{t|t\in R\vee t\in S\}，t \text{ 是元组变量。}$$

(2)交。设关系 R 和关系 S 具有相同的目 n，且相应的属性取自同一个域，则关系 R 与关系 S 的交由既属于 R 又属于 S 的元组组成，其结果关系仍为 n 目关系。记作

$$R\cap S=\{t|t\in R\wedge t\in S\}。$$

(3)差。设关系 R 和关系 S 具有相同的目 n，且相应的属性取自同一个域，则关系 R 与关系 S 的差由属于 R 而不属于 S 的所有元组组成，其结果关系仍为 n 目关系。记作

$$R-S=\{t|t\in R\wedge t\notin S\}。$$

(4)笛卡儿积。设关系 R 和 S 的目分别为 r 和 s，定义 R 和 S 的笛卡儿积是一个 $r+s$ 元的元组集合。若 R 有 k_1 个元组，S 有 k_2 个元组，则关系 R 和关系 S 的广义笛卡儿积有 $k_1\times k_2$ 个元组。记作

$$R\times S=\{t|t=\langle t_r,t_s\rangle\wedge t_r\in R\wedge t_s\in S\}。$$

(5)选择。在关系 R 中选择满足给定条件的诸元组称为**选择**(selection)操作，又称为**限制**(restriction)，记作 $\sigma_{P(R)}=\{t \mid t\in R\wedge P(t)=T\}$，其中 P 表示选择条件，是一个逻辑表达式，取逻辑值"T(真)"或"F(假)"。

选择运算是从关系 R 中选取使逻辑表达式 $P(t)$ 为真的元组，这是从行的角度进行的运算。

(6)投影。从 R 中选择出若干属性列组成新的关系，称为对关系 R 的投影操作。记作

$$\Pi_{A(R)}=\{t[A] \mid t\in R\}，其中 A 为 R 的属性列。$$

投影操作实际上是从关系中选取某些属性列，即从列的角度进行的运算。

投影之后不仅消去了原关系中的某些列，而且还可能消去某些元组，因为消去了某些属性列后，就可能出现重复行，应消去这些完全相同的行。

(7)连接。

从两个关系的笛卡儿积中选取属性间满足一定条件的元组称为**连接**(join)，记作

$$R\underset{A\theta B}{\bowtie}S=\{t_r t_s \mid t_r\in R\wedge t_s\in S\wedge t_r[A]\theta t_s[B]\},$$

其中，A 和 B 分别为 R 和 S 上度数相等且可比的属性，θ 是比较运算符，连接运算从笛卡儿积 $R\times S$ 中选取在 A 属性组(R 关系)上的值与在 B 属性组(S 关系)上的值满足比较关系 θ 的元组。

连接运算中两种常用的运算分别是**等值连接**(equi join)和**自然连接**(natural join)。

当 θ 为"="的连接运算时，称为等值连接，是从关系 R 和 S 的笛卡儿积中选取 A、B 属性值相等的那些元组。

自然连接是一种特殊的等值连接，要求两个关系中进行比较的分量必须是相同的属性组，并且要在结果中把重复的属性去掉。即若 R 和 S 具有相同的属性组 $A_1,A_2,\cdots,A_k$，则自然连接可记作：$R\bowtie S=\prod\limits_{m_1,m_2,\cdots,m_s}(\sigma_{R.A_1=S.A_1\wedge\cdots\wedge R.A_k=S.A_k}(R\times S))$，其中 $m_1,m_2,\cdots,m_s$ 是除了 $S.A_1,S.A_2,\cdots,S.A_k$ 分量以外的 $R\times S$ 的所有分量组成的序列，且其顺序与在 $R\times S$ 中相同。(注：$S.A_i$ 表示关系 S 的第 i 个分量)

例题 1.58 设有如图 1-14 中的两个关系 R 和 S，试写出 R 和 S 自然连接的结果。

A	B	C
a_1	b_1	5
a_1	b_2	6
a_2	b_3	8
a_2	b_4	12

(1) R关系

B	E
b_1	3
b_2	7
b_3	10
b_4	2
b_5	2

(2) S关系

图 1-14 关系的自然连接

解

A	B	C	E
a_1	b_1	5	3
a_1	b_2	6	7
a_2	b_3	8	10
a_2	b_3	8	2

例题 1.59 设有下列 3 个关系模式：

student(sno,sname,age,dept)，各属性分别表示：学号、姓名、年龄、系别；主码是 sno。

class(cno,cname,credit)，各属性分别表示：课程号、课程名、学分；主码是 cno。

sc(sno,cno,grade)，各属性分别表示：学号、课程号、分数；主码是(sno,cno)。

用关系代数完成下列各题：

(1)查询年龄超过 20 岁的学生信息。

(2)查询年龄超过 20 岁的学生姓名

(3)查询系别为“computer”的学生信息。

(4)查询学生的姓名和所在的系。

(5)查询课程号为“c_1”的课程名和学分。

(6)查询选修课程名为“discrete_math”的学生姓名和系别。

解 (1)$\sigma_{\text{age}>20}(\text{student})$。

(2)$\Pi_{\text{sname}}(\sigma_{\text{age}>20}(\text{student}))$。

(3)$\sigma_{\text{dept}=\text{computer}}(\text{student})$。

(4)$\Pi_{\text{sname},\text{dept}}(\text{student})$。

(5)$\Pi_{\text{cname},\text{credit}}(\sigma_{\text{cno}=''c_1''}(\text{class}))$。

(6)$\Pi_{\text{sname},\text{dept}}(\sigma_{\text{cname}=''\text{discrete\_math}''}(\text{student}\bowtie \text{SC}\bowtie \text{class}))$。

习题 1.8

【本章小结】

任何离散系统的结构均可用集合和关系来建模。关系是笛卡儿乘积的子集。关系的表示方式包括元组集合、关系矩阵、关系图、二维表等，每一种表示方式提供了描述关系的一种视图。关系的性质包括：自反性和反自反性、对称性和反对称性、传递性。关系本质上是一个集合，除了传统的集合运算外，关系还可以进行逆、复合、闭包运算。等价关系和偏序关系是实际中广泛应用的两类关系。满足自反、对称、传递的二元关系称为等价关系，等价关系可以唯一确定集合的一种划分方法；反之亦然。因此借助等价关系，可以对集合进行聚类和分类。满足自反、反对称、传递的二元关系称为偏序关系，偏序关系刻画了集合中元素之间的某种“次序”，也具有广泛的应用场景。利用偏序关系，可以定义格、布尔代数等代数结构。

第 2 章　函数

【内容提要】

函数是最基本的数学概念之一，也是最重要的数学工具。函数本质上是一种特殊的关系。但是，函数的约束要比普通的关系更为严格，即对任意自变量，都有唯一确定的因变量的值与之对应。实函数在微积分学中的地位是众所周知的，而运算也是一种特殊的函数，是代数系统的基本组成。离散结构之间的函数关系在计算机科学研究中同样已显示出极其重要的意义。本章讨论的是任意两个集合之间的函数(映射)，主要介绍了函数的概念及其基本运算，函数的分类，以及计算机科学中常用的一些特殊函数。

2.1　函数的定义

2.1.1　函数的基本概念

定义 2.1 函数

设 X 和 Y 为任意两个集合，若 f 为 X 到 Y 的关系，即 $f\subseteq X\times Y$，且对 $\forall x(x\in X)$，都有唯一的 $y\in Y$，使得 $\langle x,y\rangle\in f$，则称 f 为 X 到 Y 的**函数**(function)，记为 $f:X\to Y$。函数也称**映射**(mapping)。

当 $X=X_1\times X_2\times\cdots\times X_n$ 时，称 f 为 n **元函数**。

易知，函数是特殊的关系，且满足：

(1)前域与定义域重合，即对于 X 到 Y 的函数 f，有 $\mathrm{dom}(f)=X$。

(2)若 $\langle x,y\rangle\in f$，$\langle x,y'\rangle\in f$，则 $y=y'$。(单值性)

由于函数的第二个特性，常把函数 f 表示为 $y=f(x)$，这时称 x 为**自变量**(argument)，y 为函数在 x 处的**值**(value)，也称 y 为 x 在 f 作用下的**像**(image)。f 可以被描述为有序对的集合 $\{\langle a,f(a)\rangle\mid a\in\mathrm{dom}(f)\}$。

例题 2.1　设 $X=\{x_1,x_2,x_3\}$，$Y=\{y_1,y_2\}$，判断 f_1 与 f_2 是否为函数。

(1) $f_1=\{\langle x_1,y_1\rangle,\langle x_2,y_2\rangle,\langle x_3,y_2\rangle\}$，

(2) $f_2=\{\langle x_1,y_1\rangle,\langle x_1,y_2\rangle\}$。

解　(1) f_1 是函数。

(2)因为不满足函数定义要求的单值性，所以 f_2 不是函数。

例题 2.2 判断下列关系是否为函数。

(1)任意集合 A 上的恒等关系 E_A。

(2)自然数集合上的二倍关系。

(3)自然数集合上的整除关系。

(4)当 $X\neq\varnothing$ 时，X 到 Y 的空关系。

(5)$y=|x|$。

解 (1)任意集合 A 上的恒等关系 E_A 为一个函数，由于 $E_A(x)=x$(对任意 $x\in A$)，常称之为恒等函数。

(2)自然数集合上的二倍关系为一个函数，若用 f 表示这一关系，则 $f:\mathbf{N}\to\mathbf{N}$，$y=f(x)=2x$。

(3)自然数集合上的整除关系不是函数。例如，$0\in\mathbf{N}$，而对于 $\forall x\in\mathbf{N}$，0 不整除 x。即使在 $\mathbf{N}-\{0\}$ 上存在 $2\in\mathbf{N}$，$2|4$，$2|8$，但 $4\neq8$，故可知整除关系仍不是函数。

(4)当 $X=\varnothing$ 时，X 到 Y 的空关系为一个函数，称为空函数。当 $X\neq\varnothing$ 时，X 到 Y 的空关系不是一个函数。

(5)$y=|x|=\begin{cases}-x, & x<0,\\ x, & x\geqslant0\end{cases}$ 是一个函数。

函数是一种特殊的关系，因而关系相等、包含、运算及其性质等概念也都适用于函数。

定义 2.2 函数相等和包含

设 $f:A\to B$，$g:C\to D$。

(1)若 $A=C$，$B=D$，且 $\forall x(x\in A)$，$f(x)=g(x)$，则称函数 f 等于 g，记为 $f=g$。

(2)若 $A\subseteq C$，$B=D$，且 $\forall x(x\in A)$，$f(x)=g(x)$，则称函数 f 包含于 g，记为 $f\subseteq g$。

定理 2.1 设 $|X|=m$，$|Y|=n$，则 $\{f\mid f:X\to Y\}$ 的基数为 n^m，即共有 n^m 个 X 到 Y 的函数。

证明 设 $X=\{x_1,x_2,\cdots,x_m\}$，$Y=\{y_1,y_2,\cdots,y_n\}$，则每一个 $f:X\to Y$ 由表 2-1 来规定，有

表 2-1 用表格定义函数

x	x_1	x_2	…	x_m
$f(x)$	y_{i_1}	y_{i_2}	…	y_{i_m}

其中，$y_{i_1},y_{i_2},\cdots,y_{i_m}$ 为取自 $y_1,y_2,\cdots,y_n$ 的允许元素重复的排列，这种排列总数为 n^m 个。因此，上述形式的每一张表格均恰好对应一个 X 到 Y 的函数，共有 n^m 张，对应全部 n^m 个 X 到 Y 的函数。

由第 1 章内容可知，若 $|X|=m$，$|Y|=n$，则从 X 到 Y 的关系共有 2^{mn} 个。可见，$2^{mn}\geqslant n^m$。

定义 2.3 B 上 A

A 到 B 的全体函数的集合称为 B 上 A，用 B^A 表示，即 $B^A=\{f \mid f:A \to B\}$。

特别地，A^A 表示 A 上函数的全体。

例题 2.3 设 $A=\{1, 2, 3\}$，$B=\{a,b\}$，求 B^A。

解 $B^A=\{f_0, f_1, \cdots, f_7\}$，其中：

$f_0=\{\langle 1,a\rangle,\langle 2,a\rangle,\langle 3,a\rangle\}$，$f_1=\{\langle 1,a\rangle,\langle 2,a\rangle,\langle 3,b\rangle\}$，

$f_2=\{\langle 1,a\rangle,\langle 2,b\rangle,\langle 3,a\rangle\}$，$f_3=\{\langle 1,a\rangle,\langle 2,b\rangle,\langle 3,b\rangle\}$，

$f_4=\{\langle 1,b\rangle,\langle 2,a\rangle,\langle 3,a\rangle\}$，$f_5=\{\langle 1,b\rangle,\langle 2,a\rangle,\langle 3,b\rangle\}$，

$f_6=\{\langle 1,b\rangle,\langle 2,b\rangle,\langle 3,a\rangle\}$，$f_7=\{\langle 1,b\rangle,\langle 2,b\rangle,\langle 3,b\rangle\}$。

定义 2.4 映像

设 $f:X \to Y$，$A \subseteq X$，定义 $f(A)=\{y \mid \exists x(x \in A \wedge y=f(x))\}$，称 $f(A)$ 为 A 的**映像**，简称像。

易知，$f(\varnothing)=\varnothing$，$f(X)=\operatorname{ran}(f)$，$f(\{x\})=\{f(x)\}$。

定理 2.2

设 $f:X \to Y$，对于任意的 $A \subseteq X$，$B \subseteq X$，有

(1) $f(A \cup B)=f(A) \cup f(B)$，

(2) $f(A \cap B) \subseteq f(A) \cap f(B)$，

(3) $f(A)-f(B) \subseteq f(A-B)$。

注意：(2)和(3)中的包含符号不能用等号代替。

例题 2.4 举反例说明定理 2.2 中的(2)和(3)中的包含符号不能用等号代替。

解 设 $X=\{a,b,c,d\}$，$Y=\{1,2,3,4,5\}$，$f:X \to Y$，如图 2-1 所示。

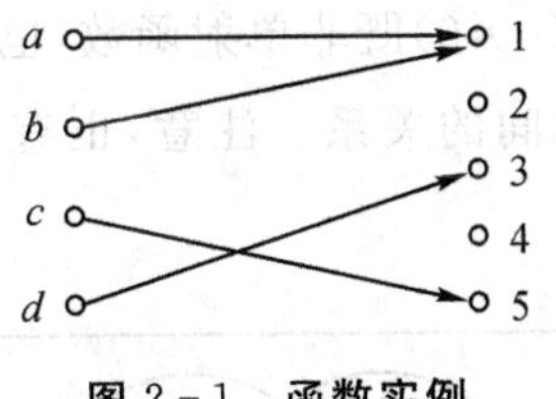

图 2-1 函数实例

因为
$$f(\{a\})=\{1\},\ f(\{b\})=\{1\},$$
$$f(\{a\}) \cap f(\{b\})=\{1\},\ f(\{a\} \cap \{b\})=f(\varnothing)=\varnothing,$$
$$f(\{a\})-f(\{b\})=\varnothing,\ f(\{a\}-\{b\})=f(\{a\})=\{1\},$$

所以 $f(\{a\} \cap \{b\}) \subseteq f(\{a\}) \cap f(\{b\})$，但 $f(\{a\}) \cap f(\{b\}) \nsubseteq f(\{a\} \cap \{b\})$，

$f(\{a\})-f(\{b\}) \subseteq f(\{a\}-\{b\})$，但 $f(\{a\}-\{b\}) \nsubseteq f(\{a\})-f(\{b\})$。

例题 2.4 中的反例说明，定理 2.2 中(2)和(3)的包含符号不能用等号代替。

2.1.2 单射函数、满射函数和双射函数

函数可分为单射函数、满射函数和双射函数。

定义 2.5 单射函数

设 $f:X\to Y$，若对于 $\forall x_1, x_2 \in X, x_1 \neq x_2$ 均有 $f(x_1)\neq f(x_2)$，则称 f 为 X 到 Y 的**单射函数**，简称**单射**(injection)，单射函数也称**一对一**的函数。

此定义的另一种表述为：

设 $f:X\to Y$，对于 $\forall x_1, x_2 \in X$，若 $f(x_1)=f(x_2)$ 时均有 $x_1=x_2$，则称 f 为 X 到 Y 的**单射函数**。

定义 2.6 满射函数

设 $f:X\to Y$，若 $\forall y\in Y, \exists x\in X$，使得 $y=f(x)$，即 $\mathrm{ran}(f)=Y$，则称 f 为 X 到 Y 的**满射函数**，简称**满射**(surjection)。满射函数也称**映上**(map onto)的函数。

定义 2.7 双射函数

设 $f:X\to Y$，若 f 既是 X 到 Y 的单射，又是 X 到 Y 的满射，则称 f 为 X 到 Y 的**双射函数**，简称**双射**(bejection)，双射函数也称**一一映射**(one - one correspondence)。

例题 2.5 判断下列函数是否为单射函数、满射函数或双射函数？

(1)实数集上的指数函数 $y=2^x$。

(2)多项式函数 $y=x^3-x$。

(3)一次函数 $y=kx+b(k\neq 0)$。

(4)二次函数 $y=ax^2+bx+c(a\neq 0)$。

解 (1)实数集上的指数函数 $y=2^x$ 是单射函数，但不是满射函数。

(2)多项式函数 $y=x^3-x$ 是满射函数，但不是单射函数。

(3)一次函数 $y=kx+b(k\neq 0)$ 都是双射函数。

(4)二次函数 $y=ax^2+bx+c(a\neq 0)$ 既非单射函数，也非满射函数。

图 2-2 说明了这三类函数之间的关系。注意，也有大量函数既非单射函数又非满射函数。

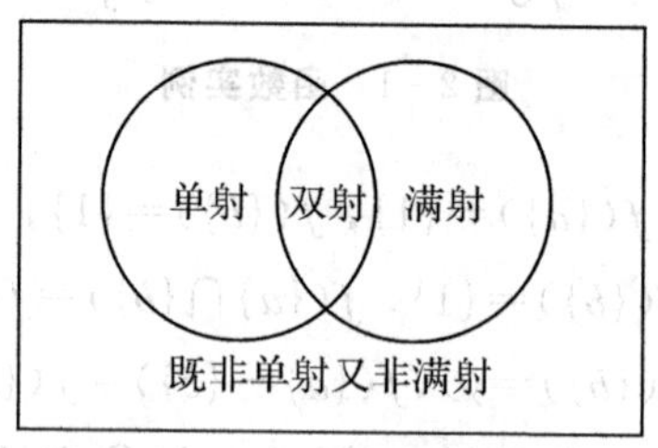

图 2-2 函数的类型

单射函数、满射函数和双射函数有以下性质。

定理 2.3 设 A 和 B 是两个有限集合，且满足 $|A|=|B|$，则函数 $f:A\to B$ 是单射函数当且仅当 f 是满射函数时。

证明 *必要性* 设 f 是单射。因为 f 是 A 到 $f(A)$ 的满射，所以 f 是 A 到 $f(A)$ 的双

射，因此$|A|=|f(A)|$，所以$|f(A)|=|B|$，且$f(A)\subseteq B$，得$f(A)=B$，故f是A到B的满射。

充分性　设f是满射，任取$x_1,x_2\in A$，且$x_1\neq x_2$，假设$f(x_1)=f(x_2)$，由于f是A到B的满射，所以f也是$A-\{x_1\}$到B的满射，故$|A-\{x_1\}|\geqslant|B|$，即$|A|-1\geqslant|B|$，这与$|A|=|B|$矛盾，因此$f(x_1)\neq f(x_2)$，故f是A到B的单射。

推论　设A,B是有限集合，且$|A|=|B|$，f是A到B的函数，则

(1)若f是单射函数，则f是双射函数。

(2)若f是满射函数，则f是双射函数。

定理 2.4　设A和B都是有限集合，则：

(1)若$|A|<|B|$，则必然存在从A到B的单射函数，必然不存在从A到B的满射函数。

(2)若$|A|>|B|$，则必然存在从A到B的满射函数，必然不存在从A到B的单射函数。

(3)若$|A|=|B|$，则必然存在从A到B的双射函数。

定理 2.4 也说明，若f是从有限集A到有限集B的函数，则f是单射函数的必要条件为$|A|\leqslant|B|$；f是满射函数的必要条件为$|B|\leqslant|A|$；f是双射函数的必要条件为$|A|=|B|$。

例题 2.6　设$A_n=\{a_1,a_2,a_3,\cdots,a_n\}$是$n$个元素的有限集，$B=\{0,1\}$，对$A_n$的每一个子集$S$（即对任意$S\in P(A_n)$），令$f(S)=b_1b_2b_3\cdots b_n$，其中：

$$b_i=\begin{cases}1, & a_i\in S,\\ 0, & a_i\notin S\end{cases}\quad(i=1,2,\cdots,n)$$

证明：f是$P(A_n)$到B^n的一个双射函数。

证明　首先，证明f是单射函数。

任取$S_1,S_2\in P(A_n)$，$S_1\neq S_2$，则存在元素$a_j\in A_n(1\leqslant j\leqslant n)$，使得

$$a_j\in S_1,a_j\notin S_2\text{ 或 }a_j\in S_2,a_j\notin S_1。$$

若$a_j\in S_1,a_j\notin S_2$，则$f(S_1)=b_1b_2b_3\cdots b_n$中必有$b_j=1$，$f(S_2)=b_1b_2b_3\cdots b_n$中必有$b_j=0$；

若$a_j\in S_2,a_j\notin S_1$，则$f(S_1)=b_1b_2b_3\cdots b_n$中必有$b_j=0$，$f(S_2)=b_1b_2b_3\cdots b_n$中必有$b_j=1$，所以，$f(S_1)\neq f(S_2)$，即$f$是单射。

其次，证明f是满射函数。

任取比特串$b_1b_2b_3\cdots b_n\in B^n$，对于每一个$b_1b_2b_3\cdots b_n$，建立对应的集合$S\subseteq A_n$，则$S\in P(A_n)$：

$S=\{a_i\mid b_i=1,\forall i=1,2,\cdots,n\}$，则$f(S)=b_1b_2b_3\cdots b_n$，故$f$是满射。

综上可知，f是双射函数。

习题 2.1

2.2 函数的运算

函数作为一种特殊的关系，当然也可以对其进行逆运算和复合运算。若运算结果仍然是函数，则该函数的运算性质与关系的运算性质是完全相同的。

2.2.1 函数的复合

函数作为一种特殊的关系，其关系的复合是否一定是函数呢？若 $f:X\to Y,g:Y\to Z$，则 $f\circ g$ 为 X 到 Z 的一个关系，但 $f\circ g$ 是否为 X 到 Z 的函数呢？定理 2.5 给出了肯定的回答。

定理 2.5 若 $f:X\to Y,g:Y\to Z$，则复合关系 $f\circ g$ 为 X 到 Z 的函数。

证明 首先，证明 $\mathrm{dom}(f\circ g)=X$。

对于任意 $x\in X$，有 $y\in Y$，使 $\langle x,y\rangle\in f$。对于该 y 值，有 $z\in Z$，使得 $\langle y,z\rangle\in g$，因此 $\langle x,z\rangle\in f\circ g$，故 $x\in \mathrm{dom}(f\circ g)$。$\mathrm{dom}(f\circ g)=X$ 得证。

其次，证明 $f\circ g$ 的单值性。

设对 x 有 z_1,z_2，使 $\langle x,z_1\rangle\in f\circ g,\langle x,z_2\rangle\in f\circ g$，则有 y_1 和 y_2，使 $\langle x,y_1\rangle\in f,\langle y_1,z_1\rangle\in g,\langle x,y_2\rangle\in f,\langle y_2,z_2\rangle\in g$。由 f 为函数，知 $y_1=y_2$。又由 g 为函数，知 $z_1=z_2$，所以 $f\circ g$ 为 X 到 Z 的函数。

定义 2.8 复合函数

设 $f:X\to Y,g:Y\to Z$ 为两个函数，则称 f 和 g 的复合关系为**复合函数**(composite function)，记为 $g\circ f$。

注意到，若 f 和 g 存在关系，则 $\langle x,z\rangle\in f\circ g$ 意指：$\exists y$ 使得 $\langle x,y\rangle\in f,\langle y,z\rangle\in g$，即 $y=f(x),z=g(y)=g(f(x))$。因而按关系的复合运算法则，有 $f\circ g(x)=g(f(x))$。

当 f 和 g 为函数时，它们的复合作用于自变量的次序，使之与复合的原始记号的顺序相反。为了改变这种情况，在讨论函数时，函数 f 与 g 的复合写作 $g\circ f$(而不把它们看作关系的复合并写作 $f\circ g$)，从而对任意 $x\in\mathrm{dom}(f),g\circ f(x)=g(f(x))$。

约定函数复合时，只有当两个函数中一个的定义域与另一个的值域相同时，它们的复合才有意义。当这一要求不满足时，可利用函数的限制与扩充来弥补。

例题 2.7 设 f,g 均为实函数，$f(x)=2x+1,g(x)=x^2+1$，则

$$f\circ g(x)=f(g(x))=2(x^2+1)+1=2x^2+3,$$
$$g\circ f(x)=g(f(x))=(2x+1)^2+1=4x^2+4x+2,$$
$$f\circ f(x)=f(f(x))=2(2x+1)+1=4x+3,$$
$$g\circ g(x)=g(g(x))=(x^2+1)^2+1=x^4+2x^2+2,$$

同关系的复合运算一样，函数的复合运算不满足交换律，但满足结合律，即

$$f\circ(g\circ h)=(f\circ g)\circ h。$$

函数复合还具有以下性质：对于 $f:X\to Y$，有 $f\circ E_X=E_Y\circ f=f$。

定义 2.9 函数的迭代

n 个函数 f 的合成可记为 f^n，称为 f 的 n 次**迭代**(iteration)。显然，有

$$\begin{cases} f^0(x)=E_X=x, \\ f^{n+1}(x)=f(f^n(x))。\end{cases}$$

注意：设 f 为 $\mathbf{N}$ 上的后继函数，即 $f(x)=x+1$，则 $f^y(x)=x+y$。这表明，当把复合运算强化地运用于变元(复合次数)时，它就成为一种有力的构造新函数的手段。

定理 2.6　设 $f:X\to Y, g:Y\to Z$，则

(1)当 f 和 g 是单射函数时，$g\circ f$ 也是单射函数。

(2)当 f 和 g 是满射函数时，$g\circ f$ 也是满射函数。

(3)当 f 和 g 是双射函数时，$g\circ f$ 也是双射函数。

证明　(1)设 $x_1,x_2\in X, x_1\neq x_2$，由于 f 为单射函数，故 $f(x_1)\neq f(x_2)$。又因为 g 也是单射函数，所以 $g(f(x_1))\neq g(f(x_2))$，即 $g\circ f(x_1)\neq g\circ f(x_2)$，所以 $g\circ f$ 是单射函数。

(2)对于 $\forall z\in Z$，由于 g 为满射函数，故有 $y\in Y$ 使 $g(y)=z$。对于该 y 值，由于 f 为满射函数，又必 $\exists x\in X$ 使 $y=f(x)$。于是可以找到 $x\in X$，使 $g(f(x))=z$，即 $g\circ f(x)=z$，所以 $g\circ f$ 是满射函数。

(3)由(1)和(2)联立可得。

本定理之逆不成立，但定理 2.6 之逆的一个弱形式是成立的。

定理 2.7　设 $f:X\to Y, g:Y\to Z$，则：

(1)当 $g\circ f$ 是单射函数时，f 是单射函数。

(2)当 $g\circ f$ 是满射函数时，g 是满射函数。

(3)当 $g\circ f$ 是双射函数时，f 是单射函数，g 是满射函数。

证明　(1)设 $g\circ f$ 是单射函数，而 f 不是单射函数，则有 $x_1,x_2\in X$，使得 $f(x_1)=f(x_2)$，从而

$$g\circ f(x_1)=g(f(x_1))=g(f(x_2))=g\circ f(x_2),$$

与 $g\circ f$ 为单射函数矛盾，因此 f 为单射函数。

请自行完成(2)和(3)的证明。

2.2.2　函数的逆

函数作为一种特殊的关系可以求其逆关系。对于 $f:X\to Y$，若 $f^{-1}\subseteq Y\times X$ 为 f 的逆关系，则 f^{-1} 是否一定是 Y 到 X 的函数呢？答案是否定的。易知，当 f 不是单射函数或不是满射函数时，即 f 不是双射函数时，无法满足 $\mathrm{dom}(f^{-1})=Y$ 或单值性，f^{-1} 就不再是一个函数了。

设 $X=\{1,2,3\}, Y=\{a,b,c\}$，则 $f=\{\langle 1,a\rangle,\langle 2,a\rangle,\langle 3,c\rangle\}$ 是从 X 到 Y 的函数，但其逆关系 $f^{-1}=\{\langle a,1\rangle,\langle a,2\rangle,\langle c,3\rangle\}$ 显然不能构成映射。原因有两点：①a 有双值；②前域中未涉及元素 b。

从上述例子可以看出，要使 f^{-1} 成为映射，必须满足：

(1)f^{-1} 为单值，即 f 必须是单射函数；

(2)f^{-1} 的前域 Y 中的元素都涉及，所以 f 必须是满射函数。

因此,只有当 f 是双射函数时,逆关系 f^{-1} 才能成为映射。

定理 2.8 若 $f:X \to Y$ 为双射函数,则其逆关系 f^{-1} 为 Y 到 X 的函数,记为 $f^{-1}:Y \to X$,且 f^{-1} 也为双射函数。

证明 首先证明 f^{-1} 为函数。

由于 f 为满射,因此对每一个 $y \in Y$,均有 $x \in X$,使 $f(x)=y$,从而 $\langle y,x\rangle \in f^{-1}$,这表明 $\mathrm{dom}(f^{-1})=Y$。

为证 f^{-1} 的单值性,设 $y \in Y$,且 $\langle y,x_1\rangle \in f^{-1}$,$\langle y,x_2\rangle \in f^{-1}$,从而 $f(x_1)=y=f(x_2)$。由 f 的单射性,有 $x_1=x_2$,故 f^{-1} 的单值性证毕,所以 f^{-1} 为 Y 到 X 的一个函数。

请自行证明 f^{-1} 为单射函数和满射函数。

定义 2.10 逆映射

当 f 为双射函数时,称 f^{-1} 为 f 的**逆函数**或**逆映射**(inverse mapping),称 f 是**可逆的**。

关于逆函数,有以下定理。

定理 2.9 若 $f:X \to Y$ 是可逆的,则

(1)$(f^{-1})^{-1}=f$,

(2)$f^{-1}\circ f=E_X$,$f\circ f^{-1}=E_Y$。

定理 2.10 设 $f:X \to Y$,$g:Y \to Z$ 都是可逆的,则 $g\circ f$ 也是可逆的,且

$$(g\circ f)^{-1}=f^{-1}\circ g^{-1}。$$

2.2.3 函数的归纳定义

有了函数复合这一工具,接下来讨论另一个重要的函数构造手段——函数的归纳定义。

函数既是关系,又是序偶的集合,可以用归纳的方式来定义。

自然数集上的二元加函数 Add(三元关系)可归纳定义如下:

(1)基础条款:$\langle 0,0,0\rangle \in \mathrm{Add}$。

(2)归纳条款:若 $\langle x,y,z\rangle \in \mathrm{Add}$,则 $\langle x+1,y,z+1\rangle \in \mathrm{Add}$;$\langle x,y+1,z+1\rangle \in \mathrm{Add}$。

(3)终极条款:略。

注意,在归纳过程中,后继函数被用作已知函数。

若把上述条款改写成等式,则得到一组由已知的被定义函数值计算未知的被定义函数值的等式:

$$\begin{cases}\mathrm{Add}(0,0)=0,\\ \mathrm{Add}(x+1,y)=\mathrm{Add}(x,y)+1,\\ \mathrm{Add}(x,y+1)=\mathrm{Add}(x,y)+1。\end{cases}$$

若再将 x 看作参数,则它们又可以改写为

$$\begin{cases}\mathrm{Add}(x,0)=x,\\ \mathrm{Add}(x,y+1)=\mathrm{Add}(x,y)+1,\end{cases}$$

于是得到二元加函数 Add 的递归定义式。

定义 2.11 函数的递归定义

对于给出被定义函数在某些自变量处的值(初值),又给出由已知的被定义函数值逐步计算未知的被定义函数值的规则,来规定一个函数的方式,称之为函数的**递归定义**(recursive definition)。

以下为函数的递归定义举例:

(1)阶乘函数 $!:\mathbf{N}\to\mathbf{N}$。

$$\begin{cases} 0!=1, \\ (n+1)!=(n+1)\cdot n! 。\end{cases}$$

(2)斐波那契函数 $F:\mathbf{N}\to\mathbf{N}$。

$$\begin{cases} F(0)=0, \\ F(1)=1, \\ F(n+2)=F(n+1)+F(n) 。\end{cases}$$

(3)麦卡锡 91 函数(McCarthy91)$\mathrm{Mc}:\mathbf{N}\to\mathbf{N}$。

$$\begin{cases} \mathrm{Mc}(x)=x-10, & x>100, \\ \mathrm{Mc}(x)=\mathrm{Mc}(\mathrm{Mc}(x+11)), & x\leqslant 100 。\end{cases}$$

(4)阿克曼函数(Ackermann fanction)$\mathrm{Ac}:\mathbf{N}\to\mathbf{N}$,这是一个著名的递归定义的函数。

$$\begin{cases} \mathrm{Ac}(0,n)=n+1, \\ \mathrm{Ac}(m+1,0)=\mathrm{Ac}(m,1), \\ \mathrm{Ac}(m+1,n+1)=\mathrm{Ac}(m,\mathrm{Ac}(m+1,n)) 。\end{cases}$$

2.2.4　RMI 原则与同态、同构

RMI 原则是一种重要的数学思想方法,是一种分析处理数学问题的普遍方法,也是映射概念在解决问题中的实际应用。

定义 2.12 RMI 原则

RMI 原则又称关系映射反演原则。给定一个含有目标原像 x 的关系结构系统 S,若能找到一个映射 φ,将 S 映入或映满 S^*,则可从 S^* 通过一定的数学方法把目标映像 $x^*=\varphi(x)$ 确定出来,从而通过反演即逆映射 φ^{-1} 便可确定 $x=\varphi^{-1}(x^*)$。

RMI 原则的基本思想:当求解问题 a 有困难时,可以借助适当的映射,将问题 a 及其关系结构 S 转换成比较容易解决的问题 b 及其关系结构 S^*。在关系结构 S^* 中解出问题 b,然后把所得结果,通过逆映射反演到 S,从而求得问题 a 的解。

利用 RMI 原则的解题过程如图 2-3 所示。

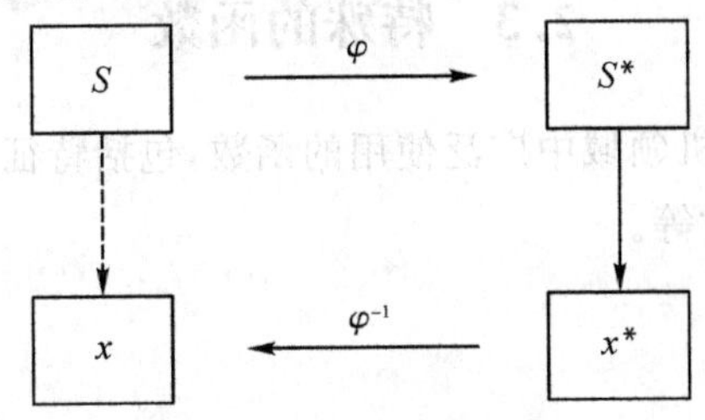

图 2-3　RMI 原则

简单地说，RMI 原则的基本思想就是变换问题，化难为易，化繁为简，化未知为已知，化暗为明。

"曹冲称象"就是一个典型的 RMI 原则实例：在当时的技术条件下直接称量大象的质量是很难办到的，于是曹冲就想到了利用浮力的原理把称量大象的质量转化为称量与大象等重的石块的质量，将称量大象转化为称量石块，这样就简化了问题。

利用直角坐标系将代数问题和几何问题进行相互转化，也是一个应用 RMI 原则的典型例子，其中的映射即将平面上的点映射为有序对 $\langle x, y\rangle$，如图 2－4 所示。

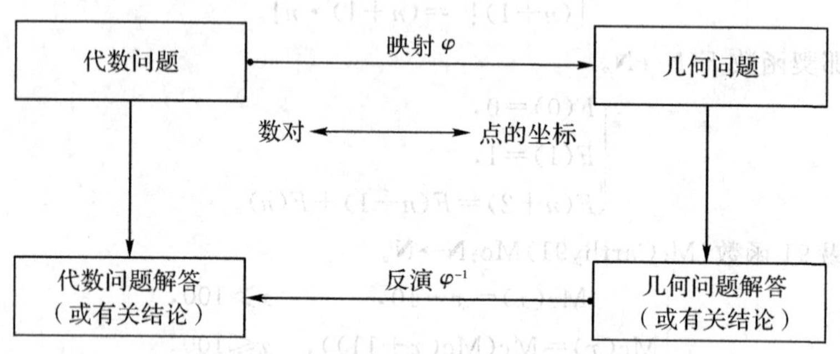

图 2－4　代数问题与几何问题的转化

定义 2.13 代数系统的同态与同构

设 $V_1=\langle S_1, \circ\rangle$ 和 $V_2=\langle S_2, *\rangle$ 是代数系统，其中 $\circ$ 和 $*$ 是二元运算。$f: S_1 \rightarrow S_2$，且 $\forall x, y \in S_1$，$f(x \circ y)=f(x) * f(y)$，则称 f 为 V_1 到 V_2 的同态映射，简称**同态**。若 f 还是一个双射，则称 f 为 V_1 到 V_2 的同构映射，简称**同构**。

由 RMI 原则可知，若两个代数相是同构的，则其运算性质是完全相同的。无论是代数系统的研究，还是图的研究，同态与同构概念的运用均有极为重要的价值。通过同构，可以将对未知系统的研究转化为对已知系统的研究，或者说，可以将已知系统的特性直接对应到与之同构的未知系统上，因此，RMI 原则是研究未知系统的一种重要方法论。

习题 2.2

2.3　特殊的函数

本节介绍了一些在计算机领域中广泛使用的函数，包括特征函数、地板函数和天花板函数、置换、散列函数、规范映射等。

2.3.1　特征函数

集合可以用特征函数来刻画。

定义 2.14 特征函数

设 E 为全集，则 E 到 $\{0,1\}$ 的函数统称为**特征函数**(characteristic function)。特别地，设 A 为集合($A\subseteq E$)，则称下列函数为集合 A 的特征函数：

$$\chi_A(x)=\begin{cases}1, & x\in A,\\ 0, & x\notin A。\end{cases}$$

定理 2.11 E 的幂集 $P(E)$ 与全体特征函数(记为 $\{0,1\}^E$)之间存在双射 $\varphi:P(E)\to\{0,1\}^E$。

证明 $\forall A(A\subseteq E)$，令 $\varphi(A)=\chi_A$。

下面证明 φ 为双射。

首先，对于 $\forall A$ 和 B，若 $\chi_A=\chi_B$，则 $\forall x$，有 $x\in A\Leftrightarrow\chi_A(x)=1\Leftrightarrow\chi_B(x)=1\Leftrightarrow x\in B$，故 $A=B$，φ 为单射。

其次，对每个特征函数 $\chi:E\to\{0,1\}$，均有集合 $S=\{x\mid\chi(x)=1\}$，使 $\chi=\chi_S$，故 φ 是满射。

通过特征函数，可将集合用序列的方式表示。

定理 2.11 说明，集合和其特征函数是一一对应的。

例题 2.8 设全集 $E=\{0,1,2,3,4,5,6,7,8,9\}$，集合 $A=\{0,1,2,3\}$，$B=\{1,3,5,7,9\}$，请列出集合 A 与 B 及其相关运算的特征函数。

解 集合 A 与集合 B 及其运算的特征函数表示见表 2-2。

表 2-2 典型的集合及其运算的特征函数表示

特征函数	0	1	2	3	4	5	6	7	8	9
χ_A	1	1	1	1	0	0	0	0	0	0
$\chi_{\overline{A}}$	0	0	0	0	1	1	1	1	1	1
χ_B	0	1	0	1	0	1	0	1	0	1
$\chi_{\overline{B}}$	1	0	1	0	1	0	1	0	1	0
$\chi_{A\cap B}$	0	1	0	1	0	0	0	0	0	0
$\chi_{A\cup B}$	1	1	1	1	0	1	0	1	0	1
χ_{A-B}	1	0	1	0	0	0	0	0	0	0
χ_{B-A}	0	0	0	0	0	1	0	1	0	1
$\chi_{A\oplus B}$	1	0	1	0	0	1	0	1	0	1

于是，假设全集 E 的基数是 n，且其元素有一个确定的顺序，则其每个子集都一一对应一个 n 维 0-1 向量，集合运算可以转化为 0-1 向量之间的运算。

思考 当把 n 维 0-1 向量视作 $1\times n$ 的布尔矩阵时，集合运算与布尔矩阵运算之间有什么联系？

特征函数具有下列性质。

定理 2.12 设 E 为全集，A 和 B 为任意集合，有以下结论成立。

(1)$A=\varnothing \Leftrightarrow \forall x(\chi_A(x)=0)$。

(2)$A=E \Leftrightarrow \forall x(\chi_A(x)=1)$。

(3)$A=B \Leftrightarrow \forall x(\chi_A(x)=\chi_B(x))$。

(4)$A\subseteq B \Leftrightarrow \forall x(\chi_A(x)\leqslant \chi_B(x))$。

定理 2.13 设 E 为全集,A 和 B 为任意集合,对于 $\forall x\in E$,有以下结论成立。

(1)$\chi_{A\cup B}(x)=\chi_A(x)+\chi_B(x)-\chi_A(x)\chi_B(x)$。

(2)$\chi_{A\cap B}(x)=\chi_A(x)\chi_B(x)$。

(3)$\chi_{A-B}(x)=\chi_A(x)-\chi_A(x)\chi_B(x)$。

(4)$\chi_{\overline{A}}(x)=1-\chi_A(x)$。

证明 (1)对于 $\forall x\in E$,

$$\begin{aligned}\chi_{A\cup B}(x)=0 &\Leftrightarrow x\notin A\cup B\\ &\Leftrightarrow x\notin A\wedge x\notin B\\ &\Leftrightarrow \chi_A(x)=0\wedge \chi_B(x)=0\\ &\Leftrightarrow \chi_A(x)+\chi_B(x)-\chi_A(x)\chi_B(x)=0,\end{aligned}$$

故 $\chi_{A\cup B}(x)=\chi_A(x)+\chi_B(x)-\chi_A(x)\chi_B(x)$。

请自行完成(2)、(3)、(4)的证明。

利用上述性质,可以借助特征函数进行集合等式、包含关系的证明。

例题 2.9 设 A,B,C 为任意集合,利用特征函数证明:

(1)若 $A\subseteq B$,则 $A\cap B=A,A\cup B=B$。

(2)$A-(B\cup C)=(A-B)\cap(A-C)$。

证明 (1)由 $A\subseteq B$ 知 $\forall x\in A,\chi_A(x)\leqslant\chi_B(x)$,因此

当 $\chi_A(x)=1$ 时,$\chi_B(x)=1,\chi_{A\cap B}(x)=\chi_A(x)\chi_B(x)=1=\chi_A(x)$;

当 $\chi_A(x)=0$ 时,$\chi_{A\cap B}(x)=\chi_A(x)\chi_B(x)=0=\chi_A(x)$,

故 $A\cap B=A$。

当 $\chi_A(x)=1$ 时,$\chi_B(x)=1,\chi_{A\cup B}(x)=\chi_A(x)+\chi_B(x)-\chi_A(x)\chi_B(x)=1=\chi_A(x)$;

当 $\chi_A(x)=0$ 时,$\chi_{A\cup B}(x)=\chi_A(x)+\chi_B(x)-\chi_A(x)\chi_B(x)=\chi_B(x)$,

故 $A\cup B=B$。

(2) $\forall x\in A$,有

$$\begin{aligned}\chi_{A-(B\cup C)}(x)&=\chi_A(x)-\chi_A(x)\chi_{B\cup C}(x)\\ &=\chi_A(x)-\chi_A(x)[\chi_B(x)+\chi_C(x)-\chi_B(x)\chi_C(x)]\\ &=\chi_A(x)-\chi_A(x)\chi_B(x)-\chi_A(x)\chi_C(x)+\chi_A(x)\chi_B(x)\chi_C(x)。\end{aligned}$$

另一方面,注意到 $\chi_A(x)\chi_A(x)=\chi_A(x)$,则有

$$\chi_{(A-B)\cap(A-C)}(x)=\chi_{(A-B)}(x)\chi_{(A-C)}(x)$$

$$=[\chi_A(x)-\chi_A(x)\chi_B(x)][\chi_A(x)-\chi_A(x)\chi_C(x)]$$

$$=\chi_A(x)-\chi_A(x)\chi_B(x)-\chi_A(x)\chi_C(x)+\chi_A(x)\chi_B(x)\chi_C(x),$$

因此 $A-(B\cup C)=(A-B)\cap(A-C)$。

对特征函数的概念加以推广，就得到了模糊集的概念。

定义 2.15 一致性函数、模糊子集

设 E 为全集，A 为一个概念，$[0,1]$是闭区间，则称 $\chi_A:U\to[0,1]$为 A 所描述的概念的**一致性函数**，$\chi_A(x)$称为 x 与概念 A 的**一致性测度**，也称$\langle E,\chi_A\rangle$为 E 的一个**模糊子集**(fuzzy subset)，简称 A 为 E 的模糊子集。

假设 E 为人类年龄的集合$\{1,2,3,\cdots,100\}$，A 为模糊概念“老年人”，定义一致性函数如下：

$$\chi_A(x)=\begin{cases}1, & 70\leqslant x\leqslant 100,\\ 0.9, & 60\leqslant x<70,\\ 0.5, & 50\leqslant x<60,\\ 0.3, & 40\leqslant x<50,\\ 0, & 1\leqslant x<40。\end{cases}$$

对于此函数，可以认为 70 岁以上的人基本上可称为老年人，50 岁到 60 岁之间的人与老年人概念的一致性测度大约是 0.5，而 40 岁到 50 岁之间的人与老年人概念的一致性测度大约是 0.3，40 岁以下的人不会被称为老年人。

由于一致性函数与模糊概念、模糊子集之间存在这种一一对应关系，可以用一致性函数的研究来代替对难以捉摸的模糊概念、模糊子集的研究，由此产生了模糊集合理论。从本质上看，模糊集合理论是集合论中的函数理论的应用。反之，经典集合概念只是模糊集合的一个特例(经典集合的一致性函数只取 0 和 1)，因而集合论又可看作模糊集合论的一部分，两种理论的互相嵌入，表明它们在本质上是相互等价的。

这种通过模糊子集研究不确定性的数学理论被称为模糊数学。模糊子集的概念是由美国的扎德(L. A. Zadeh)创立的，扎德于 1965 年在《国际信息与控制》杂志上发表了此领域的第一篇论文《模糊集合论》，尽管其主要内容是介绍模糊集合的概念和特性，但它反映了这个学科最基本的思想，且其内容至今仍是最基本和最重要的。

模糊数学这门学科因其应用价值高，得到了众多学者的关注，从而得以快速地发展。目前，它已在信息处理、模式识别、情报检索、人机系统、天气预报、医疗系统、人工智能、控制论、系统理论、信息通讯、神经网络、生物学、心理学、语文学、管理科学、经济学和社会学等众多领域得到广泛的应用。

2.3.2 地板函数和天花板函数

定义 2.16 地板函数和天花板函数

设 $x\in\mathbf{R}$，令$\lfloor x\rfloor$表示不超过自变量 x 的最大整数，称该函数为 $\mathbf{R}$ 上的**地板函数**(floor function)，也称之为下取整函数或高斯函数，记作 floor(x)。令$\lceil x \rceil$表示不小于 x 的最小整数，称该函数为 R 上的**天花板函数**(ceiling function)，也称之为上取整函数，记作 ceiling(x)。

上取整函数和下取整函数具有如下性质：

设 n 为任意整数，x 为实数，则：

(1)$\lfloor x \rfloor = n$，当且仅当$\begin{cases} n \leqslant x < n+1, \\ x-1 < n \leqslant x \end{cases}$时。

(2)$\lceil x \rceil = n$，当且仅当$\begin{cases} n-1 < x \leqslant n, \\ x \leqslant n < x+1 \end{cases}$时。

(3)$\lfloor x+n \rfloor = \lfloor x \rfloor + n$。

(4)$\lceil x+n \rceil = \lceil x \rceil + n$。

(5)$x-1 < \lfloor x \rfloor \leqslant x \leqslant \lceil x \rceil < x+1$。

(6)$\lfloor -x \rfloor = -\lceil x \rceil$。

(7)$\lceil -x \rceil = -\lfloor x \rfloor$。

2.3.3 置换

置换是一种常见的双射函数。

定义 2.17 置换

设 X 为有限集，若 $\pi: X \to X$ 为一个双射，则称 π 为 X 上的**置换**(permutation)。当$|X|=n$ 时，称 π 为 n 次置换，n 称为置换 π 的**阶**(order)。

置换常用一种特别的形式来表示。设 $X=\{a_1, a_2, \cdots, a_n\}$，则

$$\pi = \begin{pmatrix} a_1, a_2, \cdots, a_n \\ a_{i1}, a_{i2}, \cdots, a_{in} \end{pmatrix}$$

表示一个 X 上的 n 次置换，满足 $\pi(a_j) = a_{ij}$。

X 上的恒等函数显然为一个置换，称为么置换、恒等置换或不变置换，用 1_X 表示。

习惯上把置换的合成写成与一般函数合成次序相反，故置换的合成与关系的合成法则相同，这种书写次序便于进行合成运算。

置换的运算与关系和函数一样，可以进行逆运算和复合运算。置换的逆运算结果称为逆置换；置换的复合运算也称作置换的乘积或积。

假设 S 是有 n 个元素的有限集，则 S 共有$n!$ 个彼此不同的置换。例如，集合 $S=\{1,2,3\}$上的置换(双射函数)数量为 $3!=6$ 个。

例题 2.10 设 $S=\{1,2,3\}$，写出 S 上的所有置换。

解

$$\pi_1 = \begin{pmatrix} 1 & 2 & 3 \\ 1 & 2 & 3 \end{pmatrix}, \quad \pi_2 = \begin{pmatrix} 1 & 2 & 3 \\ 1 & 3 & 2 \end{pmatrix},$$

$$\pi_3 = \begin{pmatrix} 1 & 2 & 3 \\ 2 & 1 & 3 \end{pmatrix}, \quad \pi_4 = \begin{pmatrix} 1 & 2 & 3 \\ 2 & 3 & 1 \end{pmatrix},$$

$$\pi_5 = \begin{pmatrix} 1 & 2 & 3 \\ 3 & 1 & 2 \end{pmatrix}, \quad \pi_6 = \begin{pmatrix} 1 & 2 & 3 \\ 3 & 2 & 1 \end{pmatrix}。$$

例题 2.11 设 $X=\{1,2,3,4\}$，p_1,p_2 为 X 上的置换，

$$p_1=\begin{pmatrix}1&2&3&4\\2&4&1&3\end{pmatrix},p_2=\begin{pmatrix}1&2&3&4\\3&4&2&1\end{pmatrix},$$

求 $p_1\circ p_2$ 和 $p_2\circ p_1$。

解

$$p_1\circ p_2=\begin{pmatrix}1&2&3&4\\2&4&1&3\end{pmatrix}\circ\begin{pmatrix}1&2&3&4\\3&4&2&1\end{pmatrix}=\begin{pmatrix}1&2&3&4\\4&1&3&2\end{pmatrix},$$

$$p_2\circ p_1=\begin{pmatrix}1&2&3&4\\3&4&2&1\end{pmatrix}\circ\begin{pmatrix}1&2&3&4\\2&4&1&3\end{pmatrix}=\begin{pmatrix}1&2&3&4\\1&3&4&2\end{pmatrix}。$$

定义 2.18 周期

设 π 是集合 S 的一个置换，使得 $\pi^k=1_S$ 成立的最小正整数 k 被称作 π 的**周期**(period)，记作 $\mathrm{per}(\pi)$。

定理 2.14 设 π 是有限集合 S 的一个置换，则 π 的周期必定存在。

证明 观察无限序列 $\pi^1,\pi^2,\pi^3,\cdots$，由于有限集合 S 的置换为有限个，因此必定存在 $1\leqslant i<j$ 使得 $\pi^i=\pi^j$，于是 $\pi^{j-i}=\pi^j\circ(\pi^i)^{-1}=\pi^i\circ(\pi^i)^{-1}=1_S$，即序列 $\pi^1,\pi^2,\pi^3,\cdots,\pi^{j-i}$ 中必定存在最小正整数 k 使得 $\pi^k=1_S$，即为 π 的周期。

定义 2.19 轮换

假设有限集合 S 包含 n 个元素，以 $(a_1,a_2,\cdots,a_r)$ 表示 S 的一个如下置换：将 a_1 映射为 a_2，将 a_2 映射为 a_3，⋯ ，将 a_{r-1} 映射为 a_r，将 a_r 映射为 a_1，同时将其他元素映射到自身。$(a_1,a_2,\cdots,a_r)$ 称为一个 r-轮换，简称**轮换**(cyclic permutation)，r 称作该轮换的长度。2-轮换也称作对换。通常将 1_S 写作轮换(1)。若轮换 $\pi_1=(a_1,a_2,\cdots,a_r)$ 和 $\pi_2=(b_1,b_2,\cdots,b_s)$ 满足 $(a_1,a_2,\cdots,a_r)\cap(b_1,b_2,\cdots,b_s)=\varnothing$，则称 π_1 与 π_2 是**不相交轮换**。

易证，不相交轮换对于复合运算是可交换的，即 $\pi_1\circ\pi_2=\pi_2\circ\pi_1$。

设 $X=\{1,2,3\}$，则例题 2.10 中的 6 个置换均为轮换。其中，π_1 可写作(1)，π_2 可写作(2,3)，π_3 可写作(1,2)，π_4 可写作(1,2,3)，π_5 可写作(1,3,2)，π_6 可写作(1,3)。

定理 2.15 任意置换可唯一(不计轮换的次序)表示成若干不相交轮换的复合(积)。

2.3.4 散列函数

定义 2.20 散列函数

设 A 为有限集合，n 为一个确定的正整数，则 A^* 到 A^n 的函数 $H:A^*\to A^n$ 被称作一个**散列函数**(hash function)。其中，$A^n=\{\langle a_1,a_2,\cdots,a_n\rangle\mid\forall a_i\in A,i=1,2,\cdots,n\}$ 可理解为长度为 n 的串，$A^*=\bigcup\limits_{i=1}^{\infty}A_i$ 可理解为任意长度的串。散列函数也称哈希函数或杂凑函数。

散列函数可将任意长度的输入数据打乱、混合、压缩，映射成一个定长的输出字符串，使得数据量变小，并将数据格式固定下来。简言之，就是把任意长度的输入通过散列算法，变换成固定长度的输出，该输出的值称为散列值或消息摘要。因此，散列函数是一种将任意长度的输入消息压缩成某一固定长度的消息摘要的函数。

并非所有这样的函数都是好的、适合实际应用的散列函数。一个好的散列函数一般要满足以下两个要求：首先，存在的冲突尽可能少，即 H 必定不是单射，必定存在不同的自变量产生相同的哈希值，这种现象称为冲突或碰撞。其次，哈希值应尽可能均匀地分布在整个值域范围内。

假设 $A=\{0,1,2,\cdots,9\}$，则每一个非负整数都可以看作 A^* 中的一个元素，对于给定的正整数 m，可定义函数 $f: f(x)=x \bmod(m)$，则 f 是 A^* 到 A^n 的散列函数（不一定是满射），其中 $n=\lceil\log_{10}m\rceil$。例如，学生的学号范围取值为 20170000 至 20172999，可取其模 1000 后的余数作为其哈希值（即学号的末三位）。

对于密码学中使用的安全散列函数，有如下要求：

(1)快速性。已知 m，计算 $H(m)$ 较为容易。

(2)单向性。已知 $c=H(m)$，求 m 在计算上是不可行的。

(3)弱抗碰撞性。对给定的消息 m_1，找到另一个与之不同的消息 m_2，使得 $H(m_1)=H(m_2)$ 在计算上是不可行的。

(4)强抗碰撞性。找到两个不同的消息 m_1 和 m_2，使得 $H(m_1)=H(m_2)$ 在计算上是不可行的。

(5)敏感性。对于 $c=H(m)$，c 的每一比特都与 m 的每一比特相关，并有高度敏感性，即每改变 m 的一比特，都将对 c 产生明显影响。满足单向性、弱抗碰撞性、强抗碰撞性这三个安全性假设的安全 Hash 函数称作碰撞稳固的 Hash 函数。

散列函数在计算机科学中尤其在数据存储和数据安全方面有着广泛的应用，具体应用如下。

数据加密：散列函数可以用于数据加密，通过对原始数据作哈希运算得到不可逆的散列值，保护原始数据不被篡改和泄露。在密码学中，可使用散列函数对密码进行加密和认证，以确保用户密码的安全性。

数据库索引：散列函数可以用于数据库索引之中。通过对关键字作哈希运算，可以快速查找对应的记录。例如，对于一个包含百万条学生成绩的数据库，利用散列函数对学生的学号进行哈希运算，可以快速定位学生的成绩记录。

数据结构：散列函数可以用于构建各种数据结构。例如，哈希表可以利用散列函数将关键字映射到一个数组中，并利用数组下标快速查找关键字；布隆过滤器可以利用多个散列函数对数据进行哈希运算，从而判断一个数据是否存在于大规模数据集之中。

分布式系统：散列函数可以用于分布式系统中的负载均衡和数据分布，通过对数据进行散列运算，可以将数据均匀地分布到多个服务器上，以实现负载均衡和高可用性。

总之，散列函数在计算机科学中有着广泛的应用。借助散列函数，可以帮助计算机处理和分析大量的数据，并提高数据的处理效率和安全性。

2.3.5 规范映射

规范映射在代数系统中有着重要的应用，可用于构造新的等价关系和划分关系。

定义 2.21 函数的核

设 $f:X \to Y$ 是从 X 到 Y 的函数，称关系 $\ker(f)$ 为函数 f 的**核**(kernel)，定义为

$$\ker(f)=\{\langle x_1,x_2\rangle \mid x_1,x_2\in X, 且\ f(x_1)=f(x_2)\}。$$

定理 2.16 设 $f:X\to Y$，则 $\ker(f)$ 为 X 上的等价关系，可得到 X 的划分 $X/\ker(f)$。

图 2－5 直观地展示了 $\ker(f)$ 和 $X/\ker(f)$ 的意义。

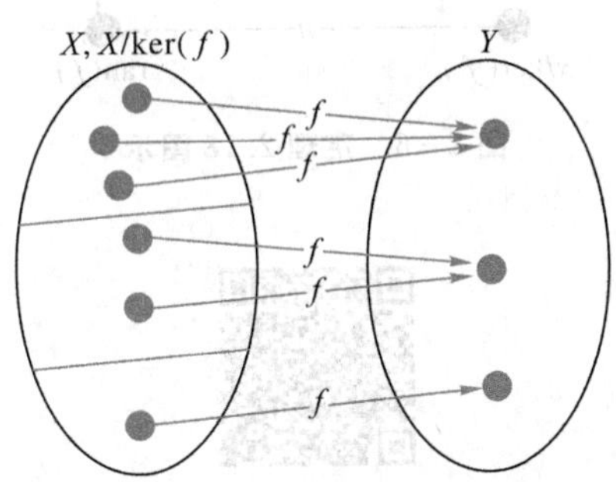

图 2－5 ker(f)和 X/ker(f)的意义

定理 2.17 对于任意函数 $f:X\to Y$，存在一个双射 $h:X/\ker(f)\to \operatorname{ran}(f)$。

证明 设 $h:X/\ker(f)\to \operatorname{ran}(f)$，使得对任意 $X/\ker(f)$ 中的 x 的等价类 $[x]$，有

$$h([x])=f(x)。$$

可证 h 为一个函数。

若 $h([x])=f(x)$，$h([x])=f(x')$，则 $x,x'\in[x]$。根据 $X/\ker(f)$ 的定义，有 $f(x)=f(x')$，h 满足单值性。

接下来，证明 h 为单射。设 $h([x])=h([y])$，则 $f(x)=f(y)$，因此 $\langle x,y\rangle\in\ker(f)$，故 $[x]=[y]$。

$\forall y\in \operatorname{ran}(f)$，则 $\exists x\in X$，使得 $f(x)=y$，这意味着 $h([x])=f(x)$，因此，h 为满射。

定义 2.22 规范映射

对于任意函数 $f:X\to Y$，双射 $h:X/\ker(f)\to \operatorname{ran}(f)$ 被称为**规范映射**(canonical mapping)。

规范映射在代数结构中有非常重要的地位。

定理 2.18 对于任意函数 $f:X\to Y$，存在三个函数，$g:X\to X/\ker(f)$，$h:X/\ker(f)\to \operatorname{ran}(f)$，$k:\operatorname{ran}(f)\to Y$，使 g 为满射，h 为双射，k 为单射，且 $f=k\circ h\circ g$。

证明 定义如下函数：

$$\forall x\in X, g(x)=[x],$$

$$\forall [x]\in X/\ker(f), h([x])=f(x),$$

$$\forall y\in \operatorname{ran}(f), k(y)=y,$$

则 $\forall x\in X$，有 $k\circ h\circ g(x)=k\circ h([x])=k(f(x))=f(x)$。

图 2－6 直观地反映了定理 2.18 的意义。

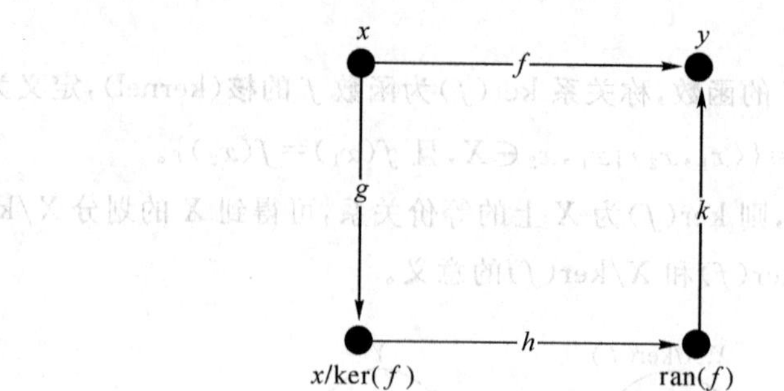

图 2-6　定理 2.18 图示

习题 2.3

2.4　函数的增长

函数的增长是计算机算法中时间复杂度计算的重要理论基础。

算法是解决问题的方法或过程，严格地讲，算法是满足以下性质的指令序列：

(1)输入：有零个或多个外部量作为算法的输入。

(2)输出：算法产生至少一个量作为输出。

(3)确定性：组成算法的每条指令清晰、无歧义。

(4)有限性：算法中每条指令的执行次数有限，执行每条指令的时间也有限。

一个算法所需要的基本运算的总数称为算法的复杂性(complexity)，算法的复杂性可理解为算法的时间和空间效率。时间和空间是算法的度量标杆。算法的时间效率是问题规模的函数，很多问题的算法时间复杂性是一个多项式函数。

算法复杂性的度量常用渐近上界大 O，渐近下界大 Ω，渐近紧界大 Θ 来度量。

2.4.1　渐近上界大 O 记号

定义 2.23 渐近上界大 O

设 $f(n)$和 $g(n)$是定义在正数集上的正函数，若存在正的常数 c 和自然数 n_0，使得当 $n \geqslant n_0$时有 $f(n) \leqslant cg(n)$，则称函数 $f(n)$当 n 充分大时有上界，$g(n)$是 $f(n)$的一个上界，记为 $f(n)=O(g(n))$，即 $f(n)$的阶不高于 $g(n)$的阶，称大 O 为**渐近上界**(asymptotic upper bound)或**紧确上界**。

大 O 表示的只是一个充分大的上界，上界的阶越低则评估越精确，结果越有价值。大 O 经常可用来表示算法时间复杂度的估算。

定义 2.24 时间复杂度

假设随着问题规模 n 的增长，算法执行时间的增长率和 $f(n)$ 的增长率相同，则可记作：$T(n)=O(f(n))$，称 $T(n)$ 为**算法的渐近时间复杂度**（asymptotic time complexity），简称时间复杂度。

例如，当一个算法的算法运行时间为 n^2+n+1 时，由于 n^2+n+1 与 n^2 的数量级相等（当 n 足够大时，$n^2+n+1\approx n^2$），则该算法的渐进时间复杂度（简称算法的时间复杂度）为：$T(n)\in O(n^2)$，或 $T(n)=O(n^2)$。

算法(渐进)时间复杂度一般表示为以下几种数量级的形式（n 为问题的规模，c 为常量）：

(1)称 $O(1)$ 为常数级；

(2)称 $O(\log n)$ 为对数级；

(3)称 $O(n)$ 为线性级；

(4)称 $O(n\log n)$ 为线性对数；

(5)称 $O(n^c)$ 为多项式级，有时称之为“代数”阶；

(6)称 $O(c^n)$ 为指数级，有时称之为“几何”阶；

(7)称 $O(n!)$ 为阶乘级，有时称之为“组合”阶。

易证：$O(1)<O(\log n)<O(n)<O(n\log n)<O(n^2)<\cdots<O(n!)<O(n^n)$。

例题 2.12 给定多项式函数：$T(n)=a_kn^k+a_{k-1}n^{k-1}+\cdots+a_1n+a_0$，试证明：$T(n)=O(n^k)$。

证明 令 $c=|a_k|+|a_{k-1}|+\cdots+|a_1|+|a_0|$，则需要证明：$n\geqslant 1$ 时，$T(n)\leqslant cn^k$。

对于任意 n，若 $n\geqslant 1$，则

$$
\begin{aligned}
c\cdot n^k &= |a_k|n^k+|a_{k-1}|n^k+\cdots+|a_1|n^k+|a_0|n^k\\
&\geqslant |a_k|n^k+|a_{k-1}|n^{k-1}+\cdots+|a_1|n+|a_0|\\
&\geqslant a_kn^k+a_{k-1}n^{k-1}+\cdots+a_1n+a_0\\
&=T(n)。
\end{aligned}
$$

例题 2.13 给定多项式函数：$T(n)=a_kn^k$，证明：$T(n)\neq O(n^{k-1})$。

证明 反证法。

假设 $T(n)=O(n^{k-1})$，则存在 n_0 和 c，对于任意 n，当 $n\geqslant n_0$ 时满足 $T(n)\leqslant cn^{k-1}$，即 $a_kn^k\leqslant cn^{k-1}$，消除 n^{k-1}，得到 $a_kn\leqslant c$，即 $n\leqslant c/a_k$，与条件 $n\geqslant n_0$ 矛盾。

定理 2.19 (1)$O(f)+O(g)=O(\max(f,g))$。

(2)$O(f)+O(g)=O(f+g)$。

(3)$O(f)O(g)=O(fg)$。

(4)若 $g(n)=O(f(n))$，则 $O(f)+O(g)=O(f)$。

(5)$O(Cf(n))=O(f(n))$，其中 C 是一个正的常数。

定理 2.20 大 O 比率定理

对于函数 $f(n)$ 和 $g(n)$，若 $\lim\limits_{n\to\infty}\dfrac{f(n)}{g(n)}$ 存在，则 $f(n)=O(g(n))$ 当且仅当存在正的常数 C，

使得 $\lim\limits_{n\to\infty}\dfrac{f(n)}{g(n)}\leqslant C$。

2.4.2 渐近下界大 Ω 记号

定义 2.25 渐近下界大 Ω

若存在正的常数 c 和自然数 n_0，使得当 $n\geqslant n_0$ 时有 $f(n)\geqslant cg(n)$，则称函数 $f(n)$ 当 n 充分大时有下界，且 $g(n)$ 是它的一个下界，记为 $f(n)=\Omega(g(n))$，即 $f(n)$ 的阶不低于 $g(n)$ 的阶。大 Ω 称为**渐近下界**(asymptotic lower bound)或**紧确下界**。

用 Ω 评估算法的复杂性，得到的只是复杂性的一个下界，这个下界阶越高，结果越有价值，它最高与复杂性函数同阶。

2.4.3 渐近紧界大 Θ 记号

定义 2.26 渐近紧界大 Θ

定义 $f(n)=\Theta(g(n))$，当且仅当 $f(n)=O(g(n))$ 且 $f(n)=\Omega(g(n))$ 时，称 $f(n)$ 与 $g(n)$ 同阶，称 Θ 为**渐近紧界**(asymptotic tight bound)，表示算法的精确阶。

定理 2.21 对于多项式函数 $f(n)=a_m n^m+a_{m-1}n^{m-1}+\cdots+a_1 n+a_0$，若 $a_m>0$，则有 $f(n)=O(n^m)$，$f(n)=\Omega(n^m)$，$f(n)=\Theta(n^m)$。

习题 2.4

【本章小结】

函数是一类特殊的关系，是研究数学问题的基本工具。函数在计算机科学与技术中有着广泛的应用，特别是特征函数、地板函数、天花板函数和散列函数等，函数的增长是研究计算机算法时间复杂度的基本工具。

第1篇小组拓展研究

1."离散"和"连续"是一对矛盾体,但又是可以相互转化的,它们高度对立统一。请思考什么是离散的?什么是连续的?在研究实际问题时,二者常常互相转化,请举几个相互转化的实例。举例说明计算机系统和现实世界中有哪些典型的离散结构,并将之表达成典型的离散系统形式$\langle A;F\rangle$。

2.人类社会有"三大科学研究范式":理论范式、实验范式、计算范式。理论范式以理论演绎、推理为主要研究形式,主要是逻辑思维,典型代表为数学学科,其思维形式被称为数学思维。实验范式以实验、观察、数据收集、分析、归纳为主要研究形式,典型代表为物理学科和化学学科,其思维形式被称为实证思维。计算范式以利用计算技术构建系统进行问题求解为主要研究形式,典型代表是计算学科,其思维形式被称为计算思维。

试论述离散数学在培养计算思维能力方面的作用。

3.查阅文献,研究拓扑排序在工程中的典型应用,并总结拓扑排序的实现算法。

4.查阅文献,研究等价关系在数据挖掘技术中的应用。

5.查阅文献,研究贝尔数递推公式的母函数以及贝尔数的性质。

6.同余关系作为一种等价关系,可用于计算机的很多领域。查阅文献总结同余关系在校验码设计和随机数生成两个方面的应用。

7.了解总结集合论发展简史(包括简史、集合与悖论、悖论与数学危机)。

8.关系、六度分隔理论与社会网络。

六度分隔(six degrees of separation)理论是数学领域的一个猜想,它也被称为小世界理论。该理论指出:你和任何一个陌生人之间所间隔的人不会超过6个,即最多通过6个人你就能够认识任何一个陌生人。20世纪60年代,美国心理学家米尔格兰姆设计了一个连锁信件实验。米尔格兰姆把信随机发送给住在美国各城市的部分居民,信中写有一个波士顿股票经纪人的名字,他要求每一位收信人都要把收到的这封信寄给自己认为算得上比较接近这名股票经纪人的朋友。这位朋友收到信后,再把信寄给他认为更接近这名股票经纪人的朋友。最终,大部分信件都寄到了该股票经纪人手中,每封信平均经手6.2次到达。于是,米尔格兰姆提出六度分隔理论,认为世界上任意两个人之间建立联系,最多只需要6个人作为中介。

(1)请用关系代数的语言描述六度分隔理论。

(2)进一步探讨六度分隔理论在社会网络中的应用。

9.在矩阵代数中找几个实例,说明如何运用RMI原则解决问题。

10.矩阵乘法作为矩阵变换的基础运算之一,是许多计算任务的核心组成部分,涵盖了计算机图形、数字通信、神经网络训练和科学计算等领域。矩阵乘法是很多问题求解的基础算法。按照普通矩阵乘法运算定义所设计的算法,其时间复杂度为$\Theta(n^3)$,其中n为矩阵的阶。容易验证,对于任意2个n阶矩阵的乘法,其算法的渐近上界和渐近下界分别为$O(n^3)$和$\Omega(n^2)$。目前,很多学者提出了一些改进的矩阵乘法算法,如Strassen算法,其时间复杂度是$\Theta(n^{\lg 7})\approx\Theta(n^{2.807})$;Coppersmith-Winograd算法,其时间复杂度是$\Theta(n^{2.376})$。但是否存在更快的矩阵乘法算法一直是一个悬而未解的问题。在大数据和人工智能时代,提高基础计算算法的效率一直都是学界热点，因为它会影响大量计算的整体速度，从而在智能计算领域产生多米诺骨牌效应。2022 年 10 月，DeepMind 团队在发表于 Nature 上的论文中（参考文献[22]），提出了第一个能够在矩阵乘法等基本计算任务发现新颖、高效、正确算法的 AI 系统——AlphaTensor，并被认为是 2022 年计算机科学的 6 大突破之一。

查阅文献，研究总结矩阵乘法运算的 Strassen 算法和 Coppersmith－Winograd 算法。

11. 矩阵链乘问题。给定 n 个矩阵$\{\boldsymbol{A}_1,\boldsymbol{A}_2,\cdots,\boldsymbol{A}_n\}$，其中 $\boldsymbol{A}_i$ 与 $\boldsymbol{A}_{i+1}(i=1,2,\cdots,n-1)$是可乘的。如何确定矩阵连乘积的计算次序，以使计算矩阵链乘所需要的数乘次数最少。研究利用动态规划算法求解矩阵链乘问题。

12. 查阅文献研究总结哈希函数在计算机各个领域中的应用实例。

第 1 篇算法设计及编程题

1. 编程实现集合的基本运算，包括：并、交、补、差、对称差、笛卡儿积。

2. 编程实现给定元素 x 和集合 A，判断元素和集合的关系。

3. 编程实现给定元素集合 A 和 B，判断这两个集合之间的关系。

4. 设计算法实现布尔布阵的布尔并、布尔交、布尔积、布尔幂、布尔补运算。

5. 给定一个有限集，设计算法列出其幂集中的所有元素。

6. 设集合 A 是一个有限集，R 是 A 上的二元关系，编程求其关系矩阵，并判断该关系是否是自反关系、反自反关系、对称关系、反对称关系或传递关系。

7. 编程实现关系的逆运算。设集合 A 是一个有限集，R 是 A 上的二元关系，编程求 R 的逆。

8. 关系的合成运算。设关系 R 是从集合 $X=\{1,2,\cdots,n\}$ 到集合 $Y=\{1,2,\cdots,m\}$ 的二元关系，而关系 S 是从集合 Y 到集合 $Z=\{1,2,\cdots,p\}$ 的二元关系，求 R 与 S 的复合关系 T。

9. 设集合 A 是一个有限集，$|A|=n$，R 是 A 上的二元关系，编程求其自反闭包、对称闭包。

10. 设集合 A 是一个有限集，$|A|=n$，R 是 A 上的二元关系，编程分别实现按公式 $M_{t(R)}=M_R \vee M_{R^2} \vee M_{R^3} \vee \cdots \vee M_{R^n}$ 求其传递闭包和利用 Warshall 算法求其传递闭包，并研究两个算法的时间复杂度。

11. 设集合 A 是一个有限集，$|A|=n$，R 是 A 上的二元关系，编程实现判断 R 是否是等价关系。

12. 设集合 A 是一个有限集，$|A|=n$，R 是 A 上的等价关系，编程实现求 R 的商集 A/R。

13. 设集合 A 是一个有限集，$|A|=n$，R 是 A 上的二元关系，编程求包含 R 的最小等价关系。

14. 给定正整数 n，设计算法求定义在 n 个元素集合上的所有传递关系的个数。

15. 给定正整数 n，设计算法求定义在 n 个元素集合上的所有等价关系的个数。

16. 设集合 A 是一个有限集，$|A|=n$，设计算法求定义在集合 A 上的所有等价关系。

17. 编写一个利用线性同余法求随机数的程序。

18. 给定 n，编程实现输出所有可能长度为 n 的比特串。

19. 设计求解多项式公式 $f(n)=a_k n^k+a_{k-1}n^{k-1}+\cdots+a_1 n+a_0$ 的 Horner 算法并分析其算法的时间复杂度。与普通的多项式求解算法相比，其算法时间复杂度改进了多少？（Horner 算法见参考文献[1]）

第2篇 数理逻辑

逻辑(logic)学是研究人类推理过程和规律的科学，而数理逻辑(mathematical logic)则是用数学的方法研究逻辑学的一个数学学科，其显著特征是符号化和形式化，即把逻辑所涉及的“概念、判断、推理”用符号表示，用公理体系刻画，并基于符号串形式的演算来描述推理过程的一般规律，因此数理逻辑又称符号逻辑。

利用计算的方法来代替人们思维中的逻辑推理过程，这种想法早在17世纪就有人提出过。莱布尼茨(Leibniz)就曾经设想过能否通过创造一种“通用的科学语言”，将推理过程像利用公式来进行数学计算一样，得出正确的结论。限于当时的社会条件，他的想法并没有实现。但这种思想是现代数理逻辑内容的萌芽，从这个意义上讲，莱布尼茨的思想可以说是数理逻辑的先驱。

1847年，英国数学家布尔发表了《逻辑的数学分析》一文，建立了布尔代数，并创造了一套符号系统，利用符号来表示逻辑中的各种概念。布尔建立了一系列的运算法则，利用代数的方法研究逻辑问题，初步奠定了数理逻辑的基础。

19世纪末20世纪初，数理逻辑有了比较大的发展，1884年，德国数学家弗雷格出版了《数论的基础》一书，书中引入了量词的符号，使得数理逻辑的符号系统更加完备。美国人皮尔斯也在著作中引入了逻辑符号，从而使现代数理逻辑的理论基础逐步形成，并成为一门独立的学科。

1930年，哥德尔(Godel)完全性定理的证明完善了数理逻辑的基础，建立了逻辑演算，并在此基础上发展出公理集合论、证明论、模型论和递归论四个分支，成为现代科学特别是计算机科学不可或缺的基础理论之一。数理逻辑这门学科建立以后发展较为迅速，促进它发展的因素也是多方面的。比如，第三次数学危机。

集合论的产生是近代数学发展的重大事件，但在集合论的研究过程中，发现了集合论的悖论，悖论即逻辑矛盾。集合论本来是论证很严格的一个分支，被公认为是数学的基础。1903年，英国唯心主义哲学家、逻辑学家、数学家罗素对集合论提出了著名的“罗素悖论”，这个悖论的提出几乎动摇了整个数学基础。罗素悖论中有许多例子，“理发师悖论”是其中之一。这一悖论的提出，促使许多数学家开始研究集合论的无矛盾性问题，从而产生了数理逻辑的一个重要分支——公理集合论。

非欧几何的产生和集合论悖论的发现，说明数学本身还存在许多问题。为了研究数学系统的无矛盾性问题，需要以数学理论体系的概念、命题、证明等作为研究对象，研究数学系统的逻辑结构和证明的规律，这样又产生了数理逻辑的另一个分支——证明论。

数理逻辑还发展了许多新的分支，如递归论、模型论等。递归论主要研究可计算性的理论，和计算机的发展和应用有密切的关系。模型论主要是研究形式系统和数学模型之间的关系。

数理逻辑近年来发展特别迅速，主要原因是这门学科对于数学其他分支（如集合论、数论、代数、拓扑学等）的发展有重大的影响，特别是对计算机科学的发展起到了推动作用。反之，其他学科的发展也推动了数理逻辑的发展。

在计算机科学中，数理逻辑为理解计算模型、算法和程序语言提供了一个重要的基础。数理逻辑被广泛应用于计算机科学中的许多领域，如人工智能、数据库系统、软件工程、编程语言等，以下是一些具体的应用。

(1)布尔逻辑。布尔逻辑是一种二元逻辑，在计算机中广泛应用于开发逻辑电路、设计程序和算法。布尔逻辑是一个基础性的概念，在计算机科学中被广泛应用，可用于定义真假值、进行逻辑运算、创建决策树等。

(2)语义分析。在编程语言设计中，语义分析主要用来确定程序语言中各个语句所代表的意义，其基础就是数学逻辑和形式语言理论，特别是谓词逻辑和自然语言处理。语义分析主要包括类型检验、变量作用域检测、语法错误检测、代码转换等任务，用来确保程序的正确性和可靠性。

(3)模型检测。模型检测是指对系统模型进行验证的过程，在比较模型和规范之间的差异时自动地检测到一个错误，并尝试自动修复。模型检测是计算机科学中的一种基础技术，被广泛应用于硬件和软件系统的安全性和性能分析、逆向工程等方面。

(4)数据库系统。数据库系统的设计和开发涉及到数学逻辑中的关系理论和集合论，用来解决数据库中数据关系的问题，如数据完整性、一致性和安全性等问题。数据库中的各种查询和操作都可以视为一种逻辑问题，因此数学逻辑和集合论也是解决这些问题的基础。

(5)人工智能。人工智能是计算机科学中的重要领域，通过将数理逻辑、机器学习和自然语言处理等领域整合在一起，进行智能决策和人工智能系统的开发。数理逻辑在人工智能领域被广泛应用，包括建立推理引擎、描述元知识、推理模型还原、模型融合、模糊逻辑等。特别是近年来随着人工智能技术的迅猛发展，数理逻辑在人工智能的一些领域（如知识图谱等）也得到了广泛的应用。

本篇将介绍数理逻辑中最基本的也是最重要的两部分内容——命题逻辑和谓词逻辑。

第 3 章　命题逻辑

【内容提要】

命题逻辑(propositional logic)是研究关于命题如何通过一些逻辑联结词构成更复杂的命题，以及如何进行逻辑推理的学科。本章主要介绍了命题的概念及其表示方法，联结词、命题公式以及命题演算的推理形式。

3.1　命题与联结词

3.1.1　命题

定义 3.1 命题

称能够对确定的对象判断真假的陈述句为**命题**(proposition)，当判断正确或符合客观实际时，称该命题**真**(true)，用 T 或 1 表示；否则称该命题**假**(false)，用 F 或 0 表示。一个命题表达的判断结果“真”或“假”常被称为命题的**真值**。真值为真的命题称为真命题，真值为假的命题称为假命题。任何命题的真值是唯一的。

在命题逻辑中对命题不再细分，因而命题是数理逻辑中最基本的也是最小的研究单位。

例题 3.1　判断下列语句是否为命题。

(1)雪是白的。

(2)2 不是偶数。

(3)2 是偶数且 3 也是偶数。

(4)如果明天天气好，那么我去逛公园。

(5)他会开车或会游泳。

(6)你可以乘坐该航班当且仅当你购买了该次航班的机票。

(7)真冷啊！

(8)您去学校吗？

(9)$x+y<0$。

(10)我正在说谎。

解　(1)～(6)都是命题：其中(1)为真命题；(2)和(3)为假命题；(4)(5)(6)也是命题，虽然它们的真值未必在现在或将来可以得知，但它们所作的判断是否符合客观实际这一点是确定的。

(7)和(8)不是陈述句,因此它们都不是命题。

因为 x,y 通常表示变元,它们不是确定的对象,从而(9)没有确定的真值,故(9)也不是命题。

由于(10)对本身的真假作了否定的判断,从而使对(10)真值的判定变得没有意义了。当判定(10)真时,(10)对本身的判断成立,即(10)假;当判定(10)假时,(10)对本身的判断不成立,即(10)真,因而(10)是一个悖论,它不是命题。

注意到,命题(1)与命题(2)～(6)不同。命题(1)不能再进行分解,因为分解后不是陈述句,这类命题称为原子命题;命题(2)～(6)是由一个或两个命题与一个联结词("不""且""或""如果…就…""当且仅当")所组成的,这些命题的真值不仅依赖于这两个组成它的原子命题,而且还依赖于联结词的意义,称这些联结词为**逻辑联结词**(logical connectives)。

定义 3.2 原子命题与复合命题

不能分解为更简单命题的命题称为**原子命题**(atomic proposition)。

由原子命题和逻辑联结词共同组成的命题称为**复合命题**(composition proposition)。

例题 3.2 判断下列命题是原子命题还是复合命题。

(1)乌鸦是黑的。

(2)今天的天气晴朗。

(3)雪不是白的。

(4)今晚我看书或去看电影。

(5)你去了学校,我也去了工厂。

(6)如果天气好,那么我去接你。

(7)偶数 a 是质数,当且仅当 $a=2$ 时。

解 (1)～(2)为原子命题。

(3)～(7)为复合命题。其联结词分别为"非""或""且""如果…那么…""当且仅当"。

在形式化表示中,原子命题通常用 A,B,C,p,q,r,s 等字母表示。

3.1.2 逻辑联结词

首先,介绍 5 个重要的逻辑联结词,分别是:否定、合取、析取、蕴涵和等价。

定义 3.3 否定联结词

设 p 是一个命题,p 的**否定**写为"$\neg p$",读作"非 p",称 $\neg$ 为**否定联结词**。若 p 为真,则 $\neg p$ 为假;若 p 为假,则 $\neg p$ 为真。

用类似表 3-1 的**真值表**来规定联结词的意义,描述复合命题在所有赋值下的取值情况列成的表。

$\neg p$ 的真值表见表 3-1。

表 3-1　否定联结词的真值表

p	$\neg p$
1	0
0	1

例题 3.3　给出命题“雪是白的”的否定形式，并判断真假。

解　若 p 表示命题“雪是白的”，则用 $\neg p$ 表示“雪不是白的”，此时，p 为真，$\neg p$ 为假。

当用否定词“非”代替自然语言中的“不”时（或反过来），应注意保持原语句的含意。例如，p 表示“我们都是好学生”时，$\neg p$ 表示“并非我们都是好学生”或“我们不都是好学生”，而不是“我们都不是好学生”。

定义 3.4 合取联结词

设 p,q 为两个命题，复合命题“p 且 q”（或“p 与 q”）称为 p 与 q 的**合取**（conjunction），记作 $p\wedge q$，其中 $\wedge$ 是**合取联结词**，并规定 $p\wedge q$ 为真当且仅当 p 与 q 同时为真。

合取联结词 $p\wedge q$ 的真值表见表 3-2。

表 3-2　合取联结词的真值表

p	q	$p\wedge q$
1	1	1
1	0	0
0	1	0
0	0	0

例题 3.4　已知 p 表示命题“你去了学校”，q 表示命题“我去了工厂”，写出 $p\wedge q$ 所表示的命题，并判断真假。

解　$p\wedge q$ 表示命题“你去了学校并且我去了工厂”，$p\wedge q$ 为真，当且仅当你去了学校并且我去了工厂。

定义 3.5 析取联结词

设 p,q 为两个命题，复合命题“p 或 q”称为 p 与 q 的**析取**（disjunction），记作 $p\vee q$，其中 $\vee$ 是**析取联结词**，并规定 $p\vee q$ 为假当且仅当 p 与 q 同时为假。

析取联结词 $p\vee q$ 的真值表见表 3-3。

表 3-3　析取联结词的真值表

p	q	$p\vee q$
1	1	1
1	0	1
0	1	1
0	0	0

例题 3.5 已知 p,q 分别表示命题"今晚我看书"和"今晚我去看电影",写出 $p \vee q$ 所表示的命题。

解 $p \vee q$ 表示"今晚我看书或者去看电影"。

值得注意的是,这里的"或"指"可兼或",即当 p 和 q 均为假时,才可确认 $p \vee q$ 为假。在日常生活中,"或"在有的场合下不同于上述意义。例如"我今天早晨 6 点去跑步或者去游泳",其中的"或"指"不可兼或"。

思考 如何表示"不可兼或"的真值表?

定义 3.6 蕴涵联结词

设 p,q 为两个命题,则复合命题"若 p,则 q"称为 p 与 q 的**蕴涵**(implication)**式**或**单条件**,记作 $p \to q$,称 p 是蕴涵式的**前件**(antecedent),q 为蕴涵式的**后件**(consequent)。$\to$称作**蕴涵联结词**,规定,$p \to q$ 为假当且仅当 p 为真 q 为假。

$p \to q$ 的读法较多,可读作"若 p,则 q""p 蕴涵 q""p 是 q 的充分条件""q 是 p 的必要条件""q 当 p""p 仅当 q""只要 p 就 q""只有 p 才 q""除非 p 才 q""除非 p 否则非 q"等。数学中:将 $q \to p$, $\neg p \to \neg q$, $\neg q \to \neg p$ 分别叫作 $p \to q$ 的逆命题、否命题、逆否命题。

蕴涵联结词 $p \to q$ 的真值表见表 3-4。

表 3-4 蕴涵联结词的真值表

p	q	$p \to q$
1	1	1
1	0	0
0	1	1
0	0	1

例题 3.6 用 p 表示"天气好",q 表示"我去接你",写出 $p \to q$ 表示的命题,并判断真假。

解 $p \to q$ 表示命题"若天气好,则我去接你"。当天气好时,我去接了你,这时 $p \to q$ 为真;若我没去接你,则 $p \to q$ 为假。当天气不好时,我无论去或不去接你均未食言,此时认定 $p \to q$ 为真是适当的。

上述规定的蕴涵词称为实质蕴涵,因为它不要求 $p \to q$ 中的 p,q 有什么关系,只要 p,q 为命题,$p \to q$ 就有意义。例如"若 2+2=5,则雪是黑的",就是一个有意义的命题,且根据定义可知其真值为"真"。蕴涵词的这种规定形式,在讨论数学问题和逻辑问题时是正确的、充分的,但在某些情况下略显不足。

定义 3.7 等价联结词

设 p,q 为两个命题,复合命题"p 则当且仅当 q"称为 p 与 q 的**等价词**,也称为**等价式**或**双条件式**。记作 $p \leftrightarrow q$,称$\leftrightarrow$为等价联结词,规定 $p \leftrightarrow q$ 为真当且仅当 p 和 q 同时为真或同时为假。

等价联结词 $p \leftrightarrow q$ 的真值表见表 3-5。

表 3-5 等价联结词的真值表

p	q	$p\leftrightarrow q$
1	1	1
1	0	0
0	1	0
0	0	1

例题 3.7 若 p 表示命题“$\triangle ABC\cong\triangle A'B'C'$”，$q$ 表示命题“$\triangle ABC$ 与 $\triangle A'B'C'$ 的三边对应相等”，试判断 $p\leftrightarrow q$ 的真值情况。

解 $p\leftrightarrow q$ 表示平面几何中的一个真命题，因为 p 为真时 q 显然为真，p 为假时 q 也必然为假，所以 p 与 q 具有相同的真值。若 q 表示命题“$\triangle ABC$ 与 $\triangle A'B'C'$ 的三内角对应相等”，则 $p\leftrightarrow q$ 不恒为真，这是因为 p 为假时 q 未必为假。

以上是对 5 个最常用、最重要的联结词的介绍，它们组成一个联结词集合{¬，∧，∨，→，↔}，自然语言中还有其他联结词，可以用上述 5 个联结词中的一个或多个来表示。

3.1.3 命题公式与真值表

定义 3.8 命题常元和命题变元

把表示具体命题及表示常命题的 p,q,r,s 与 F,T 统称为**命题常元**(propositional constant)。深入的讨论还需要引入**命题变元**(propositional variable)的概念，以“真、假”或“1，0”为取值范围，命题变元仍用 p,q,r,s 等字母表示。

命题常元、变元及联结词是形式描述命题及其推理的基本语言成分，用它们构成的命题公式可以制式地描述复杂的命题。

定义 3.9 合式公式

合式公式(well-formed formula)也称为**命题公式**(propositional formula)，其归纳定义为：

(1)单个命题常元和命题变元是合式公式，也称为原子公式或原子。

(2)若 A 是命题公式，则$(\neg A)$是合式公式。

(3)若 A,B 是合式公式，则$(\neg A)$、$(A\wedge B)$、$(A\vee B)$、$(A\rightarrow B)$、$(A\leftrightarrow B)$也是合式公式。

(4)只有有限次地应用(1)、(2)和(3)所形成的符号串才是合式公式。

命题公式简称公式，常用大写拉丁字母 A,B,C 等表示。上述定义方式称为归纳定义，归纳定义包括基础，归纳和界限三部分。定义 3.9 中的(1)是基础，(2)和(3)是归纳，(4)是界限。

逻辑联结词可视为命题公式之间的运算。

$\neg(p\rightarrow(q\wedge r))$是命题公式，但$(pq)$、$p\rightarrow$、$p_1\vee p_2\vee\cdots$均非命题公式。

为使公式的表示更为简单，作如下约定：

(1)公式最外层括号一律可省略。

(2)联结词运算的优先级顺序依次为：¬、(∧,∨)、→、↔，其中∧和∨是同级联结词。

若出现的联结词同级，又无括号，则按从左到右的顺序运算；当存在括号时，应该先进行括号中的运算。为了使表达更明确，习惯上将运算优先级相同的联结词用括号加以标示。例如，命题公式 $r \wedge q \vee s$ 可写成 $(r \wedge q) \vee s$。

定义 3.10 子公式

若 X 是命题公式 A 的一部分且 X 本身也是命题公式，则称 X 为公式 A 的**子公式**。

例如，令 A 表示：$q \rightarrow (p \vee (p \wedge q))$，$X$ 表示 $p \wedge q$，则 X 是 A 的子公式。

定义 3.11 真值指派

若公式 A 含有 n 个命题变元 $p_1, p_2, \cdots, p_n$，记为 $A(p_1, p_2, \cdots, p_n)$，并将逻辑联结词看作真值运算符，则公式 A 可以看作是 $p_1, p_2, \cdots, p_n$ 的真值函数。任意给定的一组真值 $p_1, p_2, \cdots, p_n$，称为对 A 的一个**赋值**或**真值指派**(truth assignment)，用希腊字母 α, β 等表示。使公式 A 为真的赋值称为**成真赋值**或**成真指派**，使公式 A 为假的赋值称为**成假赋值**或**成假指派**。

例如，给公式 $(p \vee q \rightarrow r)$ 赋值 011 是指 $p=0, q=1, r=1$，它是该公式的成真赋值；赋值 110 是指 $p=1, q=1, r=0$，它是该公式的成假赋值。

定义 3.12 真值表

公式 A 在所有赋值下的取值情况列成的表称为公式 A 的**真值表**(truth table)。

设公式 A 含有 n 个命题变元 $p_1, p_2, \cdots, p_n$，记为 $A(p_1, p_2, \cdots, p_n)$，则该公式有 2^n 个赋值。例如，设公式 A 含有 3 个命题变元 p, q, r，则其真值表的结构如表 3-6 所示。该表中，* 表示 1 或 0。注意，为了避免真值指派存在重复和遗漏的情况，建议按照如下规律来排列各个指派。第 1 个命题变元分成 2 组，其中第 1 组由 2^{n-1} 个 1 组成，第 2 组由 2^{n-1} 个 0 组成。第 2 个命题变元分成 $2^2=4$ 组，其中第 1 组由 2^{n-2} 个 1 组成，第 2 组由 2^{n-2} 个 0 组成，第 3 组由 2^{n-2} 个 1 组成，第 4 组由 2^{n-2} 个 0 组成。依此类推，第 n 个命题变元分成 2^n 组，其中第 1 组由 1 个 1 组成，第 2 组由 1 个 0 组成，第 3 组由 1 个 1 组成，第 4 组由 1 个 0 组成，依此类推，第 n 组由 1 个 0 组成。

表 3-6 真值表的一般结构

p	q	r	A
1	1	1	*
1	1	0	*
1	0	1	*
1	0	0	*
0	1	1	*
0	1	0	*
0	0	1	*
0	0	0	*

例题 3.8 构造公式 $\neg(p\to(q\wedge r))$ 的真值表，并指出该公式的成真指派和成假指派。

解 公式的真值表见表 3－7。

表 3－7 公式 $\neg(p\to(q\wedge r))$ 的真值表

p	q	r	$\neg(p\to(q\wedge r))$
1	1	1	0
1	1	0	1
1	0	1	1
1	0	0	1
0	1	1	0
0	1	0	0
0	0	1	0
0	0	0	0

指派(1,1,0)，(1,0,1)，(1,0,0)为公式的成真指派；指派(1,1,1)，(0,1,1)，(0,1,0)，(0,0,1)及(0,0,0)均为公式的成假指派。

3.1.4 命题形式化与命题公式的翻译

用已有的符号语言可以将用自然语言表达的命题形式化，也称为符号化，即将语句用命题公式的形式表达出来。命题符号化可按如下步骤进行：

(1)找出复合命题中的原子命题。

(2)用小写的英文字母或带下标的小写英文字母表示这些原子命题。

(3)使用命题联结词将这些小写的英文字母或带下标的小写英文字母连接起来。

下面通过一些例子说明如何将命题形式化，以及如何理解形式化的命题。

例题 3.9 设 p 表示命题“你努力”；q 表示命题“你会成功”，将以下 3 个命题符号化。

(1)只要你努力，你就会成功。

(2)只有你努力，你才会成功。

(3)除非你努力，否则你不会成功。

解 (1)“只要 p，就有 q”等价于“若 p，则 q”或“若非 q，则非 p”，所以原命题可符号化为 $p\to q$ 或 $\neg q\to\neg p$。

(2)“只有 p，才有 q”等价于“若非 p，则非 q”或“若 q，则 p”，所以原命题可符号化为 $\neg p\to\neg q$ 或 $q\to p$。

(3)“除非 p，否则非 q”等价于“若非 p，则非 q”，或“若 q，则 p”，所以原命题可符号化为 $\neg p\to\neg q$ 或 $q\to p$。

例题 3.10 一个人起初说：“占有空间的、有质量的，而且不断变化的叫做物质”，后来他改说:"占有空间的、有质量的叫做物质,而物质是在不断变化的"。试以命题形式分析他前后主张的差异之处。

解 令 p 表示命题"它占据空间",q 表示命题"它有质量",r 表示命题"它不断变化",s 表示命题"它是物质",则这个人起初的主张为 $(p\wedge q\wedge r)\rightarrow s$;后来的主张为 $(p\wedge q\rightarrow s)\wedge(s\rightarrow r)$。

习题 3.1

3.2 逻辑等值式与逻辑蕴涵式

3.2.1 重言式与矛盾式

定义 3.13 重言式与矛盾式

若对命题公式 A 中命题变元的任一真值指派,A 均取值为真(T),则称命题公式 A 为**重言式**(tautology)或**永真式**;若对命题公式 A 中命题变元的任一真值指派,A 均取值为假(F),则称命题公式 A 为**矛盾式**或**永假式**;若对命题公式 A,至少有一个真值指派使其为真(T),则称命题公式 A 为**可满足式**(satisfiable formula)。

易见,若 A 是永真式(永假式),则 $\neg A$ 必为永假式(永真式)。

对任意公式 A,$A\vee\neg A$ 是重言式,称为排中律;$A\wedge\neg A$ 是矛盾式,称为矛盾律。

定理 3.1

(1)任何两个重言式的合取或析取都是重言式。

(2)任何两个矛盾式的合取或析取是矛盾式。

定理 3.2 代入原理

(1)一个重言式 A,对同一分量出现的每一处都用同一命题公式置换得到另一命题公式 B,则 B 仍是重言式。

(2)一个矛盾式 A,对同一分量出现的每一处都用同一命题公式置换得到另一命题公式 B,则 B 仍是矛盾式。

证明 设 A 为重言式,p 为 A 中的命题变元,由于 A 永真,A 的真值与 p 的取值状况无关,恒为 1,因此 B 的真值也恒为 1。

若 A 为矛盾式,则 $\neg A$ 为重言式,因此 $\neg B$ 也是重言式,即 B 是矛盾式。

例题 3.11 用真值表证明 $(p\rightarrow q)\leftrightarrow(\neg p\vee q)$ 为重言式。

证明 建立公式的真值表(表 3-8),由表的最后一列可以看出,原式为重言式。

表 3-8 公式的真值表

p	q	$p\to q$	$\neg p\vee q$	$(p\to q)\leftrightarrow(\neg p\vee q)$
1	1	1	1	1
1	0	0	0	1
0	1	1	1	1
0	0	1	1	1

3.2.2 逻辑等值

定义 3.14 逻辑等值

当命题公式 $A\leftrightarrow B$ 为永真式时，称 A **逻辑等值**于 B，记为 $A\Leftrightarrow B$，它又称为**逻辑等值式**（logically equivalent）。

根据永真式的定义，$A\Leftrightarrow B$ 也可按如下方式定义：

给定两个命题公式 A 和 B，设 $p_1,p_2,\cdots,p_n$ 为所有出现于 A 和 B 中的原子变元，若给定 $p_1,p_2,\cdots,p_n$ 任一组真值指派，A 和 B 的真值都相同，则称 A 和 B 逻辑等值。

因此，逻辑等值式 $A\Leftrightarrow B$ 可以从两个角度去理解：

(1)$A\Leftrightarrow B$ 表示断言"$A\leftrightarrow B$ 是重言式"。

(2)$A\Leftrightarrow B$ 表示"A,B 等值"，或理解为"当 A 真时 B 亦真，当 A 假时 B 也假"，也可理解为"由 A 真可推出 B 真，且由 B 真可推出 A 真"。

注意："$\Leftrightarrow$"与"$\to$"的区别。"$\Leftrightarrow$"不是联结词，$A\Leftrightarrow B$ 表示两个命题公式 A 和 B 的逻辑相等关系。"$\to$"是命题联结词，$A\to B$ 表示命题公式。

定理 3.3 设 A,B,C 是任意命题公式，表 3-9 中的逻辑等值式成立。

表 3-9 重要的逻辑等值式

编号	逻辑等值式	名称
E_1	$\neg\neg A\Leftrightarrow A$	双重否定律
E_2	$A\vee A\Leftrightarrow A$	幂等律
E_3	$A\wedge A\Leftrightarrow A$	幂等律
E_4	$A\vee B\Leftrightarrow B\vee A$	交换律
E_5	$A\wedge B\Leftrightarrow B\wedge A$	交换律
E_6	$(A\vee B)\vee C\Leftrightarrow A\vee(B\vee C)$	结合律
E_7	$(A\wedge B)\wedge C\Leftrightarrow A\wedge(B\wedge C)$	结合律
E_8	$A\wedge(B\vee C)\Leftrightarrow(A\wedge B)\vee(A\wedge C)$	分配律

续表

编号	逻辑等值式	名称
E_9	$A \vee (B \wedge C) \Leftrightarrow (A \vee B) \wedge (A \vee C)$	分配律
E_{10}	$\neg (A \vee B) \Leftrightarrow \neg A \wedge \neg B$	德・摩根定律
E_{11}	$\neg (A \wedge B) \Leftrightarrow \neg A \vee \neg B$	德・摩根定律
E_{12}	$A \vee (A \wedge B) \Leftrightarrow A$	吸收律
E_{13}	$A \wedge (A \vee B) \Leftrightarrow A$	吸收律
E_{14}	$A \rightarrow B \Leftrightarrow \neg A \vee B$	蕴含等值式
E_{15}	$A \leftrightarrow B \Leftrightarrow (A \rightarrow B) \wedge (B \rightarrow A)$	等价等值式
E_{16}	$A \vee 1 \Leftrightarrow 1$	零律
E_{17}	$A \wedge 0 \Leftrightarrow 0$	零律
E_{18}	$A \wedge 1 \Leftrightarrow A$	同一律
E_{19}	$A \vee 0 \Leftrightarrow A$	同一律
E_{20}	$A \vee \neg A \Leftrightarrow 1$	排中律
E_{21}	$A \wedge \neg A \Leftrightarrow 0$	矛盾律
E_{22}	$\neg 1 \Leftrightarrow 0, \neg 0 \Leftrightarrow 1$	否定律
E_{23}	$A \rightarrow B \Leftrightarrow \neg B \rightarrow \neg A$	假言易位
E_{24}	$(A \rightarrow B) \wedge (A \rightarrow \neg B) \Leftrightarrow \neg A$	归谬论

例题 3.12 证明：$A \wedge B \rightarrow C \Leftrightarrow A \rightarrow (B \rightarrow C)$。

解 利用真值表证明，即构造 $A \wedge B \rightarrow C$ 和 $A \rightarrow (B \rightarrow C)$ 的真值表（表 3-10）。

表 3-10 真值表

A	B	C	$A \wedge B \rightarrow C$	$A \rightarrow (B \rightarrow C)$
1	1	1	1	1
1	1	0	0	0
1	0	1	1	1
1	0	0	1	1
0	1	1	1	1
0	1	0	1	1
0	0	1	1	1
0	0	0	1	1

思考 将命题公式视为集合，逻辑等值视为集合的相等关系，否定联结词视为集合的补运算，析取联结词视为集合的并运算，合取联结词视为集合的交运算，不难发现，其运算性质是完全相同的，均满足交换律、结合律、分配律、幂等律、吸收律、德·摩根定律、双重否定律、补元律、零律、同一律、否定律。请思考原因？

显然，命题公式逻辑等值满足下面的三条性质：

(1)自反性，即对任意命题公式 A，$A\Leftrightarrow A$。

(2)对称性，即对任意命题公式 A 和 B，若 $A\Leftrightarrow B$，则 $B\Leftrightarrow A$。

(3)传递性，即对任意命题公式 A，B 和 C，若 $A\Leftrightarrow B$，$B\Leftrightarrow C$，则 $A\Leftrightarrow C$。

因此，命题公式之间的逻辑等式是一种等价关系。

定理 3.4 置换原理

设 A 为一个命题公式，设 X 是命题公式 A 的子公式，若 $X\Leftrightarrow Y$，将 A 的子公式 X 的某些(未必全部)情况用 Y 置换，得到的公式记为 B，则 B 与 A 等价，即 $A\Leftrightarrow B$。

证明 对 A、B 的任意赋值，X 与 Y 的真值相同，而 A、B 的其他部分完全相同，公式 B 与公式 A 的真值必相同，所以 $A\Leftrightarrow B$。

代入原理与置换原理的区别详见表 3-11。

表 3-11 代入原理与置换原理的区别

对象	代入原理	置换原理
使用对象	任一永真式或永假式	任一命题公式
代换对象	任一命题变元	任一子公式
代换物	任一命题公式	任一与代换对象等价的命题公式
代换方式	代换同一命题变元的所有出现	代换子公式的某些出现
代换结果	仍为永真式或永假式	与原公式等价

证明逻辑等值式的方法有真值表法和等价演算法 2 种。

(1)真值表法。为证 $A\Leftrightarrow B$，可构造命题公式 $A\leftrightarrow B$ 的真值表，并证明其永真。

(2)等价演算法。根据定理 3.3 以及已知永真式，利用代入原理和置换原理进行推演。

例题 3.13 证明：对任意公式 A、B 和 C，有 $(A\vee B)\rightarrow C\Leftrightarrow(A\rightarrow C)\wedge(B\rightarrow C)$。

证明 方法 1 利用真值表(表 3-12)证明。

表 3-12 真值表

A	B	C	$(A\vee B)\rightarrow C$	$(A\rightarrow C)\wedge(B\rightarrow C)$
1	1	1	1	1
1	1	0	0	0
1	0	1	1	1

续表

A	B	C	$(A\vee B)\to C$	$(A\to C)\wedge(B\to C)$
1	0	0	0	0
0	1	1	1	1
0	1	0	0	0
0	0	1	1	1
0	0	0	1	1

方法 2 利用等价演算法。

$(A\vee B)\to C$

$\Leftrightarrow\neg(A\vee B)\vee C$

$\Leftrightarrow(\neg A\wedge\neg B)\vee C$

$\Leftrightarrow(\neg A\vee C)\wedge(\neg B\vee C)$

$\Leftrightarrow(A\to C)\wedge(B\to C)$。

3.2.3 逻辑蕴涵

定义 3.15 逻辑蕴涵

当命题公式 $A\to B$ 为永真式时，称 A 逻辑蕴涵 B，记为 $A\Rightarrow B$，它又称为**逻辑蕴涵式**(logical implication)。

定理 3.5 设 A,B,C 是任意命题公式：

I_1 附加律：$A\Rightarrow A\vee B,B\Rightarrow A\vee B$。

I_2 化简律：$A\wedge B\Rightarrow A,A\wedge B\Rightarrow B$。

I_3 假言推理：$A\wedge(A\to B)\Rightarrow B$。

I_4 拒取式：$(A\to B)\wedge\neg B\Rightarrow\neg A$。

I_5 析取三段论：$\neg A\wedge(A\vee B)\Rightarrow B,\neg B\wedge(A\vee B)\Rightarrow A$。

I_6 假言三段论：$(A\to B)\wedge(B\to C)\Rightarrow A\to C$。

I_7 等价三段论：$(A\leftrightarrow B)\wedge(B\leftrightarrow C)\Rightarrow A\leftrightarrow C$。

I_8 构造性二难：$(A\to B)\wedge(C\to D)\wedge(A\vee C)\Rightarrow B\vee D$。

每一个逻辑等值式可看作两个逻辑蕴涵式，因为 $A\Leftrightarrow B$ 指"$A\leftrightarrow B$ 永真"或"A,B 等值"，由此即知"$A\to B$ 与 $B\to A$ 均永真"，因而有 $A\Rightarrow B$ 和 $B\Rightarrow A$。

证明逻辑蕴涵式的方法有以下 3 种：

(1)真值表法，即利用真值表证明 $A\to B$ 永真。

(2)等价演算法。根据定理 3.3 以及已知永真式，利用代入原理和置换原理进行推演。

(3)对指派进行讨论。为证 $A\Rightarrow B$，只要证明任意 A 的成真指派都必然使 B 也取真，或者任意一个 B 的成假指派均使 A 的取值为假。

例题 3.14　对任意公式 A,B 和 C，证明：$A\wedge B\Rightarrow\neg A\rightarrow(C\rightarrow B)$。

证明　$(A\wedge B)\rightarrow(\neg A\rightarrow(C\rightarrow B))$

$\Leftrightarrow\neg(A\wedge B)\vee(\neg\neg A\vee(\neg C\vee B))$

$\Leftrightarrow(\neg A\vee\neg B)\vee(A\vee B\vee\neg C)$

$\Leftrightarrow(\neg A\vee A)\vee(\neg B\vee B\vee\neg C)$

$\Leftrightarrow 1\vee 1$

$\Leftrightarrow 1$。

例题 3.15　证明：$\neg p\wedge(p\vee q)\Rightarrow q$。

证明　证法 1

假设 $\neg p\wedge(p\vee q)$ 为 1，则 $\neg p$ 为 1 且 $p\vee q$ 为 1，因此 p 为 0 且 $p\vee q$ 为 1，所以 p 为 0 且 q 为 1，所以 $\neg p\wedge(p\vee q)\Rightarrow q$。

证法 2

假定 q 为 0，则 p 可以为 1 或 0。

若 p 为 1，则 $\neg p$ 为 0，所以 $\neg p\wedge(p\vee q)$ 为 0。

若 p 为 0，则 $p\vee q$ 为 0，所以 $\neg p\wedge(p\vee q)$ 为 0。

故 $\neg p\wedge(p\vee q)\Rightarrow q$。

定理 3.6　命题公式之间的逻辑蕴涵是一种偏序关系。

证明　(1)自反性。设 A 为任意命题公式，显然，$A\rightarrow A$ 为一个重言式，因此，$A\Rightarrow A$。

(2)反对称性。设对任意命题公式 A 和 B，若 $A\Rightarrow B$，且 $B\Rightarrow A$，则 $A\rightarrow B\Leftrightarrow 1$，且 $B\rightarrow A\Leftrightarrow 1$。因此，$A\leftrightarrow B\Leftrightarrow(A\rightarrow B)\wedge(B\rightarrow A)\Leftrightarrow 1$，故 $A\Leftrightarrow B$。

(3)传递性。对任意命题公式 A,B 和 C，若 $A\Rightarrow B,B\Rightarrow C$，则 $A\rightarrow B\Leftrightarrow 1$，且 $B\rightarrow C\Leftrightarrow 1$。因此，若 A 为 1，则 B 必为 1。又 $B\rightarrow C\Leftrightarrow 1$，所以 C 必为 1，这说明 $A\Rightarrow C$ 成立。

综上，命题公式之间的逻辑蕴涵是一种偏序关系。

3.2.4　对偶原理

定义 3.16 对偶

设公式 A 仅含联结词 $\neg,\wedge$ 和 $\vee$，A^* 是将 A 中符号 $\wedge,\vee,1,0$ 分别改换为 $\vee,\wedge,0,1$ 后所得的公式，则称 A^* 为 A 的**对偶**(dual)。

显然 A 与 A^* 互为对偶，即 $(A^*)^*=A$。

例题 3.16　写出下列公式的对偶式。

(1)$p\vee\neg q$；

(2)$\neg p\wedge\neg q$。

解　(1)$p\vee\neg q$ 的对偶式是 $p\wedge\neg q$。

(2)$\neg p\wedge\neg q$ 的对偶式是 $\neg p\vee\neg q$。

定理 3.7　设公式 A 中仅含命题变元 $p_1,p_2,\cdots,p_n$ 及联结词 $\neg,\wedge,\vee$，则

$$A(p_1,p_2,\cdots,p_n)\Leftrightarrow\neg A^*(\neg p_1,\neg p_2,\cdots,\neg p_n),$$

此处，$A^*(\neg p_1,\neg p_2,\cdots,\neg p_n)$表示在 A^* 中对 $p_1,p_2,\cdots,p_n$ 分别作代入 $\neg p_1,\neg p_2,\cdots,\neg p_n$ 后所得的公式。

证明 利用德·摩根律将 $\neg A^*(\neg p_1,\neg p_2,\cdots,\neg p_n)$前的否定词 $\neg$ 逐步深入各层括号，直至 $\neg p_1,\neg p_2,\cdots,\neg p_n$ 之前。显然，在 $\neg$ 的深入过程中，将 A^* 中的 $\wedge,\vee,1,0$ 分别改换为 $\vee,\wedge,0,1$（根据德·摩根律），并最后将 $\neg p_1,\neg p_2,\cdots,\neg p_n$ 变换为 $\neg\neg p_1,\neg\neg p_2,\cdots,\neg\neg p_n$，即 $p_1,p_2,\cdots,p_n$，从而使整个公式演化回 A。由于这一变换过程始终保持逻辑等值性，因此 $A(p_1,p_2,\cdots,p_n)\Leftrightarrow\neg A^*(\neg p_1,\neg p_2,\cdots,\neg p_n)$。

定理 3.8 设 A,B 为仅含联结词 $\neg$、$\wedge$、$\vee$ 和命题变元 $p_1,p_2,\cdots,p_n$ 的命题公式，且满足 $A\Rightarrow B$，则有 $B^*\Rightarrow A^*$。进而当 $A\Leftrightarrow B$ 时有 $A^*\Leftrightarrow B^*$。将 $B^*\Rightarrow A^*$，$A^*\Leftrightarrow B^*$ 分别称为 $A\Rightarrow B$ 和 $A\Leftrightarrow B$ 的对偶式。

证明 据定理 3.7 及 $A\Rightarrow B$ 可知

$$\neg A^*(\neg p_1,\neg p_2,\cdots,\neg p_n)\Rightarrow\neg B^*(\neg p_1,\neg p_2,\cdots,\neg p_n),$$

$$B^*(\neg p_1,\neg p_2,\cdots,\neg p_n)\Rightarrow A^*(\neg p_1,\neg p_2,\cdots,\neg p_n),$$

根据代入原理，有

$$B^*(\neg\neg p_1,\neg\neg p_2,\cdots,\neg\neg p_n)\Rightarrow A^*(\neg\neg p_1,\neg\neg p_2,\cdots,\neg\neg p_n),$$

因此，$B^*\Rightarrow A^*$。

由对偶原理，可以从已知的永真式构造出新的永真式，从已知的逻辑蕴涵式、逻辑等值式构造出新的逻辑蕴涵式、逻辑等值式。

定理 3.7 和定理 3.8 被称为对偶原理。

关于对偶式，有以下常用结论。

(1)$A\Rightarrow A\vee B$ 与 $A\wedge B\Rightarrow A$ 互为对偶式。

(2)$A\vee(B\wedge C)\Leftrightarrow(A\vee B)\wedge(A\vee C)$与 $A\wedge(B\vee C)\Leftrightarrow(A\wedge B)\vee(A\wedge C)$互为对偶式。

(3)$(p\wedge q)\vee(\neg p\vee(\neg p\vee q))\Leftrightarrow\neg p\vee q$ 与$(p\vee q)\wedge(\neg p\wedge(\neg p\wedge q))\Leftrightarrow\neg p\wedge q$ 互为对偶式。

例题 3.17 设命题公式 $A(p,q,r)\Leftrightarrow(p\vee q)\wedge r$，用此公式验证定理 3.7 的有效性。

证明 只需证明 $A(p,q,r)\Leftrightarrow\neg A^*(\neg p,\neg q,\neg r)$即可。

因为 $A(p,q,r)\Leftrightarrow(p\vee q)\wedge r$，

所以 $A^*(p,q,r)\Leftrightarrow(p\wedge q)\vee r$，

所以 $A^*(\neg p,\neg q,\neg r)\Leftrightarrow(\neg p\wedge\neg q)\vee\neg r$，

所以 $\neg A^*(\neg p,\neg q,\neg r)\Leftrightarrow\neg((\neg p\wedge\neg q)\vee\neg r)\Leftrightarrow((p\vee q)\wedge r)$，

所以 $A(p,q,r)\Leftrightarrow\neg A^*(\neg p,\neg q,\neg r)$。

习题 3.2

3.3 范式

命题公式之间的逻辑等值是一个等价关系，通过这种等价关系可以对命题公式进行分类。能否在每个等价类中找到一个具有统一的规范形式的“标准型”代表，通过它容易判断出该等价类中诸多命题公式的性质，这就是所谓的范式。本节将介绍两种典型的范式——析取范式和合取范式。

3.3.1 析取范式和合取范式

定义 3.17 简单析取式和简单合取式

由一些命题变元或其否定构成的析取式称为**基本和**，也叫**简单析取式**。约定单个变元或其否定是简单析取式。

由一些命题变元或其否定构成的合取式称为**基本积**，也叫**简单合取式**。约定单个变元或其否定是简单合取式。

以下为一些基本和与基本积的示例：

(1)$p\vee q$、$\neg p\vee q$、$p\vee\neg q$、$\neg p\vee\neg q$、p、q、$\neg p$、$\neg q$ 都是基本和。

(2)$p\vee p\vee q$、$\neg p\vee p$、$\neg p\vee\neg p$ 都是基本和。

(3)$p\wedge q$、$\neg p\wedge q$、$p\wedge\neg q$、$\neg p\wedge\neg q$、p、q、$\neg p$、$\neg q$ 都是基本积。

(4)$p\wedge p\wedge q$、$\neg p\wedge p$、$\neg p\wedge\neg p$ 都是基本积。

从定义可以发现，简单析取式和简单合取式并没有规定一个命题变元或其否定是否必须出现，以及可以出现几次。

定义 3.18 析取范式

由一些简单合取式的析取构成的公式叫做**析取范式**(disjunctive normal form)，约定单个简单合取式是析取范式。

一个命题公式称为析取范式，当且仅当它具有型式：$A_1\vee A_2\vee\cdots\vee A_n$，其中 $A_1, A_2, \cdots, A_n$ 都是由命题变元或其否定所组成的简单合取式。

定义 3.19 合取范式

由一些简单析取式的合取构成的公式叫做**合取范式**(conjunctive normal form)，约定单个简单析取式是合取范式。

一个命题公式称为合取范式，当且仅当它具有型式：$A_1\wedge A_2\wedge\cdots\wedge A_n$，其中 $A_1, A_2, \cdots, A_n$ 都是由命题变元或其否定所组成的简单析取式。

任一命题公式都可化为与其等价的析取范式和合取范式，其等价推演的方法步骤是：

第一步，消去公式中的联结词→和↔：

(1)利用逻辑等值式，把公式中的 $p\to q$ 化为 $\neg p\vee q$。

(2)利用逻辑等值式，把公式中的 $p\leftrightarrow q$ 化为$(\neg p\vee q)\wedge(\neg q\vee p)$或$(p\wedge q)\vee(\neg p\wedge\neg q)$。

第二步，利用逻辑等值式，将否定联结词$\neg$向内深入，使之只作用于命题变元，且利用逻辑等值式将$\neg\neg p$化为p。

第三步，利用分配律，将公式进一步化为所需要的范式。

以下为析取范式与合取范式的示例：

(1)$\neg p\vee q$为$p\to q$的析取范式，也是合取范式；

(2)$((p\to q)\wedge\neg p)\vee\neg q$的析取范式为$\neg p\vee(q\wedge\neg p)\vee\neg q$，其合取范式为$\neg p\vee\neg q$。

利用逻辑等值式和代入、替换，可以求出任一公式的析取范式及合取范式。

例题 3.18 求$\neg p\to\neg(p\to q)$的析取范式及合取范式。

解 $\neg p\to\neg(p\to q)\Leftrightarrow p\vee\neg(\neg p\vee q)$

$\Leftrightarrow p\vee(p\wedge\neg q)$ 析取范式

$\Leftrightarrow(p\vee p)\wedge(p\vee\neg q)$ 合取范式

$\Leftrightarrow p\wedge(p\vee\neg q)$ 合取范式

例题 3.19 安排课表时，程序设计语言课的教师希望将课程安排在第 1 节或第 3 节，离散数学课的教师希望将课程安排在第 2 节或第 3 节，计算机原理课的教师希望将课程安排在第 1 节或第 2 节。如何安排课表，才能使 3 位教师都满意？

解 令L_1、L_2、L_3分别表示程序设计语言课排在第 1 节、第 2 节、第 3 节。

M_1、M_2、M_3分别表示离散数学课排在第 1 节、第 2 节、第 3 节。

P_1、P_2、P_3分别表示计算机原理课排在第 1 节、第 2 节、第 3 节。

3 位教师都满意的条件是$(L_1\vee L_3)\wedge(M_2\vee M_3)\wedge(P_1\vee P_2)$为真。

用分配律将上式写成析取范式，得

$(L_1\vee L_3)\wedge(M_2\vee M_3)\wedge(P_1\vee P_2)$

$\Leftrightarrow((L_1\wedge M_2)\vee(L_1\wedge M_3)\vee(L_3\wedge M_2)\vee(L_3\wedge M_3))\wedge(P_1\vee P_2)$

$\Leftrightarrow(L_1\wedge M_2\wedge P_1)\vee(L_1\wedge M_3\wedge P_1)\vee(L_3\wedge M_2\wedge P_1)\vee(L_3\wedge M_3\wedge P_1)\vee$

$(L_1\wedge M_2\wedge P_2)\vee(L_1\wedge M_3\wedge P_2)\vee(L_3\wedge M_2\wedge P_2)\vee(L_3\wedge M_3\wedge P_2)$。

可以取$L_3\wedge M_2\wedge P_1$、$L_1\wedge M_3\wedge P_2$为T，其余均会产生排课冲突，不符合排课条件。得到两种排法。

此类问题，一般化成析取范式进行求解。

通过上述过程及实例可以看出，一个命题公式的析取范式和合取范式必然存在但不一定唯一。另一方面，一个公式既可以是合取范式，也可以是析取范式。

这些缺点很显然不满足所要求的标准型，为此，必须对这两种范式做进一步的约束，使之既存在又唯一。

3.3.2 主析取范式与主合取范式

由于析取范式和合取范式不唯一，所以使用起来很不方便。为此，引入主析取范式和主合取范式的概念。当命题变元的顺序约定以后，主析取范式和主合取范式是唯一的。

析取范式和合取范式的基本成分是基本积和基本和，而主析取范式和主合取范式的基本成分是极小项和极大项，它们分别是特殊的基本积和基本和。

1. 主析取范式

定义 3.20 小项

在简单合取式中，每个变元及其否定不同时存在，但两者之一必须出现且仅出现一次，这样的简单合取式叫作布尔合取也叫**小项或极小项**。

根据定义，由 2 个命题变元 p 和 q 所构成的小项有 4 个，分别为 $p\wedge q$、$\neg p\wedge q$、$p\wedge\neg q$ 和 $\neg p\wedge\neg q$。由 3 个命题变元构成的小项共有 $2^3=8$ 个，一般而言，n 个命题变元可构成的所有小项共有 2^n 个。

由 2 个命题变元 p 和 q 所构成的 4 个小项的真值表如表 3－13 所示。

表 3－13　小项的真值表

p	q	$p\wedge q$	$p\wedge\neg q$	$\neg p\wedge q$	$\neg p\wedge\neg q$
1	1	1	0	0	0
1	0	0	1	0	0
0	1	0	0	1	0
0	0	0	0	0	1

由 3 个命题变元 p，q 和 r 按此顺序构成的 8 个小项用 m_i 表示，下标的编码规则：若某个命题变元在小项中以肯定的形式出现，则其编码下标对应位置为 1；否则为 0。由此得到的 8 个小项及其编码分别为：

$m_{111}=p\wedge q\wedge r$，

$m_{110}=p\wedge q\wedge\neg r$，

$m_{101}=p\wedge\neg q\wedge r$，

$m_{100}=p\wedge\neg q\wedge\neg r$，

$m_{011}=\neg p\wedge q\wedge r$，

$m_{010}=\neg p\wedge q\wedge\neg r$，

$m_{001}=\neg p\wedge\neg q\wedge r$，

$m_{000}=\neg p\wedge\neg q\wedge\neg r$，

其真值表如表 3－14 所示。

表 3－14　小项的真值表

p	q	r	m_{111}	m_{110}	m_{101}	m_{100}	m_{011}	m_{010}	m_{001}	m_{000}
1	1	1	1	0	0	0	0	0	0	0
1	1	0	0	1	0	0	0	0	0	0

续表

p	q	r	m_{111}	m_{110}	m_{101}	m_{100}	m_{011}	m_{010}	m_{001}	m_{000}
1	0	1	0	0	1	0	0	0	0	0
1	0	0	0	0	0	1	0	0	0	0
0	1	1	0	0	0	0	1	0	0	0
0	1	0	0	0	0	0	0	1	0	0
0	0	1	0	0	0	0	0	0	1	0
0	0	0	0	0	0	0	0	0	0	1

由真值表(表 3 - 14)可以发现,小项具有如下性质:

(1)当其真值指派与编码相同时,每个小项的真值均为 1,在其余情况下真值均为 0。

(2)任意两个不同小项的合取式为永假式。

(3)全体小项的析取式为永真式。

定义 3.21 主析取范式

对于给定的命题公式,若它存在一个等值公式,仅由小项的析取组成,则称该公式为原公式的**主析取范式**(major disjunctive normal form)。

任何命题公式都存在主析取范式,并且是唯一的。

构造命题公式的主析取范式有真值表法和等值演算法 2 种方法。

1)真值表法

定理 3.9 在真值表中,一个公式的成真指派所对应的小项的析取,即为该公式的主析取范式。

用真值表求主析取范式的步骤如下:

(1)构造命题公式的真值表。

(2)找出公式的成真赋值对应的小项。

(3)这些小项的析取就是此公式的主析取范式。

例题 3.20 用真值表法求$(p\to q)\to r$ 的主析取范式。

解 $(p\to q)\to r$ 的真值表如表 3 - 15 所示。

表 3 - 15 $(p\to q)\to r$ 的真值表

p	q	r	$(p\to q)\to r$
1	1	1	1
1	1	0	0
1	0	1	1

续表

p	q	r	$(p\to q)\to r$
1	0	0	1
0	1	1	1
0	1	0	0
0	0	1	1
0	0	0	0

公式的成真赋值对应的小项为：

$m_{111}=p\wedge q\wedge r$，

$m_{101}=p\wedge \neg q\wedge r$，

$m_{100}=p\wedge \neg q\wedge \neg r$，

$m_{011}=\neg p\wedge q\wedge r$，

$m_{001}=\neg p\wedge \neg q\wedge r$。

$(p\to q)\to r$ 的主析取范式为：

$m_{111}\vee m_{101}\vee m_{100}\vee m_{011}\vee m_{001}$

$\Leftrightarrow m_7\vee m_5\vee m_4\vee m_3\vee m_1$

$\Leftrightarrow(p\wedge q\wedge r)\vee(p\wedge \neg q\wedge r)\vee(p\wedge \neg q\wedge \neg r)\vee(\neg p\wedge q\wedge r)\vee(\neg p\wedge \neg q\wedge r)$。

2)等值演算法(用基本等值公式推出)

用等值演算法求主析取范式的步骤如下：

(1)化归为析取范式。

(2)除去析取范式中所有永假的简单合取式。

(3)在简单合取式中，将重复出现的合取项和相同变元合并。

(4)在简单合取式中补入没有出现的命题变元，即根据 $A\Leftrightarrow A\wedge 1\Leftrightarrow A\wedge(p\vee \neg p)$添加未出现的命题变元，然后再用分配律展开，最后合并相同的小项。

例题 3.21　用等值演算法求$(p\to q)\to r$ 的主析取范式。

解　$(p\to q)\to r$

$\Leftrightarrow\neg(\neg p\vee q)\vee r$

$\Leftrightarrow(p\wedge \neg q)\vee r$

$\Leftrightarrow(p\wedge \neg q\wedge r)\vee(p\wedge \neg q\wedge \neg r)\vee(p\wedge r)\vee(\neg p\wedge r)$

$\Leftrightarrow(p\wedge \neg q\wedge r)\vee(p\wedge \neg q\wedge \neg r)\vee(p\wedge q\wedge r)\vee(p\wedge \neg q\wedge r)\vee$

$(\neg p\wedge q\wedge r)\vee(\neg p\wedge \neg q\wedge r)$

$\Leftrightarrow(p\wedge \neg q\wedge r)\vee(p\wedge \neg q\wedge \neg r)\vee(p\wedge q\wedge r)\vee(\neg p\wedge q\wedge r)\vee(\neg p\wedge \neg q\wedge r)$

$\Leftrightarrow(p\wedge q\wedge r)\vee(p\wedge \neg q\wedge r)\vee(p\wedge \neg q\wedge \neg r)\vee(\neg p\wedge q\wedge r)\vee(\neg p\wedge \neg q\wedge r)$。

2. 主合取范式

定义 3.22 大项

在简单析取式中，每个变元及其否定不同时存在，但两者之一必须出现且仅出现一次，这样的简单析取式叫做布尔合取也叫**大项或极大项**。

根据定义，由 2 个命题变元 p 和 q 所构成的大项有 4 个，分别为 $p \vee q$、$\neg p \vee q$、$p \vee \neg q$ 和 $\neg p \vee \neg q$。由 3 个命题变元构成的大项共有 $2^3=8$ 个，一般而言，n 个命题变元可构成的所有大项共有 2^n 个。

由 2 个命题变元 p 和 q 所构成的 4 个大项的真值表如表 3-16 所示。

表 3-16　4 个大项的真值表

p	q	$\neg p \vee \neg q$	$\neg p \vee q$	$p \vee \neg q$	$p \vee q$
1	1	0	1	1	1
1	0	1	0	1	1
0	1	1	1	0	1
0	0	1	1	1	0

由 3 个命题变元 p,q 和 r 按此顺序构成的 8 个大项用 M_i 表示，下标的编码规则：若某个命题变元在大项中以否定的形式出现，则其编码下标对应位置为 1；否则为 0. 于是，得到的 8 个大项及其编码分别为：

$M_{111}=\neg p \vee \neg q \vee \neg r$,

$M_{110}=\neg p \vee \neg q \vee r$,

$M_{101}=\neg p \vee q \vee \neg r$,

$M_{100}=\neg p \vee q \vee r$,

$M_{011}=p \vee \neg q \vee \neg r$,

$M_{010}=p \vee \neg q \vee r$,

$M_{001}=p \vee q \vee \neg r$,

$M_{000}=p \vee q \vee r$,

其真值表如表 3-17 所示。

表 3-17　8 个大项的真值表

p	q	r	M_{111}	M_{110}	M_{101}	M_{100}	M_{011}	M_{010}	M_{001}	M_{000}
1	1	1	0	1	1	1	1	1	1	1
1	1	0	1	0	1	1	1	1	1	1
1	0	1	1	1	0	1	1	1	1	1
1	0	0	1	1	1	0	1	1	1	1

续表

p	q	r	M_{111}	M_{110}	M_{101}	M_{100}	M_{011}	M_{010}	M_{001}	M_{000}
0	1	1	1	1	1	1	0	1	1	1
0	1	0	1	1	1	1	1	0	1	1
0	0	1	1	1	1	1	1	1	0	1
0	0	0	1	1	1	1	1	1	1	0

由真值表(表 3－17)可以发现,大项具有如下性质:

(1)当其真值指派与编码相同时,每个大项的真值均为 0,在其余情况下大项均为 1。

(2)任意两个不同大项的析取式为永真式。

(3)全体大项的合取式为永假式。

需要注意的是,小项和大项的编码方式不同,如表 3－18 所示。

表 3－18　小项和大项的编码方式

p	q	r	小项	大项
1	1	1	$m_7=m_{111}=p\wedge q\wedge r$	$M_7=M_{111}=\neg p\vee\neg q\vee\neg r$
1	1	0	$m_6=m_{110}=p\wedge q\wedge\neg r$	$M_6=M_{110}=\neg p\vee\neg q\vee r$
1	0	1	$m_5=m_{101}=p\wedge\neg q\wedge r$	$M_5=M_{101}=\neg p\vee q\vee\neg r$
1	0	0	$m_4=m_{100}=p\wedge\neg q\wedge\neg r$	$M_4=M_{100}=\neg p\vee q\vee r$
0	1	1	$m_3=m_{011}=\neg p\wedge q\wedge r$	$M_3=M_{011}=p\vee\neg q\vee\neg r$
0	1	0	$m_2=m_{010}=\neg p\wedge q\wedge\neg r$	$M_2=M_{010}=p\vee\neg q\vee r$
0	0	1	$m_1=m_{001}=\neg p\wedge\neg q\wedge r$	$M_1=M_{001}=p\vee q\vee\neg r$
0	0	0	$m_0=m_{000}=\neg p\wedge\neg q\wedge\neg r$	$M_0=M_{000}=p\vee q\vee r$

定义 3.23 主合取范式

对于给定的命题公式,若它存在一个等值公式,仅由大项的合取组成,则称该公式为原公式的**主合取范式**(major conjunctive normal form)。

任何命题公式都存在主合取范式,并且是唯一的。

构造命题公式的主合取范式有真值表法和等值演算法两种方法。

1)真值表法

定理 3.10　在真值表中,一个公式的成假指派所对应的大项的合取,即为该公式的主合取范式。

用真值表求主合取范式的步骤如下:

(1)构造命题公式的真值表。

(2)找出公式的成假赋值对应的大项。

(3)这些大项的合取就是此公式的主合取范式。

例题 3.22 用真值表法求$(p\to q)\to r$的主合取范式。

解 $(p\to q)\to r$的真值表如表 3-19 所示。

表 3-19 $(p\to q)\to r$的真值表

p	q	r	$(p\to q)\to r$
1	1	1	1
1	1	0	0
1	0	1	1
1	0	0	1
0	1	1	1
0	1	0	0
0	0	1	1
0	0	0	0

公式的成假赋值对应的大项为：

$M_{110}=\neg p\vee\neg q\vee r$，

$M_{010}=p\vee\neg q\vee r$，

$M_{000}=p\vee q\vee r$。

$(p\to q)\to r$的主合取范式为：

$M_{110}\wedge M_{010}\wedge M_{000}$

$\Leftrightarrow M_5\wedge M_4\wedge M_0$

$\Leftrightarrow(\neg p\vee\neg q\vee r)\wedge(p\vee\neg q\vee r)\wedge(p\vee q\vee r)$。

2)等值演算法(用基本等值公式推出)

用等值演算法求主合取范式的步骤如下：

(1)化归为合取范式。

(2)除去合取范式中所有永真的简单析取式。

(3)在简单析取式中，将重复出现的析取项和相同变元合并。

(4)在简单析取式中补入没有出现的命题变元，即根据$A\Leftrightarrow A\vee 0\Leftrightarrow A\vee(p\wedge\neg p)$添加未出现的命题变元，然后再用分配律展开，最后合并相同的大项。

例题 3.23 用等值演算法求$(p\to q)\to r$的主合取范式。

解 $(p\to q)\to r$

$\Leftrightarrow\neg(\neg p\vee q)\vee r$

$\Leftrightarrow(p \wedge \neg q) \vee r$

$\Leftrightarrow(p \wedge r) \wedge(\neg q \vee r)$

$\Leftrightarrow(p \vee q \vee r) \wedge(p \vee \neg q \vee \neg r) \wedge(p \vee \neg q \vee r) \wedge(\neg p \vee \neg q \vee r)$

$\Leftrightarrow(p \vee q \vee r) \wedge(p \vee \neg q \vee r) \wedge(\neg p \vee \neg q \vee r)$

由以上分析，可以进一步得到下述结论：

(1)每个公式的主析取范式和主合取范式都是唯一确定的，因为任意一个公式的成真指派及成假指派是完全确定的。

(2)永真式没有主合取范式，因为它没有成假指派。永真式只有主析取范式，它包含所有可能的小项。将永真式的主析取范式记为 1。

(3)永假式没有主析取范式，因为它没有成真指派。永假式只有主合取范式，它包含所有可能的大项。将永假式的主析取范式记为 0。

(4)n 个命题变元的主析取范式有 2^{2^n} 个，因为不同的小项有 2^n 个，而主析取范式是从 2^n 个小项中取若干个(0,1,…, 2^n 个)组成的。又已知 $C(2^n,0)+C(2^n,1)+\cdots+C(2^n,2^n)=2^{2^n}$。从真值表的角度看也是如此。一张真值表恰对应一个主析取范式。因此，n 个变元的真值表有多少种，便相应地有多少个变元的主析取范式。事实上，n 个变元的真值表必有 2^n 行，对应于 2^n 个可能的指派，而最后一列的每一行有 0 和 1 两个可能的值，因而这一列可能的取值状况有 2^n 种，从而生成 2^{2^n} 张不同的真值表。

(5)同理，n 个命题变元的主合取范式也有 2^{2^n} 个。

(6)由于每一个公式均有主析(合)取范式，因此，无限多的含 n 个变元的公式可以分作 2^{2^n} 个类，这一类公式都逻辑等值于它们共同的主析(合)取范式。

习题 3.3

3.4　逻辑联结词的扩充与归约

3.4.1　逻辑联结词的扩充

n 个变元的真值表可以有 2^{2^n} 张，因而可以定义 2^{2^n} 个 n 元的真值函数或逻辑联结词。因此，可以规定 $2^{2^1}=4$ 个一元逻辑联结词，$2^{2^2}=16$ 个二元逻辑联结词，但我们只讨论了一个一元联结词 $\neg$ 和 4 个二元联结词 $\wedge, \vee, \rightarrow, \leftrightarrow$。

表 3-20 给出了 16 个二元联结词，分别标记为 $f_1, f_2, \cdots, f_{16}$，其中，p, q 为任意命题。

表 3-20　所有可能的逻辑联结词

命题变元		1	$p\vee q$	$q\to p$	p	$p\to q$	q	$p\leftrightarrow q$	$p\wedge q$
p	q	f_1	f_2	f_3	f_4	f_5	f_6	f_7	f_8
1	1	1	1	1	1	1	1	1	1
1	0	1	1	1	1	0	0	0	0
0	1	1	1	0	0	1	1	0	0
0	0	1	0	1	0	1	0	1	0
命题变元		$p\uparrow q$	$p\overline{\vee}q$	$\neg q$	$p\nrightarrow q$	$\neg p$	$q\nrightarrow p$	$p\downarrow q$	0
p	q	f_9	f_{10}	f_{11}	f_{12}	f_{13}	f_{14}	f_{15}	f_{16}
1	1	0	0	0	0	0	0	0	0
1	0	1	1	1	1	0	0	0	0
0	1	1	1	0	0	1	1	0	0
0	0	1	0	1	0	1	0	1	0

由表 3-20 可得到另外 4 个联结词。

定义 3.24 与非

f_9 是合取的否定，称为**与非**，常用记号↑表示，即 $p\uparrow q\Leftrightarrow\neg(p\wedge q)$。

定义 3.25 异或

f_{10}是等价的否定，称为**异或**，也称为**不可兼或**，常用记号$\overline{\vee}$（或$\oplus$）表示，即

$$p\overline{\vee}q\Leftrightarrow\neg(p\leftrightarrow q)\Leftrightarrow(p\vee q)\wedge\neg(p\wedge q)\Leftrightarrow(p\vee\neg q)\wedge(\neg p\wedge q)。$$

异或在逻辑电路设计中有广泛的应用。

定义 3.26 蕴含否定

f_{12}是蕴涵的否定，称为**蕴涵否定**，常用记号$\nrightarrow$表示，即 $p\nrightarrow q\Leftrightarrow\neg(p\to q)$。$f_{14}$也是蕴涵的否定，$q\nrightarrow p\Leftrightarrow\neg(q\to p)$。

定义 3.27 与非

f_{15}是析取的否定，称为**与非**，常用记号↓表示，即 $p\downarrow q\Leftrightarrow\neg(p\vee q)$。

3.4.2　逻辑联结词的归约——完备联结词组

由上述讨论可知，一方面可以将现有的 5 个联结词扩充成更多情况，另一方面若不增加变元个数，则所有可能的扩充都不会带来实质性的收获，因为它们都可以用之前的 5 个来表示。

定义 3.28　完备联结词组

若联结词组 $S=\{g_1,g_2,\cdots,g_m\}$可表示所有一元、二元联结词时，称其为**完备联结词组**

(complete group of connectives)，也称为全功能联结词组。

据以上讨论知，$\{\neg,\wedge,\vee,\rightarrow,\leftrightarrow\}$是完备联结词组。更少的联结词是否能组成完备联结词组呢？回答是肯定的。也就是说，对5个联结词还可以进行归约。

由于所有命题公式均可以化为析取范式或合取范式，因此，5个联结词可以归约为$\{\neg,\wedge,\vee\}$3个，从而$\{\neg,\wedge,\vee\}$是完备联结词组。更进一步，由于$\vee$与$\wedge$可利用$\neg$来相互表示，即

$$p\vee q\Leftrightarrow\neg(\neg p\wedge\neg q),$$
$$p\wedge q\Leftrightarrow\neg(\neg p\vee\neg q),$$

因而$\{\neg,\wedge\}$和$\{\neg,\vee\}$也是两个完备联结词组。

此外，还可以证明$\{\neg,\rightarrow\}$、$\{\uparrow\}$、$\{\downarrow\}$也是完备联结词组。

例题 3.24 证明：$\{\downarrow\}$构成完备联结词组。

证明 用$\downarrow$分别表示$\neg$，$\vee$中的每一个：

(1) $\neg p\Leftrightarrow\neg(p\vee p)\Leftrightarrow p\downarrow p$，

(2) $p\vee q\Leftrightarrow\neg\neg(p\vee q)\Leftrightarrow\neg(p\downarrow q)\Leftrightarrow(p\downarrow q)\downarrow(p\downarrow q)$。

事实上$\{\uparrow\}$也是完备联结词组。

以下都是完备联结词组：

$S_1=\{\neg,\wedge,\vee,\rightarrow,\leftrightarrow\}$（最常用），

$S_2=\{\neg,\wedge,\vee,\rightarrow\}$，

$S_3=\{\neg,\wedge,\vee\}$（布尔代数系统），

$S_4=\{\neg,\rightarrow\}$，

$S_5=\{\neg,\wedge\}$，

$S_6=\{\neg,\vee\}$，

$S_7=\{\uparrow\}$，

$S_8=\{\downarrow\}$（大规模集成电路）。

定义 3.29 最小完备联结词组

联结词组 $S=\{g_1,g_2,\cdots,g_m\}$为完备联结词组，若去掉其中的任何联结词后，就不是完备联结词组，则称 S 是**最小完备联结词组**。

可以证明$\{\neg,\wedge\}$，$\{\neg,\vee\}$，$\{\neg,\rightarrow\}$，$\{\uparrow\}$，$\{\downarrow\}$是最小完备联结词组。但$\{\vee,\wedge\}$不是完备的，因为否定词$\neg$无法用$\vee$，$\wedge$来表示。因为$\neg p$在p假时为真，而仅由p及$\vee$，$\wedge$组成的公式在p假时均为假。

习题 3.4

3.5 命题逻辑的推理

数理逻辑的主要任务是运用逻辑的方法研究数学中的推理。所谓推理，是指从前提出发，遵循推理规则推出结论的思维过程。任何一个推理都由前提和结论两部分组成。其中，前提就是推理所依据的已知命题，结论则是从前提出发，通过推理而得到的新命题。要研究推理，首先应该明确什么样的推理是有效的或正确的。数理逻辑研究的目的在于构建一个严密的数学体系，以刻画人的思维规律。这个体系采用符号语言来表达；以若干最基本的逻辑规律(永真式)为基础，称为公理(axiom)；以若干确保由永真式导出永真式的规则，作为系统内符号变换或推导的依据，称为推理规则(inference rule)。从而使该系统能导出且仅能导出全部反映人类思维正确规律的永真式，进而为人类提供一个逻辑推理的框架，它保证在前提正确的条件下，总是得出正确的推理结果，这就是所谓的形式系统。

3.5.1 推理的基本概念

在数理逻辑中，主要研究和提供用来从前提导出结论的推理规则和论证原理，与这些规则有关的理论称为推理理论。

定义 3.30 有效结论

设 $H_1,H_2,\cdots,H_n$ 和 C 是 $n+1$ 个命题公式，若 $H_1\wedge H_2\wedge\cdots\wedge H_n\Rightarrow C$，则称 C 为 $H_1,H_2,\cdots,H_n$ 的**有效结论**，$H_1,H_2,\cdots,H_n$ 叫作 C 的一组前提，也称 C 可由 $H_1,H_2,\cdots,H_n$ 逻辑推出，或由 $H_1,H_2,\cdots,H_n$ 推出结论 C 的推理正确。

$H_1\wedge H_2\wedge\cdots\wedge H_n\Rightarrow C$ 也可记为 $H_1,H_2,\cdots,H_n\Rightarrow C$。

必须把推理的有效性和结论的真实性区别开。有效的推理不一定产生真实的结论，产生真实结论的推理过程未必一定是有效的。有效的推理中可能包含假的前提，而无效的推理却可能包含真的前提。

要证明 $H_1\wedge H_2\wedge\cdots\wedge H_n\Rightarrow C$，只需证明 $H_1\wedge H_2\wedge\cdots\wedge H_n\rightarrow C$ 为重言式。

证明一个公式为重言式的方法包括：

(1)真值表法。

(2)等值演算。

(3)主析取范式。

(4)构造证明法(演绎法)。

3.5.2 命题逻辑的推理

命题逻辑的推理是一个描述推理过程的命题公式序列，其中的每个命题公式要么是已知前提，要么是由某些前提应用推理规则得到的结论(中间结论或推理中的结论)。命题逻辑的推理有直接推理和间接推理两种方法。

1. 直接推理

直接推理的基本思想：由一组前提出发，利用一些公认的规则，根据已知的等值式或蕴含式，推演得到有效结论。公认的推理规则有 4 条。

(1) P 规则：前提在推导过程中的任何时候都可以引入使用。

(2) T 规则：推理中，若一个或多个公式，蕴含了公式 S，则公式 S 可以引入到后面的推理之中。

(3) 置换规则：在推导过程的任何步骤，命题公式中的子公式都可以用与之等值的公式置换。

(4) 合取引入规则：任意两个命题公式 A,B 可以推出 $A\wedge B$。

除此之外，定理 3.5 中列出的逻辑蕴含式也常被用于推理的有效性证明中。

例题 3.25　用直接推理法证明 $(p\rightarrow q)\wedge(q\rightarrow r)\wedge p\Rightarrow r$。

证明

(1) $p\rightarrow q$　　P 规则

(2) p　　P 规则

(3) q　　(1)(2)，假言推理规则

(4) $q\rightarrow r$　　P 规则

(5) r　　(3)(4)，假言推理规则

2. 间接推理

间接推理常用的方法有 CP 规则和归谬法。

1) CP 规则

当要证明的有效结论是一个单条件命题，即要证明 $H_1\wedge H_2\wedge\cdots\wedge H_n\Rightarrow(R\rightarrow C)$，其中，$H_1,H_2,\cdots,H_n,R,C$ 是命题公式。只需证明 $H_1\wedge H_2\wedge\cdots\wedge H_n\wedge R\Rightarrow C$，其中 R 叫作附加前提。这种间接推理方法称为 CP 规则。

定义 3.31 CP 规则

当推出有效结论为条件式 $R\rightarrow C$ 时，只需将其前件 R 加入到前提中作为附加前提且再去推出后件 C 即可，这条规则称为 CP **规则**，也称为条件证明引入规则。

CP 规则证明方法尤其适用于结论是 $S\rightarrow R$ 或 $S\vee R$ 的情形。

定理 3.11　若 $H_1,H_2,\cdots,H_n,R\Rightarrow C$，则 $H_1,H_2,\cdots,H_n\Rightarrow R\rightarrow C$。反之亦然。

证明　令 $S=H_1\wedge H_2\wedge\cdots\wedge H_n$，则

$S\rightarrow(R\rightarrow C)$

$\Leftrightarrow S\rightarrow(\neg R\vee C)$

$\Leftrightarrow\neg S\vee(\neg R\vee C)$

$\Leftrightarrow\neg(S\wedge R)\vee C$

$\Leftrightarrow(S\wedge R)\rightarrow C$，

所以，若 $S\wedge R\Rightarrow C$，则 $(S\wedge R)\to C\Leftrightarrow 1$。因此，$S\to(R\to C)\Leftrightarrow 1$，即 $S\Rightarrow(R\to C)$。

反之，若 $S\Leftrightarrow(R\to C)$，则 $S\to(R\to C)\Leftrightarrow 1$。因此，$(S\wedge R)\to C\Leftrightarrow 1$，即 $S\wedge R\Rightarrow C$。

例题 3.26 用 CP 规则证明：$p\to(q\to r)$，$\neg s\vee p$，$q\Rightarrow s\to r$。

证明

(1)s	P(附加前提)
(2)$\neg\neg s$	(1)等值置换
(3)$\neg s\vee p$	P 规则
(4)p	(2)(3)析取三段论
(5)$p\to(q\to r)$	P 规则
(6)$q\to r$	(4)(5)假言推理规则
(7)q	P 规则
(8)r	(6)(7)假言推理规则
(9)$s\to r$	(1)(8)CP 规则

2)归谬法

假设要证明 $H_1\wedge H_2\wedge,\cdots\wedge H_n\Rightarrow C$，其中，$H_1,H_2,\cdots,H_n,C$ 是命题公式。只需证明 $H_1\wedge H_2\wedge\cdots\wedge H_n\wedge\neg C\Rightarrow 0$，其中，$\neg C$ 叫作附加前提。这种间接推理方法称为**归谬法**(reduction to absurdity)，也称为**反证法**。

定理 3.12 若 $H_1\wedge H_2\wedge\cdots\wedge H_n\Rightarrow C$，则 $H_1\wedge H_2\wedge\cdots\wedge H_n\wedge\neg C\Rightarrow 0$。反之亦然。

证明 令 $S=H_1\wedge H_2\wedge\cdots\wedge H_n$，则 $S\to C\Leftrightarrow\neg S\vee C$，

所以，若 $S\Rightarrow C$，则 $S\to C\Leftrightarrow 1$。因此，$\neg(S\wedge\neg C)\Leftrightarrow\neg S\vee C\Leftrightarrow 1$，即 $(S\wedge\neg C)\Leftrightarrow 0$，所以 $S\wedge\neg C\Rightarrow 0$。

反之，若 $S\wedge\neg C\Rightarrow 0$，则 $S\to C\Leftrightarrow\neg S\vee C\Leftrightarrow\neg(S\wedge\neg C)\Leftrightarrow 1$，所以 $S\Rightarrow C$。

例题 3.27 用归谬法证明：$(p\wedge q)\to r$，$\neg r\vee s$，$\neg s$，$p\Rightarrow\neg q$。

证明

(1)q	P(附加前提)
(2)$\neg r\vee s$	P 规则
(3)$\neg s$	P 规则
(4)$\neg r$	(2)(3)析取三段论
(5)$(p\wedge q)\to r$	P 规则
(6)$\neg p\vee\neg q$	(4)(5)拒取式
(7)p	P 规则
(8)$\neg q$	(6)(7)析取三段论
(9)$q\wedge\neg q$	(1)(8)合取引入

例题 3.28 分析以下事实："如果我有时间，那么我就去上街；如果我上街，那么我就去书店买书；但我没有去书店买书，所以我没有时间。"试指出这个推理的前提和结论，并判断结论是否为前提的有效结论。

解　令 p 为事件“我有时间”，q 为事件“我去上街”，r 为事件“我去书店买书”，则

前提为：$p \to q, q \to r, \neg r$，

结论为：$\neg p$。

以下证明 $\neg p$ 是一组前提 $p \to q, q \to r, \neg r$ 的有效结论。

可利用归谬法证明。

(1) p　　P(附加前提)

(2) $p \to q$　　P 规则

(3) q　　(1)(2)假言推理规则

(4) $q \to r$　　P 规则

(5) r　　(3)(4)假言推理规则

(6) $\neg r$　　P 规则

(7) $r \wedge \neg r$　　矛盾

习题 3.5

【本章小结】

命题逻辑是研究关于命题如何通过一些逻辑联结词构成更复杂的命题以及逻辑推理的方法。如果把命题看作运算的对象，把逻辑联结词看作运算符号，就像代数中的“加、减、乘、除”那样，那么由简单命题组成复合命题的过程，就可以当作逻辑运算的过程，也就是命题演算。命题演算的一个具体模型就是逻辑代数。逻辑代数也叫作开关代数，它的基本运算是逻辑加、逻辑乘和逻辑非，也就是命题演算中的“或”“与”“非”，运算对象只有 0 和 1，相当于命题演算中的“真”和“假”。逻辑代数在电路分析中应用较为广泛。利用电子元件可以组成相当于逻辑加、逻辑成和逻辑非的门电路，该门电路即逻辑元件。它能把简单的逻辑元件组成各种逻辑网络，从而任何复杂的逻辑关系都可以有逻辑元件经过适当的组合来实现，使得电子元件具有逻辑判断的功能。因此，在自动控制方面有重要的应用。

第4章　谓词逻辑

【内容提要】

谓词逻辑(predicate logic)是数理逻辑的一种重要形式。本章主要介绍了谓词逻辑中的基本概念,包括:个体、谓词、量词,谓词公式、谓词演算,谓词公式的前束范式,以及谓词演算推理理论。

命题逻辑能够形式化地描述自然语言中的逻辑思维,也能够用形式化的方法进行逻辑推理。尽管命题逻辑以原子命题作为最小的研究单位,但它并不深入探究原子命题的内部结构。原子命题是不可再分解的,仅用于研究以原子命题为基本构成单位的复合命题之间的逻辑关系和推理。因此,它无法直接解决与命题结构和成分紧密相关的推理问题,这导致在某些情况下使用命题逻辑难以精确表达某些推理。例如,著名的苏格拉底三段论:

p:所有的人都是要死的,

q:苏格拉底是人,

r:苏格拉底是要死的。

众所周知,这个推理是有效的,但在命题逻辑中,上述推理可形式化为:$p \wedge q \Rightarrow r$,却难以说明其有效性。究其原因,是命题演算的前提和结论都只能以原子命题的形式表示。在这类推理中,各命题之间的逻辑关系并非直接体现在原子命题之间,而是体现在构成这些原子命题的内部成分之间,即体现在命题结构的更深层次上,命题演算对此显得力不从心。因此,在研究某些推理时,有必要对原子命题作进一步分析,探讨其中的某些细节,即个体词、谓词和量词,并研究它们形式结构的逻辑关系、正确的推理形式和规则。这些正是谓词逻辑的基本内容。

上述三个命题中涉及两个概念,它们描述了事物的性质:"是人"与"是要死的",这些被称为谓词。同时,它们还涉及两种主体:"所有的人"与"苏格拉底",这两种主体被称为个体。其中,"所有的人"表示一类个体的全集,这里使用了量词"所有"。只有当这些细节都被清楚地表示出来,并同时建立起它们之间逻辑关系的形式描述(例如,通过建立一条规则,表明一类个体共有的性质也必然为其中的每一个个体所具有),才能准确地刻画类似上述引例的推理。谓词演算及其形式系统正是以此为目的而建立的。

谓词逻辑在人工智能(如机器学习、知识图谱等)领域中有着广泛的应用。

4.1 谓词逻辑基本概念

本节首先介绍了谓词演算涉及的 3 种基本成分:个体、谓词和量词,然后给出了利用这些成分对命题形式化的方法。

4.1.1 个体

定义 4.1 个体、常元和变元

谓词演算中把一切讨论对象都称为**个体**(individual),它们可以是客观世界中的具体客体,也可以是抽象的客体,如数字、符号等。确定的个体称为**常数**(constant),也称为常元,常用 a,b,c 等小写字母或字母串表示。不确定的个体称为**变量**(variable),也称为变元,常用 x,y,z 等字母来表示。

定义 4.2 个体域、全域、个体项

谓词演算中把讨论对象——个体的全体称为**个体域**(domain of individuals),也称为论域,常用字母 D 表示,并约定任何 D 都至少含有一个成员。当讨论对象遍及一切客体时,个体域特称为**全域**(universe),用字母 U 表示。

当给定个体域时,常元表示该域中的一个特定的成员,而变元则可以取该域中的任何一个成员为其值。表示 D 上个体之间运算的运算符与常元、变元组成所谓的**个体项**。例如,$x+y,x^2$ 等均属于个体项。

4.1.2 谓词

定义 4.3 谓词

把语句中表示个体性质和关系的语言成分(通常是谓语)称为**谓词**(predicate),谓词所涉及的个体的数量称为谓词的**元数**。

例题 4.1 指出以下各项中谓词的元数。

(1)苏格拉底是人。

(2)苏格拉底是要死的。

(3)5 是实数。

(4)张三生于北京。

(5)3 小于 2。

(6)3+2=5。

解 (1),(2),(3)表示个体性质,其中的谓词是一元谓词。

(4),(5)表示 2 个个体间的关系,其中的谓词是二元谓词。

(6)表示 3 个个体间的关系,其中的谓词是三元谓词。

定义 4.4 谓词形式

原子命题用谓词 P 和 n 个有次序的个体常元 $a_1,a_2,\cdots,a_n$ 表示成 $P(a_1,a_2,\cdots,a_n)$,称

之为该原子命题的**谓词形式**。

命题的谓词形式中，个体出现的次序影响命题的真值，不能随意变动，否则真值会有变化。

例题 4.2 写出例题 4.1 中各命题的谓词形式。

解 (1)$M(s)$。其中，$M(\ )$表示"…是人"，s 表示个体"苏格拉底"。

(2)$D(s)$。其中，$D(\ )$表示"…是要死的"，s 表示个体"苏格拉底"。

(3)$R(5)$。其中，$R(\ )$表示"…是实数"。

(4)$B(a,b)$。其中，$B(\ )$表示"…生于…"，a 表示个体"张三"，b 表示个体"北京"。

(5)$L(3,2)$。其中，$L(\ )$表示"…小于…"。

(6)$\mathrm{Add}(a,b,c)$。其中，$\mathrm{Add}(\ )$表示"…+…=…"，a 表示"3"，b 表示"2"，c 表示"5"。

当谓词形式中的所有个体都是常元时，该谓词形式是一个命题，并有确定的真值，如 $L(3,2)$为假，$\mathrm{Add}(3,2,5)$为真。从这个意义上说，谓词是以个体域为定义域，以真值集为值域的映射。

对于一些复杂的性质和关系，可以用谓词和逻辑联结词复合的形式来描述。

例题 4.3 写出下列各命题的谓词形式。

(1)x 是小于 100 的质数。

(2)$y\leqslant 3$。

(3)若一个人生于北京，则他不能生于上海。

解 (1)$L(x,100)\wedge P(x)$，其中，$P(x)$表示"x 是质数"，$L(x,y)$表示"$x<y$"。

(2)$L(y,3)\vee E(y,3)$，其中，$L(x,y)$表示"x 小于 y"，$E(x,y)$表示"x 等于 y"。

(3)$B(x,\mathrm{beijing})\rightarrow\neg B(x,\mathrm{shanghai})$，其中，$B(x,y)$表示"$x$ 出生于 y"。

定义 4.5 n 元谓词

将一个谓词 P 和 n 个个体变元 $x_1,x_2,\cdots,x_n$ 表示成 $P(x_1,x_2,\cdots,x_n)$，称之为 **n 元原子谓词**，简称 n 元谓词。

当 $n=1$ 时，称之为一元谓词，通常表示个体的性质；当 $n=2$ 时，称之为二元谓词，通常表示 2 个个体之间的关系；……依此类推。特别地，当 $n=0$ 时，称之为零元谓词，零元谓词是命题，命题逻辑中的命题均可以表示成 0 元谓词，因而可以将命题看成特殊的谓词，这样命题与谓词就得到了统一。

一个具体的命题的谓词表示形式和 n 元谓词是不同的，前者是有真值的，但后者不是命题，它的真值是不确定的。例如，例题 4.2 中的 $L(3,2)$是有真值的，其值为假，但 $L(x,y)$却没有真值。因此，n 元谓词不是命题，只有其中的个体变元用个体常元替代时，才能成为一个命题。

此外，论域对命题的真值也有影响。例如，令 $S(x)$：x 是大学生。若 x 的论域为某大学的计算机系中的全体同学，则 $S(x)$是真；若 x 的论域是某中学的全体学生，则 $S(x)$是假；若 x 的论域是某剧场中的观众，且观众中有大学生也有非大学生的其他观众，则 $S(x)$的真值不确定。

定义 4.6 特性谓词

通常，把一个 n 元谓词中的每个个体的论域综合在一起作为它的论域。当一个命题没有指明论域时，一般都将总论域作为其论域。而这时又常常要采用一个谓词如 $P(x)$ 来限制个体变元 x 的取值范围，并把 $P(x)$ 称为**特性谓词或限定谓词**。

例题 4.4　指出下列命题中的特性谓词。

(1)实数的平方非负。

(2)大学生热爱祖国。

解　(1)实数的平方非负可表示为：$R(x)\rightarrow\neg L(x^2)$，其中 $R(x)$ 表示"x 是实数"，是特性谓词；$L(x)$ 表示"x 小于 0"。

(2)大学生热爱祖国可表示为：$S(x)\rightarrow L(x)$，其中 $S(x)$ 表示"x 是大学生"，是特性谓词；$L(x)$ 表示"x 热爱祖国"。

4.1.3　量词

定义 4.7 量词和辖域

谓词演算中的**量词**(quantifier)指数量词"所有"和"有"，分别用符号 ∀ 和 ∃ 来表示。

符号 ∀ 称为**全称量词符**，等价于"对所有的""每一个""对任何一个""一切"等词语。$\forall x$ 称为**全称量词**，x 称为**指导变元**。$\forall xP(x)$ 读作"所有(任意、每一个)x 满足 $P(x)$"，表示个体域中所有个体满足谓词 $P(x)$，称 $P(x)$ 为全称量词的**辖域**。

符号∃称为**存在量词符**，等价于"存在一些""至少有一个""对于一些""某些"等词语。$\exists x$ 称为**存在量词**，x 称为**指导变元**。$\exists xP(x)$ 读作"有(存在、至少有一个)x 满足 $P(x)$"，表示个体域中至少有一个个体满足 $P(x)$，称 $P(x)$ 为存在量词的**辖域**。

全称量词、存在量词统称量词，有了量词之后，用逻辑符号表示命题的能力得到巨大的提升。

例题 4.5　在谓词逻辑中符号化以下命题。

(1)所有大学生都热爱祖国。

(2)每个自然数都是实数。

(3)一些大学生有远大理想。

(4)有的自然数是素数。

解　(1)若个体域为全体大学生，则原命题的符号化形式为 $\forall xP(x)$，其中，$P(x)$ 表示 x 热爱祖国。若个体域为全域，则原命题的符号化形式为 $\forall x(S(x)\rightarrow P(x))$，其中，$S(x)$ 表示 x 是大学生，$P(x)$ 表示 x 热爱祖国。

(2)若个体域为所有自然数，则原命题的符号化形式为 $\forall xR(x)$，其中，$R(x)$ 表示 x 是实数。若个体域为全域，则原命题的符号化形式为 $\forall x(N(x)\rightarrow R(x))$，其中，$N(x)$ 表示 x 是自然数，$R(x)$表示 x 是实数。

(3)若个体域为全体大学生，则原命题的符号化形式为 $\exists xP(x)$，其中，$P(x)$表示 x 有远大理想。若个体域为全域，则原命题的符号化形式为 $\exists x(S(x) \wedge P(x))$，其中，$S(x)$表示 x 是大学生，$P(x)$表示 x 有远大理想。

(4)若个体域为所有自然数，则原命题的符号化形式为 $\exists xP(x)$，其中，$P(x)$表示 x 是素数。若个体域为全域，则原命题的符号化形式为 $\exists x(N(x) \wedge P(x))$，其中，$N(x)$表示 x 是自然数，$P(x)$表示 x 是素数。

当限定量词的指导变元为个体变元，而不是命题变元、谓词、函数变元(即分别以命题、谓词、函数为值的变元)时，谓词演算又称为**一阶谓词演算**(first order predicate logic)。

4.1.4 谓词公式及命题的形式化

定义 4.8 项

项由下列规则形成：

(1)个体常元和个体变元是项；

(2)若 f 是 n 元函数，且 $t_1,t_2,\cdots,t_n$ 是项，则 $f(t_1,t_2,\cdots,t_n)$是项；

(3)所有项都由(1)和(2)生成。

函数的使用给谓词逻辑中的个体和谓词的表示带来了较大的方便。

例题 4.6 符号化下列命题。

(1)张强的父亲是教授。

(2)对任意整数 x，$x^2-1=(x+1)(x-1)$。

解 (1)令 $P(x)$表示 x 是教授，用 c 表示张强，$f(x)$表示 x 的父亲，则 $P(f(c))$表示张强的父亲是教授。

(2)令 $I(x)$表示 x 是整数，$f(x)=x^2-1$，$g(x)=(x+1)(x-1)$，$E(x,y)$表示 $x=y$，则该命题可表示成：$\forall x(I(x)\rightarrow E(f(x),g(x)))$。

定义 4.9 原子谓词公式

若 $P(x_1,x_2,\cdots,x_n)$是 n 元谓词，$t_1,t_2,\cdots,t_n$ 是项，则称 $P(t_1,t_2,\cdots,t_n)$为**原子谓词公式**，简称**原子公式**。

由原子公式出发，给出了谓词逻辑中的合式谓词公式的归纳定义。

定义 4.10 合式谓词公式

合式谓词公式(predicate formula)的定义如下：

(1)原子谓词公式是合式谓词公式。

(2)若 A 是合式谓词公式，则 $\neg A$ 是公式。

(3)若 A,B 是合式谓词公式，则 $A\vee B,A\wedge B,A\rightarrow B,A\leftrightarrow B$ 也是合式谓词公式。

(4)若 A 是合式谓词公式，x 为个体变元，则 $\forall xA$，$\exists xA$ 都是合式谓词公式。

(5)只有有限次使用(1)、(2)、(3)、(4)所形成的符号串才是合式谓词公式。

合式谓词公式有时也称作谓词公式,或合式公式。

关于合式谓词公式,有以下常用结论。

$\exists xA(x) \land B$, $\forall x(M(x) \rightarrow D(x))$, $\forall x \exists y(B(x,y) \land M(y))$, $\exists yL(3,2) \rightarrow \forall xL(x,2)$, $L(x,y)$都是公式。

对于一元谓词 $P(x)$, $\forall xP(x)$为一个命题,它断言所有个体满足 $P(x)$,其真值已经确定。同理 $\exists xP(x)$也是命题。特别是,当个体域中个体有穷时,例如 $D=\{a_1,a_2,\cdots,a_n\}$, $\forall xP(x)$与命题 $P(a_1) \land P(a_2) \land \cdots \land P(a_n)$等价,而 $\exists xP(x)$与命题 $P(a_1) \lor P(a_2) \lor \cdots \lor P(a_n)$等价。

将一个文字叙述的命题,用谓词公式表示出来,称之为谓词逻辑的翻译或符号化。

例题 4.7　将下列命题符号化。

(1)没有最大的自然数。

(2)天下乌鸦一般黑。

(3)没有人登上过木星。

(4)未必每个实数都是整数。

(5)每个实数都存在比它大的另外的实数。

(6)尽管有人很聪明,但未必一切人都聪明。

解　(1)没有最大的自然数可以理解为"对所有的 x,如果 x 是自然数,那么一定还有比 x 大的自然数",进一步细化为"对所有的 x,如果 x 是自然数,那么一定存在 y, y 也是自然数,并且 y 比 x 大"。因此,令 $N(x)$: x 是自然数; $G(x,y)$: x 大于 y,则原命题可符号化为: $\forall x(N(x) \rightarrow \exists y(N(y) \land G(y,x)))$。

(2)设 $F(x)$: x 是乌鸦; $G(x,y)$: x 与 y 一般黑,则原命题可符号化为:

$$\forall x \forall y(F(x) \land F(y) \rightarrow G(x,y)) \text{ 或 } \neg \exists x \exists y(F(x) \land F(y) \land \neg G(x,y))。$$

(3)设 $H(x)$: x 是人; $M(x)$: x 登上过木星,则原命题可符号化为:

$$\neg \exists x(H(x) \land M(x)) \text{ 或 } \forall x(H(x) \rightarrow \neg M(x))。$$

(4)设 $R(x)$: x 是实数; $I(x)$: x 是整数,则原命题可符号化为:

$$\neg \forall x(R(x) \rightarrow I(x)) \text{或} \exists x(R(x) \land \neg I(x))。$$

(5)设 $R(x)$: x 是实数; $L(x,y)$: y 大于 x,则原命题可符号化为:

$$\forall x(R(x) \rightarrow \exists y(R(y) \land L(x,y)))。$$

(6)设 $M(x)$: x 是人; $C(x)$: x 很聪明,则原命题可符号化为:

$$\exists x(M(x) \land C(x)) \land \neg \forall x(M(x) \rightarrow C(x))。$$

一般情况下,符号化的步骤如下。

(1)正确理解给定的命题。必要时改叙命题,使其中每个原子命题、原子命题之间的关系能明显表达出来。准确地从语句中提取出谓词,表示性质的谓语用一元谓词表示,表示关系的谓语用二元谓词或多元谓词表示。

(2)把每个原子命题分解成个体、谓词和量词。在全总论域讨论时，要给出特性谓词。特性谓词与其他谓词之间应使用适当的联结词。当限定谓词用于限定全称量词时，它必须作为蕴涵词的前件加入，即用$\forall x(P(x)\rightarrow\cdots)$表示“所有满足$P(x)$的因素都……”；当限定谓词用于限定存在量词时，它必须作为合取词的合取项加入，即用$\exists x(P(x)\wedge\cdots)$表示“在满足$P(x)$的因素中有满足……的个体”，这里的$P(x)$是特性谓词。

(3)准确地使用量词和确定量词的辖域。当辖域中有多于一个谓语时，必须注意括号的使用。多个量词重叠时，其次序应与原语句意义一致。应注意全称量词$\forall x$后的条件式，存在量词$\exists x$后的合取式。

(4)用恰当的联结词表示出给定的命题。

4.1.5 约束变元和自由变元

定义 4.11 辖域、约束变元和自由变元

给定一个谓词公式A，其中有一部分公式形如$\forall xP(x)$或$\exists xP(x)$，则称其为A的x约束部分，称$P(x)$为相应量词的**作用域**或**辖域**(scope)。在辖域中，x的所有出现被称为约束出现，x被称为**约束变元**，也被称为**约束变量**(bound variable)。$P(x)$中不是约束出现的其他个体变元的出现称为自由出现，这些个体变元称为**自由变元**，也被称为**自由变量**(free variable)。

对于给定的谓词公式，能够准确地判定它的辖域、约束变元和自由变元较为重要。通常，一个量词的辖域是某公式A的一部分，称之为A的**子公式**。因此，确定一个量词的辖域即找出位于该量词之后的相邻接的子公式，具体地讲：量词的辖域或是紧邻其右侧的那个谓词，或是其右侧第一对括号内的表达式。量词辖域内与该量词指导变元同一的变元都是约束变元。

例题 4.8 指出下列谓词公式的量词的辖域以及变元的类型。

(1)$\forall x(A(x)\rightarrow B(x))\vee C(x)$。

(2)$\exists xA(x)\wedge B(x)$。

(3)$\forall x(F(x)\rightarrow G(y))\rightarrow\exists y(H(x)\wedge L(x,y,z))$。

解 (1)在$\forall x(A(x)\rightarrow B(x))\vee C(x)$中，$\forall x$的辖域是$A(x)\rightarrow B(x)$，其中的$x$是约束变元；但$C(x)$不在辖域内，其中的$x$是自由变元。

(2)在$\exists xA(x)\wedge B(x)$中，$\exists x$的辖域是$A(x)$，其中x是约束变元，而$B(x)$中x为自由变元。

(3)在$\forall x(F(x)\rightarrow G(y))$中，$\forall x$的辖域是$F(x)\rightarrow G(y)$，其中$x$是约束变元，$y$为自由变元。在$\exists y(H(x)\wedge L(x,y,z))$中，$\exists y$的辖域是$H(x)\wedge L(x,y,z)$，其中$y$是约束变元，$x$和$z$为自由变元。

易见，在一个公式中，有的个体变元既可以是约束出现，又可以是自由出现，因此，容易产生混淆。为了避免混淆，对于具有不同含意的个体变元，总是以不同的变量符号进行表示。采用以下两个规则。

(1)约束变元改名规则。

将量词辖域中某个约束出现的个体变元及相应的指导变元，改成本辖域中未出现的个体变元，其余不变。

例如，$\forall x(F(x)\to G(y))\to\exists y(H(x)\land L(x,y,z))$可改写为$\forall w(F(w)\to G(y))\to\exists y(H(x)\land L(x,y,z))$。

(2)自由变元代入规则。

对于某个自由出现的个体变元，可用个体常元或用与原子公式中所有个体变元不同的个体变元代入，且处处代入。

例如，$\forall x(F(x)\to G(y))\to\exists y(H(x)\land L(x,y,z))$可改写为$\forall x(F(x)\to G(u))\to\exists y(H(x)\land L(x,y,z))$。

改名规则与代入规则的共同点是都不能改变约束关系，不同点如下。

(1)施行的对象不同。改名规则是对约束变元施行，代入规则是对自由变元施行。

(2)施行的范围不同。改名规则可以只对公式中的一个量词及其辖域内施行，即只对公式的一个子公式施行；代入规则必须对整个公式中的同一个自由变元的所有自由出现同时施行，即必须对整个公式施行。

(3)施行后的结果不同。施行改名规则后公式含义不变，因为约束变元只将名字改为另一个个体变元，约束关系不改变。约束变元不能改名为个体常元，代入后，不仅可用另一个个体变元进行代入，也可用个体常元代入，从而使公式由具有普遍意义变为仅对该个体常元有意义，即公式的含义改变了。

习题 4.1

4.2　谓词演算的永真公式、等值公式与蕴涵公式

4.2.1　谓词演算永真公式

对于一个给定的谓词公式，其真值与哪些因素有关系呢？

谓词公式真值的确定较为复杂，由于谓词公式的真值不仅依赖于个体域、公式中的量词、对公式中谓词符号和运算符号等所作的解释 I(即符号与个体域上具体性质、关系、运算间的映射)，还依赖于公式中每个个体变元的取值。

例题 4.9　对于个体域 $D_1=\{3,4\}$，$D_2=\{3,5\}$，当 I_1 把 $P(x)$解释为“x 是质数”，I_2 把 $P(x)$解释为“x 是合数”时，分别讨论 $P(x)$、$\exists xP(x)$和$\forall xP(x)$的真值。

解 $P(x)$、$\exists xP(x)$和$\forall xP(x)$的真值情况见表4-1。

表4-1 真值表

个体域	$P(x)$	x	$P(x)$的真值	$\exists xP(x)$的真值	$\forall xP(x)$的真值
D_1	x是质数 (I_1)	3	1	1	0
		4	0		
	x是合数 (I_2)	3	0	1	0
		4	1		
D_2	x是质数 (I_1)	3	1	1	1
		5	1		
	x是合数 (I_2)	3	0	0	0
		5	0		

因此，为了讨论谓词公式的真值，需要讨论谓词演算永真公式，需要用到下列多个层次的真值概念。

定义4.12 谓词公式A在解释I下为真

给定个体域D及公式A中各谓词符号的解释I，若A中个体变元$x_1,x_2,\cdots,x_n$的取值分别为$u_1,u_2,\cdots,u_n$时，A真，则称A在$u_1,u_2,\cdots,u_n$处真；当$x_1,x_2,\cdots,x_n$在D中任取个体$u_1,u_2,\cdots,u_n$时，A均为真，则称A在解释I下为真。

在定义4.12中取个体域D_2，当I_1把$P(x)$解释为"x是质数"时，$\exists xP(x)$在3处真，在5处也真，从而它在解释I_1下为真。

定义4.13 永真式

给定个体域D，若公式A在每个解释I下均为真，则称A在D上永真。若公式A对任意个体域D均有D上永真，则称A为**永真式**，或称A**永真**。

对于永真式，有以下常用结论。

公式$\exists xP(x)\leftrightarrow\forall xP(x)$在只有一个元素的个体域$D$上，总是$D$上永真的。但当$D$多于一个成员时，它不再是$D$上永真的。公式$\forall x(P(x)\lor\neg P(x))$，$\forall xP(x)\to\exists xP(x)$都是永真式(约定个体域不空)。

定义4.14 可满足式和永假式

若对某一个体域、某一解释和变元的某一取值状况，A在此处取值为真，则称公式A为**可满足的**，公式A不可满足时也称A为**永假式**。

4.2.2 谓词演算等值式

定义4.15 等值式

设A和B为任意两个公式，E是它们公有的个体域，若：

(1)对于公式A和B中的谓词变元，给它指派任意一个在E上有定义的确定的谓词；

(2)对于谓词公式中的个体变元,给它指派 E 中任意一个确定的个体,所得的命题具有同样的真值,则称 A 和 B 在 E 上是等值的,记为 $A \Leftrightarrow B$,称 $A \Leftrightarrow B$ 为**等值式**。

命题逻辑中的基本定律(基本等值式)都是谓词逻辑等值式。

1. 量词否定等值式

定理 4.1

(1) $\neg \forall x A(x) \Leftrightarrow \exists x \neg A(x)$;

(2) $\neg \exists x A(x) \Leftrightarrow \forall x \neg A(x)$。

以上两个等值式,可用量词的定义给予说明。由于“并非对一切 x,$A(x)$ 均为真”等价于“存在一些 x,使 $\neg A(x)$ 为真”,故(1)成立。由于“不存在一些 x,使 $A(x)$ 为真”等价于“对一切 x,$\neg A(x)$ 均为真”,所以(2)成立。这两个等价式的意义是:否定联结词可通过量词深入到辖域中。对比这两个式子,容易看出,将 $\forall x$ 与 $\exists x$ 两者互换,可从一个式子得到另一个式子,这表明 $\forall x$ 与 $\exists x$ 具有对偶性。另外,这两个公式的成立也表明,两个量词是不独立的,可以互相表示,故只有一个量词就够了。

对于多重量词前置 $\neg$,可反复应用以上结果,逐次右移 $\neg$。例如,

$$\neg \forall x \forall y \forall z P(x,y,z) \Leftrightarrow \exists x \exists y \exists z \neg P(x,y,z)。$$

例题 4.10 (1)设论域:实数域;$A(x)$:x 是偶数。将上述论域和一元谓词写成定理 4.1 的形式。

(2) $\neg \exists x A(x)$ 与 $\exists x \neg A(x)$ 等值吗?

解 (1) $\neg \forall x A(x)$ 表示并非所有的实数都是偶数。$\exists x \neg A(x)$ 表示存在一些实数不是偶数。显然这两个命题的含意是相同的,因此,$\neg \forall x A(x) \Leftrightarrow \exists x \neg A(x)$。

(2) $\neg \exists x A(x)$ 表示存在并非仅存在一些实数不是偶数,即所有的实数都是偶数。$\exists x \neg A(x)$ 表示存在一些实数不是偶数。因此,$\neg \exists x A(x)$ 与 $\exists x \neg A(x)$ 不等值。

2. 量词辖域缩小或扩大等值式

定理 4.2 设 B 是不含 x 自由出现,$A(x)$ 为有 x 自由出现的任意公式,则有:

(1) $\forall x(A(x) \wedge B) \Leftrightarrow \forall x A(x) \wedge B$。

(2) $\forall x(A(x) \vee B) \Leftrightarrow \forall x A(x) \vee B$。

(3) $\forall x(A(x) \rightarrow B) \Leftrightarrow \exists x A(x) \rightarrow B$。

(4) $\forall x(B \rightarrow A(x)) \Leftrightarrow B \rightarrow \forall x A(x)$。

(5) $\exists x(A(x) \wedge B) \Leftrightarrow \exists x A(x) \wedge B$。

(6) $\exists x(A(x) \vee B) \Leftrightarrow \exists x A(x) \vee B$。

(7) $\exists x(A(x) \rightarrow B) \Leftrightarrow \forall x A(x) \rightarrow B$。

(8) $\exists x(B \rightarrow A(x)) \Leftrightarrow B \rightarrow \exists x A(x)$。

3. 量词分配律等值式

定理 4.3 设 $A(x)$ 与 $B(x)$ 为 x 自由出现的任何公式。则:

(1) $\forall x(A(x) \wedge B(x)) \Leftrightarrow \forall x A(x) \wedge \forall x B(x)$;

(2) $\exists x(A(x) \vee B(x)) \Leftrightarrow \exists x A(x) \vee \exists x B(x)$。

例题 4.11 假设论域：全班同学；$A(x)$表示 x 会唱歌；$B(x)$表示 x 会跳舞。

(1)判断$\forall x(A(x)\wedge B(x))$与$\forall xA(x)\wedge\forall xB(x)$的含义是否相同。

(2)判断$\exists x(A(x)\wedge B(x))$与$\exists xA(x)\vee\exists x(Bx)$的含义是否相同。

解 (1)$\forall x(A(x)\wedge B(x))$表示所有同学既会唱歌又会跳舞；$\forall xA(x)\wedge\forall xB(x)$表示所有同学会唱歌且所有同学会跳舞，显然二者的含义是相同的。

(2)$\exists x(A(x)\vee B(x))$表示有些同学会唱歌或会跳舞，$\exists xA(x)\vee\exists xB(x)$表示有些同学会唱歌或有些同学会跳舞，显然二者的含义是相同的。

需要注意的是：当$\vee$，$\wedge$，$\rightarrow$两边的公式都与指导变元有关系时，不要轻易移动量词。当$\wedge$，$\vee$两边的公式都与指导变元有关系时，$\forall$对$\vee$没有分配律，$\exists$对$\wedge$没有分配律。

例题 4.12 判断下列式子是否成立。若成立，给出证明过程；否则，给出反例。

(1)$\forall x(A(x)\vee B(x))\Leftrightarrow\forall xA(x)\vee\forall xB(x)$。

(2)$\exists x(A(x)\wedge B(x))\Leftrightarrow\exists xA(x)\wedge\exists xB(x)$。

(3)$\forall x(A(x)\rightarrow B(x))\Leftrightarrow\forall xA(x)\rightarrow\forall xB(x)$。

(4)$\exists x(A(x)\rightarrow B(x))\Leftrightarrow\exists xA(x)\rightarrow\exists xB(x)$。

解 (1)不成立。令 D 为整数集，$A(x)$表示"x 是偶数"，$B(x)$表示"x 是奇数"。显然$\forall x(A(x)\vee B(x))$为真，但$\forall xA(x)$为假，$\forall xB(x)$也为假，从而$\forall xA(x)\vee\forall xB(x)$为假。因此，$\forall x(A(x)\vee B(x))\Leftrightarrow\forall xA(x)\vee\forall xB(x)$不成立。

(2)不成立。令 D 为整数集，$A(x)$表示"x 是偶数"，$B(x)$表示"x 是奇数"。因为"有整数是偶数"与"有整数是奇数"都是对的，即$\exists xA(x)\wedge\exists xB(x)$为真，但"有整数既是偶数又是奇数"则是错误的，即$\exists x(A(x)\wedge B(x))$为假。

(3)不成立。令 D 为整数集，$A(x)$表示"x 是偶数"，$B(x)$表示"x 是奇数"，则$\forall xA(x)$为假，所以$\forall xA(x)\rightarrow\forall xB(x)$为真。但$\forall x(A(x)\rightarrow B(x))$为假，由于"所有的偶数都是奇数"显然是错误的。

(4)不成立。令 D 为人的集合，$A(x)$表示"x 是艺术家"，$B(x)$表示"x 是科学家"，则$\exists xA(x)\rightarrow\exists xB(x)$表示若有一些人是艺术家，则一定有些人是科学家。因为$\exists xA(x)\rightarrow\exists xB(x)\Leftrightarrow\forall x\neg A(x)\vee\exists xB(x)$，所以又可解释为：所有的人都不是艺术家或有一些人是科学家。$\exists x(A(x)\rightarrow B(x))$则表示存在这样一些人，若这些人是艺术家，则这些人也是科学家。因为$\exists x(A(x)\rightarrow B(x))\Leftrightarrow\exists x\neg A(x)\vee\exists xB(x)$，所以又可解释为：存在一些人不是艺术家或有一些人是科学家，所以这两句话的含义不同。

4. 多重量词等值式

定理 4.4 设$A(x,y)$为含有 x,y 自由出现的任意公式，则：

(1)$\forall x\forall yA(x,y)\Leftrightarrow\forall y\forall xA(x,y)$；

(2)$\exists x\exists yA(x,y)\Leftrightarrow\exists y\exists xA(x,y)$。

例题 4.13 利用合式谓词公式之间的等值关系证明下列公式之间的关系：

$$\forall xP(x)\rightarrow Q(x)\Leftrightarrow\exists y(P(y)\rightarrow Q(x))。$$

证明 $\forall xP(x)\rightarrow Q(x)$

$\Leftrightarrow\neg\forall xP(x)\vee Q(x)$

$\Leftrightarrow \exists x \neg P(x) \vee Q(x)$

$\Leftrightarrow \exists y \neg P(y) \vee Q(x)$

$\Leftrightarrow \exists y(\neg P(y) \vee Q(x))$

$\Leftrightarrow \exists y(P(y) \rightarrow Q(x))$。

4.2.3 关于永真式的几个基本原理

定义 4.16 可代入

设谓词公式 A 中含自由变元 x，t 为一个个体项，且不存在 t 中的自由变元是 A 中的约束变元的情况，则称 t 是在 A 中对 x 可代入的，其代入实例记为 $A(t/x)$（代入的含义同前）。

由于约束变元可改名，因此总能够对 A 中的约束变元改名，使 t 成为对 x 是可代入的。

设公式 A 为 $\exists y(x \neq y)$，它对多于一个元素的任何个体域都是真的。现对其中的 x 作代入，只要代入的个体项 t 中不含 y，t 都是对 x 可代入的；否则不然。例如，取 t 为 y，代入后成为 $\exists y(y \neq y)$，由于对变元的约束关系发生了变化，公式的意义就会完全不同，这是一个永假式。

定理 4.5 代入原理

若 A 是永真式，则对 A 中变元可代入的代入实例都是永真式。

由于 A 永真，因此 A 的取值与 A 中变元的取值无关，故 A 代入实例仍为永真式。

定理 4.6 替换原理

设 A，D 为谓词公式，C 为 A 的子公式，且 $C \Leftrightarrow D$。若 B 为将 A 中子公式 C 的某些出现（未必全部）替换为 D 后所得的公式，则 $A \Leftrightarrow B$。

例题 4.14 证明下列等值式。

(1) $\exists x(A(x) \vee B(x)) \Leftrightarrow \exists xA(x) \vee \exists xB(x)$。

(2) $\exists x(A(x) \rightarrow B(x)) \Leftrightarrow \forall xA(x) \rightarrow \exists xB(x)$。

证明 (1) $\exists x(A(x) \vee B(x)) \Leftrightarrow \exists x(\neg(\neg A(x) \wedge \neg B(x))$

$\Leftrightarrow \neg \forall x(\neg A(x) \wedge \neg B(x))$

$\Leftrightarrow \neg(\forall x \neg A(x) \wedge \forall x \neg B(x))$

$\Leftrightarrow \neg \forall x \neg A(x) \vee \neg \forall x \neg B(x)$

$\Leftrightarrow \exists xA(x) \vee \exists xB(x)$。

(2) $\exists x(A(x) \rightarrow B(x))$

$\Leftrightarrow \exists x(\neg A(x) \vee B(x))$

$\Leftrightarrow \exists x \neg A(x) \vee \exists xB(x)$

$\Leftrightarrow \neg \forall xA(x) \vee \exists xB(x)$

$\Leftrightarrow \forall xA(x) \rightarrow \exists xB(x)$。

定理 4.7 改名原理

若公式 A 中无自由变元 y，则 $\forall xA(x) \Leftrightarrow \forall yA(y)$，$\exists xA(x) \Leftrightarrow \exists yA(y)$。

例题 4.15 证明：对任意公式 $A(x,y)$，$\forall x\forall yA(x,y)\Leftrightarrow\forall y\forall xA(y,x)$。

证明 $\forall x\forall yA(x,y)\Leftrightarrow\forall x\forall zA(x,z)\Leftrightarrow\forall y\forall zA(y,z)\Leftrightarrow\forall y\forall xA(y,x)$。

在此过程的第一步中，若直接将 y 改为 x，则会产生错误，这是由于对 $\forall yA(x,y)$ 而言，$A(x,y)$ 中有自由变元 x。

定义 4.17 对偶式

设 A 为仅含联结词 $\neg,\vee,\wedge$ 的谓词公式，若 A^* 为将 A 中的符号 $\vee,\wedge,\forall,\exists$ 分别换为 $\wedge,\vee,\exists,\forall$ 后所得的公式，则称 A^* 为 A 的**对偶式**。

第 3 章中关于对偶式的一切讨论对于谓词演算仍然成立。

4.2.4 谓词演算蕴涵式

命题逻辑中的蕴涵式在谓词逻辑中都是逻辑有效的，而且使用代入规则得到蕴涵式也都是在谓词逻辑中逻辑有效的。例如，附加规则：$\forall xP(x)\Rightarrow\forall xP(x)\vee\exists yQ(y)$ 和假言推理 $(\forall xP(x)\rightarrow Q(x,y))\wedge\forall xP(x)\Rightarrow Q(x,y)$ 都是成立的。

定理 4.8 设 $A(x)$ 和 $B(x)$ 为含有 x 自由出现的任意公式。

(1) $\forall xA(x)\vee\forall xB(x)\Rightarrow\forall x(A(x)\vee B(x))$。

(2) $\exists x(A(x)\wedge B(x))\Rightarrow\exists xA(x)\wedge\exists xB(x)$。

(3) $\forall x(A(x)\rightarrow B(x))\Rightarrow\forall xA(x)\rightarrow\forall xB(x)$。

(4) $\forall x(A(x)\rightarrow B(x))\Rightarrow\exists xA(x)\rightarrow\exists xB(x)$。

例题 4.16 举实例说明定理 4.8 中的(1)、(2)、(3)均成立。

解 (1)令 $A(x)$ 表示"x 聪明"，$B(x)$ 表示"x 努力"，则这些学生都聪明或这些学生都努力⇒这些学生都努力或聪明；但反之不然。

(2)令 $A(x)$ 表示"x 聪明"，$B(x)$ 表示"x 努力"，则有些人既聪明又努力⇒有些人聪明，有些人努力；但反之不然。

(3) $\forall x(A(x)\rightarrow B(x))\Rightarrow\forall xA(x)\rightarrow\forall xB(x)$ 是成立的。$\forall x(A(x)\rightarrow B(x))$ 可解释为：对于所有的人 x，若 x 是优秀的人，则 x 一定是科学家。$\forall xA(x)\rightarrow\forall xB(x)$ 可解释为：若所有的人都优秀，则所有的人都是科学家。显然，(3)成立；反之不然。假若只有部分人优秀，则不能断定有人是科学家，此时，可能一个科学家都没有。

例题 4.17 证明：$\exists xA(x)\rightarrow\exists xB(x)\Rightarrow\exists x(A(x)\rightarrow B(x))$。

证明 因为 $\forall x\neg A(x)\Rightarrow\exists x\neg A(x)$，所以

$$
\begin{aligned}
&\exists xA(x)\rightarrow\exists xB(x)\\
\Leftrightarrow&\neg\exists xB(x)\rightarrow\neg\exists xA(x)\\
\Leftrightarrow&\forall x\neg B(x)\rightarrow\forall x\neg A(x)\\
\Rightarrow&\forall x\neg B(x)\rightarrow\exists x\neg A(x)\\
\Leftrightarrow&\neg\exists x\neg A(x)\rightarrow\neg\forall x\neg B(x)\\
\Leftrightarrow&\exists x\neg A(x)\vee\exists xB(x)\\
\Leftrightarrow&\exists x(A(x)\rightarrow B(x))。
\end{aligned}
$$

对例题 4.11 的直观解释如下：

设论域 D 表示人的集合，$A(x)$ 表示 x 是优秀的人，$B(x)$ 表示 x 是科学家，则 $\exists xA(x)\to\exists xB(x)$ 表示若有一些优秀的人，则这些人中一定有科学家。因为 $\exists xA(x)\to\exists xB(x)\Leftrightarrow\forall x\neg A(x)\vee\exists xB(x)$，所以又可解释为：所有的人都不优秀或有一些人是科学家，而 $\exists x(A(x)\to B(x))$ 则表示有这样一些人，若这些人优秀，则这些人也是科学家。因为 $\exists x(A(x)\to B(x))\Leftrightarrow\exists x\neg A(x)\vee\exists xB(x)$，所以又可解释为：存在一些人不优秀或有一些人是科学家。

定理 4.9　设 $A(x,y)$ 为含有 x 和 y 的自由出现的任意公式，则

(1) $\forall x\forall yA(x,y)\Rightarrow\forall xA(x,x)$。

(2) $\exists xA(x,x)\Rightarrow\exists x\exists yA(x,y)$。

(3) $\forall x\forall yA(x,y)\Rightarrow\exists y\exists xA(x,y)$。

(4) $\forall x\exists yA(x,y)\Rightarrow\exists y\exists xA(x,y)$。

习题 4.2

4.3　谓词公式的前束范式和斯科伦范式

4.3.1　前束范式

定义 4.18　前束范式

若公式 A 形如：$Q_1x_1Q_2x_2\cdots Q_nx_nB$，其中 $Q_i(1\leqslant i\leqslant n)$ 为量词 $\forall$ 或 $\exists$，则称 B 为母式，称 $Q_1x_1Q_2x_2\cdots Q_nx_n$ 为公式的首标。特别地，若 B 中无量词，则称 A 为**前束范式**；当 B 为合取（析取）范式时，称 A 为前束合取（析取）范式。

前束范式的特点是，所有量词均非否定地出现在公式最前面，且它的辖域一直延伸到公式之末。

例题 4.18　判断下列公式是否为前束范式。

(1) $\forall x\exists y\forall z(P(x,y)\to Q(y,z))$。

(2) $R(x,y)$。

(3) $\forall xP(x)\wedge\exists yQ(y)$。

(4) $\forall x(P(x)\to\exists yQ(x,y))$。

解　(1) $\forall x\exists y\forall z(P(x,y)\to Q(y,z))$ 是前束范式。

(2) $R(x,y)$ 是前束范式。

(3) $\forall xP(x)\wedge\exists yQ(y)$ 不是前束范式。

(4) $\forall x(P(x)\to\exists yQ(x,y))$ 不是前束范式。

任何谓词公式均有与之等值的前束范式，因为总可以利用各组逻辑等值式将量词逐个移至公式的前部，求解前束析取(合取)范式的步骤如下：

(1)首先将公式中的联结词$\rightarrow$、$\leftrightarrow$消除。

(2)其次将否定词$\neg$深入到各原子公式之前。

(3)利用已知的永真式将量词逐个移至公式前部。

例题 4.19 求以下各式的前束范式。

(1)$\forall xA(x)\vee\forall xB(x)$。

(2)$\exists xA(x)\wedge\exists xB(x)$。

(3)$\forall xA(x)\wedge\exists xB(x)$。

(4)$\forall xA(x)\rightarrow\exists xB(x)$。

(5)$\forall x\forall y(\exists z(P(x,z)\wedge P(y,z))\rightarrow\exists zQ(x,y,z))$。

解 (1) $\forall xA(x)\vee\forall xB(x)$

$\Leftrightarrow\forall xA(x)\vee\forall yB(y)$

$\Leftrightarrow\forall x(A(x)\vee\forall yB(y))$

$\Leftrightarrow\forall x\forall y(A(x)\vee B(y))$。

(2) $\exists xA(x)\wedge\exists xB(x)$

$\Leftrightarrow\exists xA(x)\wedge\exists yB(y)$

$\Leftrightarrow\exists x(A(x)\wedge\exists yB(y))$

$\Leftrightarrow\exists x\exists y(A(x)\wedge B(y))$。

(3) $\forall xA(x)\wedge\exists xB(x)$

$\Leftrightarrow\forall xA(x)\wedge\exists yB(y)$

$\Leftrightarrow\forall x(A(x)\wedge\exists yB(y))$

$\Leftrightarrow\forall x\exists y(A(x)\wedge B(y))$。

(4) $\forall xA(x)\rightarrow\exists xB(x)$

$\Leftrightarrow\neg\forall xA(x)\vee\exists xB(x)$

$\Leftrightarrow\exists x\neg A(x)\vee\exists xB(x)$

$\Leftrightarrow\exists x(\neg A(x)\vee B(x))$。

(5) $\forall x\forall y(\exists z(P(x,z)\wedge P(y,z))\rightarrow\exists zQ(x,y,z))$

$\Leftrightarrow\forall x\forall y(\neg\exists z(P(x,z)\wedge P(y,z))\vee\exists zQ(x,y,z))$

$\Leftrightarrow\forall x\forall y(\forall z(\neg P(x,z)\vee\neg P(y,z))\vee\exists zQ(x,y,z))$

$\Leftrightarrow\forall x\forall y(\forall z(\neg P(x,z)\vee\neg P(y,z))\vee\exists uQ(x,y,u))$

$\Leftrightarrow\forall x\forall y\forall z\exists u(\neg P(x,z)\vee\neg P(y,z)\vee Q(x,y,u))$，

或$\Leftrightarrow\forall x\forall y\forall z\exists u(P(x,z)\wedge P(y,z)\rightarrow Q(x,y,u))$。

定理 4.10 前束范式定理

谓词逻辑中任意一个合式公式 A 都有与之等值的前束范式，但前束范式不唯一。

4.3.2 斯科伦范式

前束范式的优点是全部量词集中在公式前面，缺点是各量词的排列无一定规则。当把一个公式化归为前束范式时，其表达形式具有多种情形，不便于应用。1920 年斯科伦(Skolem)对前束范式首标中量词出现的次序给出规定，得到的范式就是斯科伦范式。

定义 4.19 斯科伦范式

在一个公式的前束范式中，若每个存在量词均在全称量词之前，则称此公式为**斯科伦范式**。

显然，任意一个公式均可化为斯科伦范式，其优点是全公式按顺序可分为公式的所有存在量词、所有全称量词和辖域三部分，这促进了线性规划的研究。斯科伦范式的构造方法如下。

(1)先将公式化为前束范式。

(2)对于某个特称量词，若其前面无全称量词，则将公式中所有该变元用一个常量符号代替，然后将此特称量词删去。

(3)对于某个特称量词，若它前面有 n 个全称量词 $\forall x_1, \forall x_2, \cdots, \forall x_n$，则将公式中所有该变元出现之处，用一个函数代替，此函数以 $x_1, x_2, \cdots, x_n$ 为自变元，然后将此特称量词删去，所用的函数被称为斯科伦函数。

例题 4.20 设公式 G 已化为前束范式如下：

$$\exists x \forall y \forall z \exists u \forall v \exists w P(x,y,z,u,v,w),$$

求公式 G 的斯科伦范式。

解 用 a 代替 x，用 $f(y,z)$ 代替 u，用 $g(y,z,v)$ 代替 w，得到公式 G 的斯科伦范式：

$$\forall y \forall z \forall v P(a,y,z,f(y,z),v,g(y,z,v))。$$

斯科伦范式在机器定理的证明中具有重要作用，机器定理证明中著名的归结原理(resolution principle)就是建立在斯科伦范式基础之上的。

习题 4.3

4.4 谓词演算推理理论

命题逻辑的推理理论在谓词逻辑中几乎可以完全照搬，只不过此时涉及的公式是谓词逻辑的公式。在谓词逻辑中，某些前提和结论可能受到量词的约束，为确立前提和结论之间的内部联系，有必要消去量词和引入量词，因此正确理解和运用有关量词规则是谓词逻辑推理理论的关键所在。

4.4.1 有关量词的规则

有关量词的规则包括量词消去规则和量词产生规则两类。

量词消去规则包括全称量词消去规则(简称 US 规则或 UI 规则)和存在量词消去规则(简称 ES 规则或 EI 规则)。

量词产生规则也称为量词引入规则,包括全称量词产生规则(简称 UG 规则)和存在量词产生规则(简称 EG 规则)。

1. 全称量词消去规则的两种形式

(1)$(\forall x)A(x)\Rightarrow A(c)$,其中 c 为任意一个个体常元。

(2)$(\forall x)A(x)\Rightarrow A(y)$,$y$ 在 $A(x)$ 中是自由出现的。

例题 4.21 使用全称量词消去规则计算下式:

(1)$(\forall x)(\exists y)B(x,y)$;

(2)$(\forall x)B(x,y)$。

解 (1)$(\forall x)(\exists y)B(x,y)\Rightarrow(\exists y)B(y,y)$。

(2)$(\forall x)B(x,y)\Rightarrow B(y,y)$。

2. 存在量词消去规则的两种形式

(1)$(\exists x)A(x)\Rightarrow A(c)$,其中 c 为特定个体常元。

(2)$(\exists x)A(x)\Rightarrow A(y)$。

存在量词消去规则成立的充分条件是:

(1)c 或 y 不得在前提或居先推导公式中出现或自由出现。

(2)当 $A(x)$ 中有其他自由变元时,不能直接应用本规则。

例题 4.22 下列 ES 规则的推导是否正确?

(1)$(\forall x)(\exists y)B(x,y)$	P
(2)$(\exists y)B(z,y)$	US,(1)
(3)$B(z,c)$	ES,(2)

解 上述推导是错误的。正确的推导如下:

(1)$(\forall x)(\exists y)B(x,y)$	P
(2)$(\exists y)B(z,y)$	US,(1)
(3)$B(z,f(z))$	ES,(2)

注意:使用 ES 规则消去量词时,若还有其他自由变元,则必须用关于自由变元的函数符号来取代常量符号。

3. 存在量词产生规则的两种形式

(1)$A(c)\Rightarrow(\exists y)A(y)$,其中 c 为特定个体常元。

(2)$A(x)\Rightarrow(\exists y)A(y)$。

存在量词产生规则成立的充分条件:

(1)取代 c 的个体变元 y,使之不在 $A(c)$中出现;

(2)y 在 $A(x)$中是自由出现的。

例题 4.23　下列 EG 规则的推导是否正确?

(1)$(\exists x)B(x,c)$　　P

(2)$B(y,c)$　　ES,(1)

(3)$(\exists y)B(y,y)$　　EG,(2)

解　上述推导是错误的。正确的推导如下:

(1)$(\exists x)B(x,c)$　　P

(2)$B(y,c)$　　ES,(1)

(3)$(\exists z)B(y,z)$　　EG,(2)

4. 全称量词产生规则

$A(x) \Rightarrow (\forall y)A(y)$。

全称量词产生规则成立的条件:

(1)前提 $A(x)$对于 x 的任意取值都成立;

(2)y 在 $A(x)$中是自由出现的;

(3)对于使用 ES 规则得到的公式,原约束变元及与其在同一个原子公式的自由变元,都不能使用本规则从而成为指导变元,否则将产生错误推理。

例题 4.24　下列 UG 规则的推导是否正确?

(1)$(\exists y)B(z,y)$　　P

(2)$(\forall y)(\exists y)B(y,y)$　　UG,(1)

解　上述推导是错误的。正确的推导如下:

(1)$(\exists y)B(z,y)$　　P

(2)$(\forall z)(\exists y)B(z,y)$　　UG,(1)

4.4.2　谓词逻辑中的推理实例

推理规则:命题逻辑的所有推理规则、UI 规则、EI 规则、UG 规则、EG 规则等。

推理工具:已知的等值式、蕴涵式。

推理方法:直接构造法和间接证明法。

例题 4.25　试证明苏格拉底三段论:所有人都是要死的,苏格拉底是人,因此,苏格拉底是要死的。

证明　令 $M(x)$:x 是人,$D(x)$:x 是要死的,s:苏格拉底,则原题可符号化为

$$(\forall x)(M(x)\rightarrow D(x)),M(s)\Rightarrow D(s)。$$

(1)$(\forall x)(M(x)\rightarrow D(x))$　　P 规则

(2) $M(s)D(s)$　　(1)US

(3) $M(s)$　　P 规则

(4) $D(s)$　　(2)(3)假言推理规则

例题 4.26 证明：$(\forall x)(P(x)\rightarrow Q(x)),(\exists x)P(x)\Rightarrow(\exists x)Q(x)$。

证明

(1)$(\exists x)P(x)$	P 规则
(2)$P(c)$	(1)ES
(3)$(\forall x)(P(x)\rightarrow Q(x))$	P 规则
(4) $P(c)\rightarrow Q(c)$	(3)US
(5) $Q(c)$	(2)(4)假言推理规则
(6)$(\exists x)Q(x)$	(5)EG

关于例题 4.26 的以下证明是错误的。

(1)$(\forall x)(P(x)\rightarrow Q(x))$	P 规则
(2)$P(c)\rightarrow Q(c)$	(1)US
(3)$(\exists x)P(x)$	P 规则
(4)$P(c)$	(3)ES
(5)$Q(c)$	(2)(4)假言推理规则
(6)$(\exists x)Q(x)$	(5)EG

虽然只是证明过程发生了一些顺序的改变，但这会导致错误产生，其原因是违背了 ES 规则的要求。因此，当需要同时消去存在量词和全称量词，且选用同一符号时，应先消去存在量词；当结论中有$\exists$且条件中也有$\exists$时，可先从$\exists$进行推理。

例题 4.27 证明：$\forall x(P(x)\vee Q(x))\Rightarrow\forall xP(x)\vee\exists xQ(x)$。

证明 用归谬法证明。

(1)$\neg(\forall xP(x)\vee\exists xQ(x))$	P 规则(附加前提)
(2)$\neg\forall xP(x)\wedge\neg\exists xQ(x)$	(1)德·摩根律
(3)$\exists x\neg P(x)\wedge\forall x\neg Q(x)$	(2)量词否定等价式
(4)$\forall x\neg Q(x)$	(3)合取化简规则
(5)$\exists x\neg P(x)$	(3)合取化简规则
(6)$\neg P(c)$	(5)ES 规则
(7)$\neg Q(c)$	(4)US 规则
(8)$\neg(P(c)\vee Q(c))$	(6)(7)合取引入德·摩根律
(9)$\forall x(P(x)\vee Q(x))$	P 规则
(10)$P(c)\vee Q(c)$	(9)US 规则
(11)$(P(c)\vee Q(c))\wedge\neg(P(c)\vee Q(c))$	(8)(10)合取引入规则

例题 4.28 将以下推理形式化，并判断推理是否正确。

任何一个人如果喜欢步行，他就不喜欢乘汽车。每个人或是喜欢乘汽车或是喜欢骑自行车。有的人不喜欢骑自行车，因而有的人不喜欢步行。

证明 令 $P(x)$：x 喜欢步行；$Q(x)$：x 喜欢乘汽车；$R(x)$：x 喜欢骑自行车。

论域：人

$$\forall x(P(x)\rightarrow\neg Q(x))\wedge\forall x(Q(x)\vee R(x))\wedge(\exists x)\neg R(x)\Rightarrow(\exists x)\neg P(x)。$$

(1)$(\exists x)\neg R(x)$ P 规则

(2)$\neg R(c)$ (1)ES 规则

(3)$\forall x(Q(x)\vee R(x))$ P 规则

(4)$Q(c)\vee R(c)$ (3)US 规则

(5)$Q(c)$ (2)(4)析取三段论

(6)$\forall x(P(x)\rightarrow\neg Q(x))$ P 规则

(7)$P(c)\rightarrow\neg Q(c)$ (6)US 规则

(8)$\neg\neg Q(c)$ (5)等值置换

(9)$P(c)$ (7)(8)拒取式

(10)$(\exists x)\neg P(x)$ (9)EG 规则

例题 4.28 说明,规定适当的论域可简化表达式,否则要引入特性谓词。可以将论域改为全域,并尝试证明上述推理。

例题 4.29 将以下推理形式化,并判断推理是否正确。

鸟会飞,猴子不会飞,所以猴子不是鸟。

证明 令 $B(x)$:x 是鸟;$F(x)$:x 会飞;$M(x)$:x 是猴子。

前提:$\forall x(B(x)\rightarrow F(x))$,$\forall x(M(x)\rightarrow\neg F(x))$,

结论:$\forall x(M(x)\rightarrow\neg B(x))$。

(1)$\forall x(M(x)\rightarrow\neg F(x))$ P 规则

(2)$M(y)\rightarrow\neg F(y)$ (1)US 规则

(3)$\forall x(B(x)\rightarrow F(x))$ P 规则

(4)$B(y)\rightarrow F(y)$ (3)US 规则

(5)$\neg F(y)\rightarrow\neg B(y)$ (4)假言易位

(6)$M(y)\rightarrow\neg B(y)$ (2)(5)假言三段论

(7)$\forall x(M(x)\rightarrow\neg B(x))$ (6)UG 规则

例题 4.30 将以下推理形式化,并判断推理是否正确。

有的病人喜欢所有医生,没有病人喜欢任何骗子,因此,没有医生是骗子。

解 令 $P(x)$:x 是病人;$D(x)$:x 是医生;$S(x)$:x 是骗子;$L(x,y)$:x 喜欢 y。

以上推理可表示为:

$$\exists x(P(x)\wedge\forall y(D(y)\rightarrow L(x,y))),$$

$$\forall x(P(x)\rightarrow\forall y(S(y)\rightarrow\neg L(x,y)))\Rightarrow\neg\exists x(D(x)\wedge S(x))。$$

上述推理是正确的,为证明这一点,只要证明推理的结论是前提的演绎结果。

采用归谬法证明。

(1)$\exists x(P(x)\wedge\forall y(D(y)\rightarrow L(x,y)))$ P 规则

(2)$\forall x(P(x)\rightarrow\forall y(S(y)\rightarrow\neg L(x,y)))$ P 规则

(3)$\exists x(D(x)\wedge S(x))$ 引入规则

(4)$D(c)\wedge S(c)$	(3)ES 规则
(5)$P(d)\wedge\forall y(D(y)\rightarrow L(d,y))$	(1)US 规则
(6)$\forall y(D(y)\rightarrow L(d,y))$	(5)合取化简规则
(7)$D(c)\rightarrow L(d,c)$	(6)US 规则
(8)$D(c)$	(4)合取化简规则
(9)$L(d,c)$	(7)(8)假言推理规则
(10)$P(d)\rightarrow\forall y(S(y)\rightarrow\neg L(d,y))$	(2)US 规则
(11)$P(d)$	(5)合取化简规则
(12)$\forall y(S(y)\rightarrow\neg L(d,y))$	(10)(11)假言推理规则
(13)$S(c)\rightarrow\neg L(d,c)$	(12)US 规则
(14)$S(c)$	(4)合取化简规则
(15)$\neg L(d,c)$	(13)(14)假言推理规则
(16)0	(9)(15)合取引入规则

谓词逻辑推理的注意事项及技巧总结如下。

(1)尽量避免使用全称量词引入规则。

(2)在推导过程中，若既要使用 US 规则又要使用 ES 规则消去公式中的量词，且选用的个体是同一个符号，则必须先使用 ES 规则，再使用 US 规则。然后使用命题演算中的推理规则，最后使用 UG 规则或 EG 规则引入量词，从而得到所要的结论。

(3)若一个变量是用 ES 规则消去量词，则该变量在添加量词时，只能使用 EG 规则，而不能使用 UG 规则。若使用 US 规则消去量词，则该变量在添加量词时，可使用 EG 规则和 UG 规则。

(4)若 $\forall$ 或 $\exists$ 之前存在 $\neg$ ，则应先把 $\neg$ 移到 $\forall$ 或 $\exists$ 之后，再使用消去量词的规则。

(5)若有两个含有存在量词的公式，当用 ES 规则消去量词时，不能选用同样一个常量符号来取代两个公式中的变元，而应选用不同的常量符号来取代公式中的变元。

(6)在用 US 规则和 ES 规则消去量词、用 UG 规则和 EG 规则添加量词时，此量词必须位于整个公式的最前端，且它的辖域为其后的整个公式。

(7)当结论和条件中均有量词 $\exists$ 时，可先从 $\exists$ 进行推理；当结论中有 $\forall$ 时，可考虑采用反证法。

习题 4.4

4.5　数理逻辑在计算机中的应用

4.5.1　谓词逻辑在知识图谱推理中的应用

1. 知识图谱概述

知识图谱(knowledge graph)是一种基于语义网和本体论的知识库,包括以下基本概念:

(1)实体及其属性。知识图谱记录了一系列实体,例如人物、组织、地点、事件等。对于每个实体,都可以定义一组属性,例如人的姓名、身高、体重、职位、教育经历等。实体和属性的定义通常使用本体论语言形式化描述。

(2)关系。知识图谱中的实体之间存在各种各样的关系。例如,一个人可能是某个组织的成员,两个人可能是家庭成员,两个地点之间可能存在某种联系等。这些关系可以通过语义网中的 RDF(resource description framework,资源描述框架)格式、OWL(Web ontology language,万维网本体语言)本体等技术进行表达。

知识图谱可视为包含多种关系的图。在图示中,每个节点均代表一个实体(如人名、地名、事件和活动等),任意两个节点之间的边表示这两个节点之间存在的关系。

一般而言,可将知识图谱中任意两个相连节点及其连接边表示成一个三元组,即 let node, relation, right node。

知识图谱中存在连线的两个实体可表达为上述三元组形式,这种三元组也可以表示为一阶逻辑(first - order logic)的形式,从而为基于知识图谱的推理创造条件。

可利用一阶谓词来表达刻画知识图谱中节点之间存在的关系。例如,图 4 - 1 中形如〈James,Couple, David〉的关系可用一阶逻辑的形式来描述,即 Couple(James,David)。Couple(x,y)是一阶谓词,Couple 是图中实体之间具有的关系,x 和 y 是谓词变量。从图 4 - 1 中已有关系可推知 David 和 Ann 具有父女关系,但这一关系在初始图中并不存在,需要推理后得到。问题的关键是如何从知识图谱中推得 father(David,Ann)。

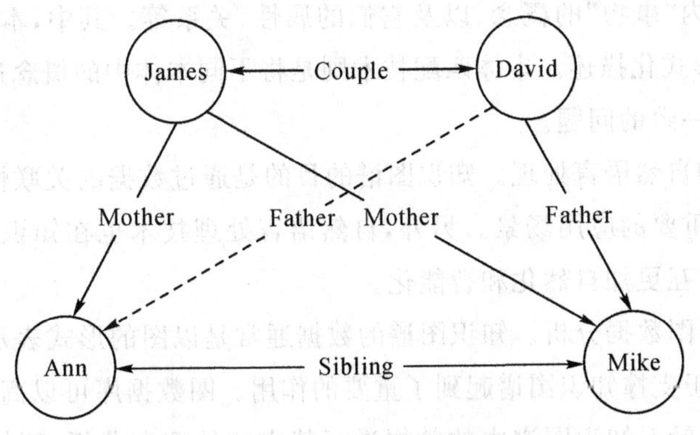

图 4 - 1　一个简单的家庭关系知识图谱

这需要用到规则，该规则即是一个命题：

$$(\forall x)(\forall y)(\forall z)(\mathrm{Mother}(z,y)\land \mathrm{Couple}(x,z)\to \mathrm{Father}(x,y))。$$

2. 数理逻辑在知识图谱中的应用

数理逻辑在知识图谱中有着广泛的应用，知识图谱是建立在语义网络和本体论基础上的知识库，可以用来描述一组实体及它们之间的关系。因此，知识图谱中的实体和关系都需要用严格的数理逻辑语言来表示，以确保知识的准确性和一致性。以下是数理逻辑在知识图谱中的具体应用：

(1)本体论与形式化语义学。

本体论是一种对于世界的知识形式化描述的方法。本体是一种对事物的抽象概念，它描述了事物的属性、类别和关系等概念，是知识图谱中实体和关系的基础。本体论需要使用数理逻辑的形式语言来描述，以确保知识的精确性和一致性。

(2)谓词逻辑和知识表示。

谓词逻辑是一种数理逻辑语言，用于描述命题之间的关系。在知识图谱中，谓词逻辑常被用于描述实体之间的关系和属性，以便于机器理解。谓词逻辑表达能力强，具有适应性强、表达能力强等优点，适用于知识图谱中知识的表示。

(3)形式语义学和本体匹配。

形式语义学是数理逻辑的一个分支，主要研究语义模型、逻辑体系等数学模型。在知识图谱中，形式语义学可以用于解决匹配和融合不同本体的问题，从而实现知识的整合和查询。

总之，数理逻辑在知识图谱中发挥着重要作用，其主要贡献在于提高知识的表达和表示能力、确保知识的准确性和一致性以及进行本体匹配和知识查询等方面。

3. 知识图谱的应用领域

知识图谱是一个多学科交叉、技术复杂的知识管理和应用系统，包括众多技术在内，例如本体论、图数据库、图数据分析、自然语言处理等。

(1)本体和本体匹配技术。在知识图谱中，本体是对某个领域内知识的体系化描述。本体可以定义该领域内“事物”的概念、以及它们的属性、关系等。其中，本体的定义通常使用OWL技术等进行形式化描述。本体匹配技术则是将不同本体中的概念进行匹配，以解决不同本体之间语义不一致的问题。

(2)语义搜索和自然语言处理。知识图谱的目的是通过数据的关联性来产生新的知识，因此语义搜索是其重要的应用场景。另外，自然语言处理技术也在知识图谱中得到了广泛应用，旨在使人机交互更加自然化和智能化。

(3)图数据库和图数据分析。知识图谱的数据通常是以图的形式表示，因此图数据库和图数据分析技术对于支撑知识图谱起到了重要的作用。图数据库可以高效地存储和管理知识图谱的数据，可以针对知识图谱中的数据进行特定的处理和分析，例如社区发现、节点关键性分析等。

4.5.2　数理逻辑在规则演绎系统中的应用

基于规则的演绎系统(rule－based deduction system)是一种基于逻辑推理的人工智能技术,用于模拟人类的决策过程。基于规则的问题求解系统运用 if→then 规则来建立,每个 if 可能与某断言(assertion)集中的一个或多个断言匹配。有时把该断言集称为工作内存,then 部分用于规定放入工作内存的新断言。这种基于规则的系统叫作规则演绎系统。在这种系统中,通常称每个 if 部分为前项,称每个 then 部分为后项。

数理逻辑是研究逻辑和推理的数学分支,其与规则演绎系统存在着密切的关系,具体表现在以下几个方面:

(1)规则演绎系统基于数理逻辑。

规则演绎系统的基础是形式逻辑,形式逻辑则是数理逻辑的重要分支。规则演绎系统利用数理逻辑中的命题演算、谓词演算、一阶逻辑等基础知识,来构建规则库、推理机等系统组件。

(2)数理逻辑可以形式化表达规则。

规则演绎系统需要定义规则、事实等概念,并建立它们之间的关系,以便推理机能够进行推理,但这需要严格的语法和语义定义。数理逻辑提供了严格的形式化框架和语言,可以将规则和事实抽象成符号形式,以便于规则演绎系统进行建模和描述。

(3)规则演绎系统可以应用数理逻辑知识进行推理。

规则演绎系统能够利用数理逻辑中的逻辑推理、布尔逻辑等推理规则进行推理,从而实现对规则库及事实库的推理和分析。规则演绎系统通过使用数理逻辑知识,将人类的决策过程形式化,并且可以实现自动化推理。

因此,规则演绎系统与数理逻辑密切相关,数理逻辑提供了规则演绎系统构建、描述、证明规则的严格及形式化基础,规则演绎系统则将数理逻辑的理论应用到实际问题中,以实现规则的有效管理和自动推理。

【本章小结】

谓词演算把命题的内部结构转化成具有个体和谓词的逻辑形式,由命题函项、逻辑联结词和量词构成命题,然后研究命题之间的逻辑推理关系。

第 2 篇小组拓展研究

1. 查阅文献，了解数理逻辑的发展简史。

2. 探讨研究范式(标准型)的数学思想。

3. 研究总结数理逻辑在人工智能中的应用。离散数学中数学推理和布尔代数章节中的知识为早期的人工智能研究打下了良好的数学基础。谓词逻辑演算为人工智能学科提供了一种重要的知识表示方法和推理方法。另外，模糊逻辑的概念也可以用于人工智能领域。从以下几个方面总结数理逻辑在计算机中的应用。

(1)数理逻辑在电路设计中的应用。

(2)数理逻辑在计算机语言和程序设计中的应用。

4. 查阅文献，研究谓词逻辑在关系数据库中的应用。

5. 查阅文献，研究谓词逻辑在演绎数据库(Deductive Database)中的应用。

6. 查阅文献，研究谓词逻辑在人工智能知识表示中的应用。

第 2 篇算法设计及编程题

1. 编程实现命题的否定、析取、合取、蕴涵、等价、异或的真值表。

2. 已知两个长度均为 n 的比特串，求它们的按位与(AND)、按位或(OR)和按位异或(XOR)。

3. 给定一个命题公式，判定它是否是可满足的。

4. 求合式公式。对于任意给出的合式公式，将其用程序语句表示出来并计算出公式在各组的真值。

5. 求真值表。给出任意变元的合式公式，构造任意合式公式的真值表。

6. 编程实现求任意给定命题的对偶式。

7. 编程实现求任意给定命题的主析取范式和主合取范式。

第3篇　图论

图论(graph theory)是一门既古老又年轻的学科。对于离散结构的刻画,图是一种有力的工具,例如有限集合上的关系可用一种直观的图——关系图来表示;在运筹规划、网络系统、人工智能等领域,图均有极为广泛的应用。

图论是近几十年来最活跃的数学分支之一,已有近三百多年的发展历史。在数学领域,哥尼斯堡七桥问题、多面体的欧拉定理和四色问题等都是图论发展史上的重要问题。

图论的发展历史大体可以分为三个阶段。

第一阶段是图论的萌芽阶段,它从18世纪中叶到19世纪中叶。这一时期,图论的多数问题是围绕游戏而产生的,其中,最具代表性的是1736年欧拉发表了著名的关于哥尼斯堡七桥问题的论文,这是关于图论的第一篇文章。18世纪在哥尼斯堡的普莱格尔河上建了七座桥,将河中间的两个岛和河岸联接起来。人们闲暇时经常在这些桥上散步,一天有人提出:能不能每座桥都只走一遍,最后又回到原来的位置。这个看似简单有趣的问题吸引了大家,在尝试了各种各样的走法之后,仍没有人能够做到。

1736年,有人带着这个问题找到了大数学家欧拉,经过一番思考,他很快就用一种独特的方法给出了答案。欧拉首先建立了这个问题的数学模型,把两座小岛和河的两岸分别看作4个点,把这7座桥看作4个点之间的连线,这个问题就转化为能否用一笔就把这个图形画出来。经过进一步的分析,欧拉得出结论:不可能每座桥都走一遍,最后回到原来的位置,并且给出了所有能够一笔画出的图形应满足的条件。这就是著名的欧拉定理。

多面体的欧拉定理发表于1752年,其内容是:若一个凸多面体的顶点数是v、棱数是e、面数是f,则$f+v-e=2$。根据多面体的欧拉定理,可以得出这样一个有趣的事实:只存在5种正多面体,它们分别是正四面体、正六面体、正八面体、正十二面体和正二十面体。

第二阶段从19世纪中叶到20世纪中叶。在此阶段,出现了大量的图论问题。如著名的四色问题、Hamilton问题以及图的可平面问题等。

著名的“四色问题”又称四色猜想,是世界近代三大数学难题之一。四色猜想是英国的弗南西斯·格思里提出的。1852年,弗南西斯·格思里从伦敦大学毕业后来到一家科研单位从事地图着色工作,在工作中他发现了一种有趣的现象:每幅地图都可以只用四种颜色着色,就能使得有共同边界的国家都被着上不同的颜色。

1872年,英国著名的数学家凯利正式向伦敦数学学会提出了这个问题,于是四色猜想成了被数学界关注的问题。许多一流的数学家纷纷加入四色猜想的研究。1878年至1880年两年间,著名律师兼数学家肯普和泰勒分别提交了证明四色猜想的论文,宣布证明了四色定理。但后来数学家赫伍德以自己的精确计算指出肯普的证明是错误的。不久,泰勒的证明也被人们否定了。于是,人们开始认识到,这个看似容易的题目,其实是一个可与费马猜想相媲美的难题。

进入 20 世纪以来，科学家们对四色猜想的证明基本上是按照肯普的思路进行。电子计算机问世以后，由于演算速度迅速提高，加之人机对话的出现，大大加快了对四色猜想证明的进程。1976 年，美国数学家阿佩尔与哈肯在美国伊利诺斯大学的两台不同的电子计算机上，使用了 1200 个小时进行了 100 亿次判断后，终于完成了四色猜想的证明。不过不少数学家并不满足于计算机取得的成就，他们认为应该研究出一种简捷明快的书面证明方法。

在这一阶段应该特别提到的还有，1847 年，基尔霍夫(Gustav Kirchhoff)应用图论的原理分析电网，从而把图论引进到工程技术领域，奠定了现代网络理论的基础。1857 年，凯莱在有机化学领域发现了一种重要的图，称之为“树”，解决了计算饱和氢化物同分异构体的数目这一问题。但是直到 1936 年科柯尼希(König)发表的经典著作《有限图与无限图理论》才成为图论的第一本专著。这是图论发展史上的重要里程碑，它标志着图论将进入突飞猛进的新发展阶段，从此图论成为一门独立的学科。

第三阶段是 20 世纪中叶以后，这一阶段是图论的应用阶段。由于生产管理、军事、交通运输、计算机网络、计算机科学、数字通讯、线性规划、运筹学等方面提出的实际问题的需要，特别是许多离散性问题的出现、刺激和推动，以及计算机技术的迅猛发展，使大规模问题的求解成为可能，图论及其应用得到了飞速的发展。这个阶段的开创性工作以富特(Ford)和富尔克森(Fulkerson)建立的网络流理论为代表。图论与其他学科的相互渗透，以及图论在生产实际中的广泛应用，都使图论的发展充满活力。

近几十年来，随着复杂网络、人工智能、大数据技术等技术受到人们的日益关注，图论在这些热门研究领域中也得到了广泛的应用。如知识图谱、图像分析、自然语言处理、强化学习、社交网络分析等。

在计算机科学与技术领域，图论主要研究图结构在计算机领域中的应用，通常用来解决各种网络和关系型问题。例如：

(1)网络和电信领域：路由算法、协议分析和优化、网络流量控制、信号处理和图像处理等；最短路径算法、最小生成树算法、最大流算法等常被用在网络规划和优化中。

(2)数据库和信息管理领域：用图模型描述复杂的关系型数据结构可以降低模型的复杂度。社交网络的数据可以被转换成图模型，从而可以进行模式挖掘和推荐算法。

(3)计算机视觉和图形学：计算机视觉中的多种图像处理技术可视为在图上进行操作的结果。计算机图形学中的建模和显示通常也基于图。拓扑排序和图着色算法在计算机图形学和视觉效果中也有着广泛的应用。

(4)人工智能和机器学习：基于图结构的算法通常会被用来解决神经网络、决策树和支持向量机等各种机器学习问题。

除此之外，图论还被广泛应用于语义网络处理、编译器设计、算法设计和分析、计算机网络等领域。总之，图论在计算机中有着广泛而重要的应用，为解决经典问题和发现新问题提供了重要的工具和思路。

图论中的一些经典问题也是组合优化问题的典型应用场景，有着极为广泛的实际应用价值，如指派问题、最大流问题、最短路径问题、最小生成树问题、旅行商问题等。

本篇主要介绍图的一些基本概念、算法和一些特殊的图及其应用，如树、欧拉图、哈密尔顿图、二分图和着色图等。

第5章　图论基础

【内容提要】

本章介绍了图的基本概念及有关术语，图的连通性、图的矩阵表示，图的两种遍历方式，以及图的几个典型应用场景问题及相关的优化算法，如最短路径问题、关键路径问题等。

5.1　图的基本概念

5.1.1　图的定义及相关概念

图5-2是欧拉建立的哥尼斯堡七桥问题(图5-1)的图论模型。图中的顶点表示河两岸及两座小岛，边表示小桥，若游人可以完成所要求的那种游历，则必可从图的某一顶点出发，经过每条边一次且仅经过一次后又回到原顶点。这时，对每个顶点而言，每离开一次，相应地要进入一次，而每次进出不得重复同一条边，因而它应当与偶数条边相联结。由于图5-2中并非每个顶点都与偶数条边相联结，因此游人不可能完成所要求的游历。哥尼斯堡七桥问题也称为一笔画问题。

在图5-2中，并不关心图形顶点的位置，也不关心边的长短、形状，只关心顶点与边的联结关系，所研究的图是不同于几何图形的另一种数学结构。图论中所谓的图是指某类具体离散事物集合和该集合中的每对事物间以某种方式相联系的数学模型。一个图是由一个表示具体事物的点的集合和表示事物之间联系的一些线的集合所构成，至于点的位置和连线的长短曲直则无关紧要。

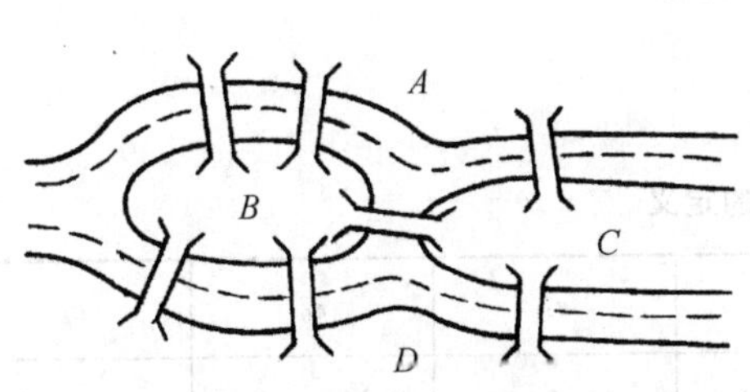

图5-1　哥尼斯堡七桥问题图

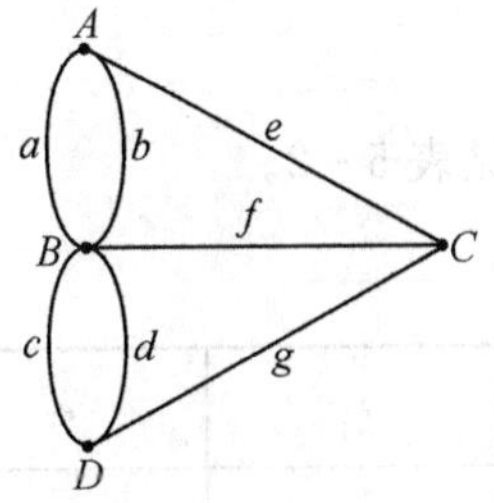

图5-2　哥尼斯堡七桥问题的图论模型

定义 5.1 图

图(graph)G 是一个三元组 $G=\langle V,E;\varphi\rangle$,其中:

(1)非空集合 V 称为图 G 的顶点集,其成员称为**顶点**(vertex)。

(2)集合 E 称为图 G 的边集,其成员称为**边**(edge)。

(3)函数 $\varphi:E\to V^2$,称为边与顶点的**关联映射**,当 $\varphi(e)=\langle u,v\rangle$ 时称边 e 关联端点 u,v。当 $\langle u,v\rangle$ 用作有序偶对时,e 称为**有向边**或**弧**,e 以 u 为起点,以 v 为终点,u 和 v 分别称为 e 的始顶点和终顶点,称图 G 为**有向图**(directed graph);当 $\langle u,v\rangle$ 用作无序偶对时,记作 (u,v),称 e 为**无向边**(或边),图 G 称为**无向图**。

图 $G=\langle V,E;\varphi\rangle$ 有时也可简写成 $G=\langle V,E\rangle$,为了方便叙述,把具有 n 个顶点和 m 条边的图简称为 (n,m) 图。

显然,图是一种典型的离散结构,由两个集合及它们之间的一个映射组成。

思考 图的定义中的函数为什么要定义成 $\varphi:E\to V^2$?

例题 5.1 (1)图 5-2 为无向图,可表示为 $\langle\{A,B,C,D\},\{a,b,c,d,e,f,g\};\varphi\rangle$,$\varphi$ 的定义见表5-1。

表 5-1 φ 的定义

x	a	b	c	d	e	f	g
$\varphi(x)$	(A,B)	(A,B)	(B,D)	(B,D)	(A,C)	(B,C)	(C,D)

(2)图 5-3 为有向图,可表示为 $\langle\{v_1,v_2,v_3,v_4,v_5,v_6\},\{e_1,e_2,e_3,e_4,e_5,e_6\};\varphi\rangle$。

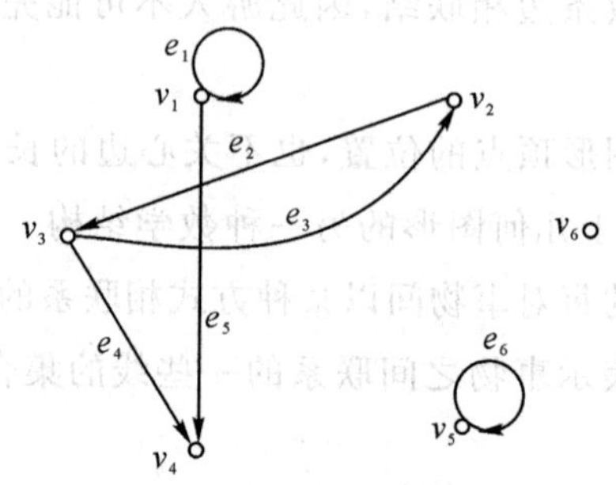

图 5-3 有向图

φ 的定义见表 5-2。

表 5-2 φ 的定义

x	e_1	e_2	e_3	e_4	e_5	e_6
$\varphi(x)$	$\langle v_1,v_1\rangle$	$\langle v_2,v_3\rangle$	$\langle v_3,v_2\rangle$	$\langle v_3,v_4\rangle$	$\langle v_1,v_4\rangle$	$\langle v_5,v_5\rangle$

例题 5.2 设 $G=\langle V,E;\varphi\rangle$，其中，$V=\{a,b,c,d\}$，$E=\{e_1,e_2,e_3,e_4\}$，$\varphi$ 定义如下：

$\varphi(e_1)=(a,b)$，$\varphi(e_2)=(b,c)$，$\varphi(e_3)=(a,c)$，$\varphi(e_4)=(a,a)$，

试画出 G 的图形。

解

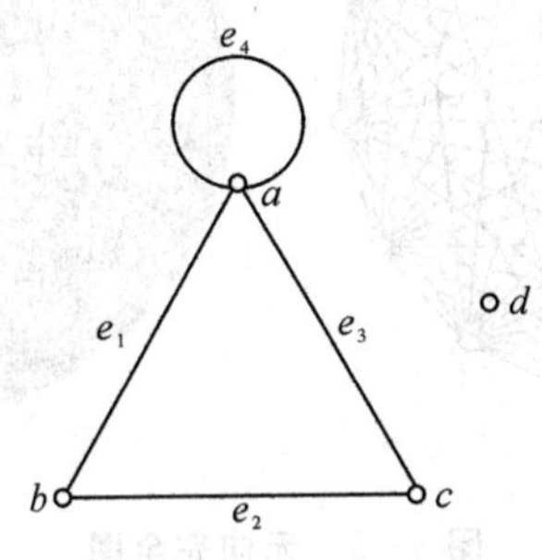

图 5-4 例题 5.2 图示

定义 5.2 图的基本概念

设图 $G=\langle V,E;\varphi\rangle$。

(1)当 V 和 E 为有限集时，称 G 为**有限图**，否则称 G 为**无限图**。

(2)当 φ 为单射时，称 G 为单图；当 φ 为非单射时，称 G 为**重图**，又称满足 $\varphi(e_1)=\varphi(e_2)$ 的不同边 e_1 和 e_2 为**重边或平行边**。

(3)当 $\varphi(e)=\langle v,v\rangle$ 时，称 e 为环(ring)。无环和无重边的无向单图称为**简单图**。当 G 为有限简单图时，也常用 (n,m) 表示图 G，其中 $n=|V|$，$m=|E|$。

(4)在无向图中，若 $(u,v)\in E$，即 $\langle u,v\rangle$ 是图中的一条无向边，则称顶点 u 和 v 互为**邻接**(adjacent)**顶点**，边 (u,v) 依附于顶点 u 和 v，或称边 (u,v) 关联(incident)顶点 u 和 v。称有一个共同顶点的两条不同边为**邻接边**。

(5)在有向图中，如果 $\langle u,v\rangle\in E$，即 $\langle u,v\rangle$ 是图中的一条有向边，则称顶点 u 邻接到顶点 v，顶点 v 邻接自顶点 u，边 $\langle u,v\rangle$ 与顶点 u 和 v **相关联**。

(6)不与任何边关联的顶点称为**孤立顶点**，仅由孤立顶点构成的图($E=\varnothing$)称为**零图**。

定义 5.2 给出了有关图的基本术语。

定义 5.3 完全图

(1)设 $G=\langle V,E;\varphi\rangle$ 为一个具有 n 个顶点的有向简单图，若 G 中任意两个顶点间都有两条方向相反的有向边相连，即 φ 为双射，则称 G 为 n **阶有向完全图**，记为K_n。

(2)设 $G=\langle V,E;\varphi\rangle$ 为一个具有 n 个顶点的无向简单图，若 G 中任意两个顶点间都有一条无向边相连，则称 G 为 n **阶无向完全图**，也记为 K_n，K_n 中的每个顶点都与其余的 $n-1$ 个顶点相邻接。

有向完全图和无向完全图统称为**完全图**(complete graph)。

图 5-5 分别展示了美丽的 K_{15} 和 K_{30}。

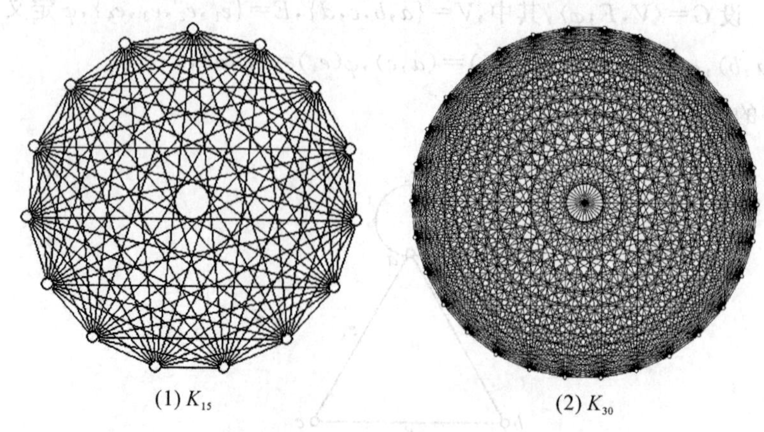

图 5-5　无向完全图

例题 5.3　判断图 5-6 中各图的类别。

解　图 5-6 中的图(1)为简单图,图(2)为有向完全图,图(3)为完全图 K_5。

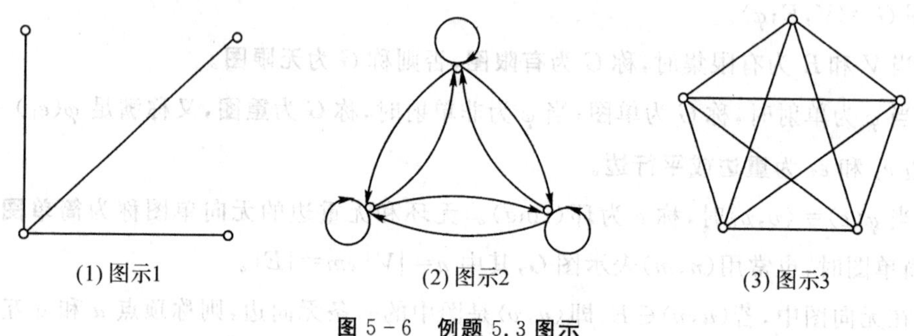

图 5-6　例题 5.3 图示

定义 5.4 赋权图

设 $G=\langle V,E;\varphi\rangle$,当给 G 赋予映射 $f:V\to W$,或 $g:E\to W$,W 为实数集,此时称 G 为**赋权图**(weighted graph),或称为**网络**(net),常用 $\langle V,E;\varphi,f\rangle$、$\langle V,E;\varphi,g\rangle$ 或 $\langle V,E;\varphi,f,g\rangle$ 表示。$f(v)$ 称为顶点 v 的权,$g(e)$ 称为边 e 的权。有向赋权图称为**有向网**,无向赋权图称为**无向网**。

赋权图在实际生活中有许多应用,如在输油管系统图中,权可表示单位时间流经管中的石油数量;在城市街道中,权可表示通行车辆密度;在航空交通图中,权可表示两城市的距离等。

5.1.2　顶点的度

顶点所邻接的边的数目是判断图的性质的重要依据。

定义 5.5　顶点的度

在无向图中,顶点 v 作为边的端点的数目称为该顶点的**度**(degree),记作 $d(v)$。

在有向图中,顶点 v 作为有向边起点的数目称为该顶点的**出度**(out - degree),记作

$d^+(v)$；顶点 v 作为有向边终点的数目称为该顶点的**入度**(in - degree)，记作 $d^-(v)$。顶点 v 的**度** $d(v)$是 v 的出度与入度之和，即 $d(v)=d^+(v)+d^-(v)$。

一个度数为 0 的顶点称为**孤立顶点**。

例题 5.4　求图 5 - 7 中顶点 v_1 的度。

解　图 5 - 7(1)中，$d(v_1)=5$，(注意：环 e 两次以顶点 v_1 为端点)。

图(2)中 $d^+(v_1)=2$，$d^-(v_1)=3$，$d(v_1)=d^+(v_1)+d^-(v_1)=5$。

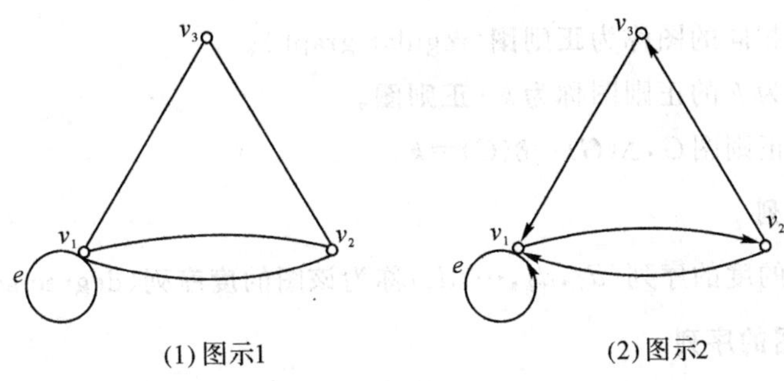

图 5 - 7　例题 5.4 图示

定义 5.6　最大度与最小度

对于无向图 $G=\langle V,E;\varphi\rangle$，记 $\Delta(G)=\max\{d(v)\mid v\in V\}$，$\delta(G)=\min\{d(v)\mid v\in V\}$，$\Delta(G)$与 $\delta(G)$分别称为图 G 的**最大度**和**最小度**。

关于顶点的度有下列性质。

定理 5.1 握手定理

对于任意图 $G=\langle V,E;\varphi\rangle$，设$|E|=e$，顶点集为$\{v_1,v_2,\cdots,v_n\}$，则 $\sum\limits_{i=1}^{n}d(v_i)=2e$。

证明　当一边关联于两个不同顶点时，它分别使两顶点各增加一度；当一边为一环时，它给该顶点增加两度，因此各顶点的度的总和是边的数目的两倍。

推论：在任意无向图中，度数为奇数的顶点必定是偶数个。

定理 5.2　在有向图中，所有顶点入度之和等于所有顶点出度之和。

证明　在有向图中每一条边对应 1 个入度和 1 个出度，使图的入度和出度各增加 1，所以，所有顶点入度的和等于边数，所有顶点出度的和也等于边数。

对于有向图而言，握手定理可改写为：

$$\sum_{i=1}^{n}d(v_i)=\sum_{i=1}^{n}d^+(v_i)+\sum_{i=1}^{n}d^-(v_i)=2e,$$

$$\sum_{i=1}^{n}d^+(v_i)=\sum_{i=1}^{n}d^-(v_i)=e。$$

例题 5.5　证明：不存在具有奇数个面，且每个面有奇数条棱的多面体。

证明　反证法。假设存在这样的多面体。

作无向图 $G=\langle V,E\rangle$，其中 $V=\{v|v$ 为多面体的面$\}$，

$E=\{(u,v)\mid u,v\in V\wedge u$ 与 v 有公共的棱 $\wedge u\neq v\}$。

根据假设，$|V|$ 为奇数且 $\forall v\in V,d(v)$ 为奇数。

这与握手定理的推论矛盾。故假设不成立，命题得证。

定义 5.7 悬挂点

度数为 1 的顶点称为**悬挂点**(pendant nodes)或**叶顶点**。

定义 5.8 正则图

各顶点的度均相同的图称为**正则图**(regular graph)。

各顶点的度均为 k 的正则图称为 k -**正则图**。

显然，对于 k -正则图 $G,\Delta(G)=\delta(G)=k$。

定义 5.9 度序列

一个图的顶点的度的序列$(d_1,d_2,\cdots,d_n)$称为该图的**度序列**(degree sequence)。

定义 5.10 可图的序列

若非负整数组成的有限序列$(d_1,d_2,\cdots,d_n)$是某个简单无向图的度序列，则称该序列是**可图的**(graphic)。

易见，可图的序列一定是度序列；反之不然。主要原因是根据度序列可以构造任意的图，而根据可图的序列只能构造简单无向图。下面的定理 5.3 和定理 5.4 分别给出了判定一个非负整数组成的序列是否是度序列和可图的充要条件。

定理 5.3 $(d_1,d_2,\cdots,d_n)$为一个度序列，当且仅当 $\sum\limits_{i=1}^{n}d_i$ 为偶数。

证明 必要性。由握手定理即可得证。

充分性。设 $\sum\limits_{i=1}^{n}d_i$ 为偶数，则其中的奇数必定是偶数个。建立有 n 个顶点的图 G，使得：

(1)当 d_i 为偶数 $2k$ 时，v_i 上恰有 k 个环。

(2)当 d_i 为奇数 $2k+1,d_j$ 为奇数时，v_i 上恰有 k 个环及一条非环的边，此边以另一个顶点 v_j 为端点。

由于奇数的 d_i 是偶数个，上述构造过程是可行的。显然，所得的图 G 满足 $d(v_i)=d_i$。

定理 5.4 Havel - Hakimi **定理**

由非负整数组成的非增序列 $s:(d_1,d_2,\cdots,d_n)(n\geqslant 2,d_1\geqslant 1)$是可图的，当且仅当序列 $s_1:(d_2-1,d_3-1,\cdots,d_{d_1+1}-1,d_{d_1+2},\cdots,d_n)$是可图的。其中，序列 s_1 中有 $n-1$ 个非负整数，s 序列中 d_1 后的前 d_1 个度数(即 $d_2\sim d_{d_1+1}$)减 1 后构成 s_1 中的前 d_1 个数。

应用 Havel - Hakimi 定理判断某序列是否是可图的时，如果对某次剩下序列排序后，最大的度数超过了剩下的顶点数，或者对最大度数 d_1 后面的 d_1 个度数各减 1 后，出现了负数，那么可判定该序列是不可图的。

例题 5.6 回答以下问题：

(1)若图 G 的度数列为 2,2,3,5,6，则边数 e 为多少？

(2)图 G 有 12 条边,度数为 3 的顶点有 6 个,余者度数均小于 3,问 G 至少有几个顶点?

(3)问(3,3,3,4),(2,3,4,6,8),(7,7,4,3,3,3,2,1),(5,4,3,3,2,2,2,1,1,1)是度序列吗? 是可图序列吗?

解　(1)由握手定理 $\sum_{i=1}^{n} d(v_i) = 2e$,可得方程 $2+2+3+5+6=2e$,所以 $e=9$。

(2)由握手定理得,度数小于 3 的所有顶点度数之和为 $12\times2-3\times6=6$,因此,至少还有 3 个度数小于 3 的顶点,所以 G 至少有 9 个顶点。

(3)因为序列(3,3,3,4) 和(2,3,4,6,8)中各数之和为奇数,所以这两个序列不是可图的度序列,因而也不是可图的。

因为序列(7,7,4,3,3,3,2,1)和(5,4,3,3,2,2,2,1,1,1)中各数之和是偶数,所以这两个序列是度序列。

因为按照 Havel - Hakimi 定理所生成的后续各终序列分别为(6,3,2,2,2,1,0)、(2,1,1,1,0,−1),出现了负数,所以序列(7,7,4,3,3,3,2,1)是不可图的。

按照 Havel - Hakimi 定理所生成的后续各终序列分别为(3,2,2,1,1,2,1,1,1),按照非递增要求重排后得序列(3,2,2,2,1,1,1,1,1)、(1,1,1,1,1,1,1,1)、(1,1,1,1,1,1,0),…,(1,1,0,0,0),(0,0,0,0),所以序列(5,4,3,3,2,2,2,1,1,1)是可图的。

5.1.3　图的同构

图由顶点集、边集及关联映射组成,因此对图可作与集合运算相类似的运算。

定义 5.11 子图

设图 $G_1=\langle V_1,E_1;\varphi_1\rangle$,$G_2=\langle V_2,E_2;\varphi_2\rangle$,若 $V_1\subseteq V_2$,$E_1\subseteq E_2$,$\varphi_1\subseteq\varphi_2$,则称 G_1 为 G_2 的**子图**(subgraph)。若 G_1 是 G_2 的子图,且 $G_1\neq G_2$,则称 G_1 为 G_2 的**真子图**。若 G_1 是 G_2 的子图,且 $V_1=V_2$,则称 G_1 为 G_2 的**生成子图**(spanning subgraph)。

例题 5.7　在图 5-8 中,图 G_2 与图 G_1 的关系是什么?

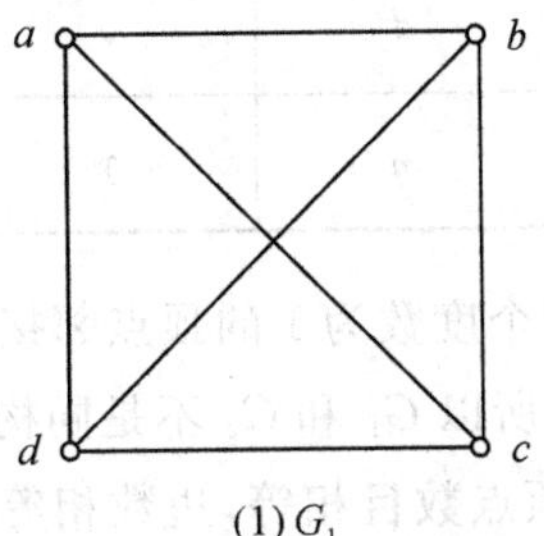

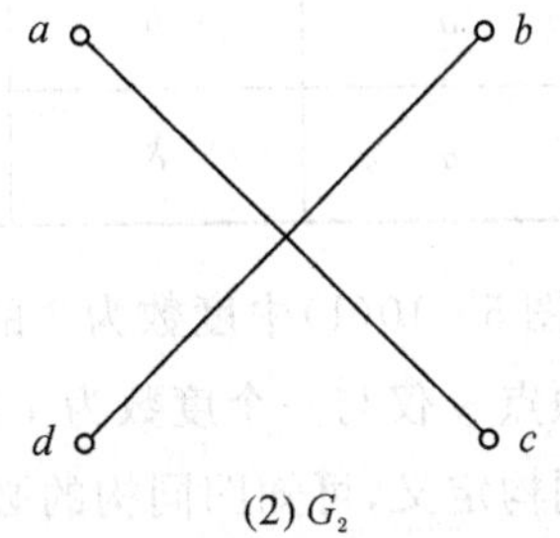

图 5-8　例题 5.7 图示

解　图 G_2 是图 G_1 的子图、真子图、生成子图。

定义 5.12 同构

设图 $G_1=\langle V_1,E_1;\varphi_1\rangle$,$G_2=\langle V_2,E_2;\varphi_2\rangle$,若存在双射 $f:V_1\to V_2$,双射 $g:E_1\to E_2$,使得

$\forall e \in E_1, \varphi_1(e)=\langle u,v\rangle$ 当且仅当 $\varphi_2(g(e))=\langle f(u),f(v)\rangle$，则称 G_1 与 G_2 **同构**(isomorphism)，记为 $G_1 \cong G_2$。

对于简单图，可以用顶点的序偶表示边，即当 $\varphi(e)=\langle u,v\rangle$ 时，边 e 用 $\langle u,v\rangle$ 来表示。这时两图同构的条件可以简化为 $\langle u,v\rangle \in E_1$ 当且仅当 $\langle f(u),f(v)\rangle \in E_2$。

例题 5.8 (1)证明：图 5-9 中的两个图 G_1 和 G_2 是同构的。

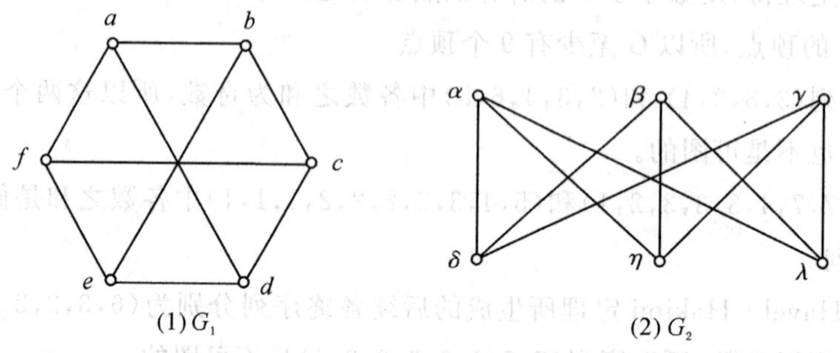

图 5-9 两个同构的图

(2)证明：图 5-10 中的两个图 G_1 和 G_2 不是同构的。

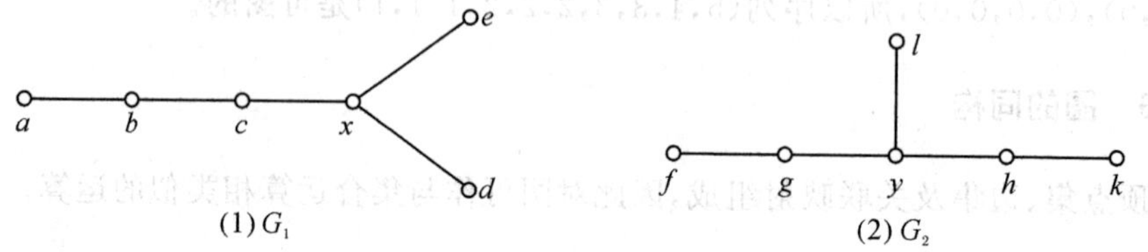

图 5-10 两个不同构的图

证明 (1)因为存在双射 $h: V_1 \to V_2$ 使得 $\langle u,v\rangle \in E_1$，当且仅当 $\langle h(u),h(v)\rangle \in E_2$，见表 5-3。

表 5-3 $h(x)$取值情况

x	a	b	c	d	e	f
$h(x)$	α	δ	β	η	γ	λ

(2)因为在图 5-10(1)中度数为 3 的顶点 x 与两个度数为 1 的顶点邻接，而图 5-10(2)中度数为 3 的顶点 y 仅与一个度数为 1 的顶点邻接，所以 G_1 和 G_2 不是同构的。

根据图的同构定义，可知图同构的必要条件是：顶点数目相等，边数相等，度数相同的顶点数目相等。但这些仅是必要条件而不是充分条件。例如，图 5-10 中的两个图虽然满足上述三个条件，但是并不同构。由同构的定义可知，不仅顶点之间要具有一一对应关系，而且要求这种对应关系保持顶点间的邻接关系。对于有向图的同构还要求保持边的方向。

定义 5.13 补图

设 $G=\langle V,E\rangle$ 是 n 阶简单无向图，G 中的所有顶点和所有能使 G 成为完全图的添加边

组成的图称为图 G 的相对于完全图的补图，简称为 G 的**补图**(complement of a graph)。记为 $\overline{G}$。若 $G \cong \overline{G}$，则称 G 为**自补图**(self－complement of a graph)。

例题 5.9　(1)判断图 5－11 中的图 G_1 与图 G_2 的关系。

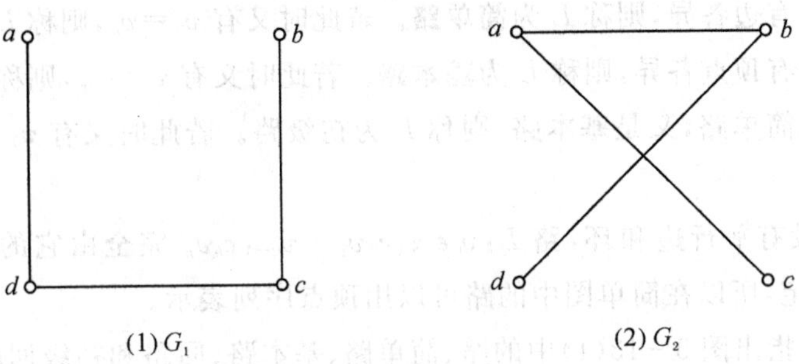

图 5－11　例题 5.9 图示 1

(2)证明图 5－12 中的图 G 是自补图。

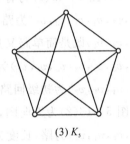

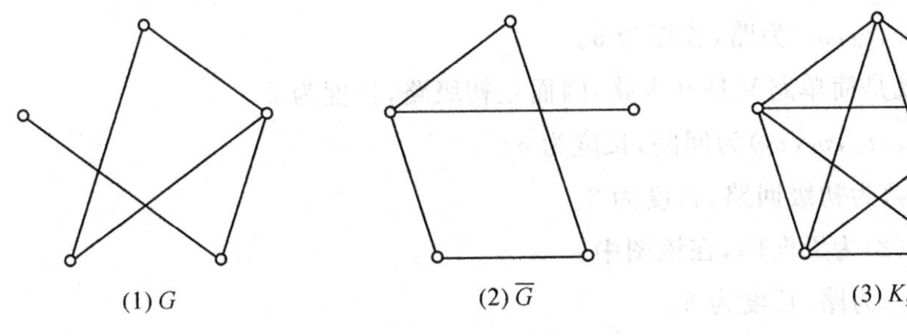

图 5－12　例题 5.9 图示 2

解　(1)在图 5－11 中，G_1 和 G_2 互为补图。

(2)图 5－12 中，因为 $\overline{G}$ 是 G 的补图，G 与 $\overline{G}$ 同构，所以 G 是自补图。

习题 5.1

5.2　图的连通性

5.2.1　路与回路

定义 5.14 路

图 G 的顶点 v_1 到顶点 v_n 的**路**(path)L 是指如下顶点与边交替出现的序列：

$$v_0 e_1 v_1 e_2 v_2 \cdots v_{n-1} e_n v_n ,$$

其中 $v_0,v_1,v_2,\cdots,v_{n-1},v_n$ 为 G 的顶点，$e_1,e_2,\cdots,e_n$ 为 G 的边，且 $e_i(i=1,2,\cdots,n)$ 以 v_{i-1} 及 v_i 为端点(对于有向图 G，e_i 以 v_{i-1} 为起点，以 v_i 为终点)，称路的边数 n 称为该路的**长度**。

(1)若 $v_0=v_n$，则称 L 为**回路**(loop)。

(2)若 L 中所有边各异，则称 L 为**简单路**。若此时又有 $v_0=v_n$，则称 L 为**简单回路**。

(3)若 L 中所有顶点各异，则称 L 为**基本路**。若此时又有 $v_0=v_n$，则称 L 为**基本回路**。

(4)若 L 既是简单路，又是基本路，则称 L 为初级路。若此时又有 $v_0=v_n$，则称 L 为**初级回路**。

在简单图中没有平行边和环，路 $L:v_0e_1v_1e_2v_2\cdots v_{n-1}e_nv_n$ 完全由它的顶点序列 $v_0,v_1,v_2,\cdots,v_{n-1},v_n$ 确定，所以在简单图中的路可以用顶点序列表示。

例题 5.10(1)指出图 5-13(1)中的路、简单路、基本路、回路和初级回路(各指出 1 条即可)，并确定它们的长度。

(2)指出图 5-13(2)中的路和回路(各指出 1 条即可)，并指出它们的长度。

解 (1)图 5-13(1)为有向图，在该图中：

$(v_1,v_2,v_3,v_1,v_2,v_5)$为路，长度为 5。

(v_2,v_3,v_4)既是简单路又是基本路，因而是初级路，长度为 2。

$(v_2,v_3,v_1,v_2,v_5,v_4,v_2)$为回路，长度为 6。

(v_2,v_3,v_1,v_2)为初级回路，长度为 3。

(2)图 5-13(2)为无向图，在该图中：

(v_3,v_4,v_5,v_2)为路，长度为 3。

$(v_1,v_2,v_5,v_4,v_2,v_1)$为回路，长度为 5。

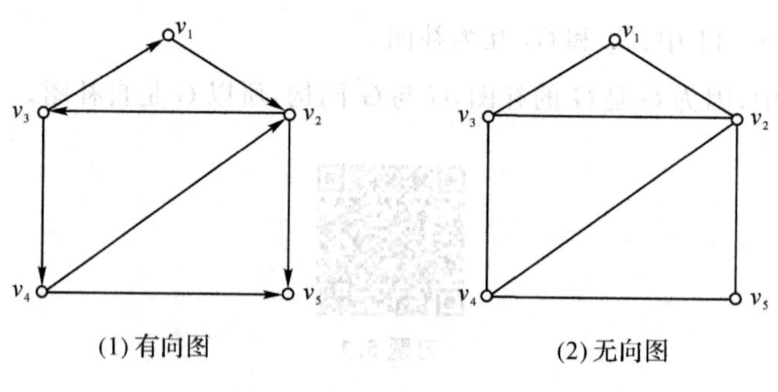

图 5-13 例题 5.10 图示

定理 5.5 在 n 个顶点的图 G 中，若存在从顶点 u 到 $v(u\neq v)$的路，则从 u 到 v 必有长度不大于 $n-1$ 的路。

证明 设 $L:v_ie_1v_{i+1}e_2v_{i+2}\cdots v_{j-1}e_jv_j$ 是 G 中一条从顶点 v_i 到 v_j 长度为l 的路，该路有 $l+1$ 个顶点。

若 $l\leqslant n-1$，则定理 5.5 得证。

当 $l>n-1$ 时，$l+1>n$，即路 L 上的顶点数 $l+1$ 大于图 G 中的顶点数 n，根据鸽巢原理，此路上必有相同顶点。设 v_k 和 v_s 相同，则此路两次通过同一个顶点 $v_k(v_s)$，所以在 L 上

存在 v_s 到自身的回路 C_{ks}。在 L 上删除 C_{ks} 上的一切边和除 v_s 以外的一切顶点，得路 L_1：$v_i e_1 \cdots v_s e_s \cdots v_{j-1} e_j v_j$。$L_1$ 仍为从顶点 v_i 到 v_j 的路，且其长度 $l_1 < l$。

若路 L_1 的长度 $l_1 \leqslant n-1$，则定理 5.5 得证。否则，重复上述过程。由于 G 有 n 个顶点，经过有限步后，必得从顶点 v_i 到 v_j 且长度小于等于 $n-1$ 的路。

推论　在 n 个顶点的图 G 中，若有从顶点 u 到 $v(u \neq v)$ 的路，则从 u 到 v 必有长度小于等于 $n-1$ 的初级路。

定理 5.6　在 n 个顶点的图 G 中，若有从顶点 v 到 v 的回路，则必存在 v 到自身长度小于等于 n 的回路。

推论　在 n 个顶点的图 G 中，若有从顶点 v 到 v 的简单回路，则必存在 v 到自身长度小于等于 n 的初级回路。

5.2.2　图的连通性

下面分别针对无向图和有向图研究其连通性。

1. 无向图的连通性

定义 5.15 无向连通图

设 $G=\langle V,E\rangle$ 是无向图，若 $u=v$ 或有从顶点 u 到 v 的路，则称图中顶点 u 到 v 是**连通的**(connected)。若 G 的任何两个顶点都是连通的，称无向图 G 是**连通图**(connected graph)。

例题 5.11　在 1 次国际会议中，在由 a,b,c,d,e,f,g 7 人组成的小组中，a 会英语、阿拉伯语；b 会英语、西班牙语；c 会汉语、俄语；d 会日语、西班牙语；e 会德语、汉语和法语；f 会日语、俄语；g 会英语、法语和德语。问：他们中任意 2 个人是否均可对话？（本题中的对话可以是通过他人翻译）

解　将每个人作为 1 个顶点，若 2 个人讲同 1 种语言，则在他们之间连接 1 条无向边，构成的图如果是无向连通图，那么说明这 7 人中的任意 2 个人之间均可对话。由图 5 - 14 可知，这是 1 个连通图。因此，该 7 人中任意 2 个人之间均可对话。

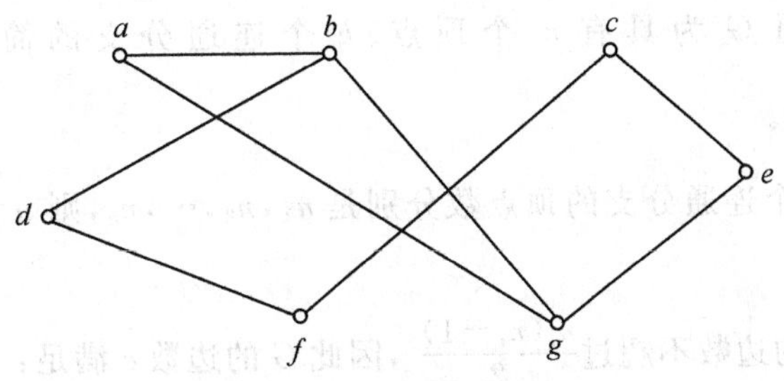

图 5 - 14　例题 5.11 图示

定义 5.16 连通分支

设 $G=\langle V,E\rangle$ 是无向图，若 G' 是 G 的子图，G' 是连通的，且不存在 G 的真子图 G''，使 G'' 是连通的，且 G'' 以 G' 为真子图，则称图 G' 为图 G 的**连通分支**(connected component)。

连通分支也可以进行如下定义：

定义 5.17 连通关系与连通分支

设 $G=\langle V,E\rangle$ 是无向图。

(1)若 $V_1\subset V$ 且 $V_1\neq\varnothing$，E_1 是 G 中两个端点都在 V_1 中的边组成的集合，图 $G_1=\langle V_1,E_1\rangle$ 叫作 G 的由 V_1 **导出的子图**，记为 $G[V_1]$。

(2)若 $E_2\subset E$ 且 $E_2\neq\varnothing$，V_2 是 E_2 中的边所关联的顶点组成的集合，图 $G_2=\langle V_2,E_2\rangle$ 叫作 G 的由 E_2 **导出的子图**，记为 $G[E_2]$。

(3)在图 G 的顶点集 V 上建立一个二元关系 R：

$$R=\{\langle u,v\rangle \mid u\in V\wedge v\in V\wedge u \text{ 和 } v \text{ 连通}\},$$

R 叫作无向图 G 的顶点集 V 上的**连通关系**。

因为 R 是自反的、对称的、传递的，所以 R 是无向图顶点集 V 上的等价关系。

(4)设 $G=\langle V,E\rangle$ 是无向图，R 是 V 上的连通关系，$V/R=\{V_i \mid V_i$ 是 R 的等价类，$i=1,2,\cdots,k\}$ 是 V 关于 R 的商集，$G[V_i]$ 是 V_i 导出的子图，称 $G[V_i]$（$i=1,\cdots,k$）为 G 的连通分支。G 的**连通分支数**记为 $p(G)$。显然，无向图 G 是连通图 $\Leftrightarrow p(G)=1$。

例题 5.12 证明：若图中只有两个奇数度顶点，则这两个顶点必连通。

证明 *反证法*。设这两个顶点不连通，则它们必分属两个不同的连通分支，而对于每个连通分支，作为 G 的子图只有一个奇数度的顶点，余者均为偶数度的顶点，这与握手定理的推论矛盾，因此，若图中只有两个奇数度顶点，则这两个顶点必连通。

定理 5.7 一个图 G 是不连通的，当且仅当 G 的顶点集 V 可以分成两个不相交的非空子集 V_1 和 V_2，使得任何边都不以 V_1 的一个顶点和 V_2 的一个顶点为其两端点。

证明 *充分性*。易证。

必要性。设 G 是不连通的，则有 v_1 及 v_2，v_1 到 v_2 是不连通的。令

$$V_1=\{v \mid v \text{ 与 } v_1 \text{ 是连通的}\},V_2=V-V_1,$$

因为 $v_1\in V_1$，$v_2\in V_2$，所以 $V_1\neq\varnothing$，$V_2\neq\varnothing$。若有边的两端点分别在 V_1 和 V_2 中，则该边在 V_2 中的端点到 v_1 是连通的，这与 V_2 的定义冲突。

定理 5.8 若图 G 为具有 n 个顶点、k 个连通分支的简单图，则 G 至多有 $\frac{(n-k)(n-k+1)}{2}$ 条边。

证明 设 G 的 k 个连通分支的顶点数分别是 $n_1,n_2,\cdots,n_k$，则 $n=n_1+n_2+\cdots+n_k$，且 $n_i\geqslant 1$。

由于各连通分支的边数不超过 $\frac{n_i(n_i-1)}{2}$，因此 G 的边数 e 满足：

$$e\leqslant\frac{1}{2}\sum_{i=1}^{k}n_i(n_i-1)=\frac{1}{2}\Big(\sum_{i=1}^{k}n_i^2\Big)-\frac{n}{2}\ 。$$

现证

$$\Big(\sum_{i=1}^{k}n_i^2\Big)\leqslant n^2-(k-1)(2n-k),$$

由于 $\sum_{i=1}^{k}(n_i-1)=n-k$，因此

$$\left[\sum_{i=1}^{k}(n_i-1)\right]^2=n^2+k^2-2nk$$
$$\geqslant\sum_{i=1}^{k}(n_i-1)^2=\sum_{i=1}^{k}n_i^2-2\sum_{i=1}^{k}n_i+k$$
$$=\sum_{i=1}^{k}n_i^2-2n+k,$$

从而

$$\sum_{i=1}^{k}n_i^2\leqslant n^2+(k^2-2nk+2n-k)=n^2-(k-1)(2n-k),$$

于是

$$m\leqslant\frac{1}{2}\left(\sum_{i=1}^{k}n_i^2\right)-\frac{n}{2}\leqslant\frac{1}{2}[n^2-(k-1)(2n-k)-n]=\frac{1}{2}(n-k)(n-k+1),$$

定理得证。

2. 有向图的连通性

定义 5.18 可达

有向图 $G=\langle V,E\rangle$ 中，若 $u=v$ 或有从顶点 u 到 v 的路，则称顶点 u 到 v 是**可达的**(accessible)。

定义 5.19 有向图的连通性

设 $G=\langle V,E\rangle$ 是有向图，

(1)若 G 的有向边被看作无向边时是连通的，则称有向图 G 是**弱连通的**。

(2)若 G 的任意两个顶点中，至少从一个顶点到另一个顶点是可达的，称有向图 G 是**单向连通的**。

(3)若 G 的任意两个顶点都是相互可达的，则称有向图 G 是**强连通的**。

例题 5.13　判断图 5-15 中有向图的连通性。

解　图 5-15(1)为弱连通图，(2)为单向连通图，(3)为强连通图。

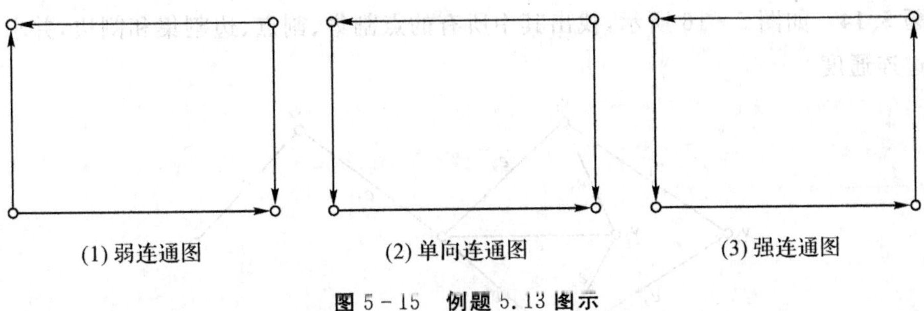

图 5-15　例题 5.13 图示

对于有向图的连通性：强连通图必定是单向连通图，单向连通图必定是弱连通图。

5.2.3 连通度

连通图的连通程度也是不同的,对此引入点连通度和边连通度两种不同的连通度度量方式。以下仅对简单无向图进行讨论。

定义 5.20 点割集与割点

设 $G=\langle V,E\rangle$ 是无向图,$S\subseteq V$,若从 G 中删除 S 中的所有顶点后得到的图不连通,但删除了 S 的任何真子集后所得到的子图仍是连通的,则称 S 为 G 的**点割集**。当点割集为单元素集合 $\{v\}$ 时,v 称为**割点**(cut point),割点也称为**关节点**。

定义 5.21 点连通度

$\chi(G)$ 称为 G 的**点连通度**(vertex connectivity),定义如下:

$$\chi(G)=\begin{cases}0, & \text{若 } G \text{ 非连通图},\\ n-1, & \text{若 } G \text{ 为} K_n,\\ \min\{|S|:S\text{ 为点割集}\}, & \text{若 } G \text{ 连通,且 } G\neq K_n\end{cases}$$

点连通度简称为连通度。

定义 5.22 边割集与割边

设 $G=\langle V,E\rangle$ 是无向图,$S\subseteq E$,若从 G 中删除 S 中的所有边后得到的图不连通,但删除了 S 的任何真子集后所得到的子图仍是连通的,则称 S 为 G 的**边割集**(cut - set of edges)。当边割集为单个元素集合 $\{e\}$ 时,e 称为**割边**(cut edges)或**桥**(bridge)。

删点和删边的区别:删点时要把与该点所有关联的边也删掉,而删边时只删掉相应的边即可,与该边关联的顶点保持不动,存在删边后顶点变成孤立顶点的情况。

定义 5.23 边连通度

$\lambda(G)$ 称为图 G 的**边连通度**(edge - connectivity),定义如下:

$$\lambda(G)=\begin{cases}0, & \text{当 } G \text{ 为非连通图时},\\ 0, & \text{当 } G \text{ 为一个孤立顶点时},\\ \min\{|S|:S\text{ 为 } G \text{ 的割集}\}, & \text{其他。}\end{cases}$$

易知,点连通度是可使连通图不再连通而删去的顶点的最少数目,边连通度是可使连通图不再连通而删去的边的最少数目,它们的数值越小,图的连通性越脆弱。

例题 5.14 如图 5-16 所示,找出其中所有的点割集、割点、边割集和割边,并求其点连通度和边连通度。

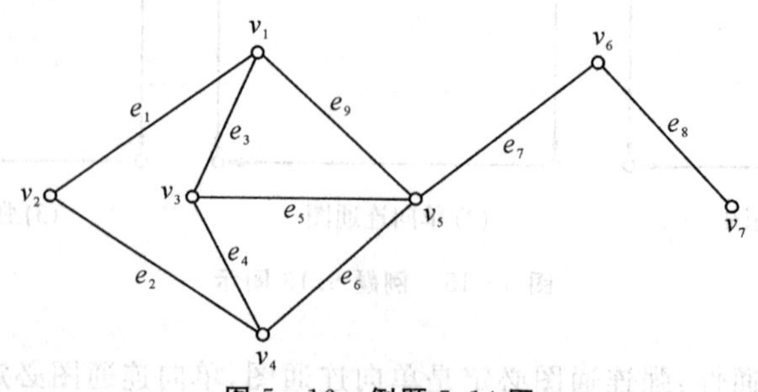

图 5-16 例题 5.14 图

解　由于$\{v_1,v_4\}$是点割集，v_5 和 v_6 是割点，而$\{v_1,v_3\}$，$\{v_1,v_3,v_4\}$不是点割集，故图 5－16的点连通度是 1。

由于$\{e_1,e_2\}$，$\{e_3,e_4,e_5\}$，$\{e_1,e_3,e_9\}$，$\{e_2,e_4,e_6\}$，$\{e_5,e_6,e_9\}$是边割集，而 e_7 和 e_8 是割边，故图 5－16 的边连通度为 1。

下面是由惠特尼（H. Whitney）于 1932 年提出的关于顶点连通度、边连通度和最小度的不等式联系的定理。

定理 5.9　对任何简单无向图 G，有 $\chi(G)\leqslant\lambda(G)\leqslant\delta(G)$。

证明　(1)若 G 为非连通图或单一孤立顶点的图，则据定义可知：

$$\chi(G)=\lambda(G)=0\leqslant\delta(G)\text{或}\ \chi(G)=\lambda(G)=\delta(G)=0$$。

若 G 为完全图K_n，则 $\chi(G)=\lambda(G)=\delta(G)=n-1$。

(2)当 G 为其他情况时。

先证 $\lambda(G)\leqslant\delta(G)$。

由于度数最小的那个顶点邻接的所有边被删除后，G 显然不再连通，故 $\lambda(G)$至多是 $\delta(G)$，即 $\lambda(G)\leqslant\delta(G)$。

再证 $\chi(G)\leqslant\lambda(G)$。

当在 G 中删去构成割集的$\lambda(G)$条边，将产生 G 的两个子图 G_1 和 G_2。没有任何边的两个端点分别在 G_1，G_2 中，显然，这$\lambda(G)$条边在 G_1，G_2 中的端点至多为 $2\lambda(G)$个，则至多去掉 $\lambda(G)$个顶点（分别为这$\lambda(G)$条边的端点），同样会使 G 不连通，因此 G 的点连通度$\chi(G)$不超过 $\lambda(G)$，即 $\chi(G)\leqslant\lambda(G)$。

定理 5.10　设 G 为 n 个顶点、m 条边的简单连通图，则 $\lambda(G)\leqslant\frac{2m}{n}$。

证明　因为 $2m$ 是图 G 各顶点的度数总和，所以 n 个顶点中至少有一个顶点的度不超过$\frac{2m}{n}$，故 G 的边连通度$\lambda(G)$不超过$\frac{2m}{n}$。

习题 5.2

5.3　图的矩阵表示

为方便使用计算机对图进行处理，本节给出了图的矩阵表示方式。图的矩阵表示方式包括邻接矩阵、可达矩阵、连通矩阵和完全关联矩阵。邻接矩阵适用于无向图和有向图，可达矩阵适用于有向图，连通矩阵适用于无向图，完全关联矩阵适用于无向图和有向图。

5.3.1 邻接矩阵

图在计算机中有3种典型的存储表示方式:邻接矩阵、邻接表和邻接多重表。其中,邻接矩阵多用于有向图,也适用于无向图。此处仅对无重边的有向图进行讨论,其结论均可移植到简单无向图中。

定义 5.24 邻接矩阵

设 $G=\langle V,E;\varphi\rangle$ 为一个简单图,其中 $V=\{v_1,v_2,\cdots,v_n\}$,则矩阵 $\boldsymbol{A}=[a_{ij}]_{n\times n}$,

$$a_{ij}=\begin{cases}1, & \langle v_i,v_j\rangle\in E \text{ 或 } (v_i,v_j)\in E,\\ 0, & \text{其他}\end{cases}\quad (i=1,2,\cdots,n;\ j=1,2,\cdots,n)$$

称 $\boldsymbol{A}$ 为图 G 的**邻接矩阵**(adjacency matrix),记作 $\boldsymbol{A}(G)$。

邻接矩阵既适合描述无向图,也适合描述有向图。无向图的邻接矩阵是对称矩阵,但有向图的邻接矩阵未必是对称矩阵。

例题 5.15 写出图 5-17 的邻接矩阵。

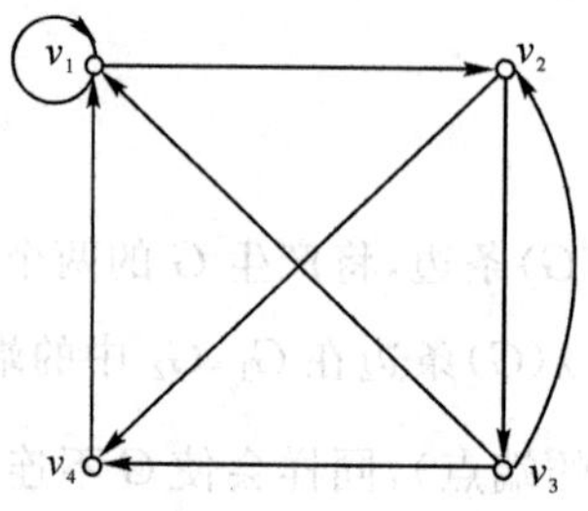

图 5-17 例题 5.15 图示

解
$$\boldsymbol{A}(G)=\begin{bmatrix}1&1&0&0\\0&0&1&1\\1&1&0&1\\1&0&0&0\end{bmatrix}。$$

邻接矩阵有多种用途,它能够反映出图的一些性质,例如,图各顶点是否有环(对角线元素是否为1),图的边是否成对出现(矩阵是否对称),以及图各顶点的出度和入度(矩阵的行和与列和),还能通过矩阵运算来探究图的更为深入的性质。

下面通过研究有向图邻接矩阵的 $\boldsymbol{A}^n,\boldsymbol{A}\boldsymbol{A}^{\mathrm{T}},\boldsymbol{A}^{\mathrm{T}}\boldsymbol{A}$ 中元素的意义来进一步揭示邻接矩阵的作用。其中,$\boldsymbol{A}^{\mathrm{T}}$ 表示矩阵 $\boldsymbol{A}$ 的转置矩阵,$\boldsymbol{A}^n=\boldsymbol{A}\times\boldsymbol{A}\times\cdots\times\boldsymbol{A}$,表示 n 个矩阵 $\boldsymbol{A}$ 的乘积。

定理 5.11 设 $G=\langle V,E;\varphi\rangle$ 为一个简单有向图。其中 $V=\{v_1,v_2,\cdots,v_n\}$,$\boldsymbol{A}=[a_{ij}]$ 为其邻接矩阵。令 $\boldsymbol{A}^l=[a_{ij}^{(l)}]$,则 G 中从顶点 v_i 到 v_j 的长度为 l 的路恰为 $a_{ij}^{(l)}$ 条。G 中从顶点 v_i 到 v_i 的长度为 l 的回路恰为 $a_{ii}^{(l)}$ 条。

证明 采用数学归纳法证明。

当 $k=1$ 时,$\boldsymbol{A}^1=\boldsymbol{A}=[a_{ij}^{(1)}]=[a_{ij}]$,定理显然成立。

设 $\boldsymbol{A}^l=[a_{ij}^{(l)}]$,$G$ 中从顶点 v_i 到 v_j 的长度为 l 的路为 $a_{ij}^{(l)}$ 条。

考虑到 $A^{l+1}=[a_{ij}^{(l+1)}]$。

由矩阵乘积的定义可知，$A^{l+1}=A^l\cdot A$，

$$a_{ij}^{(l+1)}=\sum_{k=1}^{n}a_{ik}^{(l)}a_{kj}=a_{i1}^{(l)}a_{1j}+a_{i2}^{(l)}a_{2j}+\cdots+a_{in}^{(l)}a_{nj},$$

其中 $a_{ik}^{(l)}$ 表示从 v_i 到 v_k 有 $a_{ik}^{(l)}$ 条长度为 l 的路。而

$$a_{kj}=\begin{cases}1, & \langle v_k,v_j\rangle\in E,\\ 0, & \langle v_k,v_j\rangle\notin E\end{cases}\quad(i=1,2,\cdots,n;\ j=1,2,\cdots,n)$$

$a_{ik}^{(l)}a_{kj}$ 表示从 v_i 经由 v_k 到 v_j 的长度为 $l+1$ 的路的数量，因而 $a_{ij}^{(l+1)}$ 是从 v_i 到 v_j 的长度为 $l+1$ 的路的总条数。

归纳完成，定理得证。

例题 5.16　根据图 5－17，求其邻接矩阵以及 A^2,A^3,A^4；求 v_1 到 v_3 长度为 2,3 和 4 的路的条数；求 v_1 到 v_1 长度为 2,3 和 4 的回路的条数。

解

$$A=\begin{bmatrix}1&1&0&0\\0&0&1&1\\1&1&0&1\\1&0&0&0\end{bmatrix},$$

$$A^2=A\times A=\begin{bmatrix}1&1&0&0\\0&0&1&1\\1&1&0&1\\1&0&0&0\end{bmatrix}\begin{bmatrix}1&1&0&0\\0&0&1&1\\1&1&0&1\\1&0&0&0\end{bmatrix}=\begin{bmatrix}1&1&1&1\\2&1&0&1\\2&1&1&1\\1&1&0&0\end{bmatrix},$$

$$A^3=A^2\times A=\begin{bmatrix}1&1&1&1\\2&1&0&1\\2&1&1&1\\1&1&0&0\end{bmatrix}\begin{bmatrix}1&1&0&0\\0&0&1&1\\1&1&0&1\\1&0&0&0\end{bmatrix}=\begin{bmatrix}3&2&1&2\\3&2&1&1\\4&3&1&2\\1&1&1&1\end{bmatrix},$$

$$A^4=A^3\times A=\begin{bmatrix}3&2&1&2\\3&2&1&1\\4&3&1&2\\1&1&1&1\end{bmatrix}\begin{bmatrix}1&1&0&0\\0&0&1&1\\1&1&0&1\\1&0&0&0\end{bmatrix}=\begin{bmatrix}6&4&2&3\\5&4&2&3\\7&5&3&4\\3&2&1&2\end{bmatrix},$$

所以，从 v_1 到 v_3 长度为 2,3 和 4 的路的条数分别为 1,1 和 2；从 v_1 到 v_1 长度为 2,3 和 4 的回路的条数分别为 1,3 和 6。

其中 $a_{31}^{(3)}=4$，而图 5－17 中 v_3 到 v_1 恰有 4 条长度为 3 的路，分别是 (v_3,v_1,v_1,v_1)，(v_3,v_4,v_1,v_1)，(v_3,v_2,v_4,v_1)，$(v_3,v_2,v_3,v_1)(v_3,v_2,v_3,v_1)$。

进一步通过分析 $A^l=[a_{ij}^{(l)}]$，还可以得到以下结论，当 $i\neq j$ 时，在 A^1 到 A^{n-1} 的各个矩阵中，能够使元素 $a_{ij}^{(x)}$ 非零的最小正整数值 x，就是从 v_i 到 v_j 的距离 $d(v_i,v_j)$。例如，在图 5－17中，从 v_3 到 v_4 的距离 $d(v_3,v_4)=3$。

接下来，进一步考察矩阵 $B_l=[b_{ij}]=A+A^2+A^3+\cdots+A^l$ 中元素 b_{ij} 的意义。

显然，b_{ij}是表示从顶点 v_i 到 v_j 长度小于或等于 l 的不同路的数目。因此，若要确定从 v_i 到 v_j 是否存在任何长度的路，只要确定 $\sum_{k=1}^{\infty} A^{(k)}$。但这种方法既无必要也不实用，因为在具有 n 个顶点的简单有向图中，任何简单路的长度不超过 $n-1$，任何基本回路的长度不超过 n。因此，要确定从 v_i 到 v_j 是否存在一条路时，只需满足 $\boldsymbol{B}_{n-1}=\boldsymbol{A}+\boldsymbol{A}^2+\boldsymbol{A}^3+\cdots+\boldsymbol{A}^{n-1}$。要确定经过 v_i 是否存在一条回路时，只需满足 $\boldsymbol{B}_n=\boldsymbol{A}+\boldsymbol{A}^2+\boldsymbol{A}^3+\cdots+\boldsymbol{A}^n$。

显然，若元素 $b_{ij}\neq 0$，则当 $i\neq j$ 时，表示从顶点 v_i 到 v_j 是可达的；当 $i=j$ 时，表示经过顶点 v_i 的回路存在。

例题 5.17 设 $G=\langle V,E;\varphi\rangle$为一个简单有向图。如图 5-18 所示，写出 G 的邻接矩阵 $\boldsymbol{A}$，并计算 $\boldsymbol{A}^2,\boldsymbol{A}^3,\boldsymbol{A}^4$，确定 v_1 到 v_2 长度为 3 的路的数量，v_1 到 v_3 长度为 2 的路的数量，v_2 到自身长度为 3 和长度为 4 的回路各身的数量。并通过计算 $\boldsymbol{B}_4$ 和 $\boldsymbol{B}_5$ 判断 v_1 到其他顶点是否有路，v_1 到自身是否有回路。

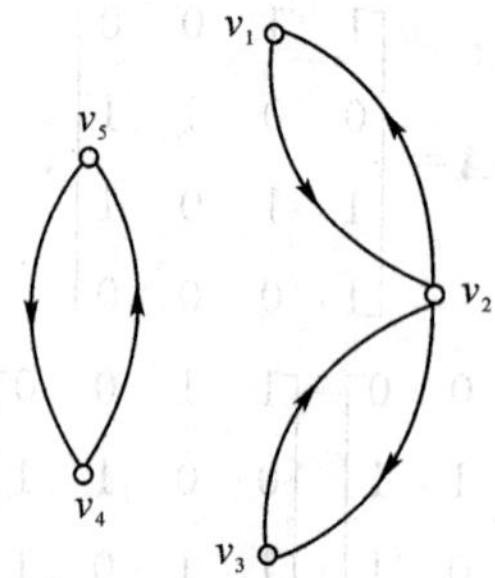

图 5-18 例题 5.17 图示

解 邻接矩阵为 $\boldsymbol{A},\boldsymbol{A}^2,\boldsymbol{A}^3,\boldsymbol{A}^4$ 且分别如下。

$$\boldsymbol{A}=\begin{bmatrix}0&1&0&0&0\\1&0&1&0&0\\0&1&0&0&0\\0&0&0&0&1\\0&0&0&1&0\end{bmatrix},\boldsymbol{A}^2=\begin{bmatrix}1&0&1&0&0\\0&2&0&0&0\\1&0&1&0&0\\0&0&0&1&0\\0&0&0&0&1\end{bmatrix},$$

$$\boldsymbol{A}^3=\begin{bmatrix}0&2&0&0&0\\2&0&2&0&0\\0&2&0&0&0\\0&0&0&0&1\\0&0&0&1&0\end{bmatrix},\boldsymbol{A}^4=\begin{bmatrix}2&0&2&0&0\\0&4&0&0&0\\2&0&2&0&0\\0&0&0&1&0\\0&0&0&0&1\end{bmatrix},$$

$$\boldsymbol{A}^5=\begin{bmatrix}0&4&0&0&0\\4&0&4&0&0\\0&4&0&0&0\\0&0&0&0&1\\0&0&0&1&0\end{bmatrix},$$

$$\boldsymbol{B}_5=\begin{bmatrix}3&7&3&0&0\\7&6&3&0&0\\3&7&3&0&0\\0&0&0&2&3\\0&0&0&3&2\end{bmatrix},$$

所以，v_1 到 v_2 有 2 条长度为 3 的路，v_1 到 v_3 有 1 条长度为 2 的路，v_2 到自身长度为 3 和长度为 4 的回路分别有 0 条和 4 条。v_1 到顶点 v_2、v_3 有路，到 v_4、v_5 没有路，v_1 到自身有 3 条回路。

定理 5.12　设 $G=\langle V,E;\varphi\rangle$ 为一个简单有向图。其中 $V=\{v_1,v_2,\cdots,v_n\}$，$\mathbf{A}=[a_{ij}]$为其邻接矩阵。令 $\mathbf{AA}^{\mathrm{T}}=[b_{ij}]$，$\mathbf{A}^{\mathrm{T}}\mathbf{A}=[c_{ij}]$，则

(1)有 b_{ij} 个顶点 v，使得 v_i 到 v，v_j 到 v 都有边(两边交于 v)，因而 b_{ii} 表示顶点 v_i 的出度。

(2)有 c_{ij} 个顶点 v，使得 v 到 v_i，v 到 v_j 都有边，因而 c_{ii} 表示顶点 v_i 的入度。

证明　(1)根据矩阵乘积的定义，有

$$b_{ij}=\sum_{k=1}^{n}a_{ik}a_{jk},$$

这意味着：有 b_{ij} 个 k 的值使 $a_{ik}a_{jk}=1$，即有 b_{ij} 个 k 的值使 $a_{ik}=1$ 且 $a_{jk}=1$，因而有 b_{ij} 个顶点 v_k 使 v_i 到 v_k 有边且 v_j 到 v_k 也有边。b_{ii} 即为顶点 v_i 的出度。

(2)请自行完成证明。

例题 5.18　根据图 5-18，计算 $\mathbf{AA}^{\mathrm{T}}$ 和 $\mathbf{A}^{\mathrm{T}}\mathbf{A}$。并验证定理 5.12 的结论。

解

$$\mathbf{AA}^{\mathrm{T}}=\begin{bmatrix}1&1&0&0\\0&0&1&1\\1&1&0&1\\1&0&0&0\end{bmatrix}\begin{bmatrix}1&0&1&1\\1&0&1&0\\0&1&0&0\\0&1&1&0\end{bmatrix}=\begin{bmatrix}2&0&2&1\\0&2&1&0\\2&1&3&1\\1&0&1&1\end{bmatrix},$$

其中 $b_{31}=2$，图 5-18 中恰有两个顶点 v_1 和 v_2，使得 v_3 与 v_1 到它们都有边；$b_{33}=3$，而顶点 v_3 的出度恰为 3。

$$\mathbf{A}^{\mathrm{T}}\mathbf{A}=\begin{bmatrix}1&0&1&1\\1&0&1&0\\0&1&0&0\\0&1&1&0\end{bmatrix}\begin{bmatrix}1&1&0&0\\0&0&1&1\\1&1&0&1\\1&0&0&0\end{bmatrix}=\begin{bmatrix}3&2&0&1\\2&2&0&1\\0&0&1&1\\1&1&1&2\end{bmatrix},$$

其中 $b_{31}=0$，图 5-18 中不存在到 v_3 和 v_1 均有边的顶点；$b_{44}=2$，v_4 的入度是 2。

对于赋权图，其邻接矩阵有如下定义。

定义 5.25 赋权图之邻接矩阵

设 $G=\langle V,E;\varphi;W\rangle$ 为一个赋权图，其中 $V=\{v_1,v_2,\cdots,v_n\}$，则矩阵 $\mathbf{A}=[a_{ij}]_{n\times n}$，

$$a_{ij}=\begin{cases}w(i,j), & i\neq j,\text{且}\langle v_i,v_j\rangle\in E\text{ 或}(v_i,v_j)\in E,\\ \infty, & i\neq j,\text{且}\langle v_i,v_j\rangle\notin E\text{ 或}(v_i,v_j)\notin E,\\ 0, & \text{对角线上的位置，即 }i=j,\end{cases}$$

称 $\boldsymbol{A}$ 为赋权图 G 的**邻接矩阵**，记为 $\boldsymbol{A}(G)$。

5.3.2 可达性矩阵

定义 5.26 可达性矩阵

设 $G=\langle V,E;\varphi\rangle$ 为一个简单有向图，其中 $V=\{v_1,v_2,\cdots,v_n\}$，$\boldsymbol{A}=[a_{ij}]_{n\times n}$ 为其邻接矩阵。定义矩阵 $\boldsymbol{P}(G)=[p_{ij}]_{n\times n}$，其中

$$p_{ij}=\begin{cases}1, & v_i \text{ 到 } v_j \text{ 可达},\\ 0, & v_i \text{ 到 } v_j \text{ 不可达}\end{cases}\quad(i=1,2,\cdots,n;\ j=1,2,\cdots,n)$$

称 $\boldsymbol{P}(G)$ 为 G 的**可达性矩阵**(reachability matrix)。

因为有向图的任何顶点均和自身可达，所以可达性矩阵 $\boldsymbol{P}(G)$ 的主对角线元素全为 1。

下面给出可达性矩阵的计算方法。

设 $\boldsymbol{A}^{(m)}=\boldsymbol{A}\odot\boldsymbol{A}\odot\cdots\odot\boldsymbol{A}$ (m 个 $\boldsymbol{A}$ 作布尔积)，$\boldsymbol{B}=\boldsymbol{A}\vee\boldsymbol{A}^{(2)}\vee\cdots\vee\boldsymbol{A}^{(n)}=(b_{ij})_{n\times n}$，$b_{ij}=1$ 当且仅当图 G 中有 v_i 到 v_j 的路。令 $\boldsymbol{P}=\boldsymbol{I}\vee\boldsymbol{B}$，其中 $\boldsymbol{I}$ 为 n 阶单位矩阵，则 $\boldsymbol{P}$ 为图 G 的可达性矩阵。

例题 5.19 设 $G=\langle V,E;\varphi\rangle$ 为图 5-18 中的简单有向图，计算其可达性矩阵 $\boldsymbol{P}$。

解 邻接矩阵为 $\boldsymbol{A},\boldsymbol{A}^{(2)},\boldsymbol{A}^{(3)},\boldsymbol{A}^{(4)},\boldsymbol{A}^{(5)}$ 且如下：

$$\boldsymbol{A}=\begin{bmatrix}0&1&0&0&0\\1&0&1&0&0\\0&1&0&0&0\\0&0&0&0&1\\0&0&0&1&0\end{bmatrix},$$

$$\boldsymbol{A}^{(2)}=\boldsymbol{A}\odot\boldsymbol{A}=\begin{bmatrix}1&0&1&0&0\\0&1&0&0&0\\1&0&1&0&0\\0&0&0&1&0\\0&0&0&0&1\end{bmatrix},$$

$$\boldsymbol{A}^{(3)}=\boldsymbol{A}^{(2)}\odot\boldsymbol{A}=\begin{bmatrix}0&1&0&0&0\\1&0&1&0&0\\0&1&0&0&0\\0&0&0&0&1\\0&0&0&1&0\end{bmatrix}=\boldsymbol{A},$$

$$\boldsymbol{A}^{(4)}=\boldsymbol{A}^{(3)}\odot\boldsymbol{A}=\begin{bmatrix}1&0&1&0&0\\0&1&0&0&0\\1&0&1&0&0\\0&0&0&1&0\\0&0&0&0&1\end{bmatrix}=\boldsymbol{A}^{(2)},$$

$$A^{(5)}=A^{(4)}\odot A=\begin{bmatrix}0&1&0&0&0\\1&0&1&0&0\\0&1&0&0&0\\0&0&0&0&1\\0&0&0&1&0\end{bmatrix}=A,$$

从而

$$B=A\vee A^{(2)}\vee\cdots\vee A^{(n)}=\begin{bmatrix}1&1&1&0&0\\1&1&1&0&0\\1&1&1&0&0\\0&0&0&1&1\\0&0&0&1&1\end{bmatrix},$$

$$P=I\vee B=\begin{bmatrix}1&1&1&0&0\\1&1&1&0&0\\1&1&1&0&0\\0&0&0&1&1\\0&0&0&1&1\end{bmatrix}。$$

5.3.3 连通矩阵

无向图也可以用连通矩阵描述顶点之间的连通性。

定义 5.27 连通矩阵

设 $G=\langle V,E;\varphi\rangle$ 为一个简单无向图，其中 $V=\{v_1,v_2,\cdots,v_n\}$，$A=[a_{ij}]_{n\times n}$ 为其邻接矩阵。定义矩阵：$P(G)=[p_{ij}]_{n\times n}$，其中

$$p_{ij}=\begin{cases}1, & v_i\text{ 到 }v_j\text{ 连通},\\0, & v_i\text{ 到 }v_j\text{ 不连通}\end{cases}\quad(i=1,2,\cdots,n;\ j=1,2,\cdots,n)$$

称 $P(G)$ 为 G 的**连通矩阵**。

无向图的邻接矩阵和连通矩阵均为对称矩阵，求连通矩阵的方法与可达性矩阵类似。

5.3.4 关联矩阵

关联矩阵既适用于无向图，也适用于有向图，但多用于简单无向图。以下分别针对无向简单图和有向简单图讨论其关联矩阵。

定义 5.28 关联矩阵(无向图)

设 $G=\langle V,E;\varphi\rangle$ 为简单无向图，其中 $V=\{v_1,v_2,\cdots,v_n\}$，$E=\{e_1,e_2,\cdots,e_m\}$，则矩阵 $M=[m_{ij}]_{n\times m}$，

$$m_{ij}=\begin{cases}1, & \text{边 }e_j\text{ 以顶点 }v_i\text{ 为端点},\\0, & \text{其他}\end{cases}\quad(i=1,2,\cdots,n;\ j=1,2,\cdots,m)$$

称 M 为 G 的**关联矩阵**(incidence matrix)，记为 $M(G)$，简记为 M。

例题 5.20 求图 5-19 的关联矩阵。

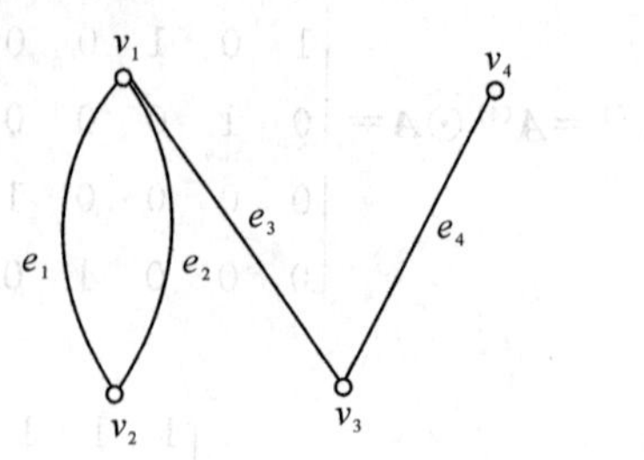

图 5-19 例题 5.20 图示

解

$$M(G)=\begin{bmatrix}1&1&1&0\\1&1&0&0\\0&0&1&1\\0&0&0&1\end{bmatrix}。$$

简单无向图的关联矩阵具有以下性质：

(1)矩阵的每 1 列恰有两个 1，每列元素之和均为 2，这说明每条边关联 2 个顶点。

(2)每行元素之和是对应顶点的度数。

(3)所有元素之和是图各顶点度数的和，也是边数的 2 倍。

(4)若两列相同，则对应的两个边是平行边。

(5)若某行元素全为零，则对应顶点为孤立点。

(6)若图 G 有连通分支 $G_1,G_2,\cdots,G_n$，则存在 G 的关联矩阵 $\boldsymbol{M}(G)$ 形如

$$\begin{bmatrix}\boldsymbol{M}(G_1)&\boldsymbol{0}&\cdots&\boldsymbol{0}\\\boldsymbol{0}&\boldsymbol{M}(G_2)&\cdots&\boldsymbol{0}\\\vdots&\vdots&&\vdots\\\boldsymbol{0}&\boldsymbol{0}&\cdots&\boldsymbol{M}(G_n)\end{bmatrix}$$

其中 $\boldsymbol{M}(G_1),\cdots,\boldsymbol{M}(G_n)$ 分别是 $G_1,G_2,\cdots,G_n$ 的关系矩阵，$\boldsymbol{0}$ 为零矩阵。

定理 5.13 设 $G=\langle V,E;\varphi\rangle$ 为无向连通图，其中 $|V|=n$，$|E|=m$，则 $\boldsymbol{M}(G)$ 的秩为 $n-1$(即其最大非零行列式的阶数为 $n-1$)。

证明 令

$$\boldsymbol{M}(G)=\begin{bmatrix}\boldsymbol{M}_1\\\boldsymbol{M}_2\\\vdots\\\boldsymbol{M}_n\end{bmatrix},$$

其中 $\boldsymbol{M}_1,\boldsymbol{M}_2,\cdots,\boldsymbol{M}_n$ 为行向量。由于 $\boldsymbol{M}(G)$ 中各列恰有 2 个 1，因此

$$\boldsymbol{M}_1+\boldsymbol{M}_2+\cdots+\boldsymbol{M}_n=(2,2,\cdots,2),$$

适当更换上式中的“+”为“−”，便可使和为

$$(0,0,\cdots,0)。$$

这就是说 $\boldsymbol{M}_1,\boldsymbol{M}_2,\cdots,\boldsymbol{M}_n$ 是线性相关的，因而 $\boldsymbol{M}(G)$ 的秩不超过 $n-1$。

另一方面，由于 G 连通，从而 $\boldsymbol{M}(G)$ 各行均不全为 0，也不可能表示为

$$\begin{bmatrix} \boldsymbol{A}(G_1) & \boldsymbol{0} \\ \boldsymbol{0} & \boldsymbol{A}(G_2) \end{bmatrix},$$

否则 G 为有连通分支 G_1 和 G_2 的非连通图，因此 $\boldsymbol{M}(G)$ 中任意 $k(k\leqslant n-1)$ 行向量的代数和 $(a_1,a_2,\cdots,a_m)$ 中至少有一个元素为 1，因而是线性无关的，这表明 $\boldsymbol{M}(G)$ 的秩至少为 $n-1$。

这两方面的讨论得出本定理的结论。

事实上，它还可以加强为定理 5.14。

定理 5.14　设 $G=\langle V,E;\varphi\rangle$，其中 $|V|=n,|E|=m$。图 G 是有 k 个连通分支的简单图，当且仅当 $\boldsymbol{M}(G)$ 的秩为 $n-k$。

定义 5.29 关联矩阵(有向图)

设 $G=\langle V,E;\varphi\rangle$ 为简单有向图，其中 $V=\{v_1,v_2,\cdots,v_n\},E=\{e_1,e_2,\cdots,e_m\}$，则矩阵$\boldsymbol{M}=[m_{ij}]_{n\times m}$，

$$m_{ij}=\begin{cases} 1, & v_i \text{ 为 } e_j \text{ 的始点,} \\ -1, & v_i \text{ 为 } e_j \text{ 的终点,} \\ 0, & v_i \text{ 与 } e_j \text{ 的关联} \end{cases}\quad (i=1,2,\cdots,n;\ j=1,2,\cdots,m)$$

称 $\boldsymbol{M}$ 为 G 的**关联矩阵**(incidence matrix)，记为 $\boldsymbol{M}(G)$，简记为 $\boldsymbol{M}$。

例题 5.21　求出图 5-20 的关联矩阵。

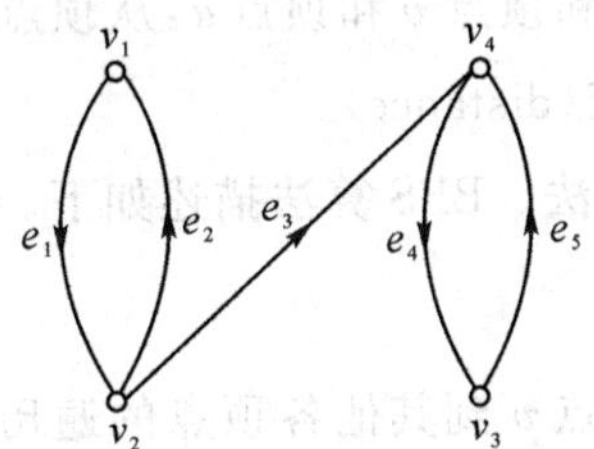

图 5-20　例题 5.21 图示

解

$$\boldsymbol{M}(G)=\begin{bmatrix} -1 & 1 & 0 & 0 & 0 \\ 1 & -1 & 1 & 0 & 0 \\ 0 & 0 & 0 & 1 & 1 \\ 0 & 0 & -1 & -1 & -1 \end{bmatrix}。$$

简单有向图的关联矩阵具有以下性质：

(1)每列有 1 个 1 和 1 个 −1，这说明每条有向边有 1 个始点和 1 个终点。

(2)每行 1 的个数是对应顶点的出度，−1 的个数是对应顶点的入度。

(3)所有元素之和是 0，这说明所有顶点出度的和与所有顶点入度的和相等。

(4)若两列相同，则对应的两边是平行边。

习题 5.3

5.4 图的遍历

图的遍历(traversal of graph)也称为搜索(search),指从图的某个顶点出发,沿着一些边访遍图中所有的顶点,且使每个顶点仅被访问一次。遍历的方法有广度优先搜索(breadth first search, BFS)和深度优先搜索(depth first search, DFS)两种。图的遍历是很多图论算法的基础,可以用来解决图论中的许多问题。

5.4.1 BFS 遍历

BFS 遍历是一个分层的搜索过程,没有回退过程,是非递归的。

BFS 遍历的基本思想:给定无向连通图 $G=\langle V,E\rangle$ 和一个固定的顶点 v,BFS 遍历在访问顶点 v 后,由 v 出发,依次访问 v 的所有未访问过的邻接顶点 $w_1,w_2,\cdots,w_t$;然后再依次顺序访问 $w_1,w_2,\cdots,w_t$ 的所有未访问过的邻接顶点;再从这些访问过的顶点出发,访问它们的所有还未访问过的邻接顶点,……,直到图中所有的顶点均被访问到为止。

定义 5.30 距离

给定无向连通图 $G=\langle V,E\rangle$ 和顶点 v 和顶点 u,从顶点 v 到顶点 u 的所有路中的最小边数,称为从顶点 v 到顶点 u 的**距离**(distance)。

可以利用距离来实现 BFS 算法。BFS 算法描述如下。

算法 5.1 BFS 算法

本算法实现了图 G 中从某顶点 v 到其他各顶点的遍历,并确定从顶点 v 到其他各顶点的距离和最短路。该算法中,L 是已被标记过的顶点的集合,顶点 A 的前驱是用来对 A 做标记的、L 中的一个顶点。

Step1(标记起始顶点 v)

(1)将顶点 v 标记为 0,并使 v 没有前驱

(2)令 $L=\{v\}$,$k=0$

Step2(标记其他顶点)

　　repeat

　　step2.1(增加标记值)

　　　　令 $k=k+1$

　　step2.2(扩大做标记的范围)

　　　　while L 包含标记为 $k-1$ 的顶点 u,且 u 与不在 L 中的顶点 w 相邻

　　　　(1)将 w 标记为 k

　　　　(2)指定 u 为 w 的前驱

　　　　(3)将 w 加入到 L 中

　　　　endwhile

until L 中没有与不在 L 中的顶点相邻的顶点

Step3(构造到达一个顶点的最短路)

if 顶点 t 属于 L

t 上的标记使从 v 到 t 的距离。沿着下列序列的逆序就构成从 v 到 t 的一条最短路:t,t 的前驱,t 的前驱的前驱,……,直至 v。

else

从 v 到 t 不存在路

endif

例题 5.22　对图 5-21 完成其广度优先搜索。

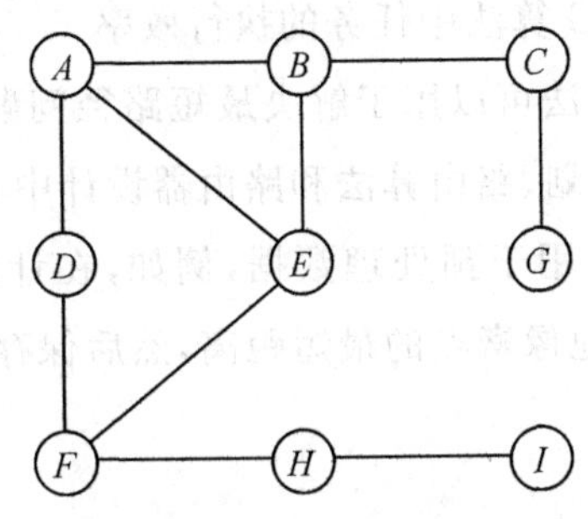

图 5-21　图的遍历

解　首先将 A 标记为 0(—),表示从 A 到 A 的距离为 0;然后确定从 A 到与其距离为 1 的顶点,即 B、D、E,并把它们均标记为 $1(A)$;然后再确定从 A 到与其距离为 2 的顶点,即 C、F,并分别把它们标记为 $2(B)$、$2(D)$;然后再确定从 A 到与其距离为 3 的顶点,即 G、H,并把它们标记为 $3(C)$、$3(F)$;然后再确定从 A 到与其距离为 4 的顶点,即 I,并把它们标记为 $4(H)$。直到所有顶点标记完为止。以下是在图 5-21 中运用 BFS 算法的步骤。

$k=0, L=\{A(0)\}$,

$k=1, L=\{A(0), B(1(A)), D(1(A)), E(1(A))\}$,

$k=2, L=\{A(0), B(1(A)), D(1(A)), E(1(A)), C(2(B)), F(2(D))\}$,

$k=3, L=\{A(0), B(1(A)), D(1(A)), E(1(A)), C(2(B)), F(2(D)), G(3(C)), H(3(F))\}$,

$k=4, L=\{A(0), B(1(A)), D(1(A)), E(1(A)), C(2(B)), F(2(D)), G(3(C)), H(3(F)), I(4(H))\}$。

所以,从 A 到其余各顶点的最短距离即为其标记值。如从 A 到顶点 I 的最短距离为 4,最短路为:$A \to D \to F \to H \to I$。

将利用 BFS 算法对各顶点所做的标记称为顶点的广度优先搜索编号。例如,图 5-21 中各顶点从 A 到 I 的广度优先搜索编号分别为:$A(0)$,$B(1(A))$,$D(1(A))$,$E(1(A))$,$C(2(B))$,$F(2(D))$,$G(3(C))$,$H(3(F))$,$I(4(H))$。

BFS 算法广泛应用于计算机网络、图像处理、游戏开发和人工智能等领域。BFS 算法在计算机科学和应用中有着丰富的应用场景，可以优化各种算法的性能和效率，包括网络爬虫、路径规划、图遍历、连通性检测、拓扑排序、路由算法等。

(1)图遍历。BFS 算法可以用于图遍历，查找图中的所有节点。在计算机网络和搜索引擎中，BFS 被广泛应用于网络爬虫和路径规划等任务，通过广度优先的方法查找节点，从而及时发现和处理网络中存在的问题。

(2)连通性检测。BFS 算法可以用于检测图中的连通性，通过在图上执行广度优先搜索，可以判断任意两个节点之间是否连通，从而检测图的连通性。

(3)拓扑排序。BFS 算法可以用于拓扑排序，拓扑排序是对一个有向无环图(directed acyclic graph; DAG)的所有节点进行排序的过程。通过使用 BFS 算法，可以生成一个 DAG 算法的拓扑序列，从而提高 DAG 算法中任务的执行效率。

(4)最短路径问题。BFS 算法可以用于解决最短路径问题，通过在图上执行 BFS 算法，可以计算出最短路径，在路径规划、路由算法和路由器设计中具有重要作用。

(5)预处理。BFS 算法可以用于预处理数据，例如，在计算机图形学中，可以使用 BFS 算法来计算从每个像素点到其他像素点的最短距离，然后保存在距离图中，从而改进算法的执行效率。

5.4.2 DFS 遍历

DFS 遍历是一种递归算法，有回退过程。

DFS 遍历的核心思想：它从一个顶点 v 出发，一次性发现其所有相邻顶点。然后依次对 v 的邻接顶点产生递归调用，直到每个顶点都搜索完为止。具体来说，就是对于一个无向连通图，在访问图中某个起始顶点 v 后，由 v 出发，访问它的某一邻接顶点 w_1，再从 w_1 出发，访问与 w_1 邻接但还没有访问过的顶点 w_2；然后再从 w_2 出发，进行类似的访问；……；如此进行下去，直到到达所有邻接顶点都被访问过的顶点 u 为止；接着，回退一步到前一次刚访问过的顶点，看是否还有其他未被访问过的邻接顶点，若有，则访问此顶点，之后再从此顶点出发，进行与前述类似的访问；若没有，则回退一步进行类似的访问。重复上述过程，直到该连通图所有顶点都被访问过为止。

DFS 算法的描述如下。

算法 5.2 DFS 算法

本算法用来对至少有两个顶点的图 G 进行遍历。该算法中，L 是已被标记过的顶点的集合，顶点 Y 的前驱是图中的一个顶点，被标记为 Y。令 T 是连接各个顶点与其前驱边的集合。

Step1(标记起始顶点)

(1)选择一个顶点 v，将其标记为 1，并令 v 没有前驱

(2)令 $L=\{v\}$，$T=\varnothing$

(3)令 $k=2, X=v$

Step2(标记其他顶点)

repeat

step2.1 (按顺序标记一个与 X 相邻的顶点)

while 存在于 X 相邻且不属于 L 的顶点 Y

(1)将边 $\{X,Y\}$ 加入到 T 中

(2)指定 X 为 Y 的前驱

(3)将 Y 标记为 k

(4)将 Y 加入到 L 中

(5)令 $k=k+1$

(6)令 $X=Y$

endwhile

step 2.2 (后退)

令 $X=X$ 的前驱

until $X=$null 或者图 G 的每个顶点都在 L 中

例题 5.23　运用 DFS 算法对图 5-21 进行遍历。

解　以下是运用 DFS 算法应用于图 5-21 的每个步骤产生的结果。

第 1 步，$L=\{A(1)\}, T=\varnothing, X=A, k=2$。

第 2 步，存在 A 的邻接点 B，$L=\{A(1), B(2(A))\}, T=\{(A,B)\}, X=B, k=3$。

第 3 步，存在 B 的邻接点 C，

$L=\{A(1), B(2(A)), C(3(B))\}, T=\{(A,B),(B,C)\}, X=C, k=4$。

第 4 步，存在 C 的邻接点 G，

$L=\{A(1), B(2(A)), C(3(B)), G(4(C))\}, T=\{(A,B),(B,C),(C,G)\}, X=G, k=5$。

第 5 步，不存在不在 L 中的 G 的邻接点，回退，$X=C$。

第 6 步，不存在不在 L 中的 C 的邻接点，回退，$X=B$。

第 7 步，存在 B 的邻接点 E，

$L=\{A(1), B(2(A)), C(3(B)), G(4(C)), E(5(B))\}$，

$T=\{(A,B),(B,C),(C,G),(B,E)\}, X=E, k=6$。

第 8 步，不存在不在 L 中的 E 的邻接点，回退，$X=B$。

第 9 步，不存在不在 L 中的 B 的邻接点，回退，$X=A$。

第 10 步，存在 A 的邻接点 D，

$L=\{A(1), B(2(A)), C(3(B)), G(4(C)), E(5(B)), D(6(A))\}$，

$T=\{(A,B),(B,C),(C,G),(B,E),(A,D)\}, X=D, k=7$。

第 11 步，存在 D 的邻接点 F，

$L=\{A(1), B(2(A)), C(3(B)), G(4(C)), E(5(B)), D(6(A)), F(7(D))\}$，

$T=\{(A,B),(B,C),(C,G),(B,E),(A,D),(D,F)\}, X=F, k=8$。

第 12 步,存在 F 的邻接点 H,

$L=\{A(1),B(2(A)),C(3(B)),G(4(C)),E(5(B)),D(6(A)),F(7(D)),H(8(H))\}$,

$T=\{(A,B),(B,C),(C,G),(B,E),(A,D),(D,F),(F,H)\}, X=H, k=9$。

第 13 步,存在 H 的邻接点 I,

$L=\{A(1),B(2(A)),C(3(B)),G(4(C)),E(5(B)),D(6(A)),F(7(D)),H(8(F)),I(9(H))\}$,

$T=\{(A,B),(B,C),(C,G),(B,E),(A,D),(D,F),(F,H),(H,I)\}$。

至此,图 G 所有的顶点均在 L 中,算法结束。

具体遍历过程如图 5-22 所示。

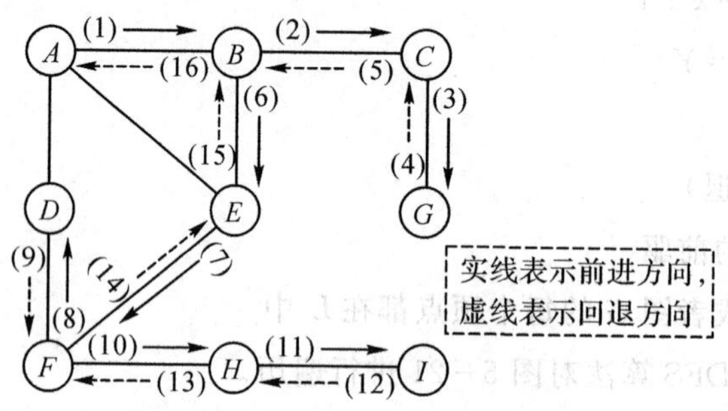

图 5-22 DFS 算法遍历过程

DFS 算法是一种图遍历算法,可以搜索所有能够到达的节点。与 BFS 算法不同,DFS 算法通过从起点开始,沿着一条路径尽可能深的搜寻图的节点,直到找到目标节点或者遇到死路为止。DFS 算法在计算机中也有很多应用场景,以下是 DFS 算法的几个常见应用。

(1)图遍历。DFS 算法可以用于图遍历,查找图中的所有节点,不同于 BFS 算法的遍历方式,DFS 算法能够深入到图的某一分支进行搜索。在计算机游戏和迷宫寻找中,DFS 算法被广泛应用于搜索最短路径以及判断图的连通性等方面。

(2)拓扑排序。DFS 算法可以用于拓扑排序,通过使用 DFS 算法,可以生成一个 DAG 算法的拓扑序列,即按照依赖关系的顺序排列,从而提高 DAG 算法中任务的执行效率,常常被应用于处理软件编译和构建系统中。

(3)算法设计。DFS 算法是许多算法设计的基础,在很多问题中,可以使用 DFS 算法转换为递归,从而实现简化计算的目的。例如,人工智能领域中的深度学习算法、决策树算法等;在计算几何领域,寻找一个点到多边形最短距离、图形的剖分等问题都需要使用 DFS 算法。

(4)生成、解析和优化语法树。在编译器设计和实现过程中,DFS 算法被广泛应用于生成、解析和优化语法树。通过使用 DFS 算法,可以确定程序中不同关键字和变量出现的顺序和优先级关系,从而增强编译器的功能和性能,并提高生成目标代码的质量。

总之,DFS 算法在计算机科学和应用中具有广泛的应用场景,可以用于图遍历、拓扑排序、算法设计、语法树生成等任务，能够优化各种算法的性能和效率。在实际应用中，DFS 算法通常与 BFS 算法组合使用，二者各有优点，可以提高算法的效率和准确性。

BFS 算法和 DFS 算法是两种图遍历算法，二者有以下几点区别。

(1)遍历方式。BFS 算法按照广度优先的方式进行图的遍历，先将某个节点的所有邻接节点遍历完成，再遍历邻接节点的邻接节点；而 DFS 算法则按照深度优先的方式进行图的遍历，先遍历某个节点的一个分支，到达底部之后返回，再遍历其他分支。

(2)搜索效率。BFS 算法可以找到最短路径，而 DFS 算法不能保证找到最短路径。若搜索的目标是找到最短路径，则 BFS 算法效率更高；若目标为查找图是否有解，则 DFS 算法的效率更高。

(3)内存消耗。在具有同等节点数和边数的情况下，BFS 算法需要更多的内存空间来存储已经访问过的节点，而 DFS 算法较为节省内存空间。

(4)实现方式。BFS 算法可以使用队列来实现，每次将待搜索的节点加入队列中，在队列中维护已经访问过的节点。而 DFS 算法可以使用递归或堆栈来实现，在递归或堆栈中维护已访问的节点。

(5)应用场景。BFS 算法常用于求解最短路径、拓扑排序、网络爬虫等场景。而 DFS 算法常用于生成或解析语法树、搜索特定点或路径、任意路径生成等场景。

总之，BFS 算法和 DFS 算法都是图遍历算法，各有优缺点，应综合考虑图的结构、算法的性能和实际需求来决定采用哪种算法。

习题 5.4

5.5　最短路径问题

一名货柜车司机需要在最短的时间内将一车货物从甲地运往乙地。从甲地到乙地的公路网纵横交错，有多种行车路线，那么这名司机应选择哪条线路呢？假设货柜车的运行速度是恒定的，那么这一问题等价于找到一条从甲地到乙地的最短路径。

已知某地区的交通网络，其中点代表居民区，边表示小区之间的道路，权为小区间道路的距离。问该地区中心医院建在哪个小区，可使距离医院最远的小区居民就诊时所走的路程最短？这属于选址问题，也可以通过最短路径算法来解决。

定义 5.31 最短路径

设 $G=(V,E,W)$ 为无向赋权简单图，W 为 G 的权函数，权也称为边的长度。设 u、v 是 G 中的任意两个顶点，P 为从 u 到 v 的一条路，则 P 中各边的权之和 $W(P)$ 称为 P 的权(P

的长度),将从 v_i 到 v_j 长度最短的路称为从 v_i 到 v_j 的**最短路径**,该路的长度称为 v_i 到 v_j 的距离,记作 $d(v_i,v_j)$,即

$$d(v_i,v_j)=\begin{cases}0, & v_i=v_j,\\ \min\{W(P)\mid P\text{ 为从 }v_i\text{ 到 }v_j\text{ 的路}\}, & v_i\text{ 到 }v_j\text{ 存在路},\\ +\infty, & v_i\text{ 到 }v_j\text{ 不存在路。}\end{cases}$$

所谓最短路径问题就是在一个赋权简单图中,找出一条从顶点 a(称为源点)到另外一个顶点的最短路及距离。

用于解决最短路径问题的算法称为“最短路径算法”。选择最短路径算法时要考虑其适用范围的相关问题,包括:有向图还是无向图;单源最短路径问题还是全源最短路径问题(即求任意两个顶点之间的最短路径);正权还是负权;能否求出所有的最短路径;能否求出带限制条件的最短路径,包括顶点数限制、边权值限制、费用限制和时间限制的最短路径。

以下是一些典型的最短路径算法及其适用条件。

(1)Dijkstra 算法。适用于单源、无负权的有向图或无向图,用于解决单源最短路径问题,即求指定两点之间的最短路,算法复杂度为 $O(n^2)$。

(2)Floyd 算法。可以求出任意两点之间的最短路径,即全源最短路径问题,算法复杂度为 $O(n^3)$。

(3)Bellman - Ford 算法。求含负权图的单源最短路径算法。

(4)Floyd - Warshall 算法。解决任意两点间的最短路径的一种算法,通常可以在任意图中使用,包括有向图、带负权边的图。

(5)SPFA 算法。SPFA 算法是 Bellman - Ford 算法的一种队列实现,减少了不必要的冗余计算。SPFA 算法是西南交通大学的段凡丁于 1994 年提出的。

(6)Johnson 算法。该算法适用于稀疏图。

Dijkstra 算法和 Floyd 算法是解决最短路径问题的两个经典算法。

5.5.1 Dijkstra 算法

迪杰斯特拉于 1959 年提出 Dijkstra 算法,该算法可以逐点求出从顶点 a 到其他各顶点的最短路径及距离。

问题:设 $G=\langle V,E,W\rangle$ 是一个含有 n 个顶点的无向简单图,各边的权 $W(v_i,v_j)\geqslant 0$。求从给定顶点 v_0 到给定顶点 v 之间的最短距离及最短路径。

在介绍算法之前,先介绍最近邻接点的概念。

定义 5.32 最近邻接点

设 $G=\langle V,E,W\rangle$ 是一个含有 n 个顶点的无向简单图,各边的权 $W(v_i,v_j)\geqslant 0$。顶点 v 的所有邻接点中,与之距离最小的邻接点 u,称为顶点 v 的**最近邻接点**。顶点集 V' 的所有邻接点中,与 V' 中各顶点距离最小的邻接点 u,称为顶点集 V' 的**最近邻接点**。

算法 5.3 Dijkstra **算法——单源正权最短路径算法**

设 $G=\langle V,E,W\rangle$ 是一个含有 n 个顶点的无向简单图，各边的权 $W(v_i,v_j)\geqslant 0$。设源点为 $v_0\in V$，目标顶点为 v。

将顶点集 V 分成如下两个部分：

(1)具有临时性标号的顶点集合，记为 T。顶点 v_i 的 T 标号是指从起始点 v_0 到 v_i 的某条路径的长度。

(2)具有永久性标号的顶点集合，记为 P。顶点 v_i 的 P 标号是指从起始点 v_0 到 v_i 的最短路径的长度。

Dijkstra 算法的基本思想：将 v_0 取为 P 标号，其余顶点取为 T 标号；逐步将具有 T 标号的顶点改为 P 标号，将 v_i 的标号从某条 v_0 到 v_i 的路径的长度逐步改为 v_0 到 v_i 的最短路径的长度。当顶点 v 已被改为 P 标号时，就找到了一条从 v_0 到 v 的最短路径及最短距离。

将算法的终止条件修改为 $T=\varnothing$，利用 Dijkstra 算法可以求出以任一点为源点，到图中所有其他各点的最短路径及其最短距离。

Dijkstra 算法的步骤：

第一步，初始化。

把 V 分成两个子集 P 和 T。初始时，$P=\{v_0\}$，$T=V-P$，并按如下公式修改 T 中每个顶点的标号。

$$\text{dist}(v_i)=\begin{cases}W(v_0,v_i), & \langle v_0,v_i\rangle\in E\text{，即 }v_0\text{ 和 }v_i\text{ 相邻，}\\ \infty, & \text{其他，}\end{cases}$$

第二步，找最小。

在 T 中寻找具有最小值的 T 标号的顶点，将该点设为 v_k，v_k 即为 P 的最近邻接点。并将 v_k 的 T 标号改为 P 标号，即 $P:=P\cup\{v_k\}$，$T:=T-\{v_k\}$。

第三步，修改标号。

修改与 v_k 相邻的各顶点的 T 标号的值。

$\forall v_i\in T$：

$$\text{dist}(v_i)=\begin{cases}\text{dist}(v_k)+W(v_k,v_i), & \text{dist}(v_k)+W(v_k,v_i)<\text{dist}(v_i),\\ \text{dist}(v_i), & \text{其他，}\end{cases}$$

第四步，重复步骤第二步和第三步，直到目标顶点 v 改为 P 标号为止。

例题 5.24 求无向赋权图 5－23 中 v_0 到 v_5 的最短路径。

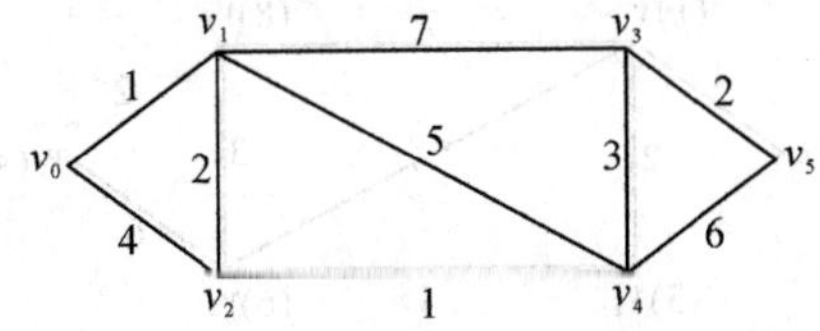

图 5－23 **例题** 5.24 **图示**

解 下面给出了 Dijkstra 算法的图示求解过程。

第一步，初始化。

如图 5－24 所示，将起始点 v_0 置为 P 标号，记为 $\text{dist}(v_0)=0$，则 $P=\{v_0\}$；其余顶点 v_i 均为 T 标号，即 $T=V-P=\{v_1,v_2,v_3,v_4,v_5\}$，并按如下公式修改 T 标号值。

$$\text{dist}(v_i)=\begin{cases}W(v_0,v_i), & \langle v_0,v_i\rangle\in E\text{，即 } v_0 \text{ 和 } v_i \text{ 相邻，}\\ \infty, & \text{其他，}\end{cases}$$

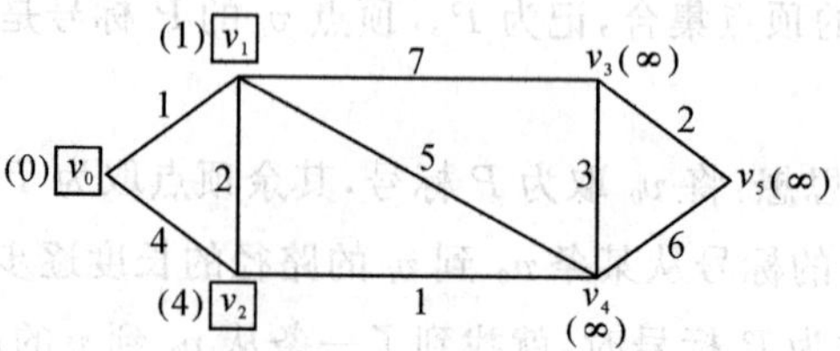

图 5－24 初始化

第二步，如图 5－25 所示，寻找具有最小值的 T 标号的顶点，该顶点为 v_1，并将 v_1 的 T 标号改为 P 标号，即

$$P=\{v_0,v_1\},T=\{v_2,v_3,v_4,v_5\}。$$

并按如下公式修改 v_1 的 T 中的邻接点 v_2,v_3,v_4 的 T 标号的值。

$$\text{dist}(v_i)=\begin{cases}\text{dist}(v_k)+W(v_k,v_i), & \text{dist}(v_k)+W(v_k,v_i)<\text{dist}(v_i),\\ \text{dist}(v_i), & \text{其他。}\end{cases}$$

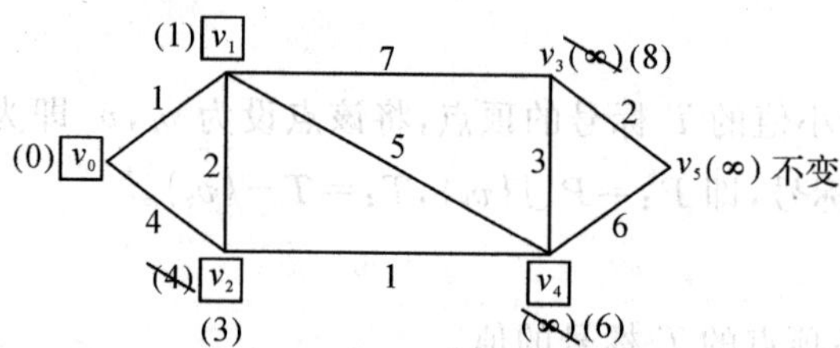

图 5－25 第二步图示

第三步，如图 5－26 所示，寻找具有最小值的 T 标号的顶点，该顶点为 v_2，并将 v_2 的 T 标号改为 P 标号，即

$$P=\{v_0,v_1,v_2\},T=\{v_3,v_4,v_5\}。$$

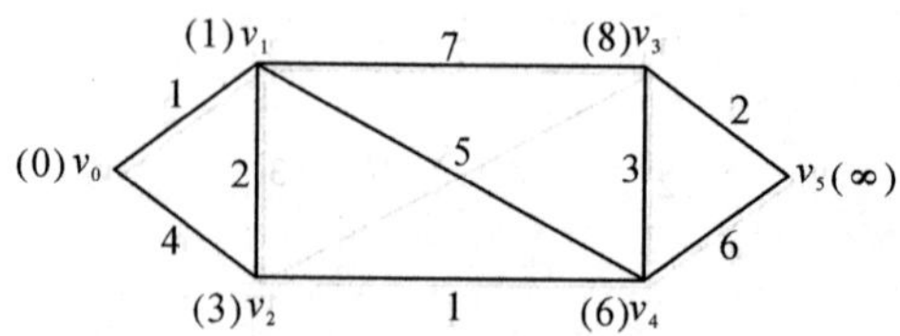

图 5－26 第三步图示

第四步，如图 5-27 所示，继续修改 v_2 的 T 中的邻接点 v_4 的 T 标号的值。

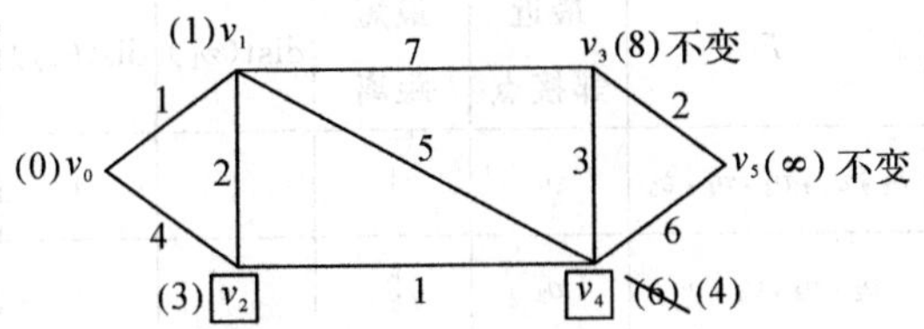

图 5-27　第四步图示

第五步，如图 5-28 所示，寻找具有最小值的 T 标号的顶点，该顶点为 v_4，并将 v_4 的 T 标号改为 P 标号，即

$$P=\{v_0,v_1,v_2,v_4\},T=\{v_3,v_5\},$$

并继续修改 v_4 的 T 中的邻接点 v_3，v_5 的 T 标号的值。

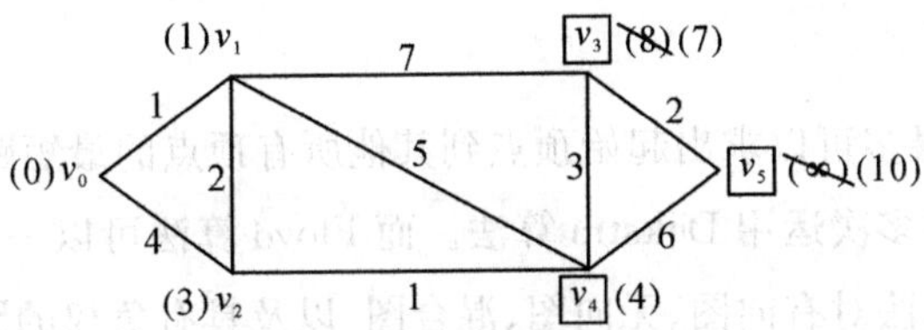

图 5-28　第五步图示

第六步，如图 5-29 所示，寻找具有最小值的 T 标号的顶点，该顶点为 v_3，并将 v_3 的 T 标号改为 P 标号，即

$$P=\{v_0,v_1,v_2,v_4,v_3\},T=\{v_5\},$$

并继续修改 v_3 的 T 中的邻接点 v_5 的 T 标号的值。

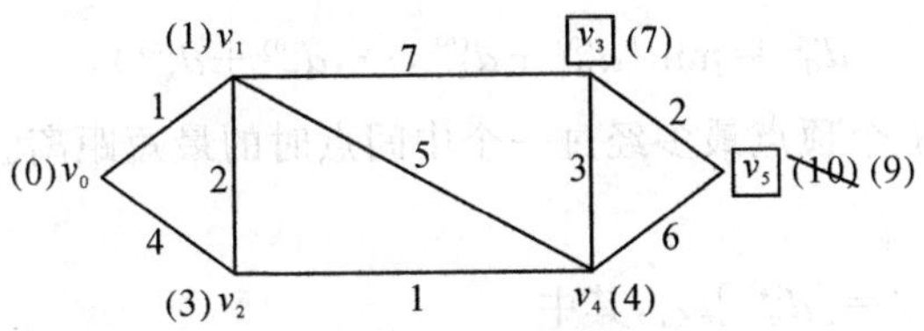

图 5-29　第六步图示

集合 T 中只有一个顶点 v_5，即为目标顶点，其标号值即为从 v_0 到 v_5 的最短距离，算法结束。从而，v_5 的 P 标号为 9，即 v_0 到 v_5 的最短距离是 9。

Dijkstra 算法的具体步骤也可通过表 5-4 表达。其中，“最短距离”表示在当前集合 T 中的最短距离，$\mathrm{dist}(v_i)$表示各顶点当前的标号，* 表示新加入到集合 P 中的点。

表 5-4 Dijkstra 算法的求解过程

步骤	P	T	最近邻接点	最短距离	dist(v_1)	dist(v_2)	dist(v_3)	dist(v_4)	dist(v_5)
1	v_0	v_1,v_2,v_3,v_4,v_5	v_1	1	1	4	∞	∞	∞
2	v_0,v_1	v_2,v_3,v_4,v_5	v_2	3	1 *	3	8	6	∞
3	v_0,v_1,v_2	v_3,v_4,v_5	v_4	4	1 *	3 *	8	4	∞
4	v_0,v_1,v_2,v_4	v_3,v_5	v_3	7	1 *	3 *	7	4 *	10
5	v_0,v_1,v_2,v_4,v_3	v_5	v_5	9	1 *	3 *	7 *	4 *	9
6	v_0,v_1,v_2,v_4,v_3,v_5	φ	—	—	1 *	3 *	7 *	4 *	9 *

5.5.2 Floyd 算法

应用 Dijkstra 算法最多可以求出起始顶点到其他所有顶点的最短距离,若想求任意两顶点之间的最短距离,就需要多次运用 Dijkstra 算法。而 Floyd 算法可以一次求出图上任意两个顶点之间的最短距离,该算法对有向图、无向图、混合图、以及具有负权的图都是适用的。

假设网络图上有 n 个顶点,下面给出 Floyd 算法的步骤。

算法 5.4 Floyd **算法**

第一步,构造任意两点间可直接到达(或一步到达)的最短距离矩阵 $\boldsymbol{D}^{(0)}=[d_{ij}{}^{(0)}]_{n\times n}$,其中 $d_{ij}^{(0)}$ 表示第 i 和第 j 个顶点之间可直接到达的距离。若从第 i 个顶点到第 j 个顶点有边相连,则 $d_{ij}^{(0)}$ 就是这条边的权值;若从第 i 个顶点到第 j 个顶点没有边,则 $d_{ij}^{(0)}=\infty$。

第二步,构造 $\boldsymbol{D}^{(1)}=[d_{ij}^{(1)}]_{n\times n}$,其中

$$d_{ij}^{(1)}=\min\{d_{i1}^{(0)}+d_{1j}^{(0)},\cdots,d_{in}^{(0)}+d_{nj}^{(0)}\},$$

表示从第 i 个顶点到第 j 个顶点最多经过一个中间点时的最短距离。

……

第 $k+1$ 步,构造 $\boldsymbol{D}^{(k)}=[d_{ij}^{(k)}]_{n\times n}$,其中

$$d_{ij}^{(k)}=\min\{d_{i1}^{(k-1)}+d_{1j}^{(k-1)},\cdots,d_{in}^{(k-1)}+d_{nj}^{(k-1)}\},$$

表示从第 i 个顶点到第 j 个顶点最多经过 2^k-1 个中间点时的最短距离。

上述过程不会一直进行下去,当 $\boldsymbol{D}(k+1)=\boldsymbol{D}(k)$ 时,算法结束。$\boldsymbol{D}(k)$ 表示任意两点之间的最短距离矩阵,即 $\boldsymbol{D}(k)$ 中第 i 行第 j 列元素表示从第 i 个顶点到第 j 个顶点之间的最短距离。

若图一共有 n 个顶点,则图上的一条路最多有 $n-2$ 个不同的中间点,所以

$$2^{k-1}-1<n-2<2^k-1,$$

可得 $k-1<\log_2(n-1)\leqslant k$,即 $\log_2(n-1)\leqslant k<\log_2(n-1)+1$。

当 k 满足不等式 $\log_2(n-1)\leqslant k<\log_2(n-1)+1$ 或 $\boldsymbol{D}(k+1)=\boldsymbol{D}(k)$ 时，算法结束。

例题 5.25　服务网点设置问题。

假设图 5-30 中的 7 个顶点分别代表一个小区内的 7 栋楼及其道路连接情况，边上的数字代表距离。要从 7 栋楼中选一处作为快递柜设置点。通过资料统计，各栋楼每天平均取快递的人数大致为 S:30 人，A:40 人，B:20 人，C:15 人，D:35 人，E:25 人，T:50 人。问：快递柜应该设在哪一栋楼下面，可使取快递的人的总行程最少？

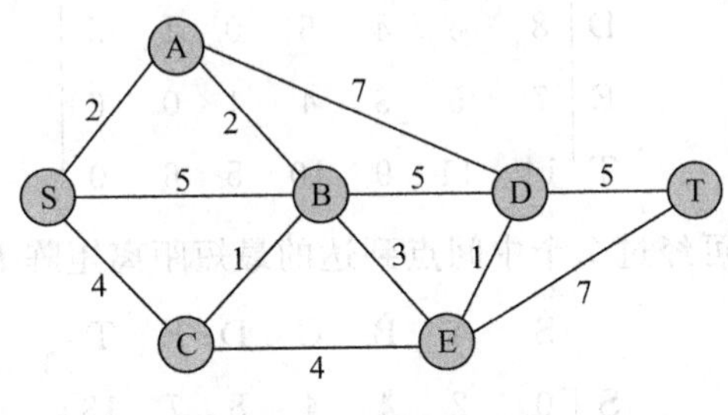

图 5-30　例题 5.25 图

解　首先，求图 5-30 中任意两点之间的最短距离。

构造任意两点间直接到达的最短距离矩阵 $\boldsymbol{D}^{(0)}=[d_{ij}^{(0)}]_{7\times 7}$，

$$\boldsymbol{D}^{(0)}=\begin{array}{c}\\ S\\ A\\ B\\ C\\ D\\ E\\ T\end{array}\begin{array}{c}\begin{array}{ccccccc}S & A & B & C & D & E & T\end{array}\\ \left[\begin{array}{ccccccc}0 & 2 & 5 & 4 & \infty & \infty & \infty\\ 2 & 0 & 2 & \infty & 7 & \infty & \infty\\ 5 & 2 & 0 & 1 & 5 & 3 & \infty\\ 4 & \infty & 1 & 0 & \infty & 4 & \infty\\ \infty & 7 & 5 & \infty & 0 & 1 & 5\\ \infty & \infty & 3 & 4 & 1 & 0 & 7\\ \infty & \infty & \infty & \infty & 5 & 7 & 0\end{array}\right]\end{array},$$

构造任意两个顶点最多经过 1 个中间点到达的最短距离矩阵 $\boldsymbol{D}^{(1)}=[d_{ij}^{(1)}]_{7\times 7}$，其中

$$d_{ij}^{(1)}=\min\{d_{i1}^{(0)}+d_{1j}^{(0)},\cdots,d_{i7}^{(0)}+d_{7j}^{(0)}\},$$

通过计算，可得

$$\boldsymbol{D}^{(1)}=\begin{array}{c}\\ S\\ A\\ B\\ C\\ D\\ E\\ T\end{array}\begin{array}{c}\begin{array}{ccccccc}S & A & B & C & D & E & T\end{array}\\ \left[\begin{array}{ccccccc}0 & 2 & 4 & 4 & 9 & 8 & \infty\\ 2 & 0 & 2 & 3 & 7 & 5 & 12\\ 4 & 2 & 0 & 1 & 4 & 3 & 10\\ 4 & 3 & 1 & 0 & 5 & 4 & 11\\ 9 & 7 & 4 & 5 & 0 & 1 & 5\\ 8 & 5 & 3 & 4 & 1 & 0 & 6\\ \infty & 12 & 10 & 11 & 5 & 7 & 0\end{array}\right]\end{array},$$

构造任意两个顶点间最多可经过 7 个中间点到达的最短距离矩阵 $\boldsymbol{D}^{(2)}=[d_{ij}^{(2)}]_{7\times 7}$，

$$\boldsymbol{D}^{(2)}=\begin{matrix} & \begin{matrix} S & A & B & C & D & E & T \end{matrix} \\ \begin{matrix} S \\ A \\ B \\ C \\ D \\ E \\ T \end{matrix} & \begin{bmatrix} 0 & 2 & 4 & 4 & 8 & 7 & 14 \\ 2 & 0 & 2 & 3 & 6 & 5 & 11 \\ 4 & 2 & 0 & 1 & 4 & 3 & 9 \\ 4 & 3 & 1 & 0 & 5 & 4 & 10 \\ 8 & 6 & 4 & 5 & 0 & 1 & 5 \\ 7 & 5 & 3 & 4 & 1 & 0 & 6 \\ 14 & 11 & 9 & 10 & 5 & 6 & 0 \end{bmatrix} \end{matrix},$$

构造任意两个顶点间最多可经过 7 个中间点到达的最短距离矩阵 $\boldsymbol{D}^{(3)}=[d_{ij}^{(3)}]_{7\times 7}$，

$$\boldsymbol{D}^{(3)}=\begin{matrix} & \begin{matrix} S & A & B & C & D & E & T \end{matrix} \\ \begin{matrix} S \\ A \\ B \\ C \\ D \\ E \\ T \end{matrix} & \begin{bmatrix} 0 & 2 & 4 & 4 & 8 & 7 & 13 \\ 2 & 0 & 2 & 3 & 6 & 5 & 11 \\ 4 & 2 & 0 & 1 & 4 & 3 & 9 \\ 4 & 3 & 1 & 0 & 5 & 4 & 10 \\ 8 & 6 & 4 & 5 & 0 & 1 & 5 \\ 7 & 5 & 3 & 4 & 1 & 0 & 6 \\ 13 & 11 & 9 & 10 & 5 & 6 & 0 \end{bmatrix} \end{matrix},$$

继续计算 $\boldsymbol{D}^{(4)}$，发现 $\boldsymbol{D}^{(3)}=\boldsymbol{D}^{(4)}$。或通过计算 $k-1<\log_2 6\leqslant k$，可得 $k=3$，到 $\boldsymbol{D}^{(3)}$ 就可以停止计算了。$\boldsymbol{D}^{(3)}$ 给出了图 5－30 中任意两点之间的最短距离，例如 $\boldsymbol{D}^{(3)}$ 的第一行的数字分别代表 S 到 S、A、B、C、D、E、T 的最短距离分别为 0,2,4,4,8,7,13。

然后由该矩阵和各个楼取快递的人数对应的列向量相乘，得到一个列向量

$$\boldsymbol{L}=\begin{matrix} & \begin{matrix} S & A & B & C & D & E & T \end{matrix} & \text{人数} \\ \begin{matrix} S \\ A \\ B \\ C \\ D \\ E \\ T \end{matrix} & \left\{\begin{matrix} 0 & 2 & 4 & 4 & 8 & 7 & 13 \\ 2 & 0 & 2 & 3 & 6 & 5 & 11 \\ 4 & 2 & 0 & 1 & 4 & 3 & 9 \\ 4 & 3 & 1 & 0 & 5 & 4 & 10 \\ 8 & 6 & 4 & 5 & 0 & 1 & 5 \\ 7 & 5 & 3 & 4 & 1 & 0 & 6 \\ 13 & 11 & 9 & 10 & 5 & 6 & 0 \end{matrix}\right] & \begin{bmatrix} 30 \\ 40 \\ 20 \\ 15 \\ 35 \\ 25 \\ 50 \end{bmatrix} \end{matrix},$$

$$=(1325\quad 1030\quad 880\quad 1035\quad 910\quad 865\quad 1485)^{\mathrm{T}},$$

其中，向量 $\boldsymbol{L}$ 的第 1 个分量，即 1325，代表的意义是：若把快递柜建在第一栋楼下，则其他各楼的人到快递柜的总行程为 1325，该列向量的其他分量的含义类似。因此，快递柜应该建在第 6 栋楼下面，这时其他各楼取快递的人到快递柜的总行程最小，为 865。

习题 5.5

【本章小结】

本章介绍了图的基本概念，包括相关的基本术语、图的度数、图的同构等；图中的路、无向图和有向图的连通性；图的几种矩阵表示方式，图的两种典型的遍历方式——广度优先搜索和深度优先搜索，这两种遍历方式是很多图算法的基础；最后介绍了图的典型应用场景——最短路径问题及其相关算法。

第6章　树及其应用

【内容提要】

树是一种极为简单而又非常重要的图，不仅在图论中扮演着重要的角色，在计算机科学的算法设计、数据结构、网络技术、以及其他许多领域也有着极为广泛的应用。本章将学习树(包括无向树和有向树)的相关概念、性质和应用。

6.1　树的基本概念

1847年，基尔霍夫(Gustav Kirchhoff)在其关于电路网络的工作中首次用到了树，后来，凯莱(Arthur Cayley)在化学研究中也使用了树。树作为一种数据组织和处理的方法，广泛应用于计算机科学领域。

6.1.1　树的基本概念

定义6.1 树

连通且无回路的无向图称为**无向树**，简称**树**(tree)。树中的边称为**树枝**，树中的悬挂点(即度数为1的顶点)称为**树叶**(leaves)，其他顶点称为**分支点**(branching point)。仅有单一孤立顶点的树称为**空树**，各个连通分支均为树的无向图称为**森林**(forest)。

树无环也无多重边(否则出现回路)，因此树必定是简单图。在实际应用中，组织机构、家谱、学科分支、因特网、通信网络、高压线路网络等都能表示成一棵树。

例题6.1　判断图6－1中各图是否为树。

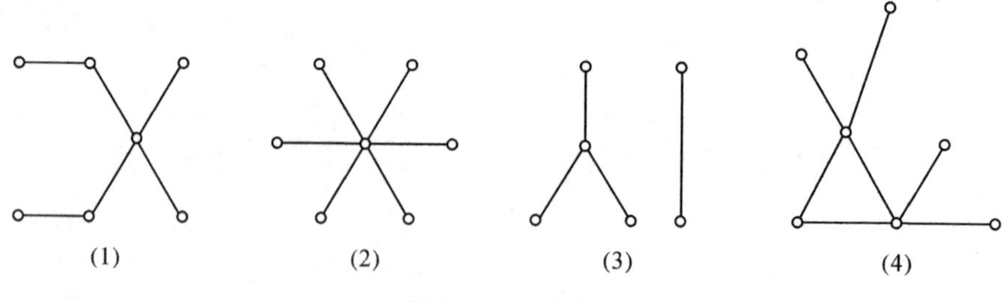

图6－1　无向图

解　在图6－1中，(1)、(2)连通且无回路，因此，(1)、(2)为树。(3)不连通，故(3)不是树，但它是森林。(4)虽然连通，但存在回路，故(4)不是树。

6.1.2 树的性质

定理 6.1 设图 T 为无向图，e，v 分别表示图 T 的边数和顶点数，则下列各命题相互等价。

(1) T 连通且无回路。

(2) T 无回路且 $e=v-1$。

(3) T 连通且 $e=v-1$。

(4) T 无回路，但添加一条关联 T 中两顶点的边时，T 中就会产生唯一的一条回路。

(5) T 连通，但删去任一边后不再连通(即 T 的每一条边均为割边)。

(6)任意两个不同顶点之间有且仅有一条路。

证明 可按下列顺序证明 6 个命题相互等价：

$$(1)\Rightarrow(2)\Rightarrow(3)\Rightarrow(4)\Rightarrow(5)\Rightarrow(6)\Rightarrow(1)。$$

(1)⇒(2)。

利用数学归纳法证明。设 T 连通且不含有回路，若 $v=2$，则必有 $e=1$，所以 $e=v-1$ 成立。

假设(2)对 $v\leqslant k$ 均成立，其中 $k\geqslant 2$。

若 $v=k+1$，则必然存在一个点 v_0 满足 $d(v_0)=1$。否则，若连通图 T 中每个顶点的度数均大于 1，则图中必存在回路。

从 T 中去掉顶点 v_0，并记新的图为 T'，边数为 e'，顶点数为 v'。显然，$v'=k$ 且 T' 连通无回路，所以 $e'=v'-1$. 从而 $e=e'+1=v'-1+1=v'=k=v-1$。

(2)⇒(3)。

设 T 无回路，且 $e=v-1$。

采用反证法证明 T 连通。假设 T 有 k 个连通分支，其中 $k\geqslant 2$，分别用 $T_1, T_2, \cdots, T_k$ 表示这 k 个连通分支，这些连通分支的顶点数分别是 $e_1, e_2, \cdots, e_k$，边数分别是 $v_1, v_2, \cdots, v_k$。显然，$e=\sum_{i=1}^{k} e_i$，$v=\sum_{i=1}^{k} v_i$，$e_i=v_i-1(i=1,2,\cdots,k)$。

于是 $e=\sum_{i=1}^{k} e_i=\sum_{i=1}^{k}(v_i-1)=v-k<v-1$。

这与 $e=v-1$ 矛盾。因此 T 连通。

(3)⇒(4)。

设 T 连通且 $e=v-1$ 。

首先，证明 T 中至少有 1 个悬挂点。否则，若 $\forall v_i, d(v_i)\geqslant 2$，则由握手定理可知 $2e=\sum_{i=1}^{v} d(v_i)\geqslant 2v$。由已知条件 $e=v-1$，得 $2e=2v-2$，因此得到不等式 $2v-2\geqslant 2v$，该不等式不成立。因此，T 中至少有 1 个悬挂点。

其次，证明 T 无回路，为此对 v 进行归纳。

当 $v=1$ 时，$e=v-1=0$，显然 T 无回路。

设顶点数为 $v-1(v\geqslant 2)$ 且满足条件(3)的图无回路，考虑顶点数为 v 的连通图 T，且边数 $e=v-1$，则 T 中至少有1个悬挂点。去掉 T 的一个悬挂点构成图 T'，其顶点数和边数分别用 v' 和 e' 表示。显然，T' 仍连通，且 $e'=e-1=v-2=v'-1$。因此由归纳假设，T' 无回路。在 T' 上加回所删去的悬挂点得到 T，故 T 无回路。

进一步，假设在 T 的任意两个顶点 v_i 和 v_j 之间添加边 e。由于 T 连通，故原本存在 v_i 到 v_j 的通路，此通路连同边 e 构成 $T\cup\{e\}$ 的一条回路。若此回路不唯一，则去掉边 e 后 T 仍有回路，这与 T 无回路矛盾。因此，在 T 的任意两个顶点之间添加一条边后，将产生唯一的一条回路。

(4)⇒(5)。

假设 T 不连通，则存在两个顶点 v_i 和 v_j 之间没有路。故在 v_i 和 v_j 之间添加一条边也不产生回路，这与前提条件矛盾，因此，T 连通。

假设删去 T 中某一边后 T 仍然连通，则 T 中存在回路，这与前提条件"T 无回路"矛盾。因此，删去 T 中任一边后，T 则不再连通。

(5)⇒(6)。

若 T 连通，则说明 T 的任意两个不同顶点之间至少有一条路。

假设 T 的两个不同顶点 v_i 和 v_j 之间存在的路多于一条，则 v_i 和 v_j 之间存在回路。若去掉该回路上的一条边，则 T 仍然连通，这与前提条件矛盾，因此，T 的任意两个不同的顶点之间仅有一条路。

(6)⇒(1)。

设 T 的任意两个顶点之间有且仅有一条路，则 T 连通。T 也是无回路的，否则，若 T 中有回路，则回路上的顶点 v_i 到 v_j 有两条路，与前提条件矛盾。

定理6.1说明，在连通、无回路、$e=v-1$ 这三个条件中，无向图只要满足其中任意两个条件，则该无向图就是树。

定理 6.2　任何多于一个顶点的树都至少有两片树叶。

证明　设 T 为任一树，其顶点数、边数分别为 v，e。

假设 T 中有 x 片树叶，则 T 中有 $v-x$ 个顶点度数均不小于2。

由握手定理可得，$2e=\sum_{i=1}^{v}d(v_i)\geqslant 2(v-x)+x=2v-x$。

由树的性质可知，$e=v-1$，因此 $2(v-1)\geqslant 2v-x$，即 $x\geqslant 2$。

因此，T 至少有两片树叶。

例题 6.2　已知在无向树 T 中，有2个2度顶点、1个3度顶点、3个4度顶点，其余顶点均为树叶，试求树叶数量。

解　假设 T 中有 x 片树叶，则由握手定理可得

$$2e=\sum_{i=1}^{v}d(v_i)=3\times 4+1\times 3+2\times 2+x=x+19。$$

由树的性质可知，$e=v-1=x+2+1+3-1=x+5$。

因此，$x+19=2(x+5)$，解得 $x=9$，即 T 有 9 片树叶。

6.1.3　树的应用

由定理 6.1 可知，在顶点数为 v 的图中，树是“边数最少的连通图”，少一条边便不再连通；树又是“边数最多的无回路图”，多一条边便有回路。因此，树是以“最经济”的方式把各顶点连接起来的图，它可以作为典型的数据结构，各类网络的主干网通常都是树的结构。

例如，可以用树叶表示运算数，其他顶点表示运算符，图 6－2 表示 $1+2*(6-7)$。

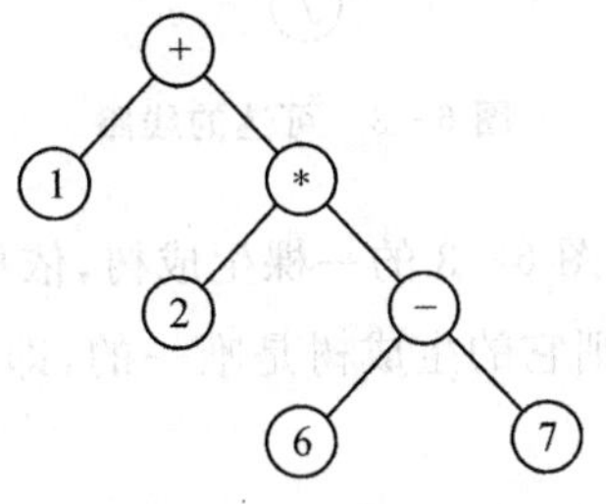

图 6－2　表达式树

习题 6.1

6.2　生成树

有些图本身不是树，但它的子图是树，而且有可能有多个子图是树，其中重要的一类是生成树。

6.2.1　生成树的定义和求解方法

由树的特性（定理 6.1）可知，一个连通图 G 的边数最少的连通生成子图应当是一棵树，这就是接下来要介绍的生成树。

定义 6.2 生成树

若图 T 为无向图 G 的生成子图且 T 为树，则称 T 为 G 的**生成树**（spanning tree），也称 T 为 G 的**部分树**。称生成树上的边为**树枝**，称 G 中不在生成树上的边为**弦**（chord），所有弦的集合即为生成树 T 的补。

例题 6.3　假设有 7 个信息中心，分别用 a、b、c、d、e、f、g 表示。为了交换数据，可以在信息中心之间通过光纤连接。但是，并不需要在任意两个中心之间都铺设光纤，可以通过其他中心转发。经勘测可依据图 6-3 的无向边铺设光纤，为了使任意两个信息中心之间都能交换数据，应该最少选择哪些线路进行铺设？

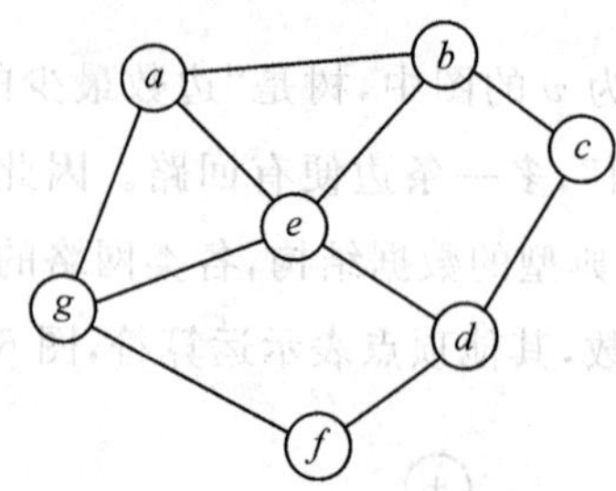

图 6-3 可选的线路

解 要铺设的光纤线路图是图 6-3 的一棵生成树，依据生成树的边铺设光纤即可。

若连通图 G 本身是一棵树，则它的生成树是唯一的，即 G。若连通图 G 不是树，则它的生成树通常是不唯一的。

例题 6.4 判断图 6-4 中的图(2)、(3)、(4)、(5)是否为图(1)的生成树。

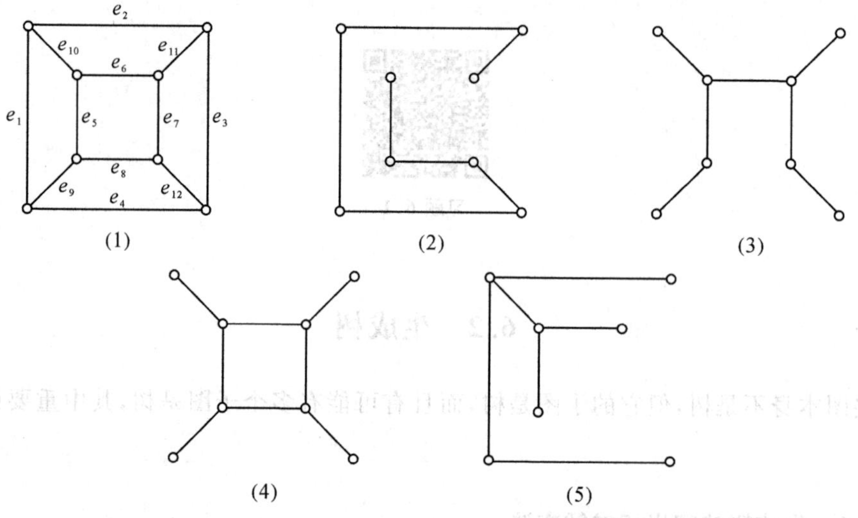

图 6-4 无向图的生成树不唯一

解 判断一个子图是否为生成树主要依据下面两点：图本身是树，且是生成子图。显然，图(2)、(3)都是图(1)的生成树。图(4)是图(1)的生成子图，但不是树；图(5)虽然是树，但不是图(1)的生成子图，因此，图(4)和(5)都不是图(1)的生成树。

下面介绍关于生成树的几个性质。

定理 6.3 无向图 G 有生成树当且仅当 G 连通。

证明 *必要性*。无向图 G 有生成树，显然 G 连通。

充分性。若连通图 G 无回路，则 G 本身就是树。若 G 有回路，则删去回路上任一边 e

后，$G-e$ 仍连通。对 $G-e$ 重复上述过程，直到得到 G 的无回路且连通的生成子图，即生成树。

因此，无向图 G 有生成树，当且仅当 G 连通。

定理 6.4　设 G 为无向连通图，则 G 的任一回路与 $G-T$（任一生成树 T 的关于 G 的补）至少有一条公共边。

证明　反证法。设 C 为 G 的任一回路，它和 $G-T$ 无公共边，则 C 是 T 的子图，从而树 T 有回路，这与树没有回路矛盾。因此，G 的任一回路与 $G-T$ 至少有一条公共边。

定理 6.5　设 G 为无向连通图，则 G 的任一割集与任一生成树至少有一条公共边。

证明　反证法。设 S 为 G 的割集，T 为 G 的生成树，且 S 和 T 无公共边，则删去 G 中所有 S 的边后所得的图仍以 T 为生成子图，从而仍连通，这与 S 为割集矛盾。

下面给出了求解连通图生成树的几个典型算法。

算法 6.1 破圈法

定理 6.3 的证明过程给出了求解生成树的思路，即针对连通图，若该图有回路，则选取一条回路，然后去掉回路上的一条边，重复上述过程，直到没有任何回路为止。这就是求解生成树的破圈法。

算法 6.2 避圈法

根据定理 6.2 和定理 6.3，对于有 n 个顶点和 m 条边的连通图，它的生成树的边数为 $n-1$，不在生成树上的边数为 $m-n+1$. 因此，先选定一条非自环的边，然后从剩余边中选一条和已选边不构成回路的边，重复上述过程，直到选定 $n-1$ 条边为止，这就是求解生成树的避圈法。

例题 6.5　分别用破圈法和避圈法求解图 6-3 的生成树。

解　分别用破圈法和避圈法求图 6-5(1)和图 6-5(2)所示（粗线表示生成树的边）。

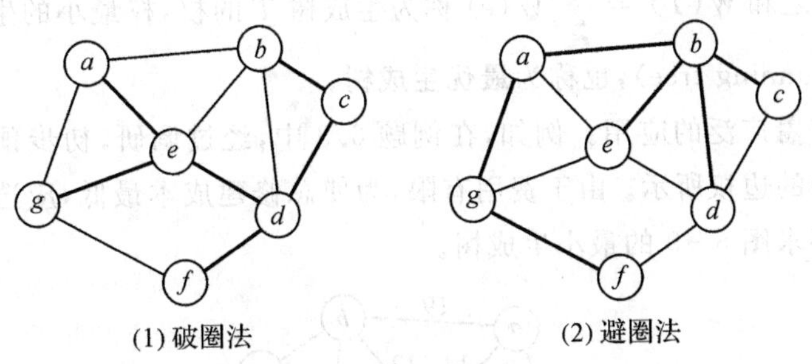

图 6-5　例题 6.5 图示

破圈法和避圈法由于都需要找出回路或者验证不存在回路，计算量较大。而宽度优先方法和深度优先方法也可以用来求解生成树，这两种方法不需要找出回路或者验证回路，计算量相对较小，适合计算机处理。

例题 6.6 分别利用 BFS 算法和 DFS 算法求解图 6-6 中的生成树。

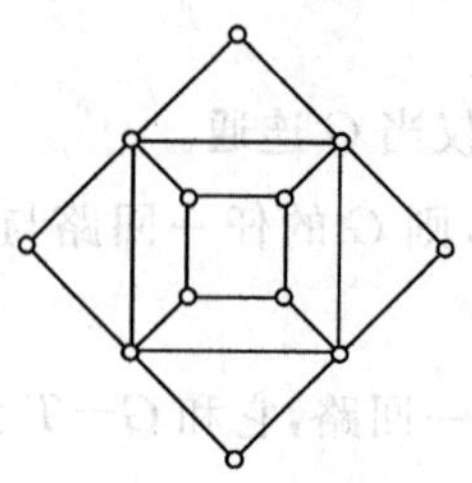

图 6-6 利用图的遍历算法求解生成树

解 利用 BFS 算法和 DFS 算法求解生成树的结果分别如图 6-7 和图 6-8 所示(粗线表示生成树的边)。

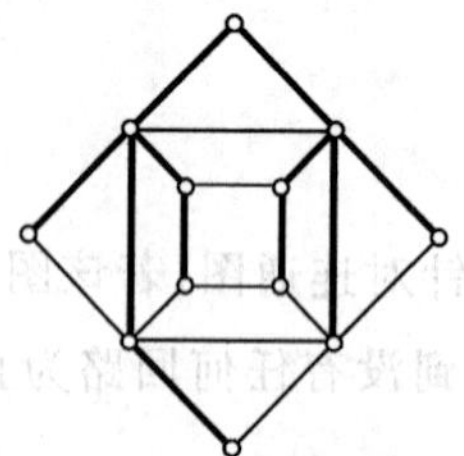

图 6-7 利用 BFS 算法求解生成树

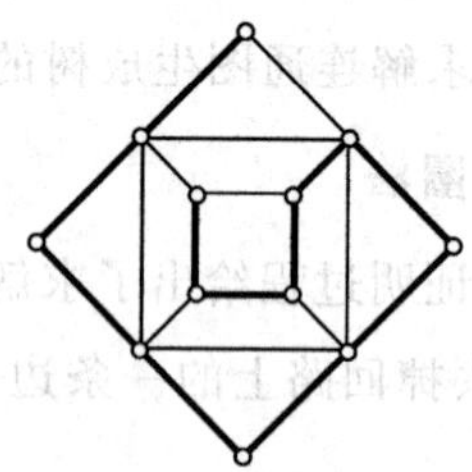

图 6-8 利用 DFS 算法求解生成树

由例题 6.6 可以看出,不同的生成方法可能获得不同的生成树。

6.2.2 最小生成树及其求解方法

每个图可能有多个生成树,每个生成树对应的边权之和可能不同,把边权之和最小的生成树称为最小生成树。

定义 6.3 最小生成树

设 $G=\langle V,E,W\rangle$ 为连通的边赋权图,W 为 E 到非负实数集的函数。设 T 为 G 的生成树,则 T 中各边权之和 $W(T)=\sum_{e\in T}W(e)$ 称为生成树 T 的权,权最小的生成树称为**最小生成树**(minimum spanning tree),也称为**最优生成树**。

最小生成树有着广泛的应用。例如,在例题 6.3 中,经过调研,初步预估了铺设光纤的费用,如图 6-9 中的边权所示。由于费用有限,为使总修建成本最低,应选择哪几条线路进行铺设?这就需要求图 6-9 的最小生成树。

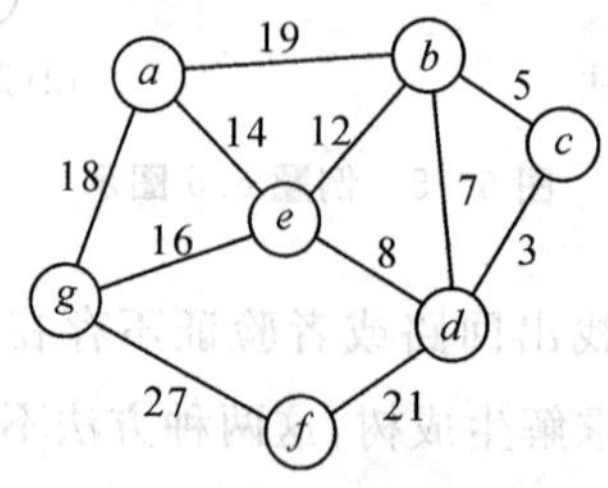

图 6-9 铺设路线对应的费用

如何设计算法求赋权连通图的最小生成树呢？事实上，树的 3 种等价的定义分别给出了求最小生成树的算法设计思路。

我国数学家管梅谷于 1975 年提出了求解最小生成树的破圈法，该算法基于树图的等价定义：图 T 连通且无回路，然后删除回路上最长的边。

克鲁斯卡尔(Kruskal)和普里姆(Prim)分别给于 1956 年和 1957 年提出了求解最小生成树的避圈法。Kruskal 算法基于树的等价定义：T 无回路且 $e=v-1$，以及贪心策略。Prim 算法基于树的等价定义：T 连通且 $e=v-1$，以及贪心策略。

以下详细介绍破圈法、Kruskal 算法和 Prim 算法三种求最小生成树的算法。

1. 破圈法

求最小生成树的破圈法的过程如下。

算法 6.3 求最小生成树的破圈法

设连通赋权图 G 有 n 个顶点和 m 条边，若 G 没有回路，则 G 本身就是一个树，G 也是 G 的最小生成树。若 G 有回路，则进行下面的步骤：

第一步，任意选取一条回路，然后去掉回路上的一条权值最大的边。

第二步，重复第一步，直到 G 没有任何回路为止。剩下的点和边就构成 G 的最小生成树。

例题 6.7　利用破圈法求解图 6-9 的最小生成树。

解　删除每条回路上的权值最大的边，获得最小生成树如图 6-10(5)所示，最小生成树的权为 67。

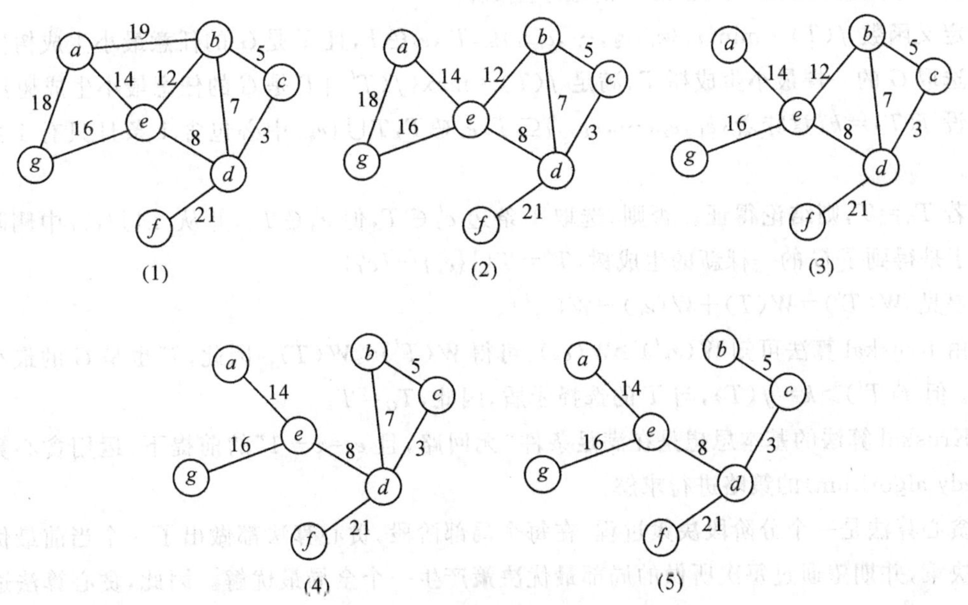

图 6-10　用破圈法求最小生成树

破圈法最大的缺点是需要多次判断图中是否有回路，这会增加算法的复杂度。

下面介绍求最小生成树的两种避圈法——Kruskal 算法和 Prim 算法，这两种算法采用的都是贪心策略。

2. Kruskal 算法

克鲁斯卡尔(Kruskal)于 1956 年将求生成树的避圈法推广到求最小生成树。针对无向连通图(假设其无环，否则把所有的环先去掉)，按照边权从小到大的次序，逐边将它们放回到所关联的顶点上，但删去会生成回路的边，直至产生一个 $n-1$ 条边的无回路的子图，这个子图就是最小生成树。该算法的步骤如下。

算法 6.4 求最小生成树的 Kruskal 算法

设连通赋权图 G 有 n 个顶点和 m 条边，分别用 $e_1,e_2,\cdots,e_m$ 表示，并假设边的权值满足 $W(e_1)<W(e_2)<\cdots<W(e_m)$。

第一步，设 $k=1, A=\varnothing$。

第二步，若 G 的子图 $\langle V, A\cup\{e_k\}\rangle$ 不包含回路，则设 A 为 $A\cup\{e_k\}$。

第三步，当 $|A|=n-1$ 时算法终止，否则设 k 为 $k+1$，并重复第二步。

定理 6.6 设 $G=\langle V,E,W\rangle$ 是无向赋权连通图，则由 Kruskal 算法所求的生成树必是 G 的最小生成树。

证明 设 $E=\{e_1,e_2,\cdots,e_m\}$，且已按边权递增的次序排列，T_G 是由 Kruskal 算法求得的子图。

由 Kruskal 算法可知，T_G 无回路，且 $e=v-1$，根据定理 6.1 可知此图为树。由于它含有 G 的所有顶点，因而是 G 的生成树。

接下来用反证法证明 T_G 是 G 的最小生成树。

定义函数 $f(T)=\min\{i\,|\,\{e_1,e_2,\cdots,e_{i-1}\}\subseteq T, e_i\notin T$，且 T 是 G 的任意最小生成树$\}$。

选取 G 的一棵最小生成树 T，满足 $f(T)=\max\{f(T')\,|\,T'$ 是 G 的任意最小生成树$\}$。

设 $f(T)=k$，意味着 $\{e_1,e_2,\cdots,e_{k-1}\}\subseteq T, e_k\notin T, T\cup\{e_k\}$ 中必包含 1 条且只有 1 条回路 C。

若 $T_G=T$，则结论得证。否则，选取 1 条边 $e'_k\in T$，但 $e'_k\notin T_G$，并从 $T\cup\{e_k\}$ 中删除边 e'_k。于是得到了 G 的一棵新的生成树：$T'=T\cup\{e_k\}-\{e'_k\}$。

易见，$W(T')=W(T)+W(e_k)-W(e_k{}')$。

由 Kruskal 算法可知 $W(e_k{}')\geqslant W(e_k)$，可得 $W(T')\leqslant W(T)$。因此，T' 也是 G 的最小生成树。但 $f(T')>k=f(T)$，与 T 的选择矛盾，因此，$T_G=T$。

Kruskal 算法的基本思想是在满足条件"无回路，且 $e=v-1$"的前提下，运用贪心算法(greedy algorithm)的策略进行求解。

贪心算法是一个分阶段决策过程，在每个局部阶段，贪心算法都做出了一个当前最优的局部决策，并期望通过每次所做的局部最优决策产生一个全局最优解。因此，贪心算法适用于通过局部最优策略得到全局最优解的问题，例如，币种统计问题、多机调度问题、活动选择问题、哈夫曼编码问题、0-1 背包问题和单源最短路径问题等。

贪心算法是一种基于子问题思想的策略，其求解过程通常包括以下 3 个步骤：

(1)分解。将原问题的求解过程划分为连续的若干个决策阶段。

(2)决策。在每个阶段依据贪心策略进行决策，得到局部最优解，并缩小待求解问题的规模。

(3)合并。将各个阶段的局部解合并为原问题的一个全局最优解。

Kruskal 算法的本质是针对图中的边设计贪心策略，逐步合并分支并构造最小生成树。

例题 6.8　利用 Kruskal 算法求图 6－9 的最小生成树。

解　对图中各边的权进行从小到大的排序：$e_1=(c,d)$，$e_2=(b,c)$，$e_3=(b,d)$，$e_4=(e,d)$，$e_5=(e,b)$，$e_6=(a,e)$，$e_7=(g,e)$，$e_8=(a,g)$，$e_9=(a,b)$，$e_{10}=(f,d)$，$e_{11}=(g,f)$，则由 Kruskal 算法，最小生成树的求解过程如图 6－11 所示。

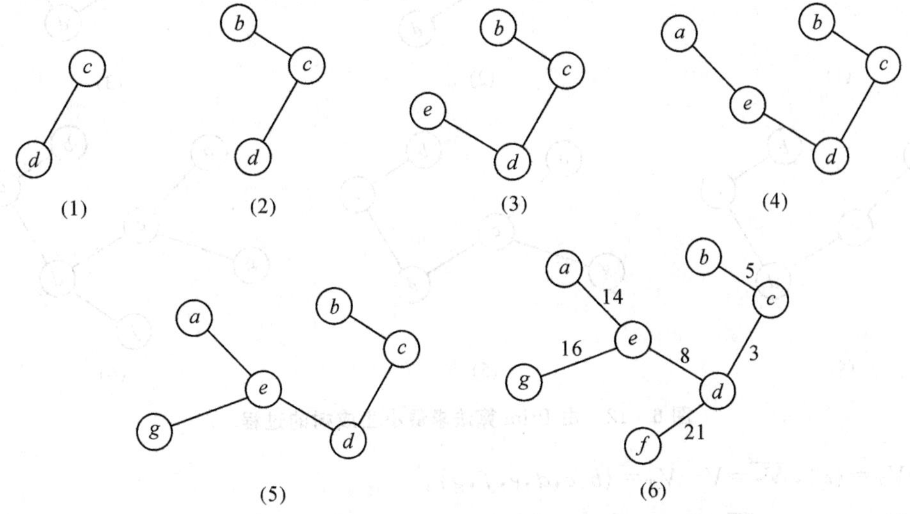

图 6－11　Kruskal 算法求解最小生成树的过程

在使用 Kruskal 算法求解的过程中，若有多条权值相等的边，则任选其一即可。当然，选择的边不同，可能获得不同的最小生成树，但是最小生成树的权都是相同的。

3. Prim 算法

对于无向赋权连通图，还可以用 Prim 算法求最小生成树。该算法是针对图中的顶点运用贪心算法设计贪心策略，逐步添加顶点或边来构造最小生成树。Prim 算法的求解过程如下。

算法 6.5 求最小生成树的 Prim 算法。

设 $G=\langle V,E,W\rangle$ 是无向赋权连通图，$|V|=n$，$|E|=m$，假设从 v_1 点开始求解。

第一步，令已经落在树 T 上的点集为 $V_T=\{v_1\}$，已经在树 T 上的边集为 $E_T=\varnothing$，尚未落在树 T 上的点集为$\overline{V_T}=V-V_T$。

第二步，找出一个顶点在 V_T 中、另一个顶点在与$\overline{V_T}$中的权最小的边，用 $e=(v_i,v_j)$ 表示该边，其中 $v_i\in V_T$，$v_j\in\overline{V_T}$，即求 V_T 的最近邻接点 v_j。令 $V_T:=V_T\cup\{v_j\}$，$\overline{V_T}:=\overline{V_T}-\{v_j\}$，$E_T:=E_T\cup\{e\}$。

第三步，当 $V_T=V$，$\overline{V_T}=\varnothing$ 时，算法中止，即得到图 G 的一棵最小生成树。否则，转第二步。

定理 6.7 设 $G=\langle V,E,W\rangle$ 是无向赋权连通图，则由 Prim 算法所求的生成树必是 G 的最小生成树。

例题 6.9 利用 Prim 算法求图 6-9 的最小生成树。

解 不妨从顶点 a 开始，下面给出两种解法过程。

方法 1 图示法。具体求解过程如图 6-12 所示。

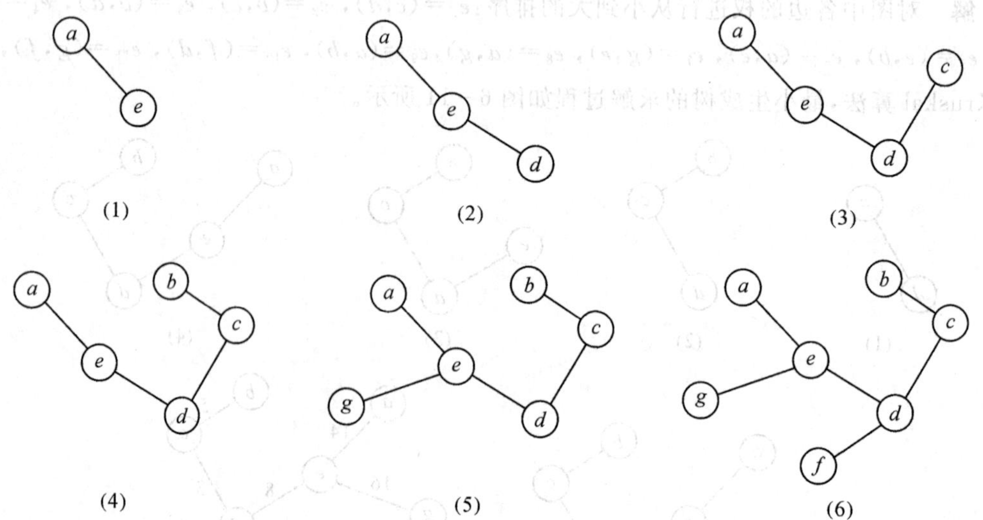

图 6-12 由 Prim 算法求最小生成树的过程

(1) $V_T=\{a\}$，$\overline{V_T}=V-V_T=\{b,c,d,e,f,g\}$。

(2) $V_T=\{a,e\}$，$\overline{V_T}=\{b,c,d,f,g\}$。

(3) $V_T=\{a,e,d\}$，$\overline{V_T}=\{b,c,f,g\}$。

(4) $V_T=\{a,e,d,c\}$，$\overline{V_T}=\{b,f,g\}$。

(5) $V_T=\{a,e,d,c,b\}$，$\overline{V_T}=\{f,g\}$。

(6) $V_T=\{a,e,d,c,b,g\}$，$\overline{V_T}=\{f\}$。

(7) $V_T=\{a,e,d,c,b,g,f\}$，$\overline{V_T}=\varnothing$。

方法 2 列表法(表 6-1)。

表 6-1 Prim 算法的求解过程

步骤	V_T	$\overline{V_T}$	V_T 与 $\overline{V_T}$ 之间的最短边	最短边的权	树权
1	a	b,c,d,e,f,g	(a,e)	14	14
2	a,e	b,c,d,f,g	(e,d)	8	22
3	a,e,d	b,c,f,g	(d,c)	3	25

续表

步骤	V_T	$\overline{V_T}$	V_T 与$\overline{V_T}$之间的最短边	最短边的权	树权
4	a,e,d,c	b,f,g	(b,c)	5	30
5	a,e,d,c,b	f,g	(e,g)	16	46
6	a,e,d,c,b,g	f	(d,f)	21	67
7	a,e,d,c,b,g,f	$\varnothing$	—	—	—

最终得到 G 的最小生成树如图 6-13 所示。

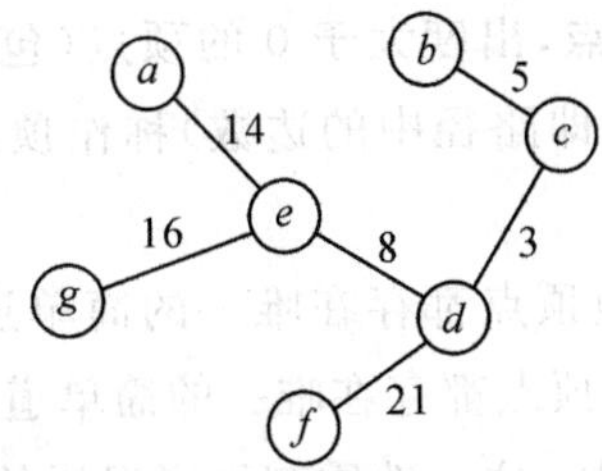

图 6-13　由 Prim 算法求得的最小生成树

需要注意的是，Prim 算法的求解结果与起始点的选取有关。从不同的顶点开始，能够获得不同的最小生成树。此算法的每一步选取的都是 V_T 与$\overline{V_T}$两点集之间的边，即 $e=(v_i,v_j)$，$v_i \in V_T$，$v_j \in \overline{V_T}$，中权最小的边，而不是在这一步新加入 V_T 的点的邻边中权最小的边，否则得到的不是最小生成树。

4. Kruskal 算法与 Prim 算法的比较

求解最小生成树的两种避圈法的比较结果见表 6-2。

表 6-2　Kruskal 算法与 Prim 算法的比较

算法名称	起始步骤	算法过程	适合范围	时间复杂度
Kruskal 算法	最小权的边(求解者自行选取)	通过每一步选取最短边来找到最小生成树	稀疏图	$O(m\log m)$
Prim 算法	规定了算法的起始点	每一步通过选取点集 V_T 和$\overline{V_T}$之间的最短边来进一步更新这两个点集	稠密图	$O(n^2)$

习题 6.2

6.3 根树及其应用

本节将从有向图的角度介绍并研究树，对一类特殊的有向树——根树，介绍其定义、性质、二叉树及相关的应用问题。根树描述了离散结构的层次关系，具有较强的实用性。

6.3.1 根树的定义与性质

定义 6.4 有向树与根树

若一个有向图在不考虑其方向的情况下是一棵树，则称该有向图为**有向树**(directed tree)。若有向树中恰好含有一顶点的入度为 0 而其他顶点的入度均为 1，则称该有向树为**根树**(rooted tree)。在根树中，入度为 0 的顶点称作**根**(root)，出度为 0 的顶点称为**树叶**，入度为 1、出度大于 0 的顶点称作**内点**，出度大于 0 的顶点(包括内点和根)统称为**分支点**。从树根到任意顶点 v 的路径的长度(即路径中的边数)称作顶点 v 的**层数**，所有顶点层数的最大值称作**树高**(height)。

在根树 T 中，从根到任意其他顶点都存在唯一的简单道路。反之，若有向图 T 中存在顶点 v，使得从 v 到 T 的任意其他顶点都存在唯一的简单道路，而且不存在从 v 到 v 的简单回路，则 T 是一棵以 v 为根的根树。这一性质刻画了根树的本质。

例题 6.10 图 6-14(1)是一棵树高为 3 的根树，它含有 9 片树叶和 4 个内点。在根树中，若将根画在最上方，则由于每条有向边的方向均为从上至下保持一致的，故有向边的方向可以省去，如图 6-14(2)所示。

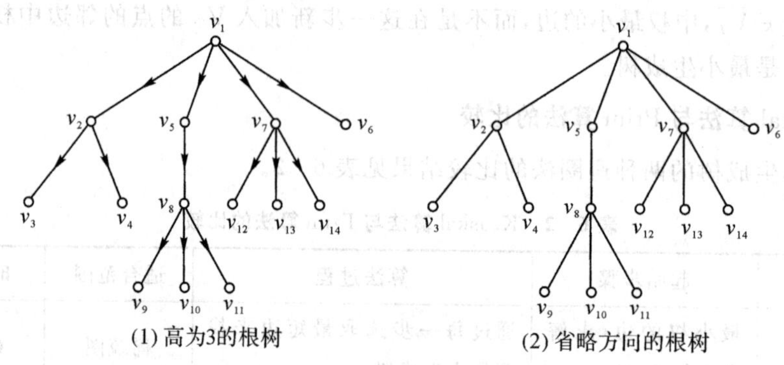

图 6-14 根树

定义 6.5 顶点之间的关系

设 $T=\langle V,E\rangle$ 是一棵非平凡的根树。对于任意 $v_i,v_j\in V(i\neq j)$，若 v_i 可达 v_j，则称 v_i 为 v_j 的**祖先**，v_j 为 v_i 的**后代**；若 v_i 邻接到 v_j，即 $\langle v_i,v_j\rangle\in E$，则称 v_i 为 v_j 的**父亲**，而 v_j 为 v_i 的**儿子**。若两个顶点 v_j 与 v_k 有相同的父亲，则称 v_j 与 v_k 是**兄弟**。

定义 6.6 子树

设 $T=\langle V,E\rangle$ 是一棵根树且 a 是 T 的一个分支点，记 $V(a)$ 为顶点 a 及其后代所构成的点的集合，$E(a)$ 为顶点 a 到其后代的路径上所有边构成的集合，则 $T(a)=\langle V(a),E(a)\rangle$ 称

为根树 T 中以顶点 a 为根的**子树**(subtree)。实际上，此子树就是 T 中顶点 a 及其后代构成的导出子图。

定义 6.7 有序树，r 叉树

设 T 为一棵根树。

(1)若 T 的每个分支点至多有 r 个儿子，则称 T 为 r **叉树**。

(2)若 T 的每个分支点都恰好有 r 个儿子，即每个分支点的出度都等于 r，则称 T 为 r **叉正则树**。

(3)若 T 是 r 叉正则树且每片树叶的层数均相同(等于树高)，则称 T 为 r **叉完全正则树**，简称 r **叉完全树**。

(4)若将 T 中具有相同层数的所有顶点都规定了次序，则称其为**有序根树**，简称**有序树**。

(5)若 r 叉树是有序树，则称其为 r **叉有序树**。

(6)若 T 为 r 叉正则树，且是有序的，则称之为 r **叉正则有序树**。

(7)若 T 是完全 r 叉树，且是有序的，则称 T 为 r **叉完全正则有序树**。

例题 6.11　如图 6－14(2)所示，在根树 T 中可以规定，层数为 1 的顶点 v_2,v_5,v_6 和 v_7 的次序、层数为 2 的顶点 $v_3,v_4,v_8,v_{12},v_{13}$ 和 v_{14} 的次序，以及层数为 3 的顶点 v_9,v_{10},v_{11} 的次序都是依据脚标从小到大排列。这样根树 T 可以认为是一棵有序树。也可以规定，层数相同的顶点依据图上顶点所画的位置从左至右为次序，即层数为 1 的点的次序是 v_2,v_5,v_7 和 v_6，层数为 2 和层数为 3 的顶点的次序与前一种规定的结果一致。

例题 6.12　对图 6－15 中的树进行判断。

解　图 6－15 中的(1)为三叉树、(2)为完全正则二叉树。

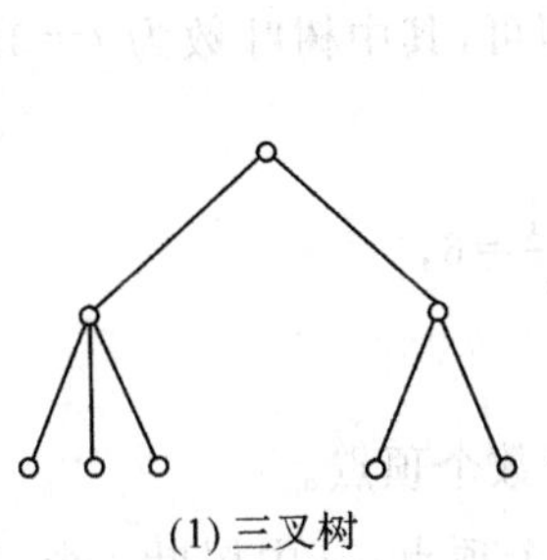

(1) 三叉树

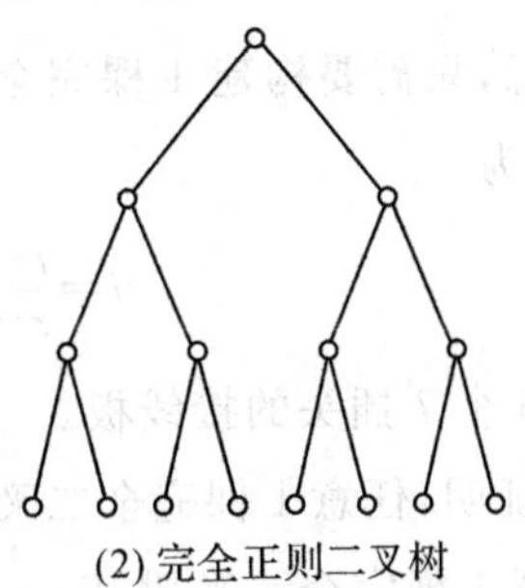

(2) 完全正则二叉树

图 6－15　三叉树与完全正则二叉树

例题 6.13　判断图 6－16 中的树是否同构。

解　图 6－16 中的两个图作为根树或二叉树是同构的，但作为二叉有序树不同构。

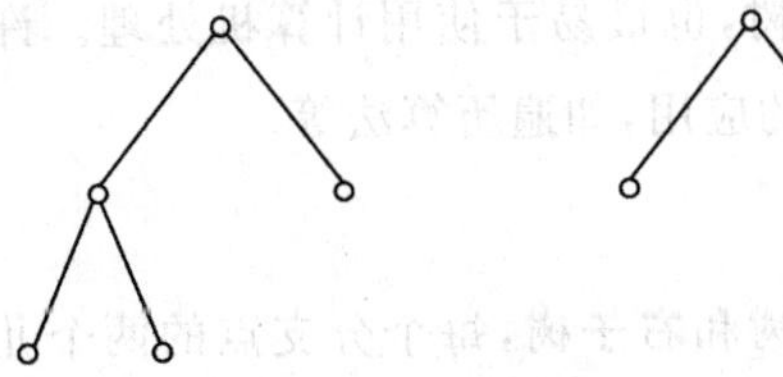

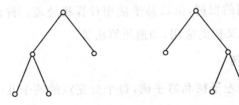

图 6－16　两棵不同构的二叉有序树

定理 6.8 r 叉树满足以下性质：

性质 1 若完全正则二叉树的树高为 k，则它共有 $2^{k+1}-1$ 个顶点，即树高为 k 的二叉树至多含有 $2^{k+1}-1$ 个顶点。

性质 2 若 T 是一棵有 i 个分支点的完全二叉树，则 T 的顶点总数为 $2i+1$，并且恰好含有 $i+1$ 个树叶。

性质 3 含有 i 个分支点的完全 r 叉树中一共有 $n=ri+1$ 个顶点。

性质 4 设 T 为一棵完全 r 叉树，若它的分支点和树叶的数量分别为 i 和 t，则 $(r-1)i=t-1$。

性质 5 若 r 叉树的树高为 k，则最多能有 r^k 片树叶。

证明 对于性质 2 的证明：

根树 T 中的所有顶点可分为某分支点的儿子顶点和非儿子顶点（不是任何分支点的儿子），而后者只有树根。又因为 T 含有 i 个分支点，而每个分支点均有 2 个儿子，因此 T 中共有 $2i$ 个儿子顶点，再加上树根，故 T 总共含有 $2i+1$ 个顶点，其中树叶的数量为：

$$(2i+1)-i=i+1。$$

对于性质 4 的证明：

因为 T 是完全 r 叉树，所以每个分支点均会引出 r 条边，因此 T 的边数 $m=r\times i$。又因为 T 的点数 $n=i+t$，所以由树的性质 $m=n-1$ 可知，$ri=i+t-1$。故 $(r-1)i=t-1$ 成立。

例题 6.14 现有 31 盏台灯但只有 1 个电源，计算至少需要多少个 7 插头的接线板才能使所有台灯通电。

解 根据题意，只需要构建 1 棵完全 6 叉树即可，其中树叶数为 $t=31$。根据性质 4 可知，分支点的数量为

$$i=\frac{t-1}{r-1}=\frac{31-1}{6-1}=6,$$

即至少需要 6 个 7 插头的接线板。

例题 6.15 证明：任意 1 棵完全二叉树必有奇数个顶点。

证明 设任意 1 棵完全二叉树 T 一共含有 n 个顶点，其中树叶 t 个，分支点 i 个，则有 $n=i+t$。又由性质 4 可知，$(r-1)i=t-1$. 由 $r=2$ 得到 $i=t-1$，从而 $n=2t-1$ 为奇数。

6.3.2 二叉树及其遍历算法

二叉树是最简单最常用的根树，也最易于使用计算机处理。许多实际问题均可用二叉树来表示。下面介绍一些二叉树的应用，如遍历算法等。

定义 6.8 左子树、右子树

二叉有序树的子树分为**左子树**和**右子树**，每个分支点的两个儿子从左至右分别称为左儿子和右儿子。即使不是正则二叉树，也可以分左、右，但必须注意顶点的位置。

定理 6.9 任何一棵有序树均可以转化为一棵二叉有序树。

证明　将一棵有序树按从上到下、从左到右的次序进行转化。具体来说，从树根开始，将每一个分支点 u 与其最左侧的儿子顶点 v 保持邻接关系不变(左子树)，而对其他儿子顶点，则用有向边从左至右顺次连接，并作为顶点 v 的儿子顶点，从而构成该分支点的右子树，如此下去即可得到一棵二叉树。

例题 6.16　图 6－17 所示三叉有序树(图 6－17(1))及其对应的二叉树(图 6－17(2))。

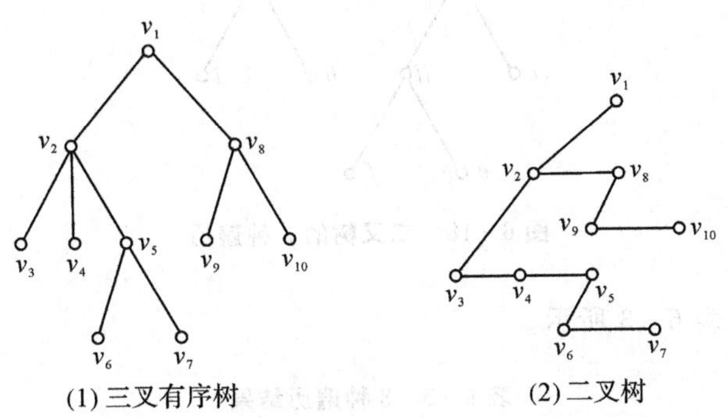

图 6－17　一棵三叉有序树及其对应的二叉树

二叉搜索树是计算机中实现搜索算法的一种重要工具。二叉搜索树是一类二叉树，每个分支点至多含有 2 个儿子顶点，每个顶点用唯一的标号进行标记。以二叉树作为数据结构时，常需遍历整棵树，其中，遍历是指依次对二叉树中的每一个顶点访问一次且仅一次。对完全有序二叉树有 3 种遍历方式。

定义 6.9 前序遍历、中序遍历、后序遍历

设 T 是一个以顶点 v 为根的一棵二叉树，T_1 和 T_2 分别是以 v 的 2 个儿子顶点为根的左、右子树。

(1)若 T 只含有顶点 v，则访问顶点 v；否则首先访问顶点 v，然后对左子树 T_1 进行前序遍历，最后再对右子树 T_2 进行前序遍历。这种遍历二叉树 T 的方法称为**前序遍历**(preorder traversal)。

(2)若 T 只含有顶点 v，则访问顶点 v；否则，首先对左子树 T_1 进行中序遍历，然后访问顶点 v，最后再对右子树 T_2 进行中序遍历。这种遍历二叉树 T 的方法称为**中序遍历**(inorder traversal)。

(3)若 T 只含有顶点 v，则访问顶点 v；否则，首先对左子树 T_1 进行后序遍历，然后对右子树 T_2 进行后序遍历，最后访问顶点 v。这种遍历二叉树 T 的方法称为**后序遍历**(postorder traversal)。

简而言之，3 种遍历方式的访问次序为：

(1)前序遍历：树根、左子树、右子树；

(2)中序遍历：左子树、树根、右子树；

(3)后序遍历：左子树、右子树、树根。

例题 6.17 图 6-18 是一棵对每个顶点唯一标号后的二叉树,写出以上 3 种遍历方式得到的字符串。

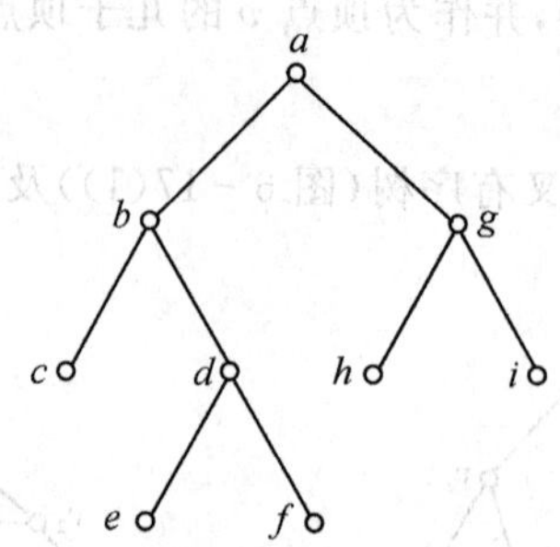

图 6-18 二叉树的 3 种遍历

解 遍历结果如表 6-3 所示。

表 6-3 3 种遍历结果

遍历方式	前序遍历	中序遍历	后序遍历
遍历结果	*abcdefghi*	*cbedfahgi*	*cefdbhiga*

利用二叉有序正则树可以表示四则运算的算式,然后根据不同的遍历方式得到不同的算法。用二叉有序正则树表示算式的方法如下:参加运算的数均作为树叶的标号,然后按照运算的顺序依次将运算符+,-,×,÷作为分支点的标号,即每个分支点表示一种运算,以其两个儿子顶点作为运算对象,同时表示该运算结果。

规定:被除数、被减数作为左儿子的标号。

例题 6.18 利用二叉树及 3 种遍历方式求解:

(1)用二叉有序正则树来表示以下算式:

$$(a\times(b+c)+d\times e\times f)\times(g\div(h-i)+j)。$$

(2)用 3 种遍历方式访问(1)中的二叉有序正则树,并写出遍历结果。

解 (1) 表示该算式的二叉树如图 6-19 所示。

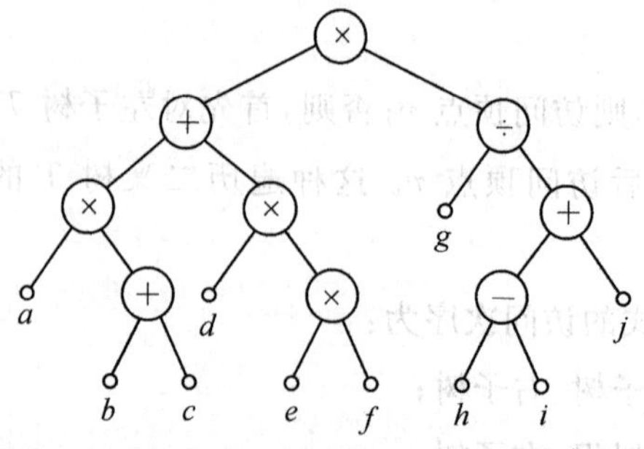

图 6-19 利用二叉树表示四则运算式

(2)分别利用 3 种遍历方式可得，

前序遍历：×(+(×a(+bc))(×d(×ef)))(÷g(+(−hi)j))。

中序遍历：((a×(b+c))+(d×(e×f)))×(g÷((h−i)+j))。

后序遍历：((a(bc+)×)(d(ef×)×)+)(g((hi−)j+)÷)×。

不难发现，在中序遍历中，利用四则运算的规则可以省去一些括号，这样就得到了(1)中的算式，所以中序遍历的访问结果是还原算式。在前序遍历得到的算式中，若删去所有括号，则得到符号串×+×a+bc×d×ef÷g+−hij，而此算式的运算规则是从右到左，每一个运算符对其后紧邻的两个数进行运算。由于这种算法中，运算符在两个运算对象的前面，所以称作前缀符号法或波兰符号法。若在后序遍历中的运算式中删去所有括号，则得到abc+×def××+ghi−j+÷×。它的运算规则是从左至右每个运算符对其前面紧邻的两个数进行运算。由于运算符在运算对象后面，故称为后缀符号法或逆波兰符号法。

6.3.3　前缀码

通信系统和计算机存储系统中，必须把数字、字母、符号等编码成二进制串，称为**码字**(code word)。编码方式有定长编码(如 ASCII 码)和变长编码两种，两种编码方式的效率不同。

假设有一个包含 100000 个字符的文件，各字符出现的频率不同。定长编码和变长编码，如表 6-4 所示。

表 6-4　两种不同的编码方式

字符	a	b	c	d	e	f
频率/千次	45	13	12	16	9	5
定长码	000	001	010	011	100	101
变长码	0	101	100	111	1101	1100

易见，定长编码用 3 位来表示一个字符，整个文件编码需要 300 000 位。而在变长编码中，其编码长度为(45×1+13×3+12×3+16×3+9×4+5×4)×1000=224 000，其编码长度低于定长编码。主要原因是在变长编码中，给频率高的字符较短的编码，而给频率低的字符较长的编码，由此达到整体编码长度减少的目的。

在通信系统或存储系统中进行编码设计时，除了减少编码长度的目的之外，还需要考虑解码的唯一性问题。例如，对于字符集 $C=\{a,b,c,d\}$，如果其代码集合为 $Q=\{001,00,010,01\}$，考虑编码序列 0100001，存在两种解码结果：①解码为 01，00，001，译码为 d,b,a；②解码为 010，00，01，译码为 c,b,d。解码结果不唯一，因此，不符合编码的基本要求，主要原因是这种编码方式不具备前缀性质。

前缀码是一种典型的具有前缀性质的变长编码。

定义 6.10 前缀码

设$\alpha=a_1a_2\cdots a_n$是一个长度为n的符号串，称符号串a_1，a_1a_2，$a_1a_2a_3$，…，$a_1a_2\cdots a_{n-1}$分别为符号串α的长度为1,2,3,…,$n-1$的**前缀**；对于符号串集合$A=\{\alpha_1,\alpha_2,\cdots,\alpha_m\}$，若$A$中任意两个不同的符号串$\alpha_i$与$\alpha_j$互不为前缀，则称集合$A$为一组**前缀码**。仅由两个符号构成的前缀码称为**二元前缀码**。

例如，集合$A_1=\{0,10,110,1110,1111\}$是一组前缀码，但$A_2=\{0,01,010\}$不是前缀码，因为符号串0是符号串01、010的前缀，符号串01是符号串010的前缀。

二元前缀码与正则二叉树之间具有一一对应关系。给定任意一棵正则二叉树，将每个分支点与其左儿子之间的边标记为0，与其右儿子之间的边标记为1. 由树的性质可知，从树根到每一个树叶存在唯一路径，将这条路径经过的边的标记所构成的序列作为此树叶的标记，如图6-20所示。一方面由于每个树叶的标记是由从树根开始到自身的唯一路径得到的，与其祖先顶点有关，因此不可能是任何其他树叶的标记，也不可能是其他树叶标记的前缀，所以所有树叶的标记形成的集合就是一组前缀码。图6-20中的正则二叉树对应的前缀码是{10,11,000,010,011,0010,0011}。反之，给定二元前缀码，也可以找出对应的正则二叉树，故正则二叉树与二元前缀码之间是一一对应的。

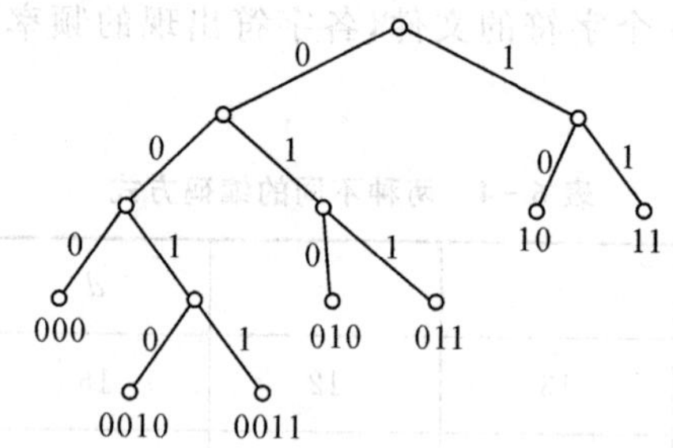

图 6-20 正则二叉树及其标记

例题 6.19 在通信系统中，信息是通过用0和1进行编码后传输的。假设传输的信息都是由字母a,b,c,d构成的字符串，那么应采用何种编码方案，才能使接收方能正确译码。

解 构造一棵正则二叉树T，满足树叶数量$t=4$，将它们分别标记为字母a,b,c,d。根据性质6.4可知，此时$r=2,t=4$，则分支点数$i=3$. 从而可以得到5种不同构的、含有3个分支点和4个树叶的正则二叉树。再根据以下3个步骤，即可得到编码方案。

第一步，将每个顶点与其左儿子之间的边标记为0，与其右儿子之间的边标记为1。

第二步，将树根到每个树叶的唯一路径所经过的边的标记顺次记录下来，所得到的01序列作为树叶的标记。

第三步，这些标记必然构成二元前缀码，即四个树叶的标记序列相互不为前缀，从而可以使接收方在得到01序列后可以唯一的译出原来用a,b,c,d组成的符号串。

对于图6-21中的5棵正则二叉树，其4个树叶的标记分别用字母a,b,c,d表示。

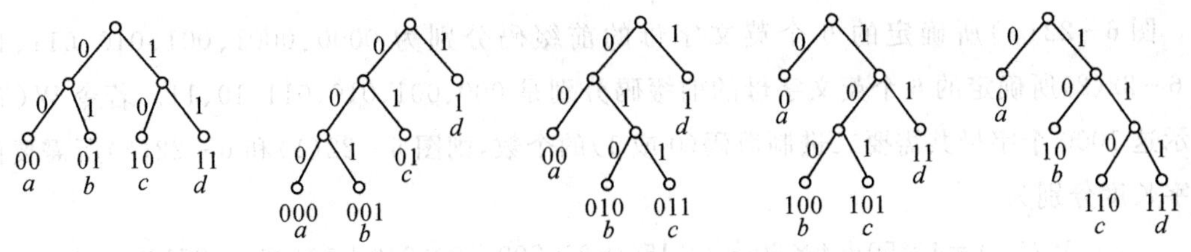

图6-21 含有4个树叶的正则二叉树及其前缀码

5棵正则二叉树对应的前缀码结果如表6-5所示。

表6-5 5种前缀码

字符	a	b	c	d
前缀码1	00	01	10	11
前缀码2	000	001	01	1
前缀码3	00	010	011	1
前缀码4	0	100	101	11
前缀码5	0	10	110	111

6.3.4 最优树及哈夫曼算法

通信系统的信息是通过0和1编码序列进行传输的。假设所传输的信息都是由26个英文字母构成的符号串,那么只要用长度为5的码字就可表达26个不同的英文字母。实际上,由于字母在信息中出现的频次不同,如字母"e"和"t"在单词中出现的频率要远远大于字母"q"和"z",人们希望能用较短的字符串表示频繁出现的字母,以缩短信息字符串的总长度。

例题6.20 假设要传输的信息仅含有6个英文字母a,b,c,d,e,f。随机抽取1000个字母后发现,字母"a"出现50次,字母"b"出现60次,字母"c"出现150次,字母"d"出现200次,字母"e"出现240次,字母"f"出现300次。求这6个英文字母前缀码的长度。

解 前缀码与二叉树的一一对应关系可知,能够表示6个英文字母的前缀码有多种。例如,图6-22(1)和图6-22(2)都是含有6个树叶的二叉树。

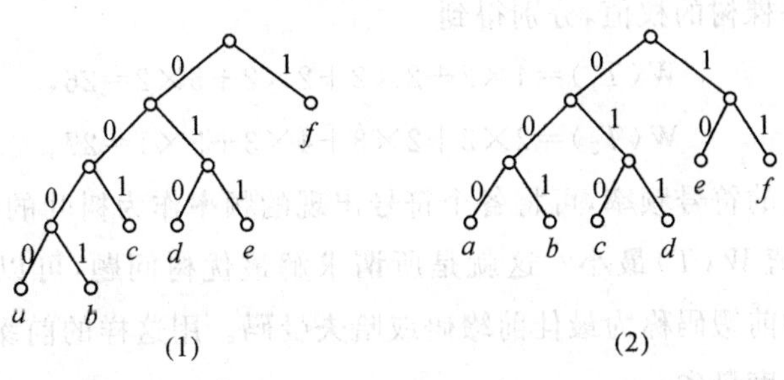

图6-22 英文字母a,b,c,d,e,f的两种前缀码

图 6-22(1)所确定的 6 个英文字母的前缀码分别为 0000、0001、001、010、011、1；图 6-22(2)所确定的 6 个英文字母的前缀码分别是 000、001、010、011、10、11。若令 $W(T)$ 表示这 1000 个字母共需要二进制数码(0 或 1)的个数，则图 6-22(1)和 6-22(2)所需要的码字长度分别为

$$W(T_a)=4\times 50+4\times 60+3\times 150+3\times 200+3\times 240+1\times 300=2510,$$

$$W(T_b)=3\times 50+3\times 60+3\times 150+3\times 200+2\times 240+2\times 300=2460。$$

前缀码的码字长度就是树根到码字所代表的字母对应的树叶的路径长度，所以任何具有 6 个树叶的二叉树所确定的前缀码用来表达 1000 个字母总共需要的码字长度为

$$W(T)=l_a\times\omega_a+l_b\times\omega_b+l_c\times\omega_c+l_d\times\omega_d+l_e\times\omega_e+l_f\times\omega_f,$$

其中，$l_a,\cdots,l_f$ 分别表示树根到树叶 a,b,c,d,e,f 的路径长度，即各树叶的层数。

由此可见，即使都是前缀码，但其长度也可以各不相同。

定义 6.11 叶赋权树

设根树 $T=\langle V,E\rangle$ 且 $V_0=\{v_1,v_2,\cdots,v_t\}$ 是 T 的树叶构成的集合。从 V_0 到实数域 R 构建一个函数 $W:V_0\to R$，对 V_0 中的任意树叶 v 赋予一个数量 $\omega(v)$，所得到的根树 T^* 称为**叶赋权树**，称 W 为根树 T 的**叶权函数**，称 $\omega(v)$ 为树叶 v 的**权重**。称 $W(T^*)=\sum_{v\in V_0}\omega(v)\cdot l(v)$ 为叶赋权树 T^* 的**权值**(weight)，其中 $l(v)$ 是树叶 v 的层数。

常用字符出现的频次表示叶权函数，$l(v)$ 实质上就是字符 v 的编码长度。

例题 6.21 给出 2 棵不同构的、叶权为 2,2,4,5 的二叉树并计算它们的权值。

解 根据定理 6.8 可知，此时 $r=2,t=4$，所以分支点数 $i=3$。满足这一数量关系的二叉树共 5 棵，选取其中的 2 棵并对树叶赋权 2,2,4,5。如图 6-23 所示。

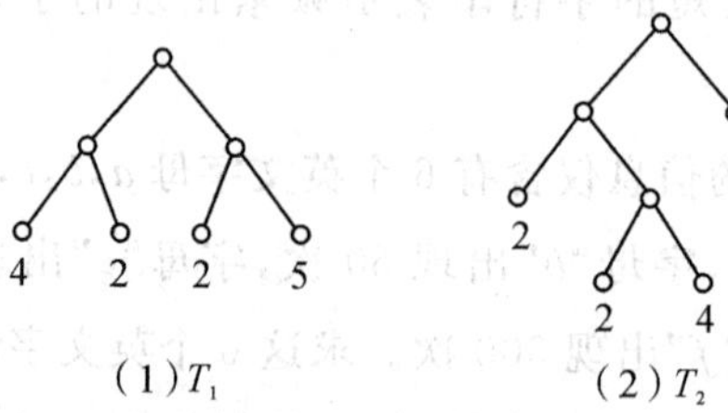

图 6-23 两棵不同构的、叶权为 2,2,4,5 的二叉树

根据定义计算每棵树的权值，分别得到

$$W(T_1)=4\times 2+2\times 2+2\times 2+5\times 2=26,$$

$$W(T_2)=2\times 2+2\times 3+4\times 3+5\times 1=27。$$

如果已知要传输的符号频率，可将各个符号出现的频率作为树叶的权重，如何求得一棵树 T，使得其叶赋权值 $W(T)$ 最小？这就是所谓求解最优树问题，可以由哈夫曼算法来求解。由最优树产生的前缀码称为最佳前缀码或哈夫曼码。用这样的前缀码传输对应的符号可以使传输的码字长度最省。

定义 6.12 哈夫曼树

在所有包含 t 个树叶且叶权分别为 $\omega_1,\omega_2,\cdots,\omega_t$ 的二叉树中，权值最小的二叉树称为**最优二叉树**(optimal binary tree)，简称**最优树**，又称为**哈夫曼树**。

1952 年，哈夫曼给出了构造最优树的哈夫曼(Huffman)算法。该算法实质上给出了构造最优二元前缀码的方法，因此最优二叉树也称作哈夫曼树，对应的最优二元前缀码也称作**哈夫曼码**。

哈夫曼算法的贪心策略是：给频率高的字符以较短的代码；频率低的字符以较长的代码。若将编码映射成二叉树，则其贪心策略可表述为：把频率高的字符分配给靠近树根(较浅)的树叶，把频率低的字符放置在远离树根(较深)的树叶；自底向上构造二叉编码树，由森林不断合并得到一棵二叉树。该算法的思想基于下列结论。

定理 6.10　设 T 是一棵叶权为 $\omega_1\leqslant\omega_2\leqslant\cdots\leqslant\omega_t$ 的最优二叉树。若将 T 中赋权为 ω_1，ω_2 的树叶去掉，并以它们的父亲作为赋权$(\omega_1+\omega_2)$的树叶，得到新的叶赋权树 T^*，则 T^* 是赋权为 $\omega_1+\omega_2,\omega_3,\cdots,\omega_t$ 的最优树。

证明　设赋权为 ω_1,ω_2 的树叶的父亲的层数为 l，则由题意可知，

$W(T)=W(T^*)-(\omega_1+\omega_2)\times l+\omega_1\times(l+1)+\omega_2\times(l+1)=W(T^*)+(\omega_1+\omega_2)$。

利用反证法证明。

若 T^* 不是最优树，则必定存在另一棵赋权为 $\omega_1+\omega_2,\omega_3,\cdots,\omega_t$ 的最优树，记为 T'。在 T' 中为赋权$(\omega_1+\omega_2)$的树叶添加两个儿子，分别赋权 ω_1 和 ω_2，得到新的树，记为 T''。不难得到

$$W(T'')=W(T')+(\omega_1+\omega_2)。$$

注意到 T' 是赋权为 $\omega_1+\omega_2,\omega_3,\cdots,\omega_t$ 的最优树，则有 $W(T')\leqslant W(T^*)$。但是若 $W(T')<W(T^*)$，则有 $W(T'')<W(T)$，与 T 是一棵叶权为 $\omega_1,\omega_2,\cdots,\omega_t$ 的最优树矛盾。

因此 T^* 是赋权为 $\omega_1+\omega_2,\omega_3,\cdots,\omega_t$ 的最优树。

基于定理 6.10，哈夫曼提出求解最优树的哈夫曼算法，其基本思想是由一棵赋权为 $\omega_1+\omega_2,\omega_3,\cdots,\omega_t$ 的最优树可以得到一棵赋权为 $\omega_1,\omega_2,\omega_3,\cdots,\omega_t$ 的最优树，其中 $\omega_1\leqslant\omega_2\leqslant\cdots\leqslant\omega_t$。因此，求解一棵含有 t 个树叶的最优树就转化为求一棵有 $t-1$ 个树叶的最优树，求解一棵含有 $t-1$ 个树叶的最优树就转化为求一棵有 $t-2$ 个树叶的最优树，依此类推，最后转化为求解一棵有 2 个树叶的最优树。由于仅有 2 个树叶的完全正则二叉树是唯一的，因此它一定是最优的，从而递归地解决了最优树的求解问题。

算法 6.6 求最优树的哈夫曼算法

设叶赋权二叉树 T 含有 t 个树叶，分别记为 $v_1,v_2,\cdots,v_t$，权重分别为 $\omega_1,\omega_2,\cdots,\omega_t$，不妨设 $\omega_1\leqslant\omega_2\leqslant\cdots\leqslant\omega_t$，并令 $W=\{\omega_1,\omega_2,\cdots,\omega_t\}$。

第一步，在 W 中选取两个最小的权 ω_i 和 ω_j，使它们对应的顶点 v_i 和 v_j 做兄弟，它们的父亲顶点记为 v_r 并赋权 $\omega_r=\omega_i+\omega_j$。

第二步，在 W 中删去 ω_i 和 ω_j，再加入 ω_r。

第三步，若 W 中只有一个元素，则算法停止，否则转第一步。

例题 6.22 求叶权为 4,2,3,5,1 的最优树。

解 首先将叶权按从小到大排序，即集合 $W=\{1,2,3,4,5\}$。将最小权 1 和 2 的两个叶子合成一个树叶并赋权 $1+2=3$。令 $W=\{3,3,4,5\}$，将权重为 3 的叶子与新合成的权重 3 叶子进行合并，得到一个赋权为 $3+3=6$ 的新树叶。令 $W=\{4,5,6\}$，将权重为 4 和 5 的两个叶子进行合并，得到一个赋权为 $4+5=9$ 的新树叶。令 $W=\{6,9\}$，将最后剩余的两个点合并为一个新树叶，赋权 $6+9=15$。此时 $W=\{15\}$，仅含有一个元素，故算法停止。图 6-24 给出了哈夫曼算法的求解过程，最后得到最优树的权值为

$$W(T)=1\times3+2\times3+3\times2+4\times2+5\times2=33。$$

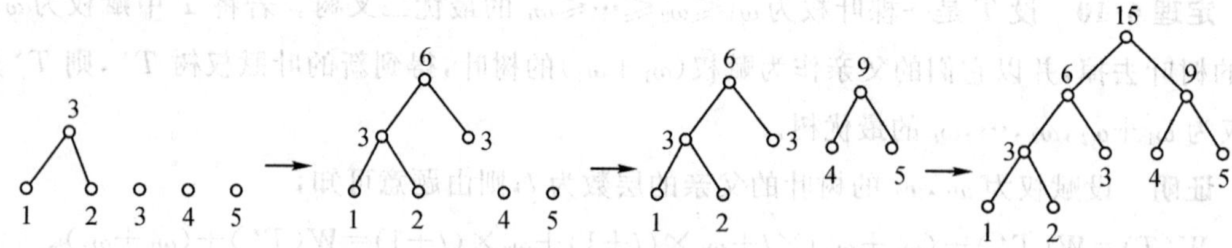

图 6-24 哈夫曼算法

例题 6.23 求叶权为 1,2,2,3,4,5 的最优树。

解 令集合 $W=\{1,2,2,3,4,5\}$。图 6-25 和图 6-26 分别给出了利用哈夫曼算法求解得到的两棵不同构的最优树，其中

$$W(T_1)=1\times4+2\times4+2\times3+5\times2+3\times2+4\times2=42,$$
$$W(T_2)=1\times3+2\times3+4\times2+2\times3+3\times3+5\times2=42。$$

由此可知叶权相同的情况下，最优树可能不唯一。

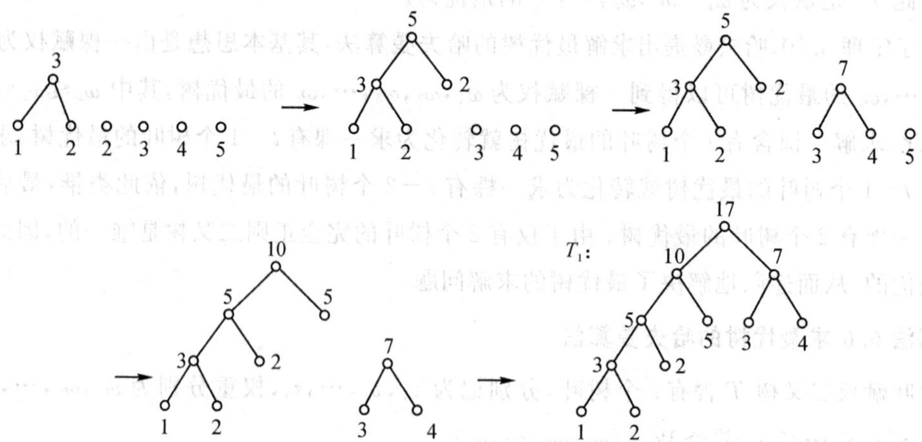

图 6-25 叶权为 1,2,2,3,4,5 的最优树 T_1

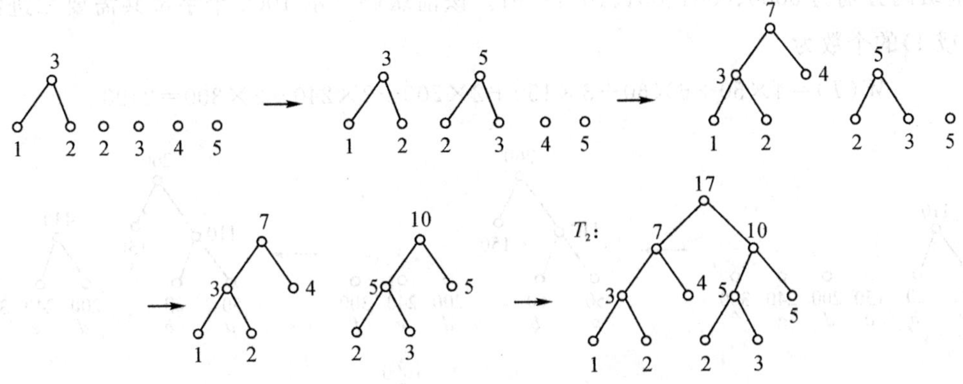

图 6－26　叶权为 1,2,2,3,4,5 的最优树 T_2

例题 6.24　设某文件中各字符出现频率如下：a 为 5、b 为 13、c 为 12、d 为 16、e 为 9、f 为 5，现要对这些字符进行编码。利用哈夫曼算法求该编码问题的哈夫曼码。

解

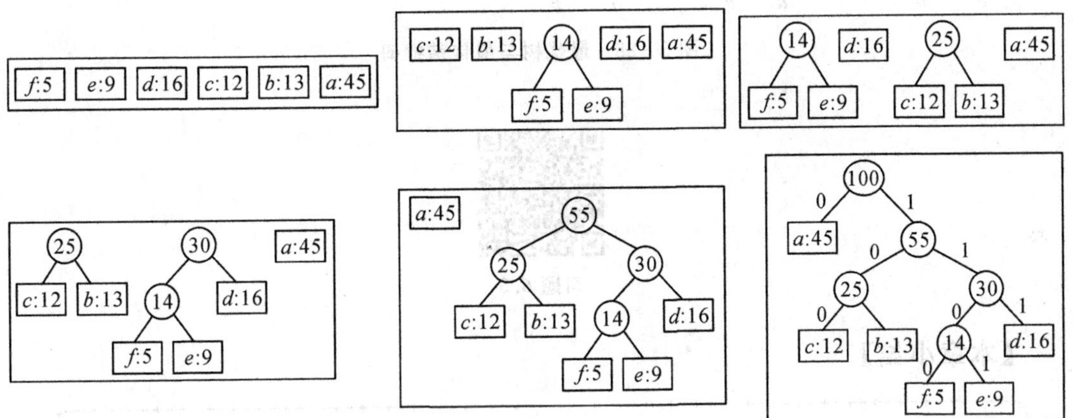

图 6－27　哈夫曼算法求解过程

故由哈夫曼算法求得的哈夫曼码见表 6－6。

表 6－6　哈夫曼编码

不同的字符	a	b	c	d	e	f
频率/千次	45	13	12	16	9	5
哈夫曼码	0	101	100	111	1101	1100

注意，构造出最优树后，每个树叶所代表的字符的编码是由树根到此树叶的路唯一决定的。

例题 6.25　运用哈夫曼算法求例题 6.20 中 6 个英文字母 a,b,c,d,e,f 的哈夫曼编码。

解　对于 6 个英文字母问题，通过求解最优树（图 6－28）所得到的英文字母 $a,b,c,d,e,$

f 的前缀码分别为 0000、0001、001、10、11、01。该前缀码表示 1000 个字母共需要二进制数码(0 或 1)的个数为

$$W(T)=4\times50+6\times60+3\times150+2\times200+2\times240+2\times300=2490。$$

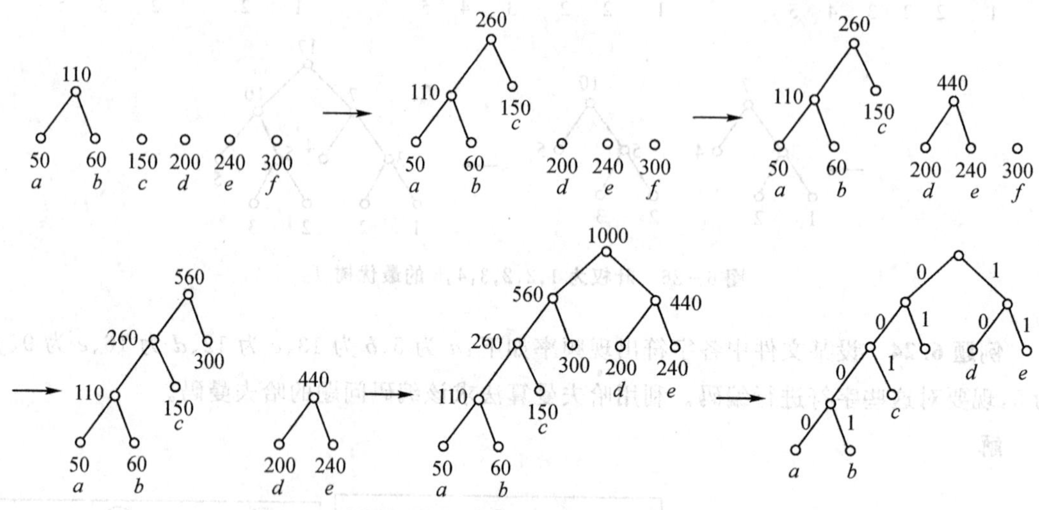

图 6-28　最优树与最佳前缀码

习题 6.3

【本章小结】

本章介绍了一类特殊的图——树。首先,介绍了树的概念和相关结论。然后,介绍了生成树的概念和求解方法——避圈法和破圈法,进一步介绍了最小生成树的概念和求解方法——避圈法(Kruskal 算法和 Prim 算法)和破圈法,并对这些算法进行了比较。最后,介绍了一类特殊的有向树——根树的定义、性质,以及二叉树及其相关的应用问题。

第 7 章　特殊图

【内容提要】

本章讨论的是几类在理论研究和实际应用中都有重要意义的特殊图——欧拉图、哈密顿图、二分图、平面图、着色图，将分别介绍它们的定义、判定方法及其应用。

7.1　欧拉图

欧拉图起源于欧拉解决的哥尼斯堡七桥问题。哥尼斯堡七桥问题等价于在图 7－1 中是否存在这样一条路径：从某个顶点出发，不重复地经过每一条边，然后回到出发的顶点。称具有这样回路的图为欧拉图。下面将详细介绍欧拉图的相关概念、判定方法及具体应用。

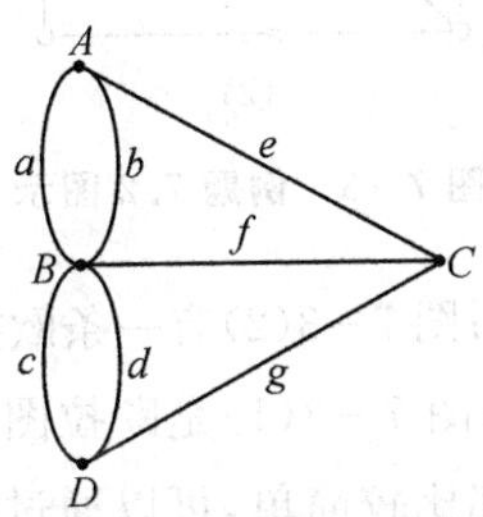

图 7－1　哥尼斯堡七桥问题模型

7.1.1　欧拉图

定义 7.1 欧拉图

若图 G 有一条经过所有边一次且仅一次的路，则称这样的路为**欧拉路**(Euler path)。若图 G 有一条经过所有边一次且仅一次的回路，则称这样的路为**欧拉回路**(Euler circuit)。具有欧拉回路的图称为**欧拉图**(Euler graph)，具有欧拉路但不具有欧拉回路的图称为**半欧拉图**。

规定平凡图(只有一个顶点，没有边的图)为欧拉图。

定义 7.1 适用于有向图和无向图。欧拉路(欧拉回路)上的顶点可以重复，但是边不能重复；欧拉路是包含图 G 中所有边的简单路，它是经过所有边的长度最短的路；欧拉回路是

包含图 G 中所有边的简单回路，它是经过所有边的长度最短的回路。

例题 7.1 判断图 7－2 中的几个图是否为欧拉图或者半欧拉图。

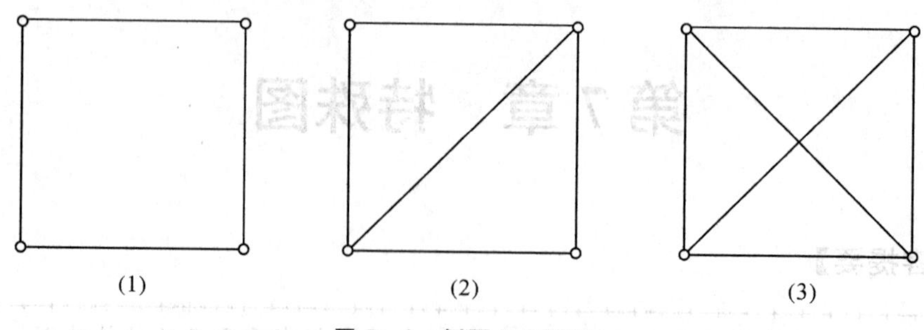

图 7－2 例题 7.1 图示

解 图 7－2(1)有一条欧拉回路，图 7－2(2)有欧拉路但没有欧拉回路图 7－2(3)没有欧拉路也没有欧拉回路，因此，图 7－2(1)是欧拉图，图 7－2(2)是半欧拉图。

例题 7.2 判断图 7－3 中的有向图是否为欧拉图或者半欧拉图。

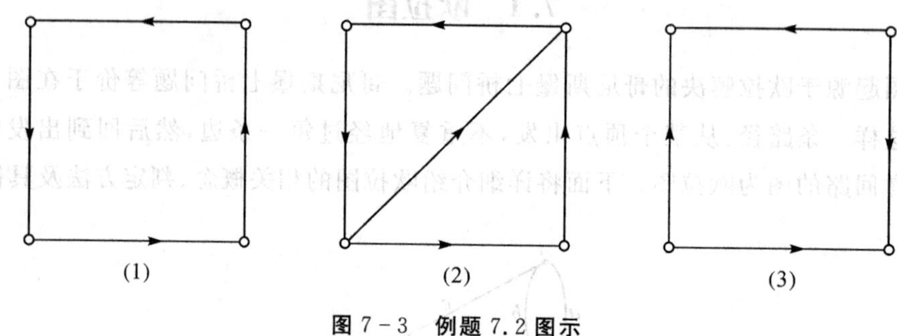

图 7－3 例题 7.2 图示

解 图 7－3(1)有一条欧拉回路；图 7－3(2)有一条欧拉路，但没有欧拉回路；图 7－3(3)既没有欧拉路，也没有欧拉回路，因此，图 7－3(1)是欧拉图，图 7－3(2)是半欧拉图。

由于图 7－2 和图 7－3 中的图都比较简单，可以通过观察发现这些图是否为欧拉图或半欧拉图。但是，对于相对复杂的图而言，该方法是不可行的。接下来介绍判定欧拉图或半欧拉图的一些具体方法，这里假设所有的图的顶点数和边数是有限的。

7.1.2 欧拉图的判定

定理 7.1 无向图 G 为欧拉图当且仅当 G 连通，且所有顶点的度都是偶数；有向图 G 为欧拉图当且仅当 G 是弱连通的，且每个顶点的出度与入度相等。

证明 仅对无向图进行证明；对于有向图的证明，方法类似，不再赘述。

必要性。 设 G 为一个无向欧拉图。显然，G 是连通的。由于欧拉回路为一闭路径，它每经过一个顶点一次，便给这一顶点的度数增加 2。因此，各顶点的度数均为该路径经历此顶点的次数的两倍，从而均为偶数。

充分性。 设 G 是连通图，且每个顶点的度数均为偶数，则 G 为欧拉图。

对 G 的边数进行归纳。

当 $m=1$ 时，G 必定为单顶点的环，这时 G 为欧拉图。

假设边数少于 $m(m\geqslant 2$ 且为整数)的连通图，在顶点度数均为偶数时必为欧拉图。现在考虑有 m 条边的连通图 G，并且顶点度数均为偶数，下面证明它是欧拉图。

假设从 G 的任一点出发，沿着边构画，使笔不离开图且不在构画过的边上重新构画。由于每个顶点的度数都是偶数，笔在进入一个顶点后总能离开那个顶点，除非笔回到了起点。在笔回到起点时，它构画出一条回路，记为 H。从图 G 中删去 H 的所有边，所得图记为 G'。显然，G' 不一定连通，但其各顶点的度数依然是偶数。考虑 G' 的各连通分支，由于它们都连通，顶点度数均为偶数，而边数均小于 m。因此，据归纳假设，G' 的各连通分支都是欧拉图。此外，由于 G 连通，G' 的各连通分支都与 H 有一个或若干个公共顶点。因此，G' 的各连通分支上的欧拉回路与 H 一起构成一个更大的回路，这就是 G 的一个欧拉回路。因此，G 是一个欧拉图。

推论　无向图 G 具有欧拉路(非欧拉回路)当且仅当 G 连通，且恰有两个奇数度的顶点。有向图 G 具有欧拉路(非欧拉回路)当且仅当 G 是弱连通的，且恰有两个顶点的入度与出度不等，其中一个顶点的出度比入度多 1，另一个顶点的入度比出度多 1。

由定理 7.1 容易判断，哥尼斯堡七桥问题无解。

例题 7.3　判断奇数(大于 1)个顶点的完全图、k 为偶数时的 k-正则图是否为欧拉图。

解　对于奇数个顶点的无向完全图，每个顶点的度数都是偶数，因此它是欧拉图。对于奇数个顶点的有向完全图，每个顶点的入度和出度都是偶数，因此它也是欧拉图。

对于 k 为偶数时的 k-正则图，每个顶点的度数都是 k，因此，它是欧拉图。

欧拉图的判定问题也称为一笔画问题，即笔不离开纸，能否不重复地画遍纸上图形的所有边。对于欧拉图，可以从任一顶点出发，不重复地画遍纸上图形的所有边，然后回到出发顶点。对于半欧拉图，可以从一个度数为奇数的顶点出发，不重复地画遍纸上图形的所有边，然后到达另一个度数为奇数的顶点。

例题 7.4　图 7-4 是否可一笔画出？

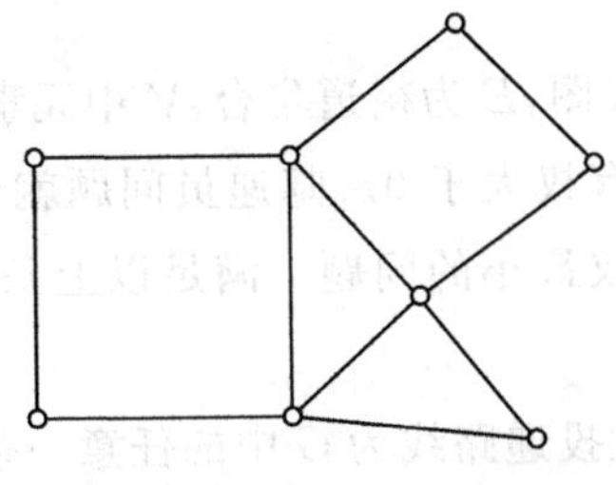

图 7-4　例题 7.4 图示

解　图 7-4 中所有顶点的度数都是偶数，因此，它是欧拉图，可一笔画出。

7.1.3　欧拉回路的求解算法

对于比较复杂的图，即使判定出它是欧拉图，也很难找出欧拉回路，这就需要借助于算法找出欧拉回路，求解欧拉回路常用的算法有深度优先搜索(DFS)算法和 Fleury(弗勒里)

算法。

算法 7.1 求解欧拉回路的深度优先(DFS)算法

用 DFS 算法求解欧拉回路的思路：利用相关结论(即根据节点度数判断)判断出一个图存在欧拉路或者欧拉回路后，选择一个正确的起始顶点，用 DFS 算法遍历所有的边(每条边只遍历一次)，遇到走不通的情况就回退。在搜索前进方向上将遍历过的边按顺序记录下来，这些边的排列就构成了一条欧拉路或欧拉回路。

算法 7.2 求解欧拉回路的 Fleury 算法

Fleury 算法的基本思想：从图的一个顶点出发，用深度优先方法找图的欧拉路，在任何一步，尽可能不使用剩余图的割边，除非没有别的选择。

对于图 $G=\langle V,E\rangle$，Fleury 算法的具体步骤如下：

第一步，任取 G 中的一个顶点 v_0，令 $P=v_0$。

第二步，假设沿路 $p_i=v_0e_1v_1e_2v_2\cdots e_iv_i$ 走到顶点 v_i，按以下方法从 $E(G)-\{e_1,e_2,\cdots,e_i\}$ 中选 e_{i+1}：

(1) e_{i+1} 与 v_i 相关联；

(2) 除非无别的边可供选择，否则 e_{i+1} 不应该是 $G_i=G-\{e_1,e_2,\cdots,e_i\}$ 中的割边。

第三步，当第二步不能再进行时，算法停止。

可以证明，当算法停止时，所得到的简单回路 $p_m=v_0e_1v_1e_2v_2\cdots e_mv_m(v_m=v_0)$ 就是 G 的一条欧拉回路。

7.1.4 中国邮递员问题

中国邮递员问题：邮递员从邮局出发，走完他所负责的每一条街道，然后回到邮局。在这样的路线中，如何寻找一条最短路？这个问题最早是中国学者管梅谷于 1962 年提出的，因此称为中国邮递员问题。许多现实问题可以转化为中国邮递员问题，例如，如何让道路清扫车开空车的总路程最少。

设 $G=\langle V,E,W\rangle$ 为无向带权图，E 为街道集合，V 中元素为街道的交叉点。街道的长度为该街道对应的边的权，显然所有权大于 0。邮递员问题就变成了求 G 中一条经过每条边至少一次的回路，使该回路所带权最小的问题。满足以上条件的回路是最优投递路线或最优回路。

显然，若 G 是欧拉图，则最优投递路线为 G 中的任意一条欧拉回路。若 G 不是欧拉图，则最优投递路线必须要有重复边出现，而要求重复边权之和达到最小。其数学模型可具体描述如下：若 G 不是欧拉图，则 G 必有奇点，必须加若干条重复边，使重复边的权与原边的权相同，设所得图为 G^*，于是求 G 的最优投递路线就等价于求 G^* 的一条欧拉回路，使得重复边权之和 $\sum\limits_{e\in F} w(e)$ 最小，其中 $F=E(G^*)-E(G)$。

设 C 是 G 中一条最优投递路线，G^* 为对应的欧拉图，在 G^* 中添加的重复边应满足哪些条件呢？将在定理 7.2 中给出答案。

定理 7.2　C 是带正权无向连通图 $G=\langle V,E,W\rangle$ 中的最优投递路线当且仅当对应的欧拉图 G^* 应满足：

(1)G 的每条边在 G^* 中至多重复出现一次；

(2)G^* 的每个圈上重复出现的边的权之和不超过该圈权的一半。

由定理 7.2 不难设计出中国邮递员问题的求解方法，该方法称为奇偶点图上作业法，其要点是：先分奇偶点，奇点对对联；联线不重迭，重迭要改变；圈上联线长，不得过半圈。

算法 7.3 中国邮递员问题求解的奇偶点图上作业法

第一步，计算图的所有顶点的度数，判断奇数度顶点的个数。奇数度顶点简称为奇点，偶数度顶点简称为偶点。

第二步，在顶点之间增加一些边使得所有奇点变成偶点。有两种连边方式：在两个奇点之间直接连边，或在一个奇点和一个偶点之间连边，然后再在这个偶点和另一个奇点之间连边。这样就得到一个欧拉图。增加的边代表重复走的路线。

第三步，检查重复走的路线长度，是否不超过其所在圈的总长度的一半，若超过，则调整连线，改走另一半。

第四步，寻找欧拉回路。

例题 7.5　图 7-5 是某小区街道示意图。图中的边代表街道，权值代表街道长度。清扫车从站点 v_1 出发，最终再回到该站点。如何选择行驶路线，能够使得空车行驶的总路线长度最短？

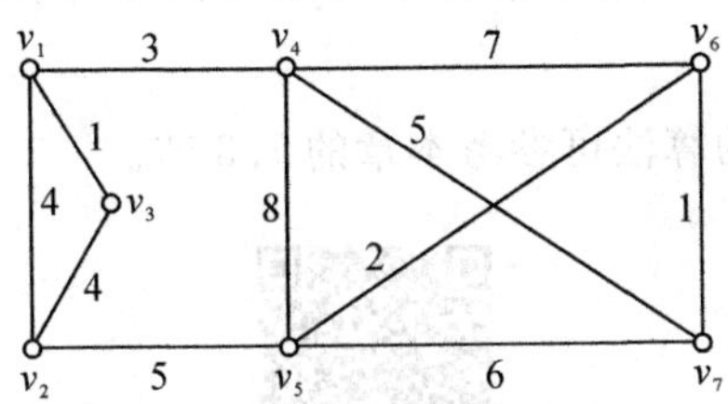

图 7-5　小区街道示意图

解　在图 7-5 中，v_1、v_2、v_6、v_7 为奇点。

在图 7-5 中的 v_6 和 v_7 之间连边，将 v_6 和 v_7 变成偶点。对于奇点 v_1 和 v_2，分别在 v_1 和 v_3，以及 v_3 和 v_2 之间连一条边(图 7-6)。结果发现重复的路线的长度为 $1+4=5$，大于其所在圈的另一半的长度，所以改走另一半，即在 v_1 和 v_2 之间连边(图 7-7)，图 7-7 是欧拉图。

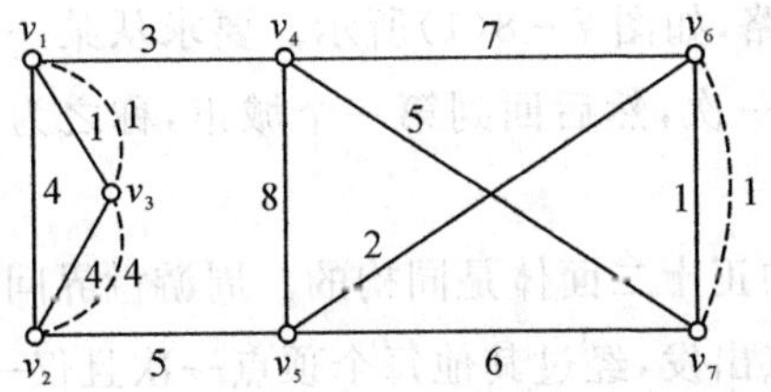

图 7-6　中国邮递员问题求解过程 1

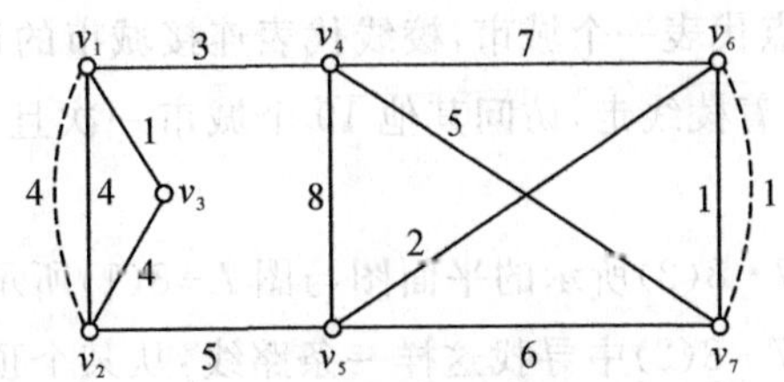

图 7-7　中国邮递员问题求解过程 2

寻找图 7－7 的欧拉回路，可借助一些寻找欧拉回路的算法，由 Fleury 算法可知，沿着顶点 v_1，v_3，v_2，v_1，v_4，v_6，v_7，v_4，v_5，v_6，v_7，v_5，v_2，v_1，便得到一条欧拉回路，其中重复走的总路线长度为 5。

奇偶点图上作业法虽然通俗易懂，但使用时需要检查图的每个圈，对于有很多圈的图，计算量较大，在解决实际问题中较少使用。

定理 7.3 设带正权无向连通图 $G=\langle V,E,W\rangle$，V' 为 G 中的奇点集，设 $|V'|=2k(k\geqslant 0)$，$F=\{e|e\in E$，且在求 G 的最优回路时加了重复边$\}$，则 F 的导出子图 $G[F]$ 可以表示为以 V' 中的顶点为起点与终点的 k 条不交的最短路径之并。

基于定理 7.3，埃德蒙兹(Edmonds)和约翰逊(Johnson)于 20 世纪 70 年代给出了求解邮递员问题的有效算法。

算法 7.4 Edmonds-Johnson **算法**

第一步，若 G 中无奇点，令 $G^*=G$，转至第二步，否则转至第三步。

第二步，求 G^* 中的欧拉回路，结束。

第三步，求 G 中所有奇点对之间的最短路径。

第四步，以 G 中奇点集 V' 为顶点集，$\forall v_i, v_j\in V'$，边 (v_i, v_j) 的权为 v_i，v_j 之间最短路径的权，得完全带权图 $K_{2k}(|V'|=2k)$。

第五步，求 K_{2k} 中最小权完全匹配 M。

第六步，将 M 中边对应的各最短路径中的边均在 G 中加重复边，得欧拉图 G^*，转第二步。

关于求最小权完全匹配的算法可参考本章的 7.3 节。

习题 7.1

7.2 哈密顿图

哈密顿图起源于爱尔兰著名科学家哈密顿于 1859 年发明的一款智力游戏，即设计一个正十二面体——具有 12 个正五边形的表面，3 个面有 1 个共同的顶点，一共有 20 个顶点。每个顶点代表一个城市，棱线代表连接城市的道路，如图 7－8(1)所示。要求从某一个城市出发，沿着棱线走，访问其他 19 个城市一次且仅一次，然后回到第一个城市，称之为周游世界问题。

图 7－8(2)所示的平面图与图 7－8(1)所示的正十二面体是同构的。周游世界问题相当于在图 7－8(2)中寻找这样一条路线：从某个顶点出发，经过其他每个顶点一次且仅一次，然后再回到出发顶点。具有这样路线的图称为哈密顿图。

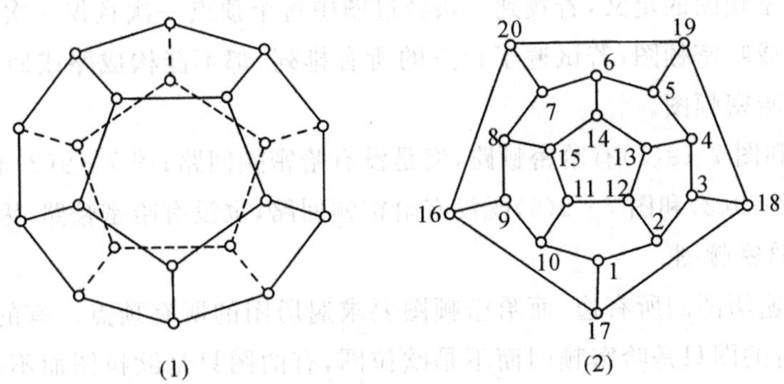

图 7－8　周游世界问题

7.2.1　哈密顿图

定义 7.2　哈密顿图

经过图中每个顶点一次且仅一次的路称为**哈密顿路**(Hamiltonian path)，经过图中每个顶点一次且仅一次的回路称为**哈密顿回路**(Hamiltonian circuit)。具有哈密顿回路的图称为**哈密顿图**(Hamiltonian graph)，不具有哈密顿回路但是具有哈密顿路的图称为**半哈密顿图**。

规定：平凡图为哈密顿图。

显然，完全图一定是哈密顿图。定义 7.2 不仅适用于无向图，也适用于有向图。

根据定义 7.2，哈密顿路是经过图中所有顶点的路中长度最短的路，即它是通过图中所有顶点的基本通路；哈密顿回路是经过图中所有顶点的回路中长度最短的回路，即它是通过图中所有顶点的基本回路。

无向哈密顿图一定是连通的，有向哈密顿图一定是强连通的，且平行边和环不影响图是否为哈密顿图。因此，后续的讨论均只针对连通简单图和强连通简单图。

例题 7.6　判断图 7－9 中各图是否为哈密顿图或半哈密顿图。

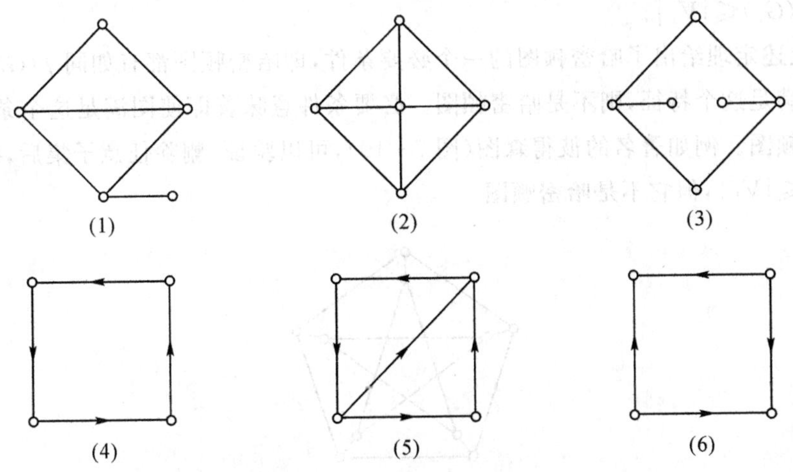

图 7－9　哈密顿图的判断

解 根据哈密顿图的定义，若找到一条经过图中每个顶点一次且仅一次的路或回路，则就是半哈密顿图或哈密顿图；若试遍了顶点的所有排列，都不能构成路或回路，则该图就不是半哈密顿图或哈密顿图。

图 7-9(1)和图 7-9(5)有哈密顿路，但是没有哈密顿回路；图 7-9(2)和图 7-9(4)有哈密顿回路；图 7-9(3)和图 7-9(6)既没有哈密顿回路，也没有哈密顿路，因此，图 7-9(2)和图 7-9(4)是哈密顿图。

欧拉图要求遍历图的所有边，而哈密顿图要求遍历图的所有顶点。有的图既是哈密顿图又是欧拉图，有的图只是哈密顿图而不是欧拉图，有的图只是欧拉图而不是哈密顿图，有的图则两者都不是。

尽管欧拉图和哈密顿图在定义形式上有一定的相似之处，判定哈密顿图却比判定欧拉图困难得多。目前，还没有判定哈密顿图的充分必要条件，只是获得了一些充分条件或必要条件，下面对部分结论进行介绍。

7.2.2 哈密顿图的判定

定理 7.4 若无向图 $G=\langle V,E\rangle$ 是哈密顿图，V_1 是 V 的任意非空子集，则有

$$p(G_1)\leqslant|V_1|,$$

其中 $p(G)$ 表示图 G 的连通分支数，G_1 为 $V-V_1$ 导出的 G 的子图。

证明 用 W 表示无向图 G 的哈密顿回路，则 W 是 G 的生成子图。用 W_1 表示 $V(W)-V_1$ 导出的 W 的子图，则 W_1 也是 G_1 的生成子图，且 $p(G_1)\leqslant p(W_1)$。接下来证明 $p(W_1)\leqslant|V_1|$。

V_1 在哈密顿回路上的顶点集合用 $S=\{v_{i_1},\cdots,v_{i_{1m}}\}$ 表示。若 S 中的顶点在哈密顿回路上都是相邻的，即 v_{i_k} 和 $v_{i_{k+1}}$ 相邻，$k=1,\cdots,m-1$，则 $p(W_1)=1\leqslant|V_1|$。因此，$p(G_1)\leqslant|V_1|$。

如果 $S=\{v_{i_1},\cdots,v_{i_{1m}}\}$ 在哈密顿回路 W 上被分成了不相邻的几段，不妨用 r 表示，那么将哈密顿回路上的 S 的点及对应的边删掉后，哈密顿回路 W 也被分成了互不相邻的 r 段。因此，$p(W_1)=r\leqslant|V_1|$。

综上，$p(G_1)\leqslant|V_1|$。

注意，上述定理给出了哈密顿图的一个必要条件，即哈密顿图都有如同 $p(G_1)\leqslant|V_1|$ 的特征。若不满足这个特征，则不是哈密顿图。必要条件意味着即使图满足这个条件，它也不一定是哈密顿图。例如著名的彼得森图（图 7-10），可以验证，删除任意子集后，彼得森图都满足 $p(G_1)\leqslant|V_1|$，但它不是哈密顿图。

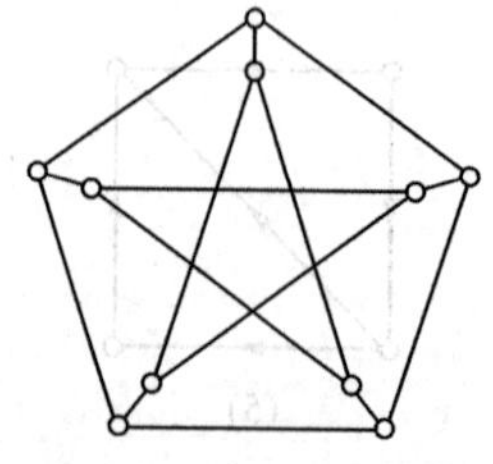

图 7-10 彼得森图

例题 7.7　判断图 7-11 中的各图是否为哈密顿图。

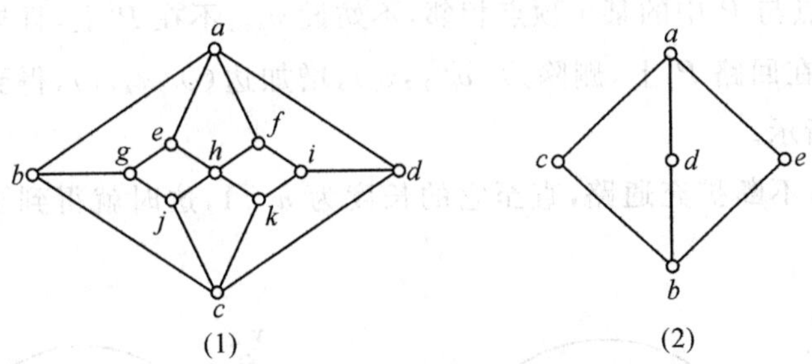

图 7-11　哈密顿图的判断

解　对于图 7-11(1)，令 $V_1=\{a,b\}$，则 $p(G_1)=3>|V_1|$，不满足定理 7.4 中的不等式。因此，图 7-11(1)不是哈密顿图。

对于图 7-11(2)，令 $V_1=\{a,g,h,i,c\}$，则 $p(G_1)=6>|V_1|=5$，不满足定理 7.4 中的不等式。因此，图 7-11(2)也不是哈密顿图。但是，图(2)含有哈密顿路 $baegjckhfid$。

定理 7.2 可用于判断某些图不是哈密顿图，但是它要求对任意的子集 V_1 进行验证不等式是否成立，不方便使用。1960 年，奥尔给出了判定哈密顿路和哈密顿回路的充分条件。

定理 7.5　对于具有 n 个($n\geqslant 3$)顶点的无向图 $G=\langle V,E\rangle$。

(1) 若任意两个不相邻的顶点的度数和大于等于 $n-1$，则无向图 G 存在一条哈密顿路；

(2)若任意两个不相邻的顶点的度数和大于等于 n，则无向图 G 存在一条哈密顿回路。

证明　下面只证明结论(1)，结论(2)可用类似的方法证明。

先证明 G 是连通图。

若 G 不连通，则 G 由若干连通分支组成。令 v_1,v_2 分属于两个不同的连通分支 G_1,G_2，且 G_1,G_2 各有 n_1,n_2 个顶点。显然 $n_1\leqslant n,n_2\leqslant n$，于是 $d(v_1)\leqslant n_1-1,d(v_2)\leqslant n_2-1$，而 $d(v_1)+d(v_2)\leqslant n_1+n_2-2<n-1$，与前提条件矛盾。因此，$G$ 是连通图。

为了证明 G 有哈密顿路，只需要在 G 中构造一条长为 $n-1$ 的路。

令 P 为 G 中任意一条长为 $p-1$ 的路，其中 $p<n$，设该路的顶点序列为 $v_1,v_2,\cdots,v_p$。下面对长度为 $p-1$ 的路进行扩充，将其扩充为长度为 p 的路，具体步骤如下。

若有 $v\neq v_1,v_2,\cdots,v_p$，它与 v_1 或 v_p 相邻，则可立即扩充 P 为长度为 p 的路；如果 v_1,v_p 均只与原通路 P 上的顶点相邻，下面证明 G 中有一条包含 $v_1,v_2,\cdots,v_p$，且长度为 p 的回路，用 P'表示。

若 v_1 与 v_p 相邻，则$(v_1,v_2,\cdots,v_p,v_1)$是长度为 p 的回路。接下来分析 v_1 与 v_p 不相邻时，依然可以找到这样一条回路。假设 v_1 与 $v_{i_1},v_{i_2},\cdots,v_{i_k}$ 相邻，其中 $1<i_1=2,i_2,\cdots,i_k<p$，这里 $k\geqslant 2$，否则 $d(v_1)+d(v_p)\leqslant 1+p-2\leqslant p-1<n-1$，与前提矛盾，即 v_1 至少与路 P 上的两个顶点相邻。那么，v_p 一定至少与 $v_{i_2-1},\cdots,v_{i_k-1}$ 中的一个相邻，否则 $d(v_1)+d(v_p)\leqslant k+p-2-(k-1)=p-1<n-1$，与前提矛盾。不妨设 v_p 与 v_{i_r-1} 相邻，其中 $2\leqslant r\leqslant k$，然后在通路 P 上删除边(v_{i_r-1},v_{i_r})，添加边(v_1,v_{i_r})，(v_{i_r-1},v_p)，得到一条长度为 p 的回路，如图 7-12(1)所示。

因为这条回路 P' 的长度为 $p<n$，G 上还有一些其他顶点不在 P' 上。由 G 的连通性，至少有一个这样的顶点与 P' 中的某个顶点相邻，不妨设 v_{p+1} 不在 P' 上，且与 P' 中的顶点 v_t 相邻，其中 $1\leqslant t\leqslant p$。在回路 P' 上，删除边 (v_{t-1},v_t)，增加边 (v_t,v_{k+1})，得到一条长度为 p 的路，如图 7-12(2)所示。

重复上述步骤，不断扩充通路，直至它的长度为 $n-1$，这时就得到了 G 中的一条哈密顿路。

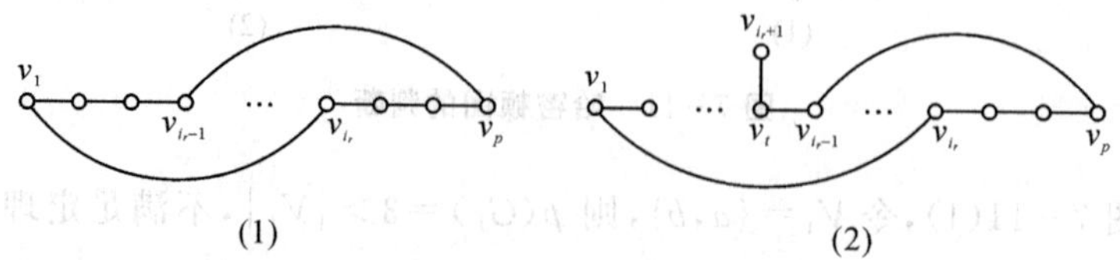

图 7-12　从长度为 p 的回路寻找长度为 p 的路

以下结论是 1952 年 G. A. Dirac 的研究成果，是定理 7.5 的一个直接推论。

定理 7.6　设 $G=\langle V,E\rangle$ 是具有 n 个顶点的简单无向图，且 $n\geqslant 3$。若对于任意的 $v\in V$，都有 $d(v)\geqslant\dfrac{n}{2}$，则 G 是哈密顿图。

定理 7.4、定理 7.5 和定理 7.6 是判定哈密顿图的充分条件，也就是说，若某个图不满足这些定理中的条件，也有可能是哈密顿图。例如，在六边形中，任意两个不相邻的顶点的度数之和都是 4，但六边形是哈密顿图。十边形显然是哈密尔顿图，但 $d(v)=2<5$。

例题 7.8　证明：完全图 $K_n(n\geqslant 3)$ 是哈密顿图。

证明　完全图的每一个顶点的度数为 $n-1$，任意两个顶点的度数之和为 $2n-2$。显然，$2n-2\geqslant n$。因此，完全图 $K_n(n\geqslant 3)$ 是哈密顿图。

例题 7.9　设 $G=\langle V,E\rangle$ 是一个无向简单图，$|V|=n$，$|E|=m$，设 $m>(n-1)(n-2)$。证明：G 中存在一条哈密顿路。

证明　先证明图 G 中任意两个不同的顶点度数之和大于等于 $n-1$，然后利用定理 7.5 得到本题要证的结果。

用反证法。设图 G 中存在两个顶点 v_1 和 v_2，使得 $d(v_1)+d(v_2)<n-1$，即 $d(v_1)+d(v_2)\leqslant n-2$。删去顶点 v_1 和 v_2 后，得到图 G'，G' 是具有 $n-2$ 个顶点的无向简单图。

设 G' 的边数为 m'，则 $m'\geqslant m-(n-2)>(n-1)(n-2)-(n-2)=(n-2)(n-3)$，即 $m'>(n-2)(n-3)$。

另一方面，G' 是具有 $n-2$ 个顶点的无向简单图，它最多有 $(n-2)(n-3)$ 条边，所以 $m'\leqslant(n-2)(n-3)$。

由此得出矛盾。所以 $d(v_1)+d(v_2)\geqslant n-1$，由定理 7.5 得 G 中存在一条哈密顿路。

例题 7.10　某地有 5 个风景点，若每个风景点均有两条道路与其他点相通，问是否可经过每个风景点恰好 1 次就能游完这 5 处风景点？

解　因为有 5 个风景点，故可看成一个有 5 个顶点的无向图，其中每处均有两条路与其

他顶点相通，所以 $d(v_i)=2, i=1,\cdots,5$。故对任意两点 v_i, v_j 均有

$$d(v_i)+d(v_j)=2+2=4=5-1。$$

由定理 7.5 可知此图中一定有一条哈密顿路，故本题有解。

上面几个判定哈密顿图的充分条件都是针对无向图的，下面介绍一个判定有向图是哈密顿图的充分条件，具体证明过程省略。

定理 7.7　设 $G=\langle V,E\rangle$ 是具有 $n(n\geqslant 2)$ 个顶点的有向简单图。若忽略 G 的边的方向，得到的无向图中含有生成子图 K_n，则有向图 G 是哈密顿图。

判断哈密顿图比判断欧拉图更为复杂，目前还没有判别哈密顿图的充要条件，这也是图论中急需解决的重要课题之一。

需要说明的是，哈密顿图中的哈密顿回路未必是唯一的。

定理 7.8　当 n 为不小于 3 的奇数时，K_n 上恰有 $\frac{n-1}{2}$ 条互相均无任何公共边的哈密顿回路。

7.2.3　哈密顿图的应用

哈密顿图在实际生活中的应用较为广泛。

1. 格雷码

格雷码是哈密顿回路在编码领域的一个应用，它是用弗拉克·格雷的名字命名的。20 世纪 40 年代，格雷在贝尔实验室研究如何将数字信号传送过程中错误的影响降到最低时，发明了格雷码。

为了确定圆盘停止旋转后指针的位置，可以把圆盘等分成 2^n 个扇区，然后给每个扇区分配一个 n 位二进制串，如图 7-13 所示。对于每个扇区，通过扇区内部材料的不同，使得当指针指到该扇区内部时，可以准确识别出该扇区对应的二进制串，如图 7-13(1)所示。但是，当指针位于两个相邻扇区的边界处时，在读出指针位置时可能发生错误，如图 7-13(2)所示。为了尽可能减少这种错误的发生，就需要使相邻扇区的二进制串不同的位数尽可能少，最好只有一位不同。对于 n 位二进制串排成的一个序列，若相邻的两个二进制串，以及最后一个与第一个二进制串之间都是只有一位不同，则称这样的序列为**格雷码**。

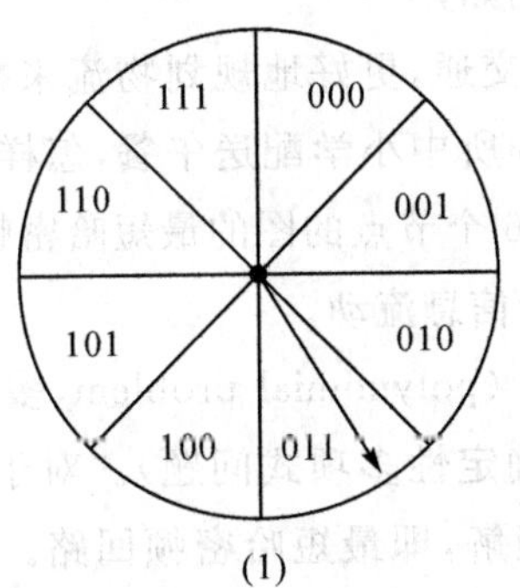

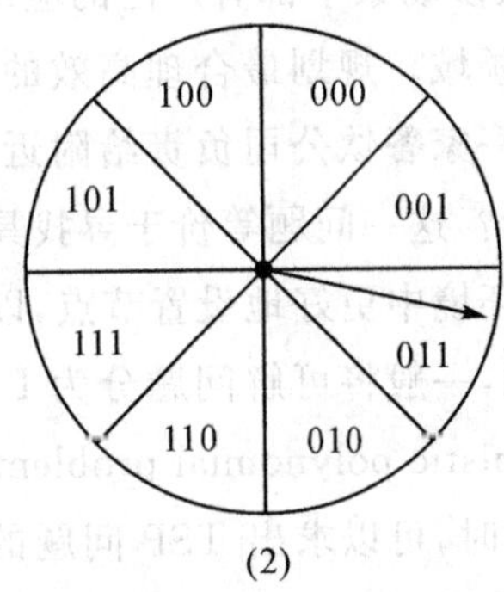

图 7-13　3 位二进制

可以按照以下方式寻找格雷码：构造一个n维立方体图，它有2^n个顶点，每个顶点表示一个n位二进制串；若两个顶点对应的二进制串只有一位不同，则在这两个顶点之间连接一条(无向)边。找到这个立方体图的一条哈密顿回路，就得到了一个格雷码。以$n=3$为例，构造如图7-14所示的立方体图，加粗的边对应一条哈密顿回路，即是一个格雷码：110，111，101，100，000，001，011，010。

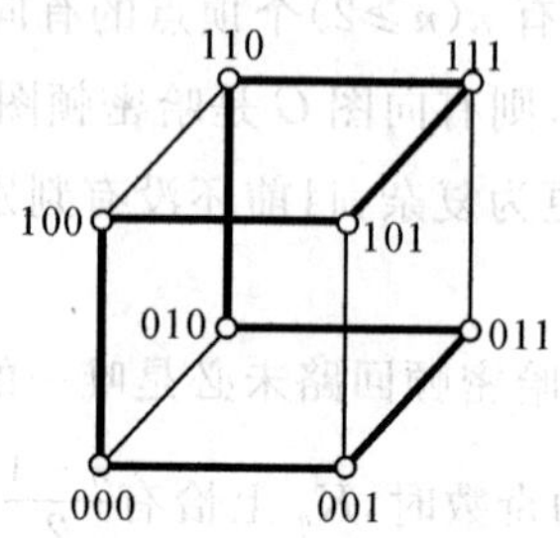

图7-14　哈密顿回路

2. 旅行商问题

旅行商问题(traveling salesman problem)简称TSP，具体描述如下：

有一个旅行商，从一个城市出发，需要经过所有城市后，回到出发城市。应如何选择行进路线，才能使总的行程最短。可以用顶点表示城市，用边代表城市之间的道路，边上的权代表两个城市之间道路的距离(或成本等)，因此，旅行商问题的本质为寻找图上的最短哈密顿回路。其数学模型可描述为：给定赋权图G，求G的一个权最小的哈密顿回路(也称之为哈密顿圈)。

看似简单的旅行商问题，实际上含有两大难题：

(1)如何判定G中是否有哈密顿回路；

(2)在已知G是哈密顿图的情况下，如何求出一个权最小的哈密顿圈。

给G添加权为∞的边，化为赋权完全图。TSP问题可转化为：对赋权完全图K_n，求其最小权哈密顿圈。在K_n中，共有$\frac{(n-1)!}{2}$个不同的哈密顿圈。显然，逐一计算各哈密顿圈的长度，找出其中权最小的一个，计算量较大。当n较大时无法实现。

TSP问题在很多场景中都有广泛的应用。例如，

(1)物流配送领域。规划最合理高效的道路交通，更好地规划物流来减少拥堵，以减少运营成本。例如，一家餐饮公司负责给附近的15所中小学配送午餐，怎样安排路线才能使整个行驶里程最少？这一问题等价于寻找具有16个节点的图的最短哈密顿回路。

(2)在互联网环境中更好地设置节点，以利于信息流动。

在计算机领域，一般将可解问题分为P问题(polynomial problem，多项式问题)和NP问题(nondeterministic polynomial problem，非确定性多项式问题)。对于TSP问题而言，当图的顶点数较少时，可以求出TSP问题的精确解，即最短哈密顿回路。当图的顶点数较多时，很难求出其精确解。

TSP 问题无论在理论上还是实践中均具有重要的意义，目前为止，尚未找到解决多项式时间复杂度的算法，因此设计高效的近似算法始终是优化领域和算法领域的研究热点。下面介绍几种求解 TSP 问题的近似算法。

算法 7.5 基于深度优先策略的求解 TSP 问题的邻近点算法

该算法的步骤如下：

第一步，任取图的一个顶点 v_0 作为起点，找一条与 v_0 相关联的权最小的边 e_1，e_1 的另一个顶点即为 v_1，得到含有一条边的初始路 v_0v_1。

第二步，若已经选定路 $v_0v_1\cdots v_i$，则在 $V(G)-\{v_0,v_1,\cdots,v_i\}$ 中取一个与 v_i 最近(即权最小)的顶点，设为 v_{i+1}，得到 $v_0v_1\cdots v_iv_{i+1}$。

第三步，若 $i+1<p(G)-1$，其中 $p(G)$ 表示 G 的顶点数，用 i 代表 $i+1$ 返回第二步，否则记 $C=v_0v_1\cdots v_{p(G)-1}v_0$，结束。

上述算法的实质：在每次到达的顶点处，总是选择尚未经过的邻近点中最近的一个前行，直至遍历图的所有顶点后回到出发顶点。这种在每一步都追求最优的算法称为贪心算法。

算法 7.6 求解 TSP 问题的最小生成树算法

第一步，求 K_n 的一棵最小生成树 T；

第二步，将 T 中各边均添加一条重边，设所得图为 G^*；

第三步，求 G^* 的从某点 v 出发的一条欧拉回路 E_v；

第四步，按下面的方法求出 G 的一条哈密顿路：从顶点 v 出发，沿 E_v 访问 G^* 中各顶点。在此过程中，一旦遇到重复顶点，就跳过它直接走到 E_v 上的下一个顶点，直到访问完所有顶点为止。

算法 7.7 求解 TSP 问题的最小权匹配法(Christofides 算法)

第一步，求 K_n 的一棵最小生成树 T；

第二步，设 T 中奇度顶点的集合为 $V'=\{v_1,v_2,\cdots,v_{2k}\}$。求 V' 的导出子图 $G[V']=K_{2k}$ 的最小权完美匹配，将得到的 k 条边添加到 T 上，得到欧拉图 G^*。

第三步，求出 G^* 的从某顶点 v 出发的一条欧拉回路 E_v。从顶点 v 出发，沿 E_v 访问 G^* 中的各顶点。在此过程中，一旦遇到重复顶点，就跳过它直接走到 E_v 上的下一个顶点，直到访问完所有顶点为止。

也可以选择一些仿生算法和群智算法求解 TSP 问题，例如遗传算法、蚁群算法、粒子群算法等。

习题 7.2

7.3　二分图与匹配

设有 n 个员工 $x_1,x_2,\cdots,x_n$ 及 n 项任务 $y_1,y_2,\cdots,y_n$，已知每个员工都有各自擅长的一些工作。如何使每个员工都分派到一件他胜任的任务，这就是很多理论和实践场景中都涉及的**指派问题**(assignment problem)。

7.3.1　二分图的基本概念

定义 7.3 二分图

对于无向图 $G=\langle V,E;\varphi\rangle$，若存在非空集合 X,Y 使 $X\cup Y=V,X\cap Y=\varnothing$，且对每一条边 $e\in E,\varphi(e)=\langle x,y\rangle$，都有 $x\in X,y\in Y$，则称 G 为**二分图**(bipartite graph)或**二部图、偶图**。常用 $\langle X,E,Y\rangle$ 表示二分图 G，称 X 与 Y 是互补顶点子集。若对 X 中的任意 x 及 Y 中的任意 y，有且仅有一条边 $e\in E$，使 $\varphi(e)=\langle x,y\rangle$，则称 G 为**完全二部图**(complete bipartite graph)，也称**完全二分图**。当 $|X|=m,|Y|=n$ 时，把完全二分图 G 记为 $K_{m,n}$。

易见，二分图中没有可将平凡图和零图看成特殊的二分图的环。

例题 7.11　判断图 7-15 中哪些是二分图，哪些是完全二分图。

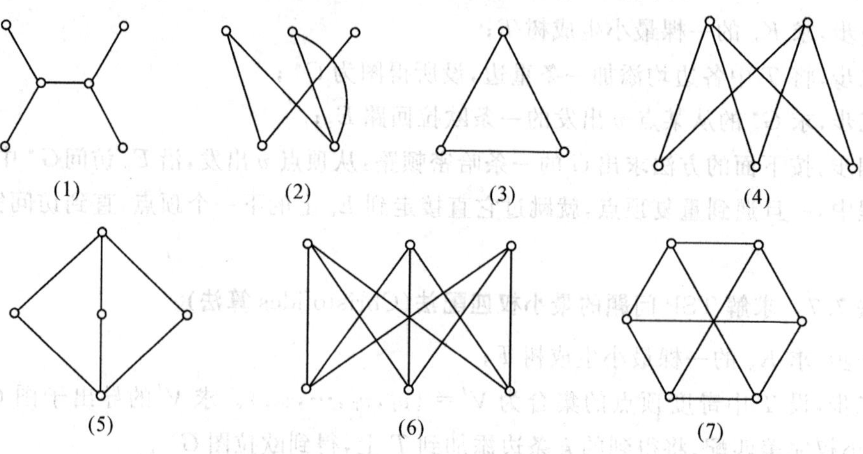

图 7-15　例题 7.11 图示

解　图 7-15 中，(1)和(2)为二分图，(4)不是二分图。

(4)和(5)为完全二分图 $K_{2,3}$，(6)和(7)为完全二分图 $K_{3,3}$。

定理 7.9　无向图 $G=\langle V,E\rangle$ 为二分图当且仅当 G 的所有回路的长度均为偶数。

证明　先证必要性。

假设 $G=\langle X,E,Y\rangle$ 为二分图，C 为 G 的任意一个回路。不妨记 $C=(v_0,v_1,v_2,\cdots,v_{l-1},v_l=v_0)$，其中 C 的长度为 l。由于 $v_i(i=0,1,\cdots,l)$ 一定交替出现于 X 及 Y 中，设 $\{v_0,v_2,v_4,\cdots,v_l=v_0\}\subseteq X,\{v_1,v_3,v_5,\cdots,v_{l-1}\}\subseteq Y$，因此 l 必为偶数，从而 C 有偶数条边。

再证充分性。

设 G 的所有回路的长度均为偶数，并设 G 为连通图(若 G 不连通，则可对 G 的各连通分支进行类似分析)。现构造顶点子集 X 和 Y，使得 G 为二分图 $\langle X,E,Y\rangle$。任取 $v_0\in V$，令

$$X=\{v \mid v=v_0 \text{ 或 } v \text{ 到 } v_0 \text{ 有偶数长度的路}\}, Y=V-X.$$

若 G 是平凡图或零图，则 G 是二分图。下面讨论 G 不是平凡图和零图的情形，要证明 X 或 Y 中任意两个顶点间没有边存在。假设有边 $\langle u,v\rangle$，使 $u\in X$，$v\in X$，则根据集合 X 的定义，v_0 到 u 有偶数长度的路，或 $u=v_0$；v_0 到 v 有偶数长度的路，或 $v=v_0$。无论何种情况，均有一条从 v_0 到 v_0 的奇数长度的回路，与前提矛盾。因此，不可能有边 $\langle u,v\rangle$ 使 u，v 均在 X 中。同理，可证明 Y 中任意两个顶点间没有边存在。

很多问题都可以用二分图作为数学模型，例如资源分配、工作安排等，但是利用二分图分析解决这类问题时，还会用到与二分图相关的另一个概念——匹配。

7.3.2　匹配

定义 7.4 匹配及相关概念

(1)设 $G=\langle V,E\rangle$ 为无向简单图，$M\subseteq E$。若 M 中任意两条边都没有公共端点，则称 M 为 G 的一个**匹配**(matching)。

(2)若顶点 v 与匹配 M 中的边关联，则称 v 是 M -**饱和的**；称 M 中边的端点为 M -**顶点**，称其他顶点为非 M -顶点或非 M -饱和的。

(3)若在匹配 M 中再加入任意其他的边 e，$M\cup\{e\}$ 有相邻的边(即 $M\cup\{e\}$ 不再是匹配)，则称 M 为 G 的**极大匹配**。G 的所有匹配中边数最多的匹配称为**最大基数匹配**或**最大匹配**，最大匹配 M 的元素数称作图 G 的**匹配数**，记作 $v(G)$。

(4)若 V 中的所有顶点都是 M -饱和的，则称 M 为 G 的**完全匹配**或**完美匹配**。

特别地，对于二分图 $G=\langle X,E,Y\rangle$，M 是匹配，若 X 中的任意顶点均为 M 中边的端点(即 X 中的所有顶点都是 M -饱和的)，则称 M 为 X -**完全匹配**；若 Y 中的任意顶点均为匹配 M 中边的端点(即 Y 中的所有顶点都是 M -饱和的)，则称 M 为 Y -**完全匹配**。若 M 既是 X -完全匹配又是 Y -完全匹配，则称 M 为 G 的**完全匹配**或**完美匹配**。

在图 7－16 中，粗线表示匹配中的边，简称匹配边。图 7－16(2)中的匹配是最大的 X -完全匹配；图 7－16(3)中的匹配是完全匹配的，从而也是最大匹配。

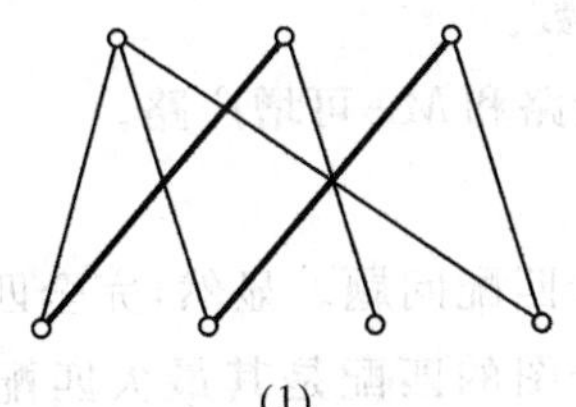
(1)

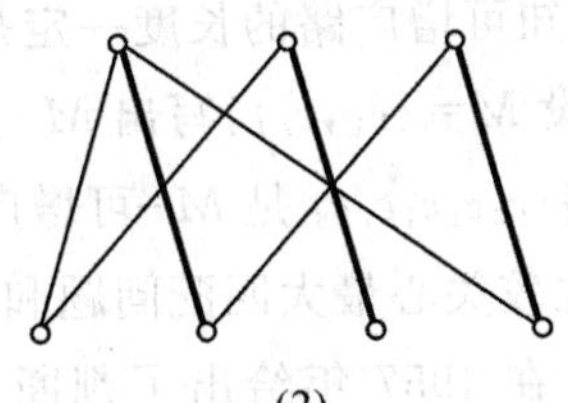
(2)

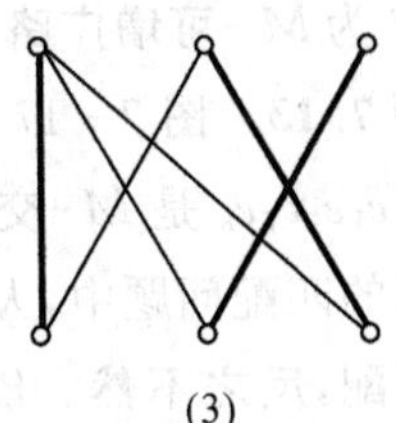
(3)

图 7－16　匹配

易知，对于匹配有如下结论：

(1)最大匹配总是存在但未必唯一。

(2) X -完全匹配、Y -完全匹配及完全匹配必定是最大的；但反之不然，如图 7－16(2)所示。

(3)X-完全匹配、Y-完全匹配未必存在,因而,完全匹配也未必存在。例如,图 7-16(2)存在 X-完全匹配但不存在 Y-完全匹配,因此,该图不存在完全匹配。

例题 7.12 设 $G=\langle V,E\rangle$,如图 7-17 所示,找出图 G 的最大匹配。

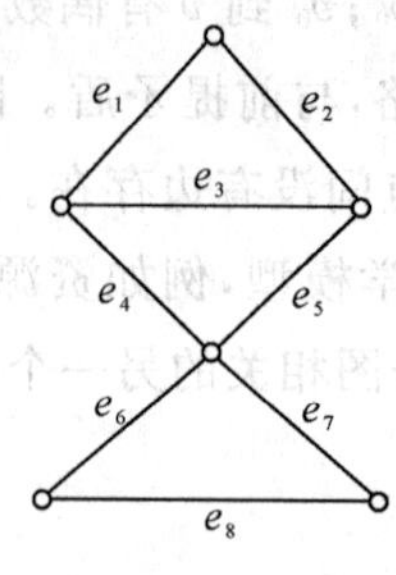

图 7-17 匹配

解 $M=\{e_1,e_7\}$是匹配,也是极大匹配,但不是最大匹配;$M=\{e_1,e_5,e_8\}$和 $M=\{e_2,e_4,e_8\}$均为最大匹配,也是完全匹配,图 G 的匹配数 $v(G)=3$。

由定义和例题不难得出如下结论:

(1)极大匹配不是任何其他匹配的子集;

(2)若匹配 M 是 G 的一个极大匹配,则对于任意 $e\in E-M$,都存在 $e'\in M$,使得 e 与 e' 相邻;

(3)一个图中的极大匹配可能不唯一;

(4)一个图中的最大匹配可能不唯一;

(5)每个最大匹配都是极大匹配,但反之不然;

(6)图 G 的匹配数不超过 G 的阶数的一半。

讨论最大匹配的求法及完全匹配的存在条件,需要用到下列定义。

定义 7.5 交错路、增广路

设 $G=\langle V,E\rangle$,M 为 G 的一个匹配。若 G 中的一条简单路 P 是由 M 中的边和 $E-M$ 中的边交替出现组成的,则称其为 M-**交错路**;若交错路 P 的起点 v_k 和终点 v_l 不是 M-顶点,则称路 P 为 M-**可增广路**。易知可增广路的长度一定是奇数。

例题 7.13 图 7-17 中,设 $M=\{e_1,e_7\}$,写出 M-交错路和 M-可增广路。

解 $e_1e_4e_7e_8$ 是 M-交错路;$e_2e_1e_4e_7e_8$ 是 M-可增广路。

在图的匹配问题中,人们比较关心最大匹配问题和完全匹配问题。显然,完全匹配一定是最大匹配,反之不然。Berge 在 1957 年给出了判断一个图的匹配是其最大匹配的充要条件。

定理 7.10(Berge 定理) M 是图 $G=\langle V,E\rangle$的最大匹配当且仅当 G 中不存在 M-可增广路。

霍尔(Hall)于 1935 年给出了判断二分图是否存在完全匹配的一个充要条件,称为霍尔定理或者霍尔婚配定理。首先给出下列符号表示。

用 S 表示图 $G=\langle V,E,\varphi\rangle$的某个顶点子集,即 $S\subseteq V$,用 $N(S)$表示所有与 S 中顶点相邻

的顶点组成的集合，即 $N(S)=\{v \mid v\in V \wedge \exists u \exists e(u\in S \wedge e\in E \wedge \varphi(e)=\langle u,v\rangle)\}$，称之为 S 的**相邻顶点集**。

定理 7.11(霍尔定理)　设 $G=\langle X,E,Y\rangle$ 为二分图。G 有 X -完全匹配的充分必要条件是：对每一个 $S\subseteq X$，均有 $|N(S)|\geqslant|S|$，即 X 中任意 k 个顶点($k=1,2,\cdots,|X|$)至少邻接 Y 中的 k 个顶点，这一条件称为相异性条件。

证明　*必要性。*

设 G 有 X -完全匹配：$\{\langle x_0,y_{i0}\rangle,\langle x_1,y_{i1}\rangle,\cdots,\langle x_m,y_{im}\rangle\}(m=|X|)$，其中，$x_i$ 互不相同，y_{ij} 也各不相同，因此对任意一个 $S\subseteq X$，S 中有多少元素，$N(S)$ 中至少也有同样多的元素，即 $|N(S)|\geqslant|S|$。

充分性。

设 G 满足：对任意一个 $S\subseteq X$，$|N(S)|\geqslant|S|$，但 G 无 X -完全匹配。

作 G 的最大匹配 M，据假设，至少有顶点 $x\in X$，x 不是 M -顶点。用后面提到的算法 7.8中介绍的匈牙利算法求起始于 x 的所有交错路。由于 M 已是最大匹配，上述构作过程必定在第三步中因情况(2)停止，即它们都只能是末尾边为匹配边的链(暂称伪交错路)。用 Q 表示这些伪交错路上的顶点集合，易知，Q 中只有 x 不是 M-顶点。令 $S=Q\cap X$，$S'=Q\cap Y$，如图 7－18 所示。

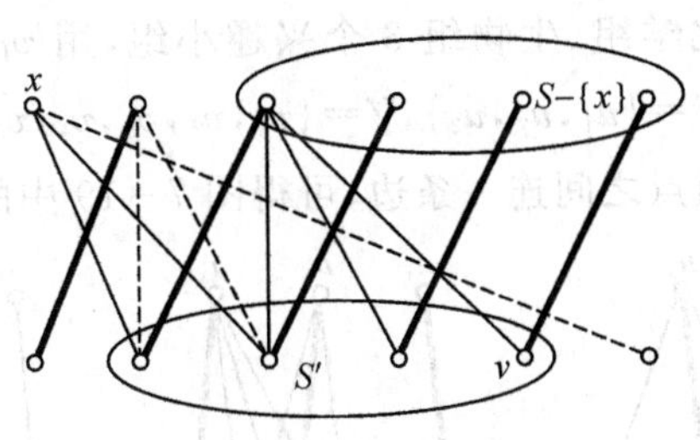

图 7－18　伪交错路

显然，$S-\{x\}$中的顶点与 S' 中的顶点一一对应，因此

$$|S'|=|S|-1,S'\subseteq N(S)。$$

事实上，$N(S)=S'$，因为对每一个 $y\in N(S)$，都有顶点 $u\in S=Q\cap X$(因而 $u\in Q$)使 $\langle u,y\rangle$ 为一条伪交错路中的边，从而 $y\in Q$，即 $y\in Q\cap Y=S'$。据以上讨论，

$$|N(S)|=|S'|=|S|-1,\ |N(S)|<|S|,$$

与题设矛盾，因此 M 必是 X -完全匹配。

对 Y -完全匹配有类似的结论。定理 7.11 是判断完全匹配的充要条件，下面给出一个判断完全匹配的充分条件。

定理 7.12　设二分图 $G=\langle X,E,Y\rangle$，若 X 中每个顶点至少关联 t 条边，且 Y 中每个顶点至多关联 t 条边，则 G 存在从 X 到 Y 的完全匹配。

定理 7.12 是判断一个二分图是否存在完全匹配的充分条件，这个条件称为 t **条件**(t-condition)。与定理 7.11 相比，使用定理 7.12 判断 t 条件更简单，只需要计算 X 中顶点的最小度和 Y 中顶点的最大度。

例题 7.14 证明：k-正则二分图($k>0$)有完全匹配。

证明 设$G=\langle X,E,Y\rangle$为k-正则二分图，则$k\cdot|X|=|E|=k\cdot|Y|$，从而$|X|=|Y|$。设S为X的任一子集，E_1为S中顶点所邻接的边的集合，E_2为$N(S)$中顶点所邻接的边的集合。据$N(S)$的定义，有$E_1\subseteq E_2$，于是

$$k\cdot|N(S)|=|E_2|\geqslant|E_1|=k\cdot|S|,|N(S)|\geqslant|S|,$$

因此，G有X-完全匹配M。

由于$|X|=|Y|$，显然M也是Y-完全匹配，故G有完全匹配。

7.3.3 二分图的应用

接下来介绍几个二分图和匹配的应用实例。

例题 7.15 某中学有3个兴趣小组：物理组、化学组、生物组。张、王、李、赵、陈5名学生参与这3个兴趣小组。在以下每种情况下，能否选出不兼职的组长？

(1)张、王为物理组成员，张、李、赵为化学组成员，李、赵、陈为生物组成员；

(2)张为物理组成员，王、李、赵为化学组成员，王、李、赵、陈为生物组成员；

(3)张为物理组和化学组成员，王、李、赵、陈为生物组成员。

解 可使用图模拟成员和兴趣小组之间的关系，运用二分图的匹配解决这个问题。用u_1、u_2、u_3分别表示物理组、化学组、生物组3个兴趣小组，用v_1、v_2、v_3、v_4、v_5分别表示张、王、李、赵、陈5位同学。令$U=\{u_1,u_2,u_3\}$，$V=\{v_1,v_2,v_3,v_4,v_5\}$。若某个学生是某兴趣小组的成员，则在对应的两个顶点之间连一条边，可得图7-19中的3个二分图。

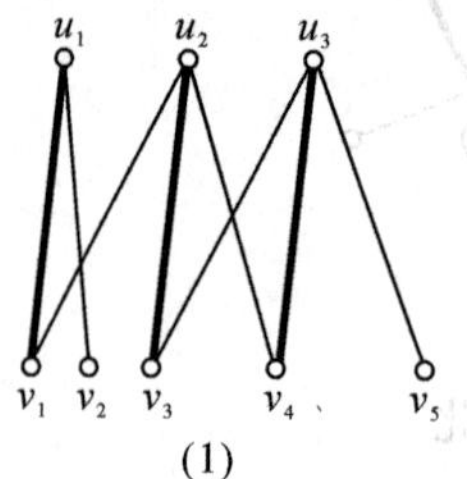

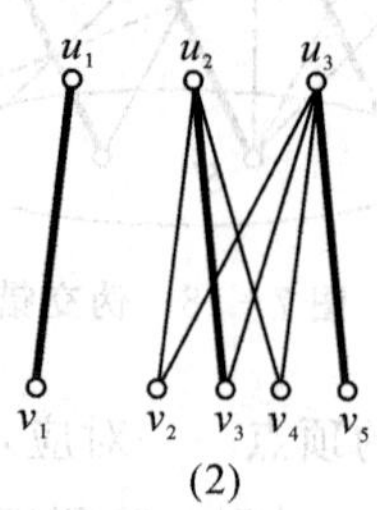

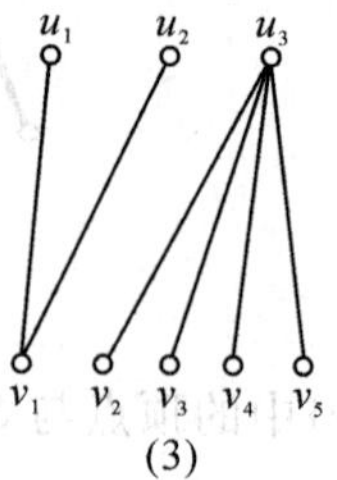

图7-19 例题7.14图示

图7-19(1)满足相异性条件和t条件，存在从U到V的完全匹配(见图中粗线)。图7-19(2)满足相异性条件，存在从U到V的完全匹配(见图中粗线)，但是图(2)不满足t条件。图7-19(3)不满足相异性条件和t条件，不存在从U到V的完全匹配。

因此，由(1)和(2)可以选出不兼任的组长。

例题 7.16 有n台计算机和n个磁盘驱动器。每台计算机与$m>0$个磁盘驱动器兼容，每个磁盘驱动器与m台计算机兼容。能否为每台计算机配置一台与它兼容的磁盘驱动器？

解 可用二分图模拟计算机和磁盘驱动器之间的关系，通过判断二分图是否存在匹配来解决这个问题。令$c_1,\cdots,c_n$表示n台计算机对应的顶点，$d_1,\cdots,d_n$表示n个磁盘驱动器对应的顶点。若某计算机和某磁盘驱动器兼容，则在对应的两个顶点之间连一条边。显然，获得的图是一个m度正则图，满足定理7.12中的t条件，存在从n台计算机对应的顶点集

合到 n 个磁盘驱动器对应的顶点集合的完全匹配，可以为每台计算机配置一台与它兼容的磁盘驱动器。

7.3.4 指派问题的匈牙利算法

指派问题：现有 m 个人，n 项工作，每项工作只能安排给一个人，每个人都有一些可胜任的工作，能否通过合理安排，使得每个人都有工作可做？

指派问题是典型的匹配问题。其数学模型是：构造一个二分图 $G=\langle X,E,Y\rangle$，其中令 $X=\{x_1,\cdots,x_m\}$ 表示 m 个人，$Y=\{y_1,\cdots,y_n\}$ 表示 n 项工作，若 x_i 能胜任 y_j，则 $\langle x_i,y_j\rangle\in E$。指派问题即可转化为求二分图 G 的从 X 到 Y 的完全匹配（即最大匹配）问题。

算法 7.8 匈牙利算法

匈牙利算法可以求解二分图的最大匹配。该算法是由匈牙利数学家埃盖尔瓦里（Egerváry）首先提出的，埃德蒙兹（Edmonds）在 1965 年基于 Berge 定理和 Hall 定理进行了改进。该算法既能判定一个二分图中的完全匹配是否存在，又能在二分图存在时求出一个完全匹配。

匈牙利算法的基本思想是：从图 G 的任何匹配 M 开始。若 M 饱和 X，则 M 是 G 的完全匹配。若 M-不饱和 X，在 X 中选择一个 M-不饱和点 x。若存在以 x 为起点的 M-可增广路 P，则由 Berge 定理知 M 不是最大匹配，且 $M'=M\oplus E(P)$ 是比 M 更大的匹配。用 M' 替代 M 重复上述过程；若 G 中不存在以 x 为起点的 M 增广路，则可找到与 x 由 M 交错路相连的顶点集合 A，而 $S=A\cap X$ 满足 $|N(S)|<|S|$。由 Hall 定理可知，G 不存在完全匹配。

匈牙利算法的具体步骤如下。

第一步，任选匹配 M，首先用（$*$）标记 X 中所有的非 M-顶点，然后交替进行第二步和第三步。

第二步，选取一个刚标记过的 X 中的顶点（用（$*$）或在第三步中用（y_i）标记），例如顶点 x_i。然后用（x_i）去标记 Y 中的顶点 y。若 x_i 与 y 为同一非匹配边的两端点，且在本步骤中 y 尚未被标记过，则重复第二步，直至对刚标记过的 X 中顶点全部完成一遍上述过程。

第三步，选取一个刚标记过的 Y 中的顶点（在第二步中用（x_i）标记），例如用（y_i）去标记 X 中的顶点 x，若 y_i 与 x 为同一匹配边的两端点，且在本步骤中 x 尚未被标记过，则重复本步骤，直至对刚标记过的 Y 中的顶点全部完成一遍上述过程。

第二步和第三步交替执行，直到以下两种情况之一出现为止。

(1)标记到一个 Y 中的顶点 y，它不是 M-顶点。这时从 y 出发循标记回溯，直到（$*$）标记的 X 中的顶点 x，求得一条交错路。设其长度为 $2k+1$，其中 k 条是匹配边，$k+1$ 条是非匹配边。

(2)第二步或第三步找不到可标记顶点，同时又不满足情况(1)。

第四步，当第二步和第三步中断于情况(1)时，则将交错路中非匹配边改为匹配边，原匹配边改为非匹配边（从而得到一个比原匹配多一条边的新匹配），则回到第一步，同时消除一切现有标记。

第五步，对一切可能，第二步和第三步均中断于情况(2)，或第一步无可标记顶点，算法终止(算法找不到交错路)。

例题 7.17 用匈牙利算法求图 7-20 的一个最大匹配。

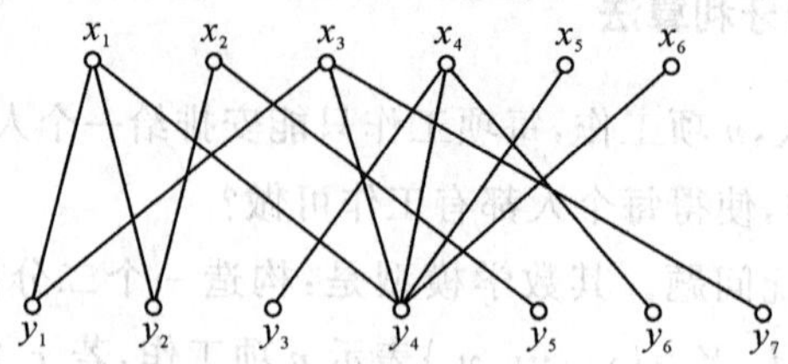

图 7-20 例题 7.17 图

解 (1)置 $M=\varnothing$，对 x_1 至 x_6 标记(＊)。

(2)由标记(x_1)，(＊)回溯，找到交错路(x_1, y_1)，置 $M=\{(x_1, y_1)\}$。

(3)由标记(x_2)，(＊)回溯，找到交错路(x_2, y_2)，置 $M=\{(x_1, y_1), (x_2, y_2)\}$。

(4)找到交错路(x_3, y_1, x_1, y_4)(如图 7-21 所示，图中虚线表示非匹配边，细实线表示交错路中的非匹配边，粗实线表示匹配边)，因而得 $M=\{(x_2, y_2), (x_3, y_1), (x_1, y_4)\}$。

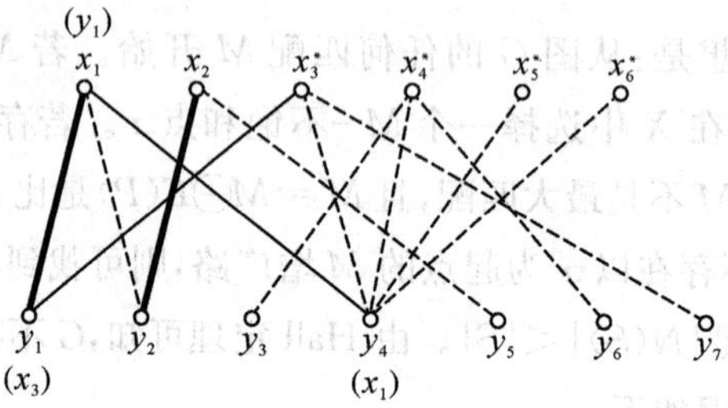

图 7-21 交替链(x_3, y_1, x_1, y_4)

(5)由标记(x_4)，(＊)回溯，找到交错路(x_4, y_3)，置

$$M=\{(x_2, y_2), (x_3, y_1), (x_1, y_4), (x_4, y_3)\}。$$

(6)找到交错路($x_5, y_4, x_1, y_1, x_3, y_7$)(如图 7-22 所示，图中各种线段的意义同上)，因而得 $M=\{(x_2, y_2), (x_4, y_3), (x_5, y_4), (x_1, y_1), (x_3, y_7)\}$，即为最大匹配(如图 7-23 所示)。

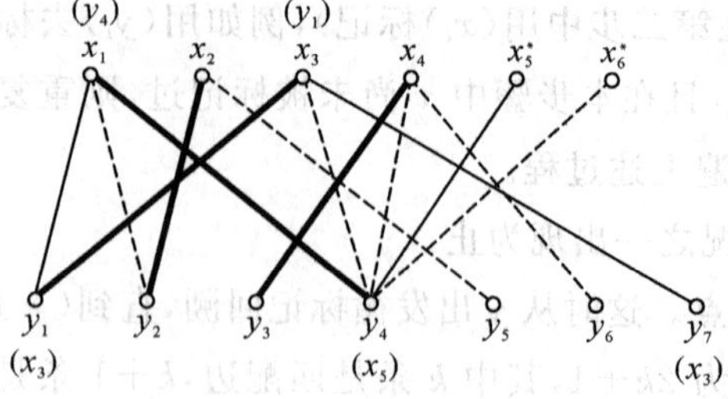

图 7-22 交替链($x_5, y_4, x_1, y_1, x_3, y_7$)

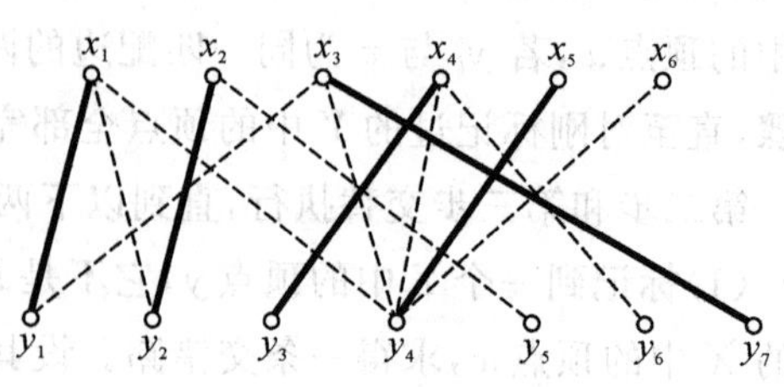

图 7-23 最大匹配

习题 7.3

7.4　平面图

7.4.1　平面图的基本概念

许多实际问题可以抽象为：在一些表示客体的顶点之间布线，以建立它们之间的某种联系，要求这些线段在一个平面上而又不相互交叠，这正是本节要讨论的平面图的问题。

例如，要在 3 个工作点 A,B,C 和 3 个原料库 L,M,N 之间建立各工作点到各原料库的传输线，问是否可能使这些线路互不相交？用图的顶点表示工作点和原料库，用边表示工作点和原料库之间的传输线，便得到一个图。上述问题可描述为，该图是否可以在一个平面上表示出来，并且使图中各边均不相交？另外，印刷线路板上的布线、交通道路的设计等都是此类问题。为了深入讨论这类问题，引入了平面图的概念。

定义 7.6 平面图

若无向图 G 可以在一个平面上以图的形式展现，并且使各边仅在顶点处相交，则称 G 为**平面图**，否则称 G 为**非平面图**。

一个图是平面图当且仅当其每一个连通分支均为平面图。接下来仅针对连通无向图进行讨论。

例题 7.18　判断图 7-24 中的各图是否为平面图。

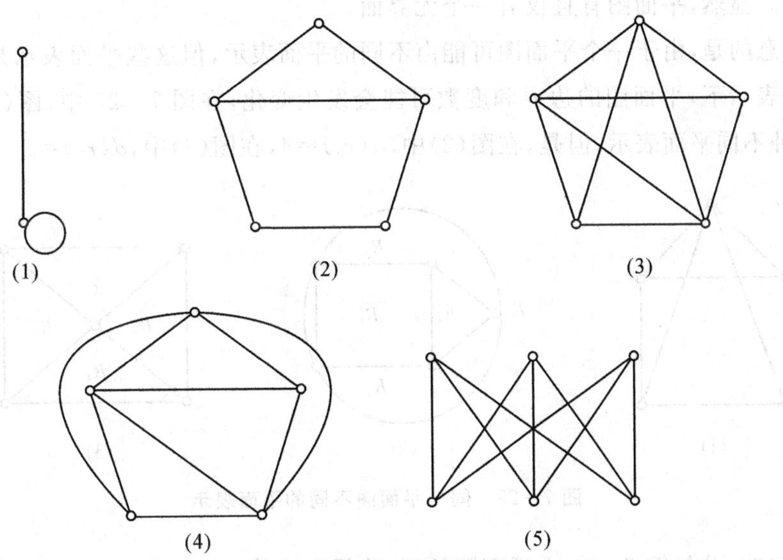

图 7-24　平面图的判断

解　显然，图(1)、(2)、(4)是平面图。

因为图(3)可以表示为图(4)，所以图(3)是平面图。

因为图(5)的边总有交叉的情形，故图(5)不是平面图。

需要注意的是，图(3)不是 K_5，但是在图(3)中再添加一条边就是 K_5。通过观察可以发现，无论如何设置新添加的边的位置，该边均会与原有的其他边相交，因此 K_5 不是平面图。

$K_{3,3}$ 与 K_5 称为**库拉托夫斯基图**，它们有一些有趣的共同点。

(1)它们都是正则图。

(2)去掉一条边时它们都是平面图。

(3) $K_{3,3}$ 是边数最少的非平面简单图，K_5 是顶点数最少的非平面简单图，因而它们都是最基本的非平面图。

由例题 7.17 发现，有些图从表面上看存在一些交叉的边，但是不能因此判定它不是一个平面图。将图(3)画成图(4)的形式时，显然图(3)是一个平面图，将图(4)称为平面图(3)的平面表示。但是，有些图形如何修改都不能消除边存在交叉的问题，这样的图就是非平面图。

定义 7.7 面

在平面图的平面表示中，由各边所包围的且其内部不包含图的顶点和边的区域，称为平面图的一个**面**(face)，包围面的所有边构成的回路称为这个面的**边界**(boundary)，边界的长度称为面的**次数**或者**度**(degree)**数**。若面对应的区域是有限的，则称该面为**有界面或有限面**(finite face)；若面对应的区域是无限的，则称该面为**无界面或无限面**(infinite face)。

可以从这样一个角度理解平面图的面：对于平面图的一个平面表示，将其画在平面上，然后沿着边裁剪开，获得的每一块纸片就是平面图的一个面。平面图的面以边为界，且不能再进行分割。显然，平面图有且仅有一个无界面。

需要注意的是，由于一个平面图可能由不同的平面表示，但这些平面表示是同构的。在不同的平面表示下，平面图的边界和度数可能会发生变化，在图 7－25 中，图(2)和图(3)是图(1)的两种不同平面表示，但是，在图(2)中，$d(r_0)=4$，在图(3)中，$d(r_0)=3$。

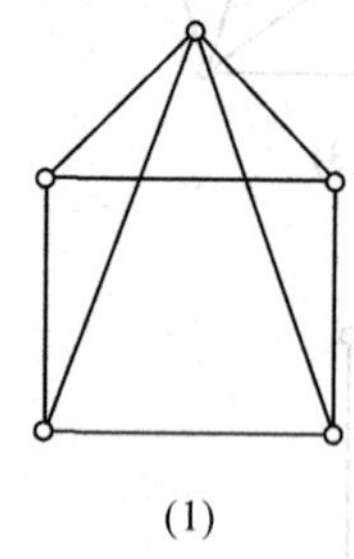

(1)

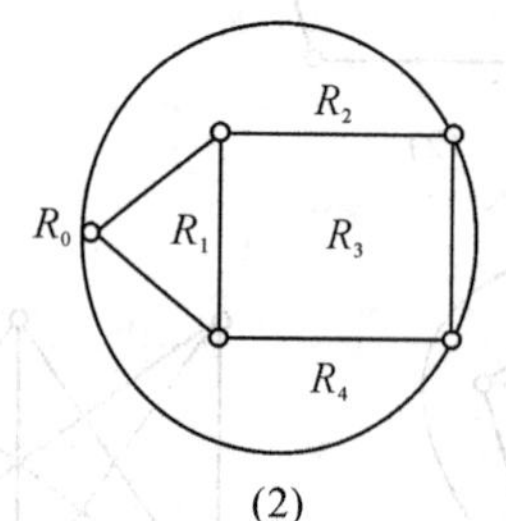

(2)

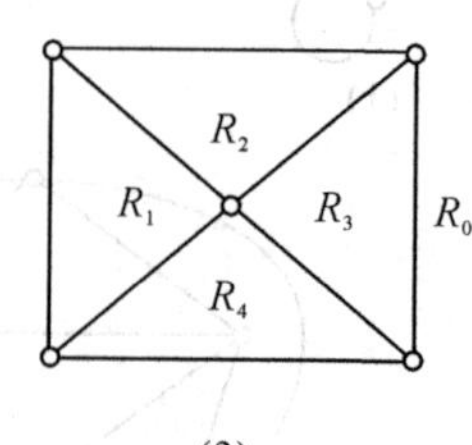

(3)

图 7－25　同一平面图不同的平面表示

例题 7.19　分析图 7－26 中平面图的面、边界和度数。

解　图 7－26 为一个平面图，它共有 5 个面 r_1, r_2, r_3, r_4, r_5，其中 r_5 为无界面，其余为有界面，各面的边界和度如下。

r_1：界定该面的闭的拟路径(v_1, v_1)，度为 1。

r_2：界定该面的闭的拟路径(v_2, v_3, v_2)，度为 2。

r_3：界定该面的闭的拟路径(v_4, v_5, v_8, v_4)，度为 3。

r_4:界定该面的闭的拟路径(v_5, v_6, v_7, v_6, v_8, v_5),度为 5。

r_5:界定该面的闭的拟路径(v_1, v_1, v_2, v_3, v_4, v_5, v_6, v_8, v_4, v_3, v_2, v_1),度为 11。

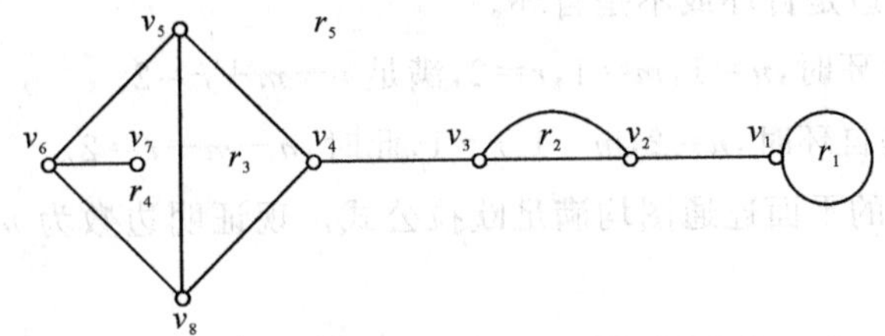

图 7-26 平面图

定理 7.13 平面图的所有面的度数之和等于边数的 2 倍。

证明 对于平面图的任一条边,要么是相邻的两个面的公共边,计算面的度数时被计算了 2 次,要么是作为某一个面的边界被计算了 2 次。因此,平面度的所有面的度数之和等于边数的 2 倍。

接下来讨论平面简单图。显然,平面简单图的所有有界面的度均不小于 3。

定义 7.8 极大平面图

若在 G 中添加任意一个边(它不是环,也不是其他边的平行边)后所得的图均非平面图,则称平面简单图 G 是**极大平面图**。

图 7-24(3)为极大平面图。对于极大平面图,有以下一些结论。

定理 7.14 顶点个数 $n\geqslant3$ 的极大平面图的所有面的度数都是 3。

证明 假设极大平面图有度数大于 3 度的面,不妨以存在度数为 4 的面为例,该面的边界为(v_1, v_2, v_3, v_4, v_1)。若该面为无界面,则可在无界面内联结(v_2, v_4);若该面为有界面,则可在有界面内联结(v_2, v_4)。联结后所产生的图仍均为平面图,这与平面图的极大性冲突。因此,顶点个数 $n\geqslant3$ 的极大平面图的所有面的度数都是 3。

定理 7.15 在顶点个数 $n\geqslant4$ 的极大平面图中,顶点的最小度数不少于 3 。

证明 设 v 是极大平面图 G 的任意一个顶点。考虑去掉顶点 v 及与其关联的边,获得的图不妨用 $G-v$ 表示。显然,$G-v$ 仍然是平面图,v 在 $G-v$ 的一个面内。由于 G 为一个简单图,$G-v$ 的这个面(包含 v 的面)的边界上至少有 3 个顶点。由 G 的极大平面性可知,v 与这些顶点之间都有边关联。因此,v 至少是度数为 3 的顶点。

7.4.2 平面图的判定

以下列举一些判定平面图或者非平面图的方法。

用 n、m、r 分别表示凸多面体的顶点数、棱数及面数。欧拉于 1750 年发现凸多面体的顶点数、棱数及面数之间具有关系:$n-m+r=2$,该结论对平面图也成立,称为欧拉公式。

定理 7.16(欧拉公式) 设 G 为任意一个平面连通图,n 为其顶点数,m 为其边数,r 为其面数,则 $n-m+r=2$。

证明 对边数 m 进行归纳。

当 $m=0$ 时,G 为一个孤立顶点。因此 $n=1,m=0,r=1$,从而 $n-m+r=2$。

当 $m=1$ 时,这条边是自环或不是自环。

(1)当这条边是自环时,$n=1,m=1,r=2$,满足 $n-m+r=2$。

(2)当这条边不是自环时,$n=2,m=1,r=1$,此时,$n-m+r=2$。

假设边数小于 m 的平面连通图均满足欧拉公式。现证明边数为 m 的平面连通图 G 也满足欧拉公式。

在 G 中任意去掉一边 e 得到图 G'。下面对 e 的情况分别进行讨论。

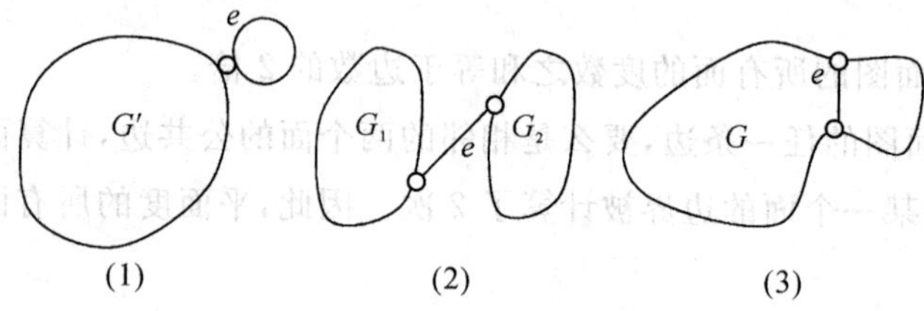

图 7-27 对边 e 分类讨论

(1)当 e 为一环时,如图 7-27(1)所示,G'的顶点数、边数、面数分别是

$$n'=n,\ m'=m-1,\ r'=r-1。$$

根据归纳假设,$n'-m'+r'=2$. 因而 $n-(m-1)+r-1=2$,即

$$n-m+r=2。$$

(2)当$\{e\}$为割集时,如图 7-27(2)所示,G'有两个连通分支 G_1 和 G_2。显然 $n_1+n_2=n'=n,m_1+m_2=m'=m-1$,$r_1+r_2=r'+1=r+1$。根据归纳假设,

$$n_1-m_1+r_1=2,n_2-m_2+r_2=2,$$

从而

$$(n_1+n_2)-(m_1+m_2)+(r_1+r_2)=4,$$

$$n-(m-1)+r+1=4,$$

即 $n-m+r=2$。

(3)当 e 关联 G 中两个顶点但$\{e\}$非割集时,如图 7-27(3)所示,G'的顶点数、边数和面数分别是 $n'=n,m'=m-1,r'=r-1$。根据归纳假设,$n'-m'+r'=2$,从而

$$n-(m-1)+r-1=2,即\ n-m+r=2。$$

归纳完成,定理得证。

利用欧拉公式可获得一系列有用的推论。

推论 1 如果平面连通图 G 的每个面的度数至少为 l,其中 $l\geqslant 3$,则

$$m\leqslant\frac{l(n-2)}{l-2},$$

其中 m 为 G 的边数,n 为 G 的顶点数。

证明 设 G 有 k 个面。由于每一条边或者是两个面的边界,或者是一个面的两条边界,

例如图 7 - 26 中边(v_6, v_7)。因此，G的k个面的度数之和至少为lk，可得

$$lk \leqslant 2m \text{ 或 } k \leqslant \frac{2m}{l},$$

将k代入欧拉公式，得

$$2 = n - m + k \leqslant n - m + \frac{2m}{l},$$

解出m得

$$m \leqslant \frac{l(n-2)}{l-2}。$$

推论 2　设G为一个平面连通简单图，其顶点数$n \geqslant 3$，其边数为m，则

$$m \leqslant 3n - 6。$$

证明　在G上添加边，使之成为一个极大平面图G'。根据定理 7.16 可知，G'所有面的边界长度为 3。由推论 1 可知，G'的边数满足$m' \leqslant \frac{3(n-2)}{3-2} = 3n-6$，故

$$m \leqslant m' = 3n - 6。$$

利用推论 2 可证明某些图是非平面图。

例题 7.20　证明：K_5是非平面图。

证明　假设K_5为平面图，根据推论可知，$10 \leqslant 3 \times 5 - 6 = 9$，出现矛盾，故$K_5$是非平面图。

推论 3　设G为一个平面简单连通图，其顶点数$n \geqslant 4$，边数为m，且G不以K_3为其子图，则$m \leqslant 2n - 4$。

证明　由于G是不以K_3为子图的简单图，因此，G的每个面的边界长度不小于 4。G的k个面的边界长度总和应为$2m$，因此，$4k \leqslant 2m$或$k \leqslant \frac{m}{2}$。

根据欧拉公式，有$2 = n - m + k \leqslant n - m + \frac{m}{2} = n - \frac{m}{2}$，即$m \leqslant 2n - 4$。

利用推论 3 也可证明一些图是非平面图。

例题 7.21　证明：$K_{3,3}$是非平面图。

证明　假设$K_{3,3}$是平面图。显然$K_{3,3}$不以K_3为其子图。根据推论 3，有$9 \leqslant 2 \times 6 - 4 = 8$。产生矛盾，故$K_{3,3}$是非平面图。

推论 4　若平面连通简单图G的顶点数$n \geqslant 4$，则至少有一个顶点的度数不大于 5。

证明　假设G的所有顶点的度数均大于 5，则G的所有顶点的度数之和至少是$6n$。若m为G的边数，则根据推论 2 有$3n - 6 \geqslant m$，$6n - 12 \geqslant 2m \geqslant 6n$，出现矛盾。因此，$G$至少有一个顶点的度不大于 5。

欧拉公式及其上述推论，都只是判断平面连通图或平面连通简单图的必要条件，而不是充分条件，因此只能用它们判断非平面图，不能用来判断平面图。下面的库拉托夫斯基定理给出了判断平面图的充分必要条件。这里涉及图的同胚的概念。

定义 7.9　同胚

设 $e=(u,v)$ 为图 G 的一条边，在图 G 中删除 e，增加新的节点 w，使得 u,v 都和 w 相邻，则称在 G 中插入 2 度顶点；设 w 为 G 的一个 2 度顶点，w 与 u,v 都相邻，删除 w，增加新边 (u,v)，则称在 G 中去掉 2 度顶点 w。

若两个图 G_1 和 G_2 同构，或两个图 G_1 和 G_2 通过反复插入或删除度数为 2 的顶点后同构，则称 G_1 和 G_2 **同胚**(homeomorphism)。

定理 7.17(库拉托夫斯基定理)　一个图 G 是平面图当且仅当对 G 的任何子图都不与 K_5 或 $K_{3,3}$ 同胚。

例题 7.22　判断图 7-28(1)是否为平面图。

解　因为在图 7-28 中，图(2)是图(1)的子图，而图(2)经同胚操作后为图(3)，它与 $K_{3,3}$ 同构。因此，图(1)为非平面图。

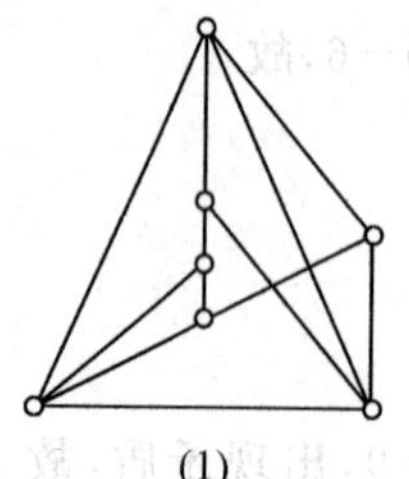
(1)

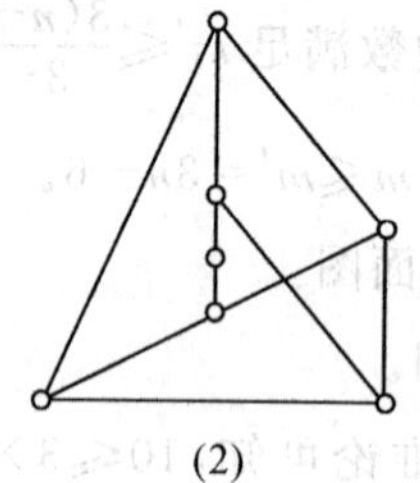
(2)

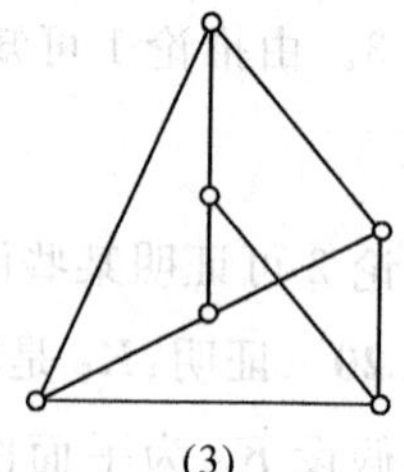
(3)

图 7-28　无向图

7.4.3　平面图的应用

例题 7.23　要在 3 个工作点 A,B,C 和 3 个原料库 L,M,N 之间建立各工作点到各原料库的传输线，问是否能使这些线路互不相交？

解　每个工作点到 3 个原料库需要传输线。若用顶点表示工作点和原料库，用边表示工作点和原料库之间的传输线，则得到一个图，这个图是 $K_{3,3}$，它不是平面图。因此，不可能建立从工作点到原料库间不交叉的传输线路。

习题 7.4

7.5　图的着色问题

平面图的一个应用是图的着色问题，这个问题起源于 19 世纪的地图着色问题：给地图的各地域着色，要使相邻的地域具有不同的颜色，至少需要多少种颜色？显然，3 种颜色是不够的，例如图 7-29 中的 4 个地域至少要 4 种颜色才能满足上述着色要求。1890 年，希伍德(Hewood)证明了 5 种颜色是足够的。1976 年，阿佩尔(Appel)和哈肯(Haken)在计算机上用了 1200 个机时证明了四色定理成立：地图只用 4 种颜色就可以着色了，并且能使相邻的地域具有不同的颜色。但是，对四色定理的研究没有结束，毕竟阿佩尔和哈肯的证明是利用计算机完成的，寻求四色定理严格的理论证明依然是科学工作者追求的目标。

图 7-29　4 个地域着色

地图着色问题明显可以用平面图的面着色来刻画。为了便于讨论，我们把平面图的面着色问题转换为同等的顶点着色问题。首先引入对偶图的概念。

定义 7.10　对偶图

对连通平面图 G 实施下列步骤所得到的图 G^* 称为 G 的**对偶图**(dual of graph)：

(1)在 G 的每一个面 r_i 内部作一个 G^* 的顶点 v_i^*；

(2)若 G 的面 r_i 与 r_i 有公共边 e_k，则过边 e_k 作关联 v_i^* 与 v_j^* 的一条边 e_k^*，且 e_k^* 与 G^* 的其他边不相交；

(3)当 e_k 为面 r_i 的边界而非 r_i 与其他面的公共边界时，作 v_i^* 的一条环与 e_k 相交(且仅交于一处)，所作的环不与 G^* 的其他边相交。

例题 7.24　画出图 7-30 的对偶图。

解　根据定义 7.10，绘制图 7-30 的对偶图，如图 7-31 所示。在图 7-31 中用虚线表示原图 7-30，实线部分是 7-30 的对偶图。

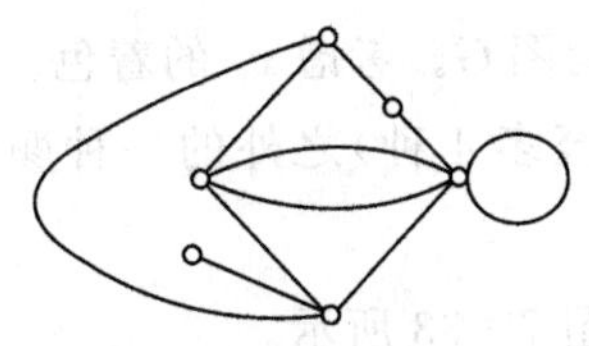

图 7-30　例题 7.24 原图

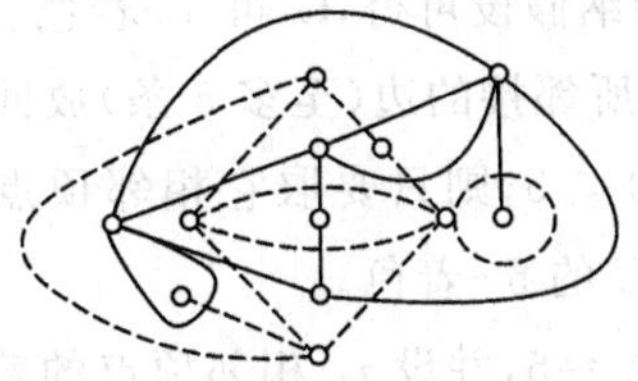

图 7-31　例题 7.24 对偶图

同构图的对偶图不一定同构，换言之，对一个图的不同平面表示可能得到不同的对偶图。

例题 7.25　判断图 7-32 中的两个对偶图是否同构。

解　图 7-32(1)、(2)中的实线部分是两个同构的图(这两个同构图的平面表示不同)，而图 7-32(1)、(2)中的虚线部分分别表示它们的对偶图。图 7-32(1)中的对偶图有 5 度顶点，图 7－32(2)中的对偶图却没有 5 度顶点。因此，这两个对偶图是不同构的。

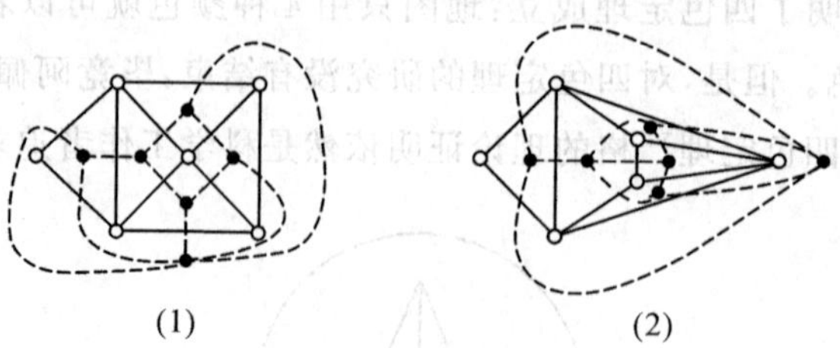

图 7－32　不同的对偶图

由定义 7.10 可知对偶图有以下性质。

(1)图 G 的面与 G^* 的顶点一一对应，且 G 中面的度等于 G^* 中对应顶点的度。

(2)G 中两个面有公共边界当且仅当 G^* 中对应顶点之间有边关联。

(3)G 为平面图当且仅当 G^* 为平面图。

因此，对于图的面着色问题，可以通过研究其对偶图的顶点着色问题来解决。接下来讨论图的顶点着色问题。

定义 7.11　k－着色

若可用 k 种颜色给 G 的所有顶点着色，使每个顶点着一种颜色，而同一边的两个不同端点着不同颜色，则称图 G 为可 k－着色的。

定理 7.18　任何平面图都是可 5－着色的。

证明　由于各连通分支可 5－着色当且仅当原图可 5－着色，由于环和平行边与着色问题无关，因此，下面只讨论平面连通简单图。

设 G 为任一平面连通简单图，顶点个数为 n，对 n 进行归纳。

当 $n \leqslant 5$ 时，命题显然成立。

设 $n-1(n\leqslant 6)$ 个顶点的平面图都是可 5－着色的，考虑具有 n 个顶点的平面连通简单图 G。由定理 7.18 的推论 4，G 至少有一个顶点的度不大于 5，不妨设用 v_0 表示这个顶点。令 $G'=G-v_0$，据归纳假设可得，G' 可 5－着色。假定 G' 已用红、黄、兰、白、黑 5 种颜色按要求着色，现将 v_0 及它所邻接的边(至多 5 条)放回原处，恢复为图 G。考虑 v_0 的着色。

(1)设 $d(v_0)<5$，则只要取它相邻顶点所着颜色(至多 4 种)之外的一种颜色给 v_0 着色，便可完成对 G 的 5－着色。

(2)设 $d(v_0)=5$，并设 v_0 相邻顶点的着色状况，如图 7－33 所示。

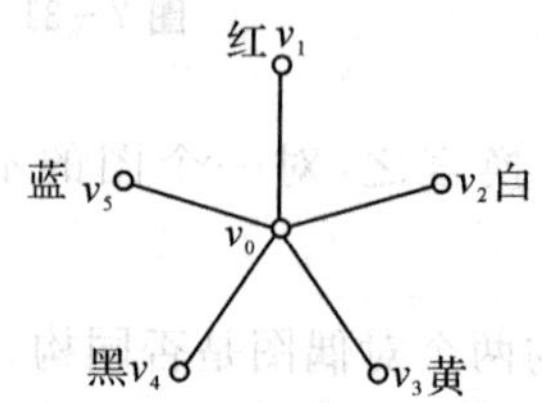

图 7－33　v_0 相邻顶点的着色状况

为叙述简明，令 RY 表示 $G-v_0$ 中所有红、黄顶点的集合，BW 表示 $G-v_0$ 中所有黑、白顶点的集合。考虑由 RY 生成的 G 的子图 $G(RY)$。

若 v_1，v_3 分别属于 $G(RY)$ 的两个不同的连通分支，则只要将 v_1 所在分支的红、黄顶点的着色作一次对换（从而 v_1 着黄色），便可给 v_0 着红色以完成对 G 的 5 -着色。

若 v_1 和 v_3 同属于一个 $G(RY)$ 的连通分支，则从 v_1 到 v_3 必有一条通路，其各顶点被红、黄两色相间着色。这条通路连同 v_0 便构成回路：

$$C: v_0, v_1, \cdots, v_3, v_0,$$

回路 C 把 BW 分成两部分：一部分在回路 C 之外，一部分在回路 C 之内。于是，BW 生成的 G 的子图也被分成了两个互不连通的部分，一部分在 C 外，一部分在 C 内，这就使 v_2，v_4 处于 BW 生成的 G 的子图的两个不同连通分支，同上将 v_2 所在分支作颜色对换，以便给 v_0 着白色，完成对 G 的 5 -着色。

图着色在调度、分配有关的场景中具有广泛的应用，例如期末考试的安排、网络资源的分配等问题。

习题 7.5

【本章小结】

本章介绍了在实际情况中广泛应用的一些特殊图，包括欧拉图、哈密顿图、二分图、平面图和着色图等。针对欧拉图，介绍了欧拉路、欧拉回路、欧拉图等概念，判定欧拉图的一个充要条件，求解欧拉回路的两个算法，以及欧拉图在实际情况中的应用。针对哈密顿图，介绍了哈密顿路、哈密顿回路、哈密顿图等概念，判断哈密顿图的充分条件或必要条件，以及哈密顿图在格雷码、TSP 问题中的应用。针对二分图，介绍了二分图、匹配等概念，以及判断最大匹配或者完全匹配的方法，以及二分图的应用。针对平面图，介绍了平面度、度、面等概念、判断平面图的方法，进一步介绍了平面图的应用——图的着色问题。

第 3 篇小组拓展研究

1. 网络计划技术研究

网络计划技术是 20 世纪 50 年代末发展起来的一种编制大型工程进度计划的有效方法。网络计划技术包括计划评审技术(program evaluation and review technique, PERT)与关键路线法。

在实施一个工程计划时,若将整个工程分成若干工序,有些工序可以同时实施,有些工序必须在完成另一些工序后才能实施,工序之间的次序关系可以用有向图来表示,这种有向图称为 PERT 图。

计划评审技术与关键路线法的基本原理相近,它们的主要区别在于关键路线法针对工作完成的时间是确定值的情形,而计划评审技术针对工作完成的时间不是确定值而是一个随机变量的情形,通常将这两种方法统称为网络计划或网络计划技术。之后还提出了一些新的网络计划技术,例如图示评审技术(graphical evaluation and review technique, GERT)、风险评审技术(venture evaluation and review technique, VERT)等。

20 世纪 60 年代,著名科学家钱学森将网络计划技术引入我国,并应用于航天系统。著名数学家华罗庚结合我国实际情况对网络计划技术进行简化,于 1956 年发表了《统筹方法平话》,为推广网络计划技术的应用奠定了基础。网络计划技术有利于对计划进行控制、管理、调整和优化,方便管理者更清晰地了解工作间的相互联系和相互制约的逻辑关系,掌握关键工作和计划的全盘情况,对缩短工期、节约资源、提高经济效益发挥了重要的作用。为了推广和普及网络计划技术,我国建设部公布了《工程网络计划技术规程》,规定了网络计划技术中统一的符号、术语、绘图规则和计算规范。随着计算机技术的发展和网络计划技术软件的不断更新,网络计划技术获得了更大范围的推广和应用。

查阅文献,研究 PERT 技术的基本原理并给出 2 到 3 个工程上应用的实例。

2. 最短路径算法研究

(1)查阅文献,研究求含负权图的单源最短路径的 Bellman - Ford 算法的基本原理,并实现该算法。

(2)查阅文献,研究 SPFA 算法并实现该算法,进一步讨论该算法对 Bellman - Ford 算法做了哪些方面的改进?

3. TSP 问题研究

TSP(Travelling Salesman Problem,货郎担问题)又称旅行商问题,是经典的组合优化问题,用于寻找一条经过所有地点且总路径最短的路径。这个问题可以通过多种算法进行求解,包括贪心算法、模拟退火算法、遗传算法、蚁群算法、粒子群算法等。请选取规模(即节点数)分别在 20～100 之间和 100 以上的两个算例,分别运用两个感兴趣的算法(如遗传算法、蚁群算法、粒子群算法等)求解,并对实验结果进行对比分析。

4. 图论在人工智能领域中的应用研究

通过文献研究，总结图论在人工智能、社交网络分析等领域的典型应用。如知识图谱、图像分析、自然语言处理、强化学习等。

知识图谱领域。知识图谱是一种用图结构的方式来组织和表示知识的方法。图论提供了用于构建知识图谱的数据结构和算法。能够通过图的连接关系和节点属性来表示实体之间的关系和语义信息，以帮助实现知识的存储、推理和搜索。知识图谱在问答系统、智能搜索、语义理解等方面具有广泛的应用。

图像分析。图像可以看作是一个像素点或区域之间的连接关系构成的图。图论提供了用于图像分割、目标识别、图像检索等领域的算法和技术。例如，基于图的图像分割方法可以将一幅图像分为不同的区域，用于物体识别和图像分析。

自然语言处理。在自然语言处理中，图论可以用于构建词语之间的关联网络，例如词共现网络或语义关系网络。通过使用图算法，可以进行文本的关键词提取、文本分类、情感分析等。

强化学习。强化学习是一种通过与环境进行交互来学习最佳行为策略的方法。图论可以用于表示状态和动作之间的关系，并提供图搜索算法来寻找最优策略。通过图的搜索和优化算法，可以在复杂的环境中快速找到最优的决策方案。

5. 图论在社交网络分析领域的典型应用研究

通过文献研究，总结图论在社交网络分析领域的典型应用。

社交网络中的人与人之间的关系可以通过图模型来表示。图论可以用于分析社交网络的拓扑结构、社区发现、节点影响力等。通过社交网络分析，可以挖掘用户的社交关系，并基于此推荐好友、产品和服务，进行舆情监测等。

6. 最优指派问题

研究最优指派问题：欲安排 n 个人员 $x_1,x_2,\cdots,x_n$ 从事 n 项工作 $y_1,y_2,\cdots,y_n$。已知每个人能胜任其中一项或几项工作，每个人做不同工作的效率不同，求一种能够使总的工作效率达到最大的工作安排方式。其图论模型可描述如下：给定赋权完全二分图 $G=\langle X,Y\rangle$：$X=\{x_1,x_2,\cdots,x_n\}$，$Y=\{y_1,y_2,\cdots,y_n\}$，边 x_ix_j 有权 W_{ij}（权可以为 0，表示 x_i 不胜任工作 y_j），求 G 的一个具有最大权的完全匹配。

查阅文献，研究总结求最大权匹配的 Kuhn－Munkres 算法。

7. 二叉搜索树

对于数据处理程序而言，维护大数据集是一个常见的问题。这些维护工作不仅包括数据的添加和删除，还包括数据的检索。维护数据的方式有多种，二叉搜索树是其中一种较为有效的方式。

假设有一个由不同的数或词按照数的顺序或字典次序组成的列表，例如 $2\leqslant 5$，$abef\leqslant adfe$。一个列表的**二叉搜索树**是这样的一棵二叉树：二叉树的每个顶点均标记为列表的一个元素，并满足：

(1)没有两个顶点有相同的标记；

(2)若顶点 U 属于顶点 V 的左子树，则 $U\leqslant V$；

(3)若顶点 W 属于顶点 V 的右子树，则 $V\leqslant W$。

研究二叉搜索树的构造算法和二叉搜索树的搜索算法。

第 3 篇算法设计及编程题

1. 根据 Havel - Hakimi 定理，设计算法并实现判定任一非负整数序列是否是可图的。

2. 设计算法实现用邻接矩阵存储表示。

3. 青蛙的邻居。某湖泊附近共有 n 各大小湖泊 $l_1,l_2,\cdots,l_n$，每个湖泊 l_i 里住着一只青蛙 $F_i(1\leqslant i\leqslant n)$。若湖泊 l_i 和 l_j 之间有水路相连，则青蛙 F_i 和 F_j 互称为邻居。现在已知每只青蛙的邻居数分别为 $x_1,x_2,\cdots,x_n$，请编程实现确定每两个湖泊之间的相连关系。

4. 设计算法实现用邻接矩阵存储有向图，并输出各顶点的入度和出度。

5. 设计算法实现无向图的深度优先搜索，并求其深度优先生成树。

6. 设计算法实现无向图的广度优先搜索，并求其广度优先生成树。

7. 编程实现 Dijkstra 算法。

8. 编程实现 Floyd 算法。

9. 给定一个无向连通图，并设计算法判定无向连通图中是否有割边。

10. 设计算法判定无向连通图中是否有关节点(割点)。

11. 编程实现 Kruskal 算法和 Prim 算法。

12. 给定二叉树，编程实现其前序遍历、中序遍历和后序遍历。

13. 分别用广度优先搜索和宽度优先搜索求连通图的生成树。

14. 给定非负实数 $W_1,W_2,\cdots,W_n$，用哈夫曼最优二叉树算法构造一棵带权 $W_1,W_2,\cdots,W_n$ 的最优二叉树。

15. 给定简单无向图，编程实现判断该图中是否存在欧拉路和欧拉回路？若存在，列出该路。

16. 编程实现求解中国邮递员问题的 Edmonds - Johnson 算法。

17. 给定简单无向图，编程实现判断该图中是否存在哈密顿路；若存在，列出该路。

18. 给定一个 $m\times m$ 矩阵，编程实现求完全匹配的匈牙利算法。

第4篇　代数系统

代数学是研究运算规律的数学分支，代数学的发展可以划分为古典代数和近世代数，近世代数和古典代数研究的中心内容不同。古典代数学基本上就是方程论，因为它以研究方程的根的分布和解法为核心。而近世代数则是采用公理化方法，研究具有代数系统的集合，即以研究数字、符号以及更一般元素的运算规律和各种代数系统的性质为核心。

近世代数学起源于方程的求解。人们很早就已经掌握了一元一次和一元二次方程的求解方法。关于三次方程，13 世纪时，宋代数学家秦九韶在他所著的《数书九章》一书的“正负开方术”中，深入探讨了数字高次方程的求正根法，换言之，秦九韶那时就已掌握了高次方程的一般解法。在西方，直到 16 世纪初的文艺复兴时期，才由意大利的数学家发现了一元三次方程解的公式——卡当公式。

三次方程被解出来后，一般的四次方程很快也被意大利的费拉里解出。这促使数学家们继续致力于寻求五次及五次以上高次方程的解法。遗憾的是，尽管这个问题耗费了许多数学家的时间和精力，但它一直困扰了数学界长达三个多世纪，始终未能得到解决。

到了 19 世纪初，挪威的一位青年数学家阿贝尔(N. Abel)证明了五次或五次以上的方程不可能有代数解，即这些方程的根不能用方程的系数通过加、减、乘、除、乘方、开方等代数运算表示出来。但阿贝尔的证明并没有回答一个具体的方程是否能用代数方法求解的问题。后来，五次或五次以上的方程不可能有代数解的问题，被法国的一位青年数学家伽罗华彻底攻克。1829 年，伽罗华在拉格朗日、柯西、阿贝尔等人成果的基础上，创立了伽罗华理论，彻底解决了代数方程的可解性条件问题。

伽罗华的研究成果不仅解决了几个世纪以来一直没有解决的高次方程的代数解的问题，更重要的是他提出了“群”的概念，并由此发展了一整套关于群和域的理论，开辟了代数学的新纪元，直接推动了代数学研究方法的变革。自此，代数学的研究重心不再局限于方程理论，而是转向了对代数系统性质的研究，促进了代数学的进一步发展。

群这一概念的提出，标志着代数学的研究进入了近世代数的范畴。近世代数学的研究方法具有 3 个特点：采用集合论的记法，强调运算及运算律的重要性，运用抽象化和公理化的方法。近世代数学的研究对象广泛，不仅包括数，还可能是多项式、矩阵、向量、向量空间的变换、命题、集合乃至图等，对于这些对象，均可进行相应的运算，如数、多项式、矩阵等研究对象的加、减、乘运算；命题的与、或、非运算；集合的并、交、补运算等。近世代数主要讨论这些数学结构的一般特性，并根据运算所遵循的一般定律(如结合律、交换律、分配律等)及特性，对这些数学结构进行分类研究。因此，代数学的内容可以概括为带有运算的集合，这些集合在数学中被称为代数系统，而由对象集合及运算构成的数学结构被称为代数结构。

较为重要的代数系统有群、布尔代数等。群是研究数学和物理现象对称性规律的有力工具。群的概念已成为现代数学中最为重要且具有高度概括性的数学概念之一，广泛应用于其他科学领域，特别是在计算机科学中发挥着不可估量的作用。群论在计算机科学的众多领域（如编码理论）中均有着广泛的应用。布尔代数则是计算机科学的基石。

本篇首先引入代数系统的一般概念，介绍代数系统研究的主要方法，然后介绍了一些特殊的代数系统，包括群、环、域、布尔代数等。

第8章 代数系统与群

【内容提要】

群是一种重要的代数系统。本章首先介绍了一般代数系统的概念及相关的研究手段,在此基础上重点介绍了群的定义、性质、判定、子群,群的同态与同构,以及循环群和变换群等几种重要类型的群。

8.1 代数系统基本概念

由非空集合和该集合上的一个或多个运算所组合的系统称为代数系统,因此,在描述代数系统的意义之前,首先给出运算的定义及有关运算定律的意义。

8.1.1 二元运算及其性质

定义 8.1 运算

设 A、B 为任意集合。

(1)一个从 A 到 B 的映射称为从 A 到 B 的**一元运算**(unary operation);一个从 A 到 A 的映射称为 A **上的一元运算**。

(2)一个从 $A\times A$ 到 B 的映射称为从 A 到 B 的**二元运算**(binary operation);一个从 $A\times A$ 到 A 的映射称为 A 上的**二元运算**。

(3)映射 $h:A^n\rightarrow B$ 称为从 A 到 B 的 n 元运算;映射 $h:A^n\rightarrow A$ 称为 A 上的 n **元运算**。

二元运算 $f:A^2\rightarrow A$ 本身也是一个二元关系。若映射 f 将 $A\times A$ 中的元素 $\langle a,b\rangle$ 映射至 A 中的 c 上,按照关系的表示可记作 $\langle\langle a,b\rangle,c\rangle\in f$,也可记作 $\langle a,b\rangle fc$,按映射的表示则为 $f((a,b))=c$,而按运算的习惯表示则为 $afb=c$。为了书写方便,可以用符号来表示 n 元运算,常用的符号有“$*$”“$\cdot$”“$\times$”“$+$”“$\triangle$”等。

运算过程也可以用运算表的形式展现,例如,集合 $S=\{a,b,c\}$ 上的 $*$ 运算的运算表见表 8-1。

表 8-1 $\langle S, *\rangle$运算表

*	a	b	c
a	a	b	c
b	b	c	c
c	c	c	c

定义 8.2 封闭

若参加运算的客体与运算结果属于同一个集合，则称该运算在该集合上**封闭**(closed)。例如，除法运算在整数集合 I 上不封闭，在实数集 R 上封闭。

不失一般性，接下来所讨论的运算均指集合上的封闭运算。

定义 8.3 幂

设 $*$ 为 A 上的二元运算，$\forall x\in A$，x 与自身运算常记为幂的形式，即 $x^n=\underbrace{x*x*\cdots*x}_{n个x}$。

由定义易见，设 $*$ 为集合 A 上满足结合律的二元运算，则对 $\forall a\in A$ 及 $\forall m,n\in I$，有

(1)$a^m*a^n=a^{m+n}$；

(2)$(a^m)^n=a^{mn}$。

定义 8.4 运算律

设 $*$ 和 $\circ$ 均为 A 上的二元运算，$\sim$ 为 A 上的一元运算。

(1) $\forall a,b\in A$，若 $a*b=b*a$，则称 $*$ 运算满足**交换律**(commutative law)。

(2) $\forall a,b,c\in A$，若 $a*(b*c)=(a*b)*c$，则称 $*$ 运算满足**结合律**(associative law)。

(3) $\forall a,b,c\in A$，若 $a*(b\circ c)=(a*b)\circ(a*c)$，则称 $*$ 对 $\circ$ 满足**左分配律**；若$(b\circ c)*a=(b*a)\circ(c*a)$，则称 $*$ 对 $\circ$ 满足**右分配律**；若左、右分配律都成立，则称 $*$ 对 $\circ$ 满足**分配律**(distributive law)。

(4) $\forall a,b\in A$，若 $a*(a\circ b)=a$，$a\circ(a*b)=a$，则称 $*$ 和 $\circ$ 满足**吸收律**(absorption law)。

(5) $\forall a,b\in A$，若$\widetilde{a*b}=\tilde{a}\circ\tilde{b}$，$\widetilde{a\circ b}=\tilde{a}*\tilde{b}$，则称 $*$ 和 $\circ$ 满足**德·摩根定律**(De Morgan's law)。

(6) $\forall a\in A$，若 $a*a=a$，则称 $*$ 满足**等幂律**(idempotent law)。

(7) $\forall a,b,c\in A$，若 $a*b=a*c$，有 $b=c$，则称 $*$ 满足**左消去律**；若 $b*a=c*a$，有 $b=c$，则称 $*$ 满足**右消去律**；若左、右消去律都成立，则称 $*$ 满足**消去律**(cancellation law)。满足消去律的运算 $*$ 也称是**可约的**。

加法、乘法运算是自然数集上的二元运算，加法、乘法满足结合律、交换律，乘法对加法满足分配律，但加法对乘法不满足分配律。

例题 8.1 设 $*$ 为集合 A 上的二元运算，且满足：

(1)交换律：$\forall a,b\in A$，$a*b=b*a$。

(2)结合律：$\forall a,b,c\in A, a*(b*c)=(a*b)*c$。

(3)等幂律：$\forall a\in A, a*a=a$。

定义 A 上的二元关系"$\leqslant$"如下：$a\leqslant b$ 当且仅当 $a=a*b$。证明：$(A,\leqslant)$ 是偏序集，且 $\forall a,b\in A$，$\mathrm{GLB}(a,b)=a*b$。

证明　证明$\leqslant$是偏序关系，即具有自反性、反对称性和传递性。

(1)自反性。$\forall a\in A$，由等幂律可知 $a=a*a$，所以 $a\leqslant a$ 成立，自反性得证。

(2)反对称性。$\forall a,b\in A, a\leqslant b$ 且 $b\leqslant a$。由$\leqslant$的定义可知，$a=a*b, b=b*a$。因此，$a=a*b=b*a=b$。反对称性得证。

(3)传递性。$\forall a,b,c\in A, a\leqslant b$，且 $b\leqslant c$。由$\leqslant$的定义可知，$a=a*b, b=b*c$。因此，$a=a*b=a*(b*c)=(a*b)*c=a*c$，所以，$a\leqslant c$。传递性得证。

由(1)(2)(3)可知，$\leqslant$是偏序关系，$(A,\leqslant)$ 是偏序集。

其次，证明 $\forall a,b\in A$，$\{a,b\}$的下确界是 $a*b$. 即要证 $a*b\leqslant a$，且 $a*b\leqslant b$。

$a*b=(a*a)*b=a*(a*b)=(a*b)*a$，所以，$a*b\leqslant a$。

$a*b=a*(b*b)=(a*b)*b$，所以，$a*b\leqslant b$。

这说明，$a*b$ 是$\{a,b\}$的下界。

又设 c 也是$\{a,b\}$的下界，即 $c\leqslant a, c\leqslant b$。因此，$c=c*a, c=c*b$。

$c=c*a=(c*b)*a=c*(b*a)=c*(a*b)$，这说明 $c\leqslant a*b$。

故 $a*b$ 是$\{a,b\}$的下确界，即 $\mathrm{GLB}(a,b)=a*b$。

8.1.2　代数系统

定义 8.5 代数系统

由一个集合 S 及定义在 S 上的若干运算所组成的系统称为**代数系统**(algebraic system)。集合 S 称为该代数系统的**载体**(carrier)。

载体集合和载体上的运算可用有序组的形式表示，若集合 S 与载体上的二元运算 $*$ 及一元运算$\triangle$构成一个代数系统，则记为$\langle S, *, \triangle\rangle$。

关于代数系统，有以下常用结论。

(1)以自然数集 $\mathbf{N}$ 为载体，加运算"$+$"为二元运算构成的代数系统记为$\langle \mathbf{N}, +\rangle$。

(2)以全体 2×2 实数矩阵组成的集合 M 为载体，矩阵乘"$\circ$"为二元运算构成的代数系统，记为$\langle M, \circ\rangle$。

(3)以集合 A 的幂集 $P(A)$为载体，以集合并、交、补为其二元运算和一元运算构成的代数系统记为$\langle P(A), \cup, \cap, \sim\rangle$。有时为了强调集合 A 和空集$\varnothing$的作用，也将其记为$\langle P(A), \cup, \cap, \sim, A, \varnothing\rangle$。

8.1.3　幺元、零元、逆元

一些代数系统所规定的运算具有某些特殊的元素，包括幺元、零元和逆元。

定义 8.6 幺元

设⟨S, $*$⟩为一个代数系统。

(1)若 $e_l \in S$ 且对任意元素 $x \in S$ 有 $e_l * x = x$,则称元素 e_l 为代数系统⟨S, $*$⟩的关于运算 $*$ 的**左幺元**。

(2)若 $e_r \in S$ 且对任意元素 $x \in S$ 有 $x * e_r = x$,则称元素 e_r 为代数系统⟨S, $*$⟩的关于运算 $*$ 的**右幺元**。

(3)若 $e \in S$ 且对任意元素 $x \in S$ 有 $x * e = e * x = x$,则称元素 e 为代数系统⟨S, $*$⟩的关于运算 $*$ 的**幺元**(identity element)。

关于幺元,有以下常用结论。

(1)⟨$\mathbf{N}$, $+$⟩中的 0,⟨$P(A)$, $\cup$⟩中的$\varnothing$,⟨$P(A)$, $\cap$⟩中的集合 A,分别是这三个代数系统的关于运算$+$,$\cup$,$\cap$的幺元。

(2)在运算表 8-2 给出的代数系统⟨S, $*$⟩中,a,b,c 都是⟨S, $*$⟩的左幺元,⟨S, $*$⟩没有右幺元和幺元。

表 8-2 ⟨S, $*$⟩运算表

$*$	a	b	c
a	a	b	c
b	a	b	c
c	a	b	c

左幺元、右幺元、幺元未必一定存在,左幺元、右幺元可能同时存在多个。

定理 8.1 代数系统⟨S, $*$⟩有关于 $*$ 运算的幺元,当且仅当它同时有关于 $*$ 运算的左幺元和右幺元。

证明 由于幺元必是左幺元和右幺元,必要性得证。

为证充分性,设 e_l,e_r 为⟨S, $*$⟩的左幺元、右幺元,则 $e_r = e_l * e_r = e_l$。

因此 $e_r(e_l)$是幺元。

定理 8.2 任何含有关于 $*$ 运算幺元的代数系统⟨S, $*$⟩,其所含幺元是唯一的。

证明 设⟨S, $*$⟩有幺元 e_1 和 e_2,则 $e_1 = e_1 * e_2 = e_2$,故幺元是唯一的。

定义 8.7 零元

设⟨S, $*$⟩为一个代数系统。

(1)若 $O_l \in S$ 且对任意元素 $x \in S$ 有 $O_l * x = O_l$,则称元素 O_l 为代数系统$<S, *>$的关于运算 $*$ 的**左零元**。

(2)若 $O_r \in S$ 且对任意元素 $x \in S$ 有 $x * O_r = O_r$,则称元素 O_r 为代数系统$<S, *>$的关于运算 $*$ 的**右零元**。

(3)若 $O\in S$ 且对任意元素 $x\in S$ 有 $x*O=O*x=O$,则称元素 O 为代数系统 $\langle S,*\rangle$ 的关于运算 $*$ 的**零元**(zero)。

以下是关于零元的结论实例。

(1)在运算表 8-3 给出的代数系统 $\langle S,*\rangle$ 中,b 是右零元,该代数系统没有左零元,也没有零元。

表 8-3　$\langle S,*\rangle$ 运算表

$*$	a	b	c
a	a	b	c
b	b	b	c
c	c	b	b

(2)$\langle \mathbf{N},\cdot\rangle$($\cdot$ 为数乘运算)中的自然数 0、$\langle P(A),\cup\rangle$ 中的集合 A、$\langle P(A),\cap\rangle$ 中的 $\varnothing$ 分别是这 3 个代数系统的关于数乘运算、集合并运算、集合交运算的零元。

定理 8.3　代数系统 $\langle S,*\rangle$ 有关于 $*$ 运算的零元,当且仅当它同时有关于 $*$ 运算的左零元和右零元。

定理 8.4　对于任何代数系统,若有零元,则该代数系统所含零元是唯一的。

特别强调:

(1)左、右幺元和幺元,左、右零元和零元都是代数系统的常元。

(2)左、右幺元和幺元,左、右零元和零元都依赖于代数系统中的运算。例如,在代数系统 $\langle \mathbf{N},+,\cdot\rangle$ 中,0 关于 $+$ 是幺元,关于 $\cdot$ 是零元;1 关于 $\cdot$ 是幺元,关于 $+$ 则既非幺元又非零元。在代数系统 $\langle P(A),\cup,\cap,\sim,A,\varnothing\rangle$ 中,$\varnothing$ 是关于 $\cup$ 的幺元,是关于 $\cap$ 的零元,A 既是关于 $\cup$ 的零元又是关于 $\cap$ 的幺元。

(3)在不致造成混淆的前提下,特殊元素是关于哪个运算的不再一一指出,但当代数系统中有两个或两个以上的运算时仍将对此进行说明。这时,常常出现这样的情况,一个运算与数加的性质接近,另一个运算与数乘的性质接近,为了更加简明、直观,将前一种运算叫作加法运算,关于它的幺元、零元称为加法幺元、加法零元;将后一种运算叫作乘法运算,关于它的幺元、零元称为乘法幺元、乘法零元。例如,可称 $\varnothing$ 为 $\langle P(A),\cup,\cap,\sim,A,\varnothing\rangle$ 的加法幺元、乘法零元,称 A 为 $\langle P(A),\cup,\cap,\sim,A,\varnothing\rangle$ 的乘法幺元、加法零元。

定义 8.8 逆元

设 e 为代数系统 $\langle S,*\rangle$ 的幺元。

(1)若 $x,y\in S$,且 $x*y=e$,则称 x 为 y 的左逆元,y 为 x 的右逆元。

(2)若 $x,y\in S$,且 $x*y=y*x=e$,则称 x 为 y 的**逆元**(inverse element),y 是 x 的逆元。x 的逆元通常记为 x^{-1},但当运算被称为加法运算(记为 $+$)时,x 的逆元可记为 $-x$ 。

以下是关于逆元的几个实例。

(1)代数系统$\langle \mathbf{N}, \cdot \rangle$($\cdot$为数乘)中只有数 1 有逆元 1,$\langle \mathbf{N}, + \rangle$(+为数加)中只有数 0 有逆元,总之,任何代数系统的幺元恒有逆元,逆元为其自身。

(2)代数系统$\langle \mathbf{Z}, +, \cdot \rangle$($\mathbf{Z}$为整数集,+为数加,$\cdot$为数乘)的每个元素 $x \in \mathbf{Z}$ 均有加法逆元$-x$。除了 1 以外的数都没有乘法逆元。

(3)代数系统$\langle \mathbf{Q}, +, \cdot \rangle$($\mathbf{Q}$为有理数集)中每个元素 x 都有加法逆元$-x$,除 0 以外的每个元素 x 都有乘法逆元 $x^{-1}=\dfrac{1}{x}$。

(4)代数系统$\langle P(A), \cup \rangle$中每个元素 $B(B \neq \varnothing)$均无逆元;$\langle P(A), \cap \rangle$中每个元素 $B(B \neq A)$均无逆元。

(5)代数系统$\langle A^A, \circ \rangle$($A^A=\{f \mid f:A \to A\}$,$\circ$为函数的复合运算)中,恒等函数 E_A 为幺元,A 中所有双射都有逆元,所有单射都有左逆元,所有满射都有右逆元。

定理 8.5 设$\langle S, * \rangle$有幺元 e 和零元 O,且$|S| \geqslant 2$,则 O 既无左逆元也无右逆元。

证明 首先,$O \neq e$,否则 S 中另有元素 a,a 既非幺元也非零元。

从而 $O=O*a=e*a=a$,出现矛盾,$O \neq e$ 得证。

若 O 有左逆元 x,则 $O=x*O=e$,与 $O \neq e$ 矛盾,故 O 无左逆元。

同理,O 无右逆元,故 O 无逆元。

定理 8.6 设$\langle S, * \rangle$有幺元 e,且运算$*$满足结合律,则当 S 中元素 x 有左逆元 l 及右逆元 r 时,$l=r$,它们就是 x 的逆元。

证明 由题设知,$l=l*e=l*(x*r)=(l*x)*r=e*r=r$,
从而 $l=r$ 是 x 的逆元。

定理 8.6 的一个简单推论是:在满足运算结合律的代数系统中,任何元素的逆元均是唯一的。注意,逆元并非代数系统的常元,它不仅依赖于运算,还依赖于具体的元素。当一个代数系统中的每一个元素都有逆元时,可以认为该代数系统中定义了一个一元求逆运算。

定理 8.7 若$\langle S, * \rangle$中$*$运算满足结合律,且元素 a 有逆元,则 a 必定是可约的。

证明 设 a 的逆元为 a^{-1},则由 $a*x=a*y$ 及 $x*a=y*a$,可得

$a^{-1}*(a*x)=a^{-1}*(a*y)$,即$(a^{-1}*a)*x=(a^{-1}*a)*y$,所以 $x=y$;

$(x*a)*a^{-1}=(y*a)*a^{-1}$,即 $x*(a^{-1}*a)=y*(a^{-1}*a)$,所以 $x=y$,

因此,a 是可约的。

定理 8.7 的逆命题不成立。

定义 8.9 子代数系统

称$\langle S', * \rangle$为代数系统$\langle S, * \rangle$的**子代数系统**或**子代数**(subalgebra),当

(1)$S' \subseteq S$;

(2)运算$*$对 S' 封闭。

根据定义,子代数必为一个代数系统,$*$运算所满足的公理显然仍能得到满足。需要注意的是,由于 S' 只是 S 的子集,S 中关于$*$运算的特殊元素在 S' 中未必仍然存在。

把$\langle S, *\rangle$叫作$\langle S, *\rangle$的**平凡子代数**；若 S 含有幺元 e，则也将$\langle\{e\},\rangle$叫作$\langle S, *, e\rangle$的**平凡子代数**。

对$\langle \mathbf{N}, +\rangle$而言，设 E 是偶数的集合，O 是奇数的集合，则$\langle E, +\rangle$为其子代数，但由于不满足封闭性，$\langle O, +\rangle$不构成其子代数。

8.1.4　同态与同构

用$\langle S, \Delta, *\rangle$表示一个一般的代数系统，其中 Δ 表示一元运算，$*$ 表示二元运算。

定义 8.10 同态与同构

设$\langle S, \Delta, *\rangle$及$\langle S', \Delta', *'\rangle$均为代数系统，$h: S\to S'$为代数系统 S 到 S' 的函数，若 S 中任意元素 a, b，均满足保运算性，即

$$h(\Delta a)=\Delta'(h(a)),$$
$$h(a * b)=h(a) *' h(b),$$

则称函数 $h: S\to S'$为代数系统 S 到 S' 的**同态映射**，简称**同态**。

当同态 h 为单射时，称 h 为**单一同态**；当 h 为满射时，称 h 为**满同态**；当 h 为双射时，称 h 为**同构映射**，简称**同构**。当两个代数系统 A 和 B 间存在同构映射时，也称这两个代数系统**同构**，记为 $A\cong B$。当 h 为$\langle S, \Delta, *\rangle$到$\langle S, \Delta, *\rangle$的同态(同构)时，称 h 为 S 的**自同态(自同构)**。

以下是关于同态和同构的几个实例。

(1)设 $f: \mathbf{R}\to\mathbf{R}$ 为 $f(x)=2^x$($\mathbf{R}$ 为实数集)，则 f 为$\langle \mathbf{R}, +\rangle$到$\langle \mathbf{R}, \cdot\rangle$的同态。因为对任意实数 x 和 y，$f(x+y)=2^{x+y}=2^x\cdot 2^y=f(x)\cdot f(y)$。由定义可知 f 为单一同态。

但是当 $f: \mathbf{R}\to\mathbf{R}^+$ 为 $f(x)=2^x$($\mathbf{R}^+$ 为正实数集)时，f 为$\langle \mathbf{R}, +\rangle$到$\langle \mathbf{R}^+, \cdot\rangle$的同构映射，换言之$\langle \mathbf{R}, +\rangle$与$\langle \mathbf{R}^+, \cdot\rangle$同构。

(2)设 $h: \Sigma^*\to\mathbf{N}$ 为 $h(w)=\|w\|$，其中 Σ 为一个非空字母表，$\|w\|$ 表示字 w 的长度，则 h 为$\langle \Sigma^*$，毗连$\rangle$到$\langle \mathbf{N}, +\rangle$的同态，因为对任何 $u, v\in\Sigma^*$，有

$$h(uv)=\|uv\|=\|u\|+\|v\|=h(u)+h(v),$$

其中，uv 表示 u, v 的毗连。由 h 的定义可知，h 为一个满同态。

若$|\Sigma|=1$(例如 $\Sigma=\{a\}$)，则上述 h 为$\langle \Sigma^*$，毗连$\rangle$到$\langle \mathbf{N}, +\rangle$的同构映射。

(3)设 $g: \mathbf{R}\to\mathbf{R}$ 为 $g(x)=kx$(k 为常实数)，则 g 为$\langle \mathbf{R}, +\rangle$到$\langle \mathbf{R}, +\rangle$的自同态，因为对任意实数 x 和 y，$g(x+y)=k(x+y)=kx+ky=g(x)+g(y)$。

并且在 $k\neq 0$ 时，g 为自同构。

识别和证明两个代数系统是否同构是十分重要的。若两个代数系统同构，则这两个代数系统的性质是完全相同的。因此，若已知同构代数系统中一个代数系统的性质，则也就获得了另一个代数系统的性质。利用同构的概念研究未知系统的性质是一种典型的数学思维方式，这种思维方式可以推广至任意系统的研究中。

例题 8.2 设 $\mathbf{N}_4=\{0,1,2,3\}$，$f:\mathbf{N}_4\to\mathbf{N}_4$ 定义如下：

$$f(x)=\begin{cases}x+1, & x+1\neq 4,\\ 0, & x+1=4。\end{cases}$$

令 $F=\{f^0,f^1,f^2,f^3\}$，其中 f^0 为 $\mathbf{N}_4$ 上的恒等函数。易证 $\langle F,\circ\rangle$ 为一个代数系统，且 $f^i\circ f^j=f^{i+_4 j}$（$\circ$为函数复合运算，$+_4$ 为模 4 加运算）。试证：$\langle F,\circ\rangle$与$\langle \mathbf{N}_4,+_4\rangle$同构。

证明 建立双射 $h:F\to\mathbf{N}_4$，使 $h(f^i)=i(i=0,1,2,3)$。

由于对任何 $f_i,f_j\in f$，$h(f^i\circ f^j)=h(f^{i+_4 j})=i+_4 j=h(f^i)+_4 h(f^j)$，

故 h 为一个同构映射，$\langle F,\circ\rangle$与$\langle \mathbf{N}_4,+_4\rangle$同构得证。

例题 8.3 证明：代数系统$\langle \mathbf{N},+\rangle$与$\langle \mathbf{N},\cdot\rangle$不同构。

证明 反证法。假设$\langle \mathbf{N},+\rangle$与$\langle \mathbf{N},\cdot\rangle$同构，$f$ 为同构映射。

不失一般性，设有 $n(n\geqslant 2)$，$f(n)$为一个质数 p，于是

$$p=f(n)=f(n+0)=f(n)\cdot f(0),$$

$$p=f(n)=f(n-1+1)=f(n-1)\cdot f(1),$$

因此，$f(n)=1$ 或 $f(0)=1$；$f(n-1)=1$ 或 $f(1)=1$。总之，至少存在两处 f 的值为 1，这与 f 为同构映射（双射）矛盾.因此$\langle \mathbf{N},+\rangle$与$\langle \mathbf{N},\cdot\rangle$不同构。

为了进一步讨论同态的性质，引入了同态像的概念。

定义 8.11 同态像

设 h 为代数系统$\langle S,\Delta,*\rangle$到$\langle S',\Delta',*'\rangle$的同态映射，则称 $h(S)$为 h 的**同态像**（homomorphic image）。

定理 8.8 设 h 为代数系统$\langle S,\Delta,*\rangle$到$\langle S',\Delta',*'\rangle$的同态映射，则$\langle h(S),\Delta',*'\rangle$是$\langle S',\Delta',*'\rangle$的一个子代数。

证明 只要证 $h(S)$对运算 Δ'，$*'$封闭。

设 a'，b'为 $h(S)$中的任意两个元素，且 $h(a)=a'$，$h(b)=b'$，则

$$\Delta'(a')=\Delta'(h(a))=h(\Delta(a))\in h(S),$$

$$a'*'b'=h(a)*'h(b)=h(a*b)\in h(S),$$

故 $h(S)$对运算 Δ'，$*'$封闭，$\langle h(S),\Delta',*'\rangle$为 S'的子代数。

h 的同态像也指$\langle h(S),\Delta',*'\rangle$。显然，$h$ 为单射时$\langle S,\Delta,*\rangle$与同态像$\langle h(S),\Delta',*'\rangle$同构，因此，同态象与$\langle S,\Delta,*\rangle$有许多相同的性质。

定理 8.9 设 h 是代数系统$\langle S,*_1,*_2\rangle$ 到 $\langle S',*'_1,*'_2\rangle$的同态，$h$ 的同态像为$\langle h(S),*'_1,*'_2\rangle$（$*_1$，$*_2$，$*'_1$，$*'_2$ 均为二元运算），则

(1)当运算 $*_1$($*_2$)满足结合律、交换律时，同态像中的运算 $*'_1$($*'_2$)也满足结合律、交换律；当运算 $*_1$ 对 $*_2$ 满足分配律时，同态像中的运算 $*_2$ 对 $*'_2$也满足分配律。

(2)若$\langle S,*_1,*_2\rangle$关于 $*_1$($*_2$)有幺元 e 或零元 O，则$\langle h(S),*'_1,*'_2\rangle$中有关于 $*'_1$($*'_2$)的幺元 $h(e)$或零元 $h(O)$。

(3)若$\langle S, *_1, *_2\rangle$中元素$x$有关于$*_1(*_2)$的逆元$x^{-1}$,则$\langle h(S), *_1', *_2'\rangle$中元素$h(x)$有关于$*_1'(*_2')$的逆元$h(x^{-1})$。

证明　对于(1)的证明较简单,此处略过。以下证明(2)和(3)。

(2)设$\langle S, *_1, *_2\rangle$有关于$*$($*_1$或$*_2$)的幺元$e$,考虑$h(S)$中任一元素$b=h(a)$,$a\in S$。令$*'$表示$*_1'$或$*_2'$,则

$$b*'h(e)=h(a)*'h(e)=h(a*e)=h(a)=b,$$

$$h(e)*'b=h(e)*'h(a)=h(e*a)=h(a)=b,$$

因此$h(e)$为$h(S)$中关于$*'$的幺元。

关于零元的证明可参考关于幺元的证明过程。

(3)设$\langle S, *_1, *_2\rangle$中元素$x$有关于$*$($*_1$或$*_2$)的逆元$x^{-1}$,考虑$h(x)$与$h(x^{-1})$。令$*'$表示$*_1'$或$*_2'$,则

$$h(x)*'h(x^{-1})=h(x*x^{-1})=h(e),$$

$$h(x^{-1})*'h(x)=h(x^{-1}*x)=h(e),$$

这就是说,$h(S)$中$h(x)$有关于$*'$的逆元$h(x^{-1})$,即$(h(x))^{-1}=h(x^{-1})$。

这表明,同态也是保一元求逆运算的。

以下是关于同态像的几个实例。

(1)在命题代数$\langle\{0,1\},\wedge,\vee\rangle$与集合代数$\langle P(A),\cap,\cup\rangle(A\neq\varnothing)$之间可建立同态映射$h:P(A)\to\{0,1\}$,令$a$为$A$中某一元素:

$$h(B)=\begin{cases}1, & a\in B,\\ 0, & a\notin B。\end{cases}$$

显然,$h(\varnothing)=0$,$h(A)=1$,h为一个满同态,并且h把$P(A)$分成两部分,一部分是含a的子集,另一部分是不含a的子集。

(2)若将h改为$h:\{0,1\}\to P(A)$,使$P(A)=\varnothing$,$h(1)=A$,则可以看到集合代数的子代数$\langle\{\varnothing,A\},\cap,\cup\rangle$与命题代数是同构的。

(3)设$A=\{a,b,c,d\}$,令$h:\{0,1\}\to P(A)$满足$P(A)=\{a\}$,$h(1)=\{a,b\}$,则可证h仍为一个同态映射,$\{a\}$是$\langle h(\{0,1\}),\cap,\cup\rangle$的关于$\cup$运算的幺元,$\{a,b\}$则是它的零元,但它们都不是$\langle P(A),\cap,\cup\rangle$关于$\cup$运算的幺元和零元。

定义 8.12 同态核

若h为代数系统$\langle S,*\rangle$到$\langle S',*'\rangle$的同态,并且S'中有幺元e',则称集合

$$K(h)=\{x\mid x\in S\wedge h(x)=e'\}$$

为**同态h的核**(kernal of a homomorphism),简称**同态核**。

定理 8.10　设h为代数系统$\langle S,*\rangle$到$\langle S',*'\rangle$的同态,若$K(h)\neq\varnothing$,则$\langle K(h),*\rangle$为$\langle S,*\rangle$的子代数。

证明　只要证$K(h)$对$*$运算封闭。为此设x,y为$K(h)$中的任意元素,于是$h(x)=$

$h(y)=e'$。因为

$$h(x*y)=h(x)*'h(y)=e'*'e'=e',$$

所以 $x*y\in K(h)$，故$\langle K(h),*\rangle$为$\langle S,*\rangle$的子代数。

易见，一个同态映射 h 可对应两个子代数，一个是$\langle S',*'\rangle$的子代数$\langle h(S),*'\rangle$，另一个是$\langle S,*\rangle$的子代数$\langle K(h),*\rangle$。

以下是同态核的一个实例。

设 $A=\{a,b,c\}$，在命题代数$\langle\{0,1\},\wedge,\vee\rangle$与集合代数$\langle P(A),\cap,\cup\rangle$之间建立下列同态映射 $h:P(A)\to\{0,1\}$，令 $B\in P(A)$，且

$$h(B)=\begin{cases}1, & a\in B,\\ 0, & a\notin B.\end{cases}$$

由于$\langle\{0,1\},\wedge,\vee\rangle$中关于运算$\vee$的幺元为 0，因此，$K(h)=\{\varnothing,\{b\},\{c\},\{b,c\}\}$。

习题 8.1

8.2 群

群是最重要的代数系统，也是应用最为广泛的代数系统，在计算机形式语言、自动机理论、编码理论等领域得到了广泛应用。

8.2.1 半群及其独异点

定义 8.13 半群与独异点

设$\langle S,*\rangle$为代数系统，若 $*$ 运算满足结合律，则称$\langle S,*\rangle$为**半群**(semigroup)。若半群$\langle S,*\rangle$含有关于 $*$ 运算的幺元，则称它为**独异点或含幺半群**(monoid)。

$\langle Z^+,+\rangle$，$\langle \mathbf{N},\cdot\rangle$都是半群，$\langle \mathbf{N},\cdot\rangle$又是独异点。

关于半群及独异点，其性质如下：

(1)半群$\langle S,*\rangle$的任一子代数都是半群，称为$\langle S,*\rangle$的子半群。

(2)若独异点$\langle S,*,e\rangle$的子代数含有幺元 e，则它必为一独异点，称为$\langle S,*,e\rangle$的**子独异点**。

(3)设$\langle S,*\rangle$和$\langle S',*'\rangle$是半群，h 为 S 到 S' 的同态，称 h 为**半群同态**。易见，同态像$\langle h(S),*'\rangle$为一个半群。当$\langle S,*\rangle$为独异点时，则$\langle h(S),*'\rangle$为一个独异点。

定理 8.11 设$\langle S,*\rangle$为一个半群，则

(1)$\langle S^S,\circ\rangle$为一个半群，这里 S^S 为 S 上所有一元函数的集合，$\circ$ 为函数的合成运算。

(2)存在 S 到 S^S 的半群同态。

证明　(1)显然成立。

(2)定义函数 $h:S\to S^S$:对任意 $a\in S,h(a)=f_a$,其中,$f_a:S\to S$ 定义如下:对任意 $x\in S$,$f_a(x)=a*x$。

接下来证明 h 为同态。

对任意元素 $a,b\in S,h(a*b)=f_{a*b}$。

而对任意 $x\in S,f_{a*b}(x)=a*b*x=f_a(f_b(x))=f_a\circ f_b(x)$。故 $f_{a*b}=f_a\circ f_b$。

因此,$h(a*b)=f_{a*b}=f_a\circ f_b=h(a)\circ h(b)$。

定理 8.11 被称为半群表示定理。它表明,任意一个半群都可以表示为(同态于)一个由其载体上的函数的集合及函数合成运算所构成的半群。此处的 $\langle S,*\rangle$ 同构于 $\langle h(S),\circ\rangle$。

8.2.2　群及其性质

定义 8.14 群

若代数系统 $\langle G,*\rangle$ 满足如下条件:

(1) $\langle G,*\rangle$ 为一个半群;

(2) $\langle G,*\rangle$ 中有幺元 e;

(3) $\langle G,*\rangle$ 中每一个元素都有逆元,

则称代数系统 $\langle G,*\rangle$ 为**群**(group)。

群是每个元素都可逆的独异点,群的载体常用字母 G 表示。

定义 8.15 阿贝尔群

设 $\langle G,*\rangle$ 为一个群,若 $*$ 运算满足交换律,则称 G 为**交换群**或**阿贝尔群**(Abelian group)。阿贝尔群又称**加群**,常表示为 $\langle G,+\rangle$(这里的 $+$ 不是数加,而是泛指可交换的二元运算)。加群的幺元用 0 来表示,x 的逆元用 $-x$ 来表示。

定义 8.16 有限群和无限群

设 $\langle G,*\rangle$ 为一个群,当 G 为有限集时,称 G 为**有限群**(finite group),G 的元素个数称为 G 的**阶**(order);否则,称 G 为**无限群**(infinite group)。

以下是关于阿贝尔群的几个实例。

(1) $\langle \mathbf{Z},+\rangle$(整数集与数加运算)为一个阿贝尔群(加群),数 0 为其幺元。$\langle \mathbf{N},+\rangle$ 不是群,这是因为所有非零自然数都没有逆元。

(2) $\langle \mathbf{Q}_+,\cdot\rangle$(正有理数与数乘)为一个阿贝尔群,1 为其幺元。$\langle \mathbf{Q},\cdot\rangle$ 不是群,这是因为数 0 无逆元。

(3) $\langle \mathbf{N}_k,+_k\rangle$ 为一个 k 阶阿贝尔群,数 0 为其幺元。

(4)设 P 为集合 A 上全体双射函数的集合,$\circ$ 为函数合成运算,则 $\langle P,\circ\rangle$ 为 1 个群。A 上的恒等函数 E_A 为其幺元。$\langle P,\circ\rangle$ 一般不是阿贝尔群。

由于群的所有元素都有逆元，因此可认为群上定义了一元求逆运算。

定理 8.12 对于群$\langle G, * \rangle$中的任意元素 a,b，有

(1)$(a*b)^{-1}=b^{-1}*a^{-1}$。

(2)$(a^r)^{-1}=(a^{-1})^r$(记为 a^{-r}，r 为整数)。

证明 (1)$(a*b)*(b^{-1}*a^{-1})=a*(b*b^{-1})*a^{-1}=e$,

$$(b^{-1}*a^{-1})*(a*b)=b^{-1}*(a^{-1}*a)*b=e,$$

因此 $a*b$ 的逆元为 $b^{-1}*a^{-1}$，即$(a*b)^{-1}=b^{-1}*a^{-1}$。

(2)对 r 归纳。

当 $r=1$ 时，命题显然成立。

设$(a^r)^{-1}=(a^{-1})^r$，即$(a^{-1})^r$ 是 a^r 的逆元，则

$$a^{r+1}*(a^{-1})^{r+1}=a^r*(a*a^{-1})*(a^{-1})^r=a^r*(a^{-1})^r=e,$$

$$(a^{-1})^{r+1}*a^{r+1}=(a^{-1})^r*(a^{-1}*a)*a^r=(a^{-1})^r*a^r=e,$$

故 a^{r+1}的逆元为$(a^{-1})^{r+1}$，即$(a^{r+1})^{-1}=(a^{-1})^{r+1}$。归纳完成，故(2)得证。

定理 8.13 设$\langle G, * \rangle$为 1 个群，a 为 G 中的任意元素，令 $aG=\{a*g \mid g\in G\}$，$Ga=\{g*a \mid g\in G\}$，则 $aG=G=Ga$。

证明 显然，$aG\subseteq G$。

设 $g\in G$，则 $a^{-1}*g\in G$，从而 $a*(a^{-1}*g)\in aG$，即 $g\in aG$，因此，$G\subseteq aG$。

$aG=G$ 得证。

$Ga=G$ 同理可证。

易见，当 G 为有限群时，$*$ 运算的运算表的每 1 行(列)都是 G 中元素的 1 个全排列。从而有限群$\langle G, * \rangle$的运算表中不存在某 1 行(列)有 2 个元素相同。因此，当 G 为 1 阶、2 阶、3 阶群时，$*$ 运算都只有 1 个定义方式，于是 1 阶、2 阶和 3 阶的群都只有 1 个。

定理 8.14 设$\langle G, * \rangle$为群，则

(1)G 有唯一的幺元，G 的每个元素恰有一个逆元。

(2)关于 x 的方程 $a*x=b$，$x*a=b$ 都有唯一解。

(3)满足消去律，即 G 的所有元素都是可约的。

(4)当 $G\neq\{e\}$时，G 无零元。

(5)幺元是 G 的唯一的等幂元素。

证明 显然，(1)、(2)、(3)都成立。

(4)若 G 有零元，则它没有逆元，与 G 为群矛盾。

需要注意的是，当 $G=\{e\}$时，e 既是幺元，又是零元。

(5)设 G 中有等幂元 x，则 $x*x=x$ 或 $x*x=x*e$，消去 x，得 $x=e$。

定理 8.14 给出了群的基本性质。

接下来讨论群的判定条件。

定理 8.15 若一个半群$\langle S, * \rangle$存在左(右)幺元 $e_l(e_r)$且$\forall x\in S$，必存在 x'，使 $x'*x=$

$e_l(x*x'=e_r)$，则$\langle S,*\rangle$为一个群。

证明　仅对左幺元及左逆存在的情况进行证明。

设 e_l 为左幺元，$\forall x\in S$，$\exists x'\in S$，使 $x'*x=e_l$，所以

$$x'*x*x'=e_l*x'=x'。$$

对于 x'，也必$\exists x''\in S$，使得 $x''*x'=e_l$。

$$x''*x'*x*x'=x''*x',$$
$$e_l*x*x'=e_l,$$
$$x*x'=e_l,$$

两端再同时右乘 x，则有 $x*x'*x=e_l*x$，所以 $x*e_l=x$。

因为 x 是任意的，所以 e_l 也为右幺元，根据幺元的定义可知，e_l 为幺元，所以，x'也是 x 的右逆元，即 x'为 x 的逆元，所以$\langle S,*\rangle$为一个群。

定理 8.16　非空集合 G 对其上的代数运算 $*$ 构成一个群的充要条件为：

(1) $*$ 满足结合律；

(2) $\forall a,b\in G$，方程 $a*x=b$ 和 $y*a=b$ 在 G 中有解。

证明　设(1)(2)成立$\Rightarrow\langle G,*\rangle$为群。

因为 $*$ 可结合，所以$\langle G,*\rangle$为半群。

对于$\forall a,b\in G$，方程 $y*a=b$ 有解，所以对 $b\in G$，$y*b=b$ 也有解，且设解为 e_b。

又因为 $b*x=a$ 也有解，设解为 c，即 $b*c=a$，所以 $e_b*a=e_b*b*c=b*c=a$，所以 e_b 为左幺元。

$\forall a\in G$，$y*a=e_b$ 应在 G 中有解，不妨设解为 a'，所以 $\exists a'\in G$，使 $a'*a=e_b$。根据定理 8.15 可知，$\langle G,*\rangle$为一个群。

定理 8.17　设$\langle G,*\rangle$为有限半群，且 $*$ 满足消去律，则$\langle G,*\rangle$为一个群。

证明　关键是证明方程 $a*x=b$ 和 $y*a=b$ 有解。

设 G 有 n 个互异元素 $a_1,a_2,\cdots,a_n$，任取一个元素 a，用 a 左乘这 n 个元素。因为 $*$ 封闭，所以有 $a*a_1,a*a_2,\cdots,a*a_n\in G$。

又因为这 n 个结果互异（否则 $a*a_i=a*a_j$，消去 a，则 $a_i=a_j$，产生矛盾），所以$\forall b\in G$，必存在 $a*a_i=b$，即 $a*x=b$ 有解。

采用同样的方法可证得 $y*a=b$ 有解，所以$\langle G,*\rangle$为群。

接下来讨论群中元素的阶。

定义 8.17 元素的阶

设$\langle G,*\rangle$为群，$a\in G$，若 $a^n=e$，且 n 为满足此式的最小正整数，则称 n 为元素 a 的阶。当上述 n 不存在时，称 a 有**无限阶**。

以下是关于元素的阶的几个实例。

(1)任何群 G 的幺元 e 的阶为 1，且只有幺元 e 的阶为 1。

(2)$\langle \mathbf{Z},+\rangle$中整数$a\neq 0$时，$a$有无限阶。

(3)$\langle \mathbf{N}_6,+_6\rangle$中1的阶是6，2的阶是3，3的阶是2，4的阶是3，5的阶是6。

定理8.18 有限群G的每个元素都有有限阶，且其阶数不超过群G的阶数$|G|$。

证明 设a为G的任一元素，考虑

$$e=a^0,a^1,a^2,\cdots,a^{|G|},$$

这$|G|+1$个元素均为G中的元素。由于G中只有$|G|$个元素，因此它们中至少有两个是同一元素，不妨设$a^r=a^s(0\leqslant r<s\leqslant|G|)$。

于是$a^{s-r}=e$，因此a有有限阶，且其阶数至多是$s-r$，不超过群G的阶数$|G|$。

定理8.19 设$\langle G,*\rangle$为群，若G中元素a的阶为k，则$a^n=e$当且仅当k整除n。

证明 充分性。

设$a^k=e$，k整除n，则$n=kr$。因为$a^k=e$，所以$a^n=a^{kr}=(a^k)^r=e^r=e$。

必要性。

设$a^n=e$，$n=mk+r$，其中r为余数，因此$0\leqslant r<k$。于是

$$e=a^n=a^{mk+r}=a^{mk}*a^r=a^r,$$

因此，由k的最小性得$r=0$，k整除n。

定理8.20 设$\langle G,*\rangle$为群，若a为G中任一元素，则a与a^{-1}具有相同的阶。

证明 只要证明a具有阶n，当且仅当a^{-1}时具有阶n即可。

设a的阶是n，a^{-1}的阶是m。由于$(a^{-1})^n=(a^n)^{-1}=e^{-1}=e$，故$m\leqslant n$。

又因为$a^m=((a^{-1})^m)^{-1}=e^{-1}=e$，所以$n\leqslant m$。

因此，$n=m$。

8.2.3 子群

定义8.18 子群

设$\langle G,*\rangle$为群，若$\langle H,*\rangle$为G的子代数，且$\langle H,*\rangle$为一个群，则称$\langle H,*\rangle$为G的**子群**(subgroup)。

定理8.21 设$\langle G,*\rangle$为群，则$\langle H,*\rangle$为$\langle G,*\rangle$子群的充分必要条件是

(1)G的幺元$e\in H$。

(2)若$a,b\in H$，则$a*b\in H$。

(3)若$a\in H$，则$a^{-1}\in H$。

证明 必要性。

设H为子群。

(1)设$\langle H,*\rangle$的幺元为e'，则$e'*e'=e'$。由于在G中只有e是等幂元，故$e'=e$，$e\in H$得证。

(2)因为H为子代数，所以封闭性显然成立。

(3)设$\langle H, *\rangle$,任意元素 a 在 H 中的逆元为 b,则 $a*b=b*a=e$,由逆元的唯一性可知,b 就是 a 在 G 中的逆元,即 $b=a^{-1}\in H$。

充分性。

事实上,仅条件(2)(3)就可使$\langle H, *\rangle$为$\langle G, *\rangle$的子群,因为 H 不空时条件(2)(3)蕴涵条件(1)。因此,可用(2)和(3)来判别非空子集 H 是否构成 G 的子群$\langle H, *\rangle$。

推论　设$\langle G, *\rangle$为群,H 为 G 的非空子集,则$\langle H, *\rangle$为$\langle G, *\rangle$的子群当且仅当 $\forall a, b\in H$时有 $a*b^{-1}\in H$。

显然,对任意群 G,$\langle\{e\}, *\rangle$及$\langle G, *\rangle$均为其子群,它们被称为**平凡子群**,其他子群则称为**非平凡子群或真子群**。

以下是关于子群的几个实例。

(1)群$\langle \mathbf{N}_6, +_6\rangle$有非平凡子群$\langle\{0,3\}, +_6\rangle$ 和 $\langle\{0,2,4\}, +_6\rangle$。

(2)设 E 为偶数集,则$\langle E, +\rangle$为$\langle \mathbf{Z}, +\rangle$的子群,但$\langle \mathbf{N}, +\rangle$不是$\langle \mathbf{Z}, +\rangle$的子群。

对于有限群,子群的判定更为简单。

定理 8.22　设$\langle G, *\rangle$为有限群,则当 G 的非空子集 H 对 $*$ 运算封闭时,$\langle H, *\rangle$即为 G 的子群。

证明　由于 G 为有限群,H 必为有限集。设$|H|=r, a\in H$。考虑 $a^1, a^2, \cdots, a^{r+1}, \cdots$,它们都在 H 中,H 对 $*$ 运算封闭,因此必定有 $a^i=a^j\ (0\leqslant i<j\leqslant r+1)$,从而 $a^{j-i}=e$,故 $e\in H$。

若 $H=\{e\}$,$\langle H, *\rangle$为 G 的子群。

若 $H\neq\{e\}$,设 a 为 H 中任一不同于 e 的元素。同上可证,有 $k\geqslant 2$ 使 $a^k=e$,从而有

$$a*a^{k-1}=a^{k-1}*a=e,$$

因此,$a^{-1}=a^{k-1}\in H$。所以$\langle H, *\rangle$为 G 的子群。

和子群的概念直接相关的是陪集的概念。

定义 8.19　左陪集和右陪集

设$\langle H, *\rangle$为$\langle G, *\rangle$的子群,则对任意 $g\in G$,称 gH 为 H 的**左陪集**(left coset),称 Hg 为 H 的**右陪集**(right coset)。其中,$gH=\{g*h\mid h\in H\}$,$Hg=\{h*g\mid h\in H\}$。

关于左(右)陪集有如下定理。

定理 8.23　设$\langle H, *\rangle$为$\langle G, *\rangle$的子群,则

(1)当 $g\in H$ 时,$gH=H, Hg=H$。

(2)对任意 $g\in G$,$|gH|=|H|, |Hg|=|H|$。

证明　(1)由定理 8.13 可证。

(2)只需证 H 与 gH 之间存在双射即可。定义函数 $f:H\to gH$ 如下:

$$\forall h\in H, f(h)=g*h。$$

设 $h_1\neq h_2$,则 $f(h_1)=g*h_1, f(h_2)=g*h_2$。若 $f(h_1)=f(h_2)$,则由可约性即得 $h_1=h_2$,与 $h_1\neq h_2$ 矛盾。故 f 为单射。f 为满射是显然的,因此 f 为双射,则$|gH|=|H|$得证。

同理可证$|Hg|=|H|$。

定理 8.24 设$\langle H,*\rangle$为$\langle G,*\rangle$的子群，$\forall a,b\in G$，则$aH=bH(Ha=Hb)$或$aH\cap bH=\varnothing(Ha\cap Hb=\varnothing)$。

证明 设$aH\cap bH\neq\varnothing$，则有$h_1,h_2\in H$使得$a*h_1=b*h_2$，于是$a=b*h_2*h_1^{-1}$。

为证$aH\subseteq bH$，设$x\in aH$，则有$h_3\in H$，使得$x=a*h_3=b*(h_2*h_1^{-1}*h_3)\in bH$。故$aH\subseteq bH$得证。

同理可证$bH\subseteq aH$。于是$aH=bH$得证。

对于右陪集Ha和Hb，同理可证$Ha=Hb$。

对每一个元素$g\in G$，$g\in gH(g\in Hg)$，$gH\subseteq G(Hg\subseteq G)$，因此据以上讨论可以看出，子群$H$的全体左(右)陪集构成$G$的一个划分，且每个划分块与$H$(陪集$eH$、$He$)具有同样数目的元素。由此可导出重要的拉格朗日定理。

定理 8.25(拉格朗日定理) 设$\langle H,*\rangle$为有限群$\langle G,*\rangle$的子群，则H的阶整除G的阶。

证明 由以上讨论知$|G|=k|H|$，其中k为不同左(右)陪集的数目，故定理得证。

注意，拉格朗日定理之逆不成立。

推论 (1)有限群$\langle G,*\rangle$中任何元素的阶均为G的阶的因子。

设a为G中任意元素，a的阶为r，则$\langle\{e,a,a^2,\cdots,a^{r-1}\},*\rangle$必为$G$的$r$阶子群，因此$r$整除$|G|$。

(2)质数阶的群没有非平凡子群。

思考 4 阶群、5 阶群、6 阶群各有几个？写出其运算表，判断其每个元素的阶。

利用陪集还可定义陪集等价关系。

定义 8.20 陪集等价关系

设$\langle H,*\rangle$为群$\langle G,*\rangle$的子群。定义G上二元关系"～"如下：$\forall a,b\in G$，$a\sim b$当且仅当a和b在H的同一左(右)陪集中。该关系称为**H的左(右)陪集等价关系**。

易见，～为等价关系，关于～有以下定理。

定理 8.26 (1)设～为群G上H的左陪集等价关系，则$a\sim b$当且仅当$a^{-1}*b\in H$。

(2)设～为群G上H的右陪集等价关系，则$a\sim b$当且仅当$a*b^{-1}\in H$。

证明 (1)设$a\sim b$，则有$g\in G$，使$a,b\in gH$，因而有$h_1,h_2\in H$，使得$a=g*h_1$，$b=g*h_2$。于是

$$a^{-1}*b=(g*h_1)^{-1}*(g*h_2)=h_1^{-1}*h_2\in H。$$

反之，设$a^{-1}*b\in H$，即有$h\in H$使$a^{-1}*b=h$。因而$b=a*h\in aH$，而$a\in aH$，故a、b在同一左陪集aH中，$a\sim b$为真。

请自行完成(2)的证明。

定义 8.21 正规子群

设$\langle H,*\rangle$为群$\langle G,*\rangle$的子群，若对任意$g\in G$，均有$gH=Hg$，则称H为**正规子群**

(normal subgroup)。

显然,当 G 为阿贝尔群时,G 的任何子群都是正规子群。

已知 G 的子群 H 的左(右)陪集的全体构成 G 的划分,从而导出 G 上的一个等价关系,那么当 H 为正规子群时,情况如何呢?

定理 8.27　设 $\langle H, *\rangle$ 为群 $\langle G, *\rangle$ 的正规子群,则 H 的左(右)陪集等价关系 $\sim$ 为 $\langle G, *\rangle$ 上的同余关系。

证明　只需证:$\forall a,b,c\in G, a\sim b$ 蕴涵 $a*c\sim b*c$,$c*a\sim c*b$ 即可。

设 $a\sim b$,则 $a^{-1}*b\in H$,从而有 $h\in H$ 使 $h=a^{-1}*b$ 或 $b=a*h$。又由于 $aH=Ha$,故有 $h_1\in H$,使 $b=h_1*a$。于是有 $h_2\in H$ 使 $b*c=h_1*(a*c)=(a*c)*h_2$(也因为 $(a*c)H=H(a*c)$),进而 $(a*c)^{-1}*(b*c)=h_2\in H$,因此 $a*c\sim b*c$。同理可证 $c*a\sim c*b$。$\sim$ 为 $\langle G, *\rangle$ 上的同余关系得证。

根据正规子群的定义,可作出群 G 的商代数 $\langle G/\sim, \odot\rangle$。由于 $\sim$ 为正规子群 H 导出的等价关系,也被记为 $\langle G/H, \odot\rangle$,其中 $G/H=G/\sim=\{gH\mid g\in G\}$(或 $\{Hg\mid g\in G\}$)。$\odot$ 运算的定义如下:$\forall g_1,g_2\in G, [g_1]\odot[g_2]=[g_1*g_2]$。即 $g_1H\odot g_2H=(g_1*g_2)H$ 或 $Hg_1\odot Hg_2=H(g_1*g_2)$。

定理 8.28　群 G 的上述商代数系统 $\langle G/H, \odot\rangle$ 为一个群。

证明　根据定理 8.21 可知,只需证以下内容即可:

(1)$eH(=H)$ 为关于 $\odot$ 运算的幺元。事实上,$\forall g\in G$,

$$gH\odot eH=(g*e)H=gH=eH\odot gH。$$

(2)对每一个 gH 有关于 $\odot$ 运算的逆元。事实上,$\forall g\in G$,

$$gH\odot g^{-1}H=(g*g^{-1})H=H=g^{-1}H\odot gH。$$

例题 8.4　当 $H=\{0,3\}$ 时,$\langle H, *\rangle$ 为群 $\langle \mathbf{N}_6, +_6\rangle$ 的正规子群,求 H 的左,右陪集,$\langle \mathbf{N}_6, +_6\rangle$ 的商群。

解　由于 $\langle H, *\rangle$ 和 $\langle \mathbf{N}_6, +_6\rangle$ 都是加群,把左、右陪集分别表示为 $a+H$,$H+a$。于是 H 有左、右陪集如下:

$$0+H=H+0=H:\{0,3\}(=3+H=H+3),$$
$$1+H=H+1:\{1,4\}(=4+H=H+4),$$
$$2+H=H+2:\{2,5\}(=5+H=H+5),$$

$\langle \mathbf{N}_6, +_6\rangle$ 有商群 $\langle\{\{0,3\},\{1,4\},\{2,5\}\}, \oplus\rangle$,而 $(a+H)\oplus(b+H)=(a+b)+H$。例如,

$$\{1,4\}\oplus\{2,5\}=(1+H)\oplus(2+H)=3+H=\{0,3\}。$$

已知同余关系与同态映射之间联系密切,为了理清正规子群及其导出的陪集同余关系与同态映射之间的联系,需要先讨论群之间的同态映射——群同态。

定理 8.29　设 h 为群 $\langle G_1, *_1, e_1\rangle$ 到群 $\langle G_2, *_2, e_2\rangle$ 的同态映射,则 $h(e_1)=e_2$。

证明　因为 $h(e_1)=h(e_1*_1e_1)=h(e_1)*_2h(e_1)$,所以 $h(e_1)=e_2$(G_2 中只有 e_2 是等幂

元)。

因此,上述同态映射的同态像$\langle h(G_1), *_2, e_2\rangle$为$\langle G_2, *_2, e_2\rangle$的子群。

定理 8.30 设h为群$\langle G_1, *_1\rangle$到群$\langle G_2, *_2\rangle$的同态映射,则h的核$K(h)$构成$\langle G_1, *_1\rangle$的正规子群(以下用K表示$K(h)$)。

证明 $\langle K(h), *_1\rangle$为$\langle G_1, *_1\rangle$的子群。

$\forall g\in G$,证明$gK=Kg$。为此,设$x\in gK$,则有$k\in K$,使得$x=g *_1 k$。考虑到

$$h(g *_1 k *_1 g^{-1})=h(g) *_2 e_2 *_2 h(g^{-1})=e_2,$$

故$g *_1 k *_1 g^{-1}\in K$。令$g *_1 k *_1 g^{-1}=k'$,于是$k' *_1 g=g *_1 k=x, x\in Kg$。

$gK\subseteq Kg$得证。同理可证$Kg\subseteq gK$。因此$gK=Kg$得证。

定理 8.31(同态基本定理) 设h为群$\langle G_1, *_1\rangle$到群$\langle G_2, *_2\rangle$的同态映射,$K=K(h)$,则商群$\langle G/K, \odot\rangle$与同态像$\langle h(G_1), *_2\rangle$同构。

以下通过实例证明同态基本定理。

设h为群$\langle \mathbf{N}_6, +_6\rangle$到群$\langle \mathbf{N}_3, +_3\rangle$的同态映射,使得

$$h(x)=2x(\text{mod } 3),$$

即$h(0)=h(3)=0, h(1)=h(4)=2, h(2)=h(5)=1$,于是$K=K(h)=\{0,3\}$,$\langle K, +_6\rangle$为$\langle \mathbf{N}_6, +_6\rangle$的正规子群,

$$\langle \mathbf{N}_6/K, \oplus\rangle=\langle\{\{0,3\},\{1,4\},\{2,5\}\}, \oplus\rangle,$$

它同构于$\langle \mathbf{N}_3, +_3\rangle$,同构映射$i: \mathbf{N}_6/K\to\mathbf{N}_3$满足

$$i(\{0,3\})=0, (\{2,5\})=1,\ i(\{1,4\})=2。$$

8.2.4 几类特殊群

本节介绍两种重要的群——循环群和置换群。

1. 循环群

定义 8.22 循环群

若G为群,且G中存在元素g,使G的任何元素都可表示为g的幂(记$e=g^0$),则称$\langle G, *\rangle$为**循环群**(cyclic group),g称为循环群G的**生成元**(generators)。

以下是关于循环群的几个实例。

(1)$\langle \mathbf{Z}, +\rangle$为循环群,1或$(-1)$为其生成元。

(2)令$A=\{2^i \mid i\in\mathbf{Z}\}$,则$\langle A, \cdot\rangle$($\cdot$为数乘)是循环群,2是生成元。

(3)$\langle \mathbf{N}_5, +_5\rangle$为循环群,1,2,3,4都是生成元。

定理 8.32 设$\langle G, *\rangle$为循环群,g为生成元,则

(1)G为阿贝尔群。

(2)G的h同态像是以$h(g)$为生成元的循环群。

(3)若G为无限循环群,则G必同构于整数加群$\langle \mathbf{Z}, +\rangle$。

(4)若 G 为有限循环群，则必有 $G=\{e,g,g^2,\cdots,g^{n-1}\}$，其中 $n=|G|$，也是 g 的阶. 从而 n 阶循环群必同构于模 n 剩余类加群 $\langle \mathbf{N}_n,+_n\rangle$。

证明　此处仅对(4)进行证明。

由于 G 为有限群，g 的阶有限，设为 r，则 $r\leqslant|G|=n$. 易证 $\{e,g,g^2,\cdots,g^{r-1}\}$ 为 G 的子群(只要证其每一个元素 g^i 有逆元 g^{r-i})。

接下来证明 $G\subseteq\{e,g,g^2,\cdots,g^{r-1}\}$。

反证法。设 $g^k\in G$，但 $g^k\notin\{e,g,g^2,\cdots,g^{r-1}\}$。令 $k=mr+t$，其中 m 为 r 除 k 的商，t 为余数，$0\leqslant t<r$，于是 $g^k=g^{mr+t}=g^{mr}*g^t=g^t$。

即 $g^t\notin\{e,g,g^2,\cdots,g^{r-1}\}$，$0\leqslant t<r$，存在矛盾。

因此，$G=\{e,g,g^2,\cdots,g^{r-1}\}$。命题得证。

由本定理易见，循环群本质上只有两种，一种同构于整数加群 $\langle \mathbf{Z},+\rangle$，另一种同构于 $\langle \mathbf{N}_k,+_k\rangle$。

定理 8.33　循环群的子群都是循环群。

证明　设 $\langle G,*\rangle$ 为 g 生成的循环群，$\langle H,*\rangle$ 为其子群。当然，H 中的元素均可表示为 g^r 的形式。

(1)若 $H=\{e\}$，显然 H 为循环群。

(2)若 $H\neq\{e\}$，则 H 中有 $g^i(i\neq 0)$。由于 H 为子群，H 中必有 g^{-i}。因此，不失一般性，可设 i 为正整数，并且它是 H 中元素的最小正整数指数。

接下来证明 H 为 g^i 生成的循环群。

设 g^j 为 H 中的任意元素。令 $j=mi+r$，其中 m 为 i 除 j 的商，r 为剩余，$0\leqslant r<i$。于是

$$g^j=g^{mi+r}=g^{mi}*g^r,g^r=g^{-mi}*g^j。$$

由于 $g^i,g^{-mi}\in H$(因为 $g^{mi}\in H$)，故 $g^r\in H$，由 i 的最小性可知 $r=0$，从而 $g^j=g^{mi}=(g^i)^m$，H 为循环群。

定理 8.34　设 $\langle G,*\rangle$ 为 g 生成的循环群。

(1)若 G 为无限群，则 G 有无限多个子群，它们分别由 $g^0,g^1,g^2,g^3,\cdots$ 生成。

(2)若 G 为有限群，$|G|=n$，且 n 有因子 $k_1,k_2,k_3,\cdots,k_r$，则 G 有 r 个循环子群，它们分别由 $g^{k_1},g^{k_2},g^{k_3},\cdots$ 生成。(注意，这 r 个子群中可能有相同者)

以下是关于循环子群的几个实例。

(1)$\langle \mathbf{Z},+\rangle$ 有循环子群：

$\langle\{0\},+\rangle,\langle\{0,2,-2,4,-4,\cdots\},+\rangle,\langle\{0,3,-3,6,-6,\cdots\},+\rangle,\langle\{0,4,-4,8,-8,\cdots\},+\rangle,\cdots,\langle \mathbf{Z},+\rangle$。

(2)$\langle \mathbf{N}_6,+_6\rangle$ 有循环子群：

$\langle\{0\},+_6\rangle,\langle\{0,2,4\},+_6\rangle,\langle\{0,3\},+_6\rangle,\langle \mathbf{N}_6,+_6\rangle$。

2. 对称群与置换群

由第 2 章内容可知，有限集上的双射函数称为置换，任意集合上的双射函数为变换。

若 $A=\{a_1,a_2,\cdots,a_n\}$，则 A 上有 $n!$ 个置换。置换 p 满足 $p(a_i)=a_{ji}$ 时，可表示为

$$\begin{pmatrix} a_1 & a_2 & \cdots & a_n \\ a_{j1} & a_{j2} & \cdots & a_{jn} \end{pmatrix}。$$

置换的合成运算通常用记号∘表示，对置换的独特表示形式计算它们的合成时，可参考计算两个关系的合成来进行. 例如：

$$p_5 \circ p_2 = \begin{pmatrix} 1 & 2 & 3 \\ 2 & 3 & 1 \end{pmatrix} \circ \begin{pmatrix} 1 & 2 & 3 \\ 2 & 1 & 3 \end{pmatrix} = \begin{pmatrix} 1 & 2 & 3 \\ 1 & 3 & 2 \end{pmatrix},$$

因此，应当注意

$$(p_i \circ p_j)(x) = p_j(p_i(x))。$$

对于置换的合成运算而言，A 上所有置换构成的集合中有幺元，即恒等函数，又称**幺置换**，且每一个置换都有逆置换，因此置换全体构成一个群。

定义 8.23 对称群和置换群

若将 n 个元素的集合 A 上的置换全体记为 S，则称群 $\langle S,\circ\rangle$ 为 n 次**对称群**(symmetric group)，它的子群称为 n 次**置换群**(permutation group)。

以下是关于 3 次置换群的举例。

令 $A=\{1,2,3\}$，则 $S_3=\{p_i \mid i=1,2,3,4,5,6\}$ 为 A 上的所有置换的集合，其中 p_1 为幺置换，$p_2^{-1}=p_2$，$p_3^{-1}=p_3$，$p_4^{-1}=p_4$，$p_5^{-1}=p_6$，$\langle S_3,\circ\rangle$ 为 3 次对称群。

从另一个角度也可得到这个群。

设正三角形的三个顶点由 1,2,3 所标记(图 8－1)。考虑以三角形中心 O 为轴的旋转 $\sigma_0,\sigma_1,\sigma_2$(旋转 0°，旋转 120°，旋转 240°)，以及以直线 l_1,l_2,l_3 的翻转($\sigma_3,\sigma_4,\sigma_5$)。显然，每次旋转和翻转都对应于三角形顶点的一个置换，对应关系如下：

$$\sigma_0(\text{旋转 } 0°) \Leftrightarrow p_1 = \begin{pmatrix} 1 & 2 & 3 \\ 1 & 2 & 3 \end{pmatrix},$$

$$\sigma_1(\text{旋转 } 120°) \Leftrightarrow p_5 = \begin{pmatrix} 1 & 2 & 3 \\ 2 & 3 & 1 \end{pmatrix},$$

$$\sigma_2(\text{旋转 } 240°) \Leftrightarrow p_6 = \begin{pmatrix} 1 & 2 & 3 \\ 3 & 1 & 2 \end{pmatrix},$$

$$\sigma_3(\text{绕 } l_3 \text{ 翻转}) \Leftrightarrow p_2 = \begin{pmatrix} 1 & 2 & 3 \\ 2 & 1 & 3 \end{pmatrix},$$

$$\sigma_4(\text{绕 } l_2 \text{ 翻转}) \Leftrightarrow p_3 = \begin{pmatrix} 1 & 2 & 3 \\ 3 & 2 & 1 \end{pmatrix},$$

$$\sigma_5(\text{绕 } l_1 \text{ 翻转}) \Leftrightarrow p_4 = \begin{pmatrix} 1 & 2 & 3 \\ 1 & 3 & 2 \end{pmatrix}。$$

不难看出$\langle\{\sigma_0,\sigma_1,\sigma_2,\sigma_3,\sigma_4,\sigma_5\},\circ\rangle$构成 1 个群(其中$\circ$为旋转或翻转操作的合成),它同构于$\langle S_3,\circ\rangle$。

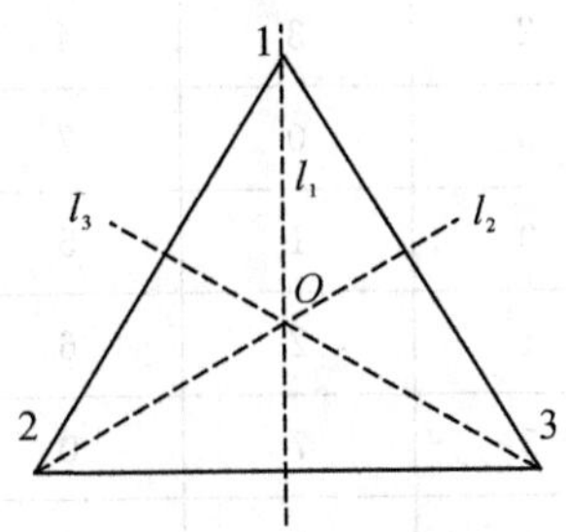

图 8-1　3 次对称群

以下是关于 4 次置换的举例。

令 $A=\{1,2,3,4\}$,$S_4=\{p\mid p$ 为 A 上的置换$\}$,则$\langle S_4,\circ\rangle$为 4 次对称群。

考虑由 1、2、3、4 标记 4 个顶点的正方形(图 8-2)的旋转和翻转,它们又各对应于 A 上的一个置换:

$$\sigma_0(\text{旋转 }0^\circ)\Leftrightarrow p_1=\begin{pmatrix}1&2&3&4\\1&2&3&4\end{pmatrix},$$

$$\sigma_1(\text{旋转 }90^\circ)\Leftrightarrow p_2=\begin{pmatrix}1&2&3&4\\2&3&4&1\end{pmatrix},$$

$$\sigma_2(\text{旋转 }180^\circ)\Leftrightarrow p_3=\begin{pmatrix}1&2&3&4\\3&4&1&2\end{pmatrix},$$

$$\sigma_3(\text{旋转 }270^\circ)\Leftrightarrow p_4=\begin{pmatrix}1&2&3&4\\4&1&2&3\end{pmatrix},$$

$$\sigma_4(\text{绕 }l_1\text{ 翻转})\Leftrightarrow p_5=\begin{pmatrix}1&2&3&4\\4&3&2&1\end{pmatrix},$$

$$\sigma_5(\text{绕 }l_2\text{ 翻转})\Leftrightarrow p_6=\begin{pmatrix}1&2&3&4\\2&1&4&3\end{pmatrix},$$

$$\sigma_6(\text{绕 }l_3\text{ 翻转})\Leftrightarrow p_7=\begin{pmatrix}1&2&3&4\\1&4&3&2\end{pmatrix},$$

$$\sigma_7(\text{绕 }l_4\text{ 翻转})\Leftrightarrow p_8=\begin{pmatrix}1&2&3&4\\3&2&1&4\end{pmatrix}。$$

设 Σ 为这 8 种旋转、翻转操作的集合,$\circ$为操作的合成运算,易证$\langle\Sigma,\circ\rangle$为群。表 8-4 为$\circ$的运算表。

表 8-4 ∘的运算表

∘	0	1	2	3	4	5	6	7
0	0	1	2	3	4	5	6	7
1	1	2	3	0	7	6	4	6
2	2	3	0	1	5	4	7	5
3	3	0	1	2	6	7	5	4
4	4	6	5	7	0	2	1	3
5	5	7	4	6	2	0	3	1
6	6	5	7	4	3	1	0	2
7	7	4	6	5	1	3	2	0

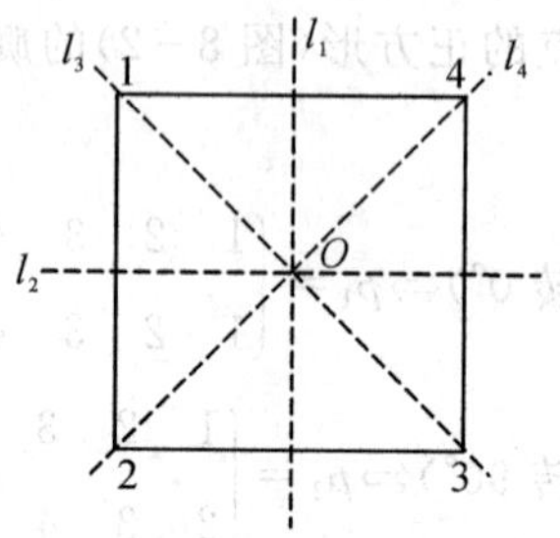

图 8-2 4 次对称群

因此，$\langle\{p_1,p_2,\cdots,p_6\},\circ\rangle$也为群，它是$\langle S_4,\circ\rangle$的子群。

定义 8.24 变换群

对于任意集合 A，定义集合 S 如下：$S=\{f\mid f\in A^A \wedge f$ 为双射$\}$，则群$\langle S,\circ\rangle$及其子群称为**变换群**(transformation group)，其中∘为函数的合成运算。

定理 8.35(凯莱定理) 每一个群均同构于一个变换群。特别地，每一个有限群均同构于一个置换群。

证明 设$\langle G,*\rangle$为任意一个群，对 G 中每一个元素 a，定义双射函数 $f_a:G\to G$ 如下：

$$f_a(x)=a*x。$$

令 $F=\{f_a\mid a\in G\}$。

先证明$\langle F,\circ\rangle$为群(∘为函数合成运算)。

(1)F 对∘运算封闭。

设 $f_a\in F, f_b\in F$，则 $a\in G, b\in G$. 考虑到 $f_a\circ f_b$：$\forall x\in G$，

$$f_a\circ f_b(x)=f_a(f_b(x))=a*b*x=f_{a*b}(x),$$

即 $f_a\circ f_b=f_{a*b}$。由于 $a,b\in G$，$f_{a*b}\in F$，故 $f_a\circ f_b\in F$。

(2)∘运算显然满足结合律。

(3)$\circ$运算有幺元 $F_e \in F$。

(4)F 中的每一个元素 f_a 均有逆元 $f_{a^{-1}}$. 这是因为由 $a \in G$ 知 $a^{-1} \in G$,从而 $f_{a^{-1}} \in F$,并且对任意 $x \in G, f_a \circ f_{a^{-1}}(x) = a * a^{-1} * x = x = e * x = f_e(x)$,即 $f_a \circ f_{a^{-1}} = f_e$。

再证明$\langle G, * \rangle$与$\langle F, \circ \rangle$同构。

为此定义函数 $h: G \to F$,使得 $\forall x \in G, h(x) = f_x$。显然 h 为双射。

另外,参照(1)的内容可证明 h 保运算,即对 G 中任意元素 x,y,有

$$h(x * y) = f_{x*y} = f_x \circ f_y = h(x) \circ h(y)。$$

习题 8.2

8.3　环和域

本节将对含有两个二元运算的代数系统——环和域进行简单介绍。

下文中的符号$+$,$\cdot$表示一般二元运算,分别称为加、乘运算(不一定是数加和数乘),并对它们沿用数加、数乘的术语及运算约定,例如,a 和 b 的积表示为 ab,n 个 a 的和表示为 na,n 个 a 的积表示为 a^n。

8.3.1　环和理想

定义 8.25 环

若代数系统$\langle R, +, \cdot \rangle$满足:

(1)$\langle R, + \rangle$是阿贝尔群(或加群);

(2)$\langle R, \cdot \rangle$是半群;

(3)乘运算对加运算可分配,即对任意元素 $a,b,c \in R$,

$$a(b+c) = ab + ac\ ,\ (b+c)a = ba + ca,$$

则称代数系统$\langle R, +, \cdot \rangle$为**环**(ring)。

以下是关于环的几个实例。

(1)$\langle \mathbf{Z}, +, \cdot \rangle$($\mathbf{Z}$ 为整数集,$+$和$\cdot$为数加与数乘运算)为一个环。

(2)因为$\langle \mathbf{N}_k, +_k \rangle$为加群,$\langle \mathbf{N}_k, \times_k \rangle$为半群,所以$\langle \mathbf{N}_k, +_k, \times_k \rangle$为环,$\mathbf{N}_k = \{0,1,2,\cdots,k-1\}$,$+_k$ 和$\times_k$ 分别是模 k 加法和模 k 乘法。此外,

$$\begin{aligned} a \times_k (b +_k c) &= a \times_k ((b+c) \bmod k) \\ &= (a(b+c)(\bmod k))(\bmod k) \\ &= (a(b+c))(\bmod k) \\ &= (ab+ac)(\bmod k) \\ &= ab(\bmod k) +_k ac(\bmod k) \\ &= a \times_k b +_k a \times_k c, \end{aligned}$$

其中，$x(\bmod k)$表示 x 除以 k 的剩余。

同理可证$(b +_k c) \times_k a = b \times_k a +_k c \times_k a$。

(3)整数集上 n 阶方阵的集合 M_n 与矩阵加运算(+)及矩阵乘运算(∘)构成一个环，即$\langle M_n, +, \circ \rangle$ 为环。

(4)所有实系数多项式(以 x 为变元)的集合 $R[x]$与多项式加、乘运算构成环，即$\langle R[x], +, \cdot \rangle$为环。

(5)$\langle \{0\}, +, \cdot \rangle$为一个环(其中 0 为加法幺元、乘法零元)，称为零环，其他环至少有两个元素。

(6)$\langle \{0, e\}, +, \cdot \rangle$为一个环(其中 0 为加法幺元、乘法零元，$e$ 为乘法幺元)。

环具有下列基本性质。

定理 8.36 设$\langle R, +, \cdot \rangle$为环，0 为加法幺元，则对任意 $a, b, c \in R$。

(1)$0a = a0 = 0$ (加法幺元必为乘法零元)。

(2)$(-a)b = a(-b) = -ab$(用$-a$ 表示 a 的加法逆元，下同)。

(3)$(-a)(-b) = ab$。

(4)若用 $a-b$ 表示 $a+(-b)$，则$(a-b)c = ac-ab$，$c(a-b) = ca-cb$。

定义 8.26 交换环和含幺环

环$\langle R, +, \cdot \rangle$中的 · 运算满足交换律时，称 R 为**交换环**(commutative ring)，当 · 运算有幺元时，称 R 为**含幺环**。

环不仅必有零元，还可能有零因子。

定义 8.27 含零因子环

设$\langle R, +, \cdot \rangle$为环，若有非零元素 a, b 满足 $ab = 0$，则称 a, b 为 R 的**零因子**(zero divisor)，并称 R 为**含零因子环**。否则称 R 为**无零因子环**。

定理 8.37 设$\langle R, +, \cdot \rangle$为环，则 R 为无零因子环当且仅当 R 满足可约性(即 R 中所有非零元素均可约)。

定义 8.28 整环

设$\langle R, +, \cdot \rangle$不是零环。若$\langle R, +, \cdot \rangle$是含幺、交换、无零因子环，则称 R 为**整环**(integral domain)。

定义 8.29 子环

设$\langle R, +, \cdot \rangle$为环，若代数系统$\langle S, +, \cdot \rangle$满足：

(1)$\langle S, + \rangle$为$\langle R, + \rangle$的子群(正规子群)；

(2)$\langle S, \cdot \rangle$为$\langle R, \cdot \rangle$的子半群，

则称代数系统$\langle S, +, \cdot \rangle$为 R 的子环(subring)。

显然，当$\langle S, +, \cdot \rangle$为$\langle R, +, \cdot \rangle$的子代数系统，且 S 对(关于+的)求逆运算“−”封闭，则$\langle S, +, \cdot \rangle$为$\langle R, +, \cdot \rangle$的子环。另外，由于乘对加的分配律在$\langle S, +, \cdot \rangle$中沿袭下来，因此子环必定是环。

定义 8.30 理想

设$\langle D,+,\cdot\rangle$为环$\langle R,+,\cdot\rangle$的子环。若对任意的$r\in R,d\in D$,有$rd\in D,dr\in D$,则称$\langle D,+,\cdot\rangle$为R的**理想子环**,简称**理想**(ideal)。当$D=R$或$D=\{0\}$时,称$\langle D,+,\cdot\rangle$为$\langle R,+,\cdot\rangle$的**平凡理想**。

8.3.2　域

定义 8.31 域

若$\langle F,+,\cdot\rangle$为一个环,且$\langle F-\{0\},\cdot\rangle$为阿贝尔群,则称$\langle F,+,\cdot\rangle$为**域**(domain)。

由于群无零因子,因此域必定是整环。事实上,域也可定义为每个非零元素都有乘法逆元的整环。

以下是关于域的几个实例。

$\langle \mathbf{Q},+,\cdot\rangle$为域,但$\langle \mathbf{Z},+,\cdot\rangle$不是域,这是因为在整数集中整数没有乘法逆元。$\langle \mathbf{N}_5,+_5,\times_5\rangle$为域,1 和 4 的逆元是 4 和 1,2 和 3 互为逆元。因为有零因子,所以$\langle \mathbf{N}_6,+_6,\times_6\rangle$不是域,例如 2 和 3 没有乘法逆元。

域有以下基本性质。

定理 8.38　$\langle \mathbf{N}_p,+_p,\times_p\rangle$为域,当且仅当$p$为质数。

证明　设p不是质数,则$\mathbf{N}_p$有零因子(p的因子),故$\langle \mathbf{N}_p,+_p,\times_p\rangle$不是域。

反之,当p为质数时,可证$\mathbf{N}_p$中所有非零元素都有$\times_p$运算的逆元,从而含幺交换环$\langle \mathbf{N}_p,+_p,\times_p\rangle$为域。

设q是$\mathbf{N}_p$中任一非零元素,则q与p为质数。根据数论事实,有整数m,n使$mp+nq=1$。

从而,$(mp+nq)(\mathrm{mod}\ p)=1$,即$mp(\mathrm{mod}\ p)+_p nq(\mathrm{mod}\ p)=1$,

$$0+n(\mathrm{mod}\ p)\times_p q(\mathrm{mod}\ p)=1 \text{ 或 } n(\mathrm{mod}\ p)\times_p q=1,$$

因此,q有逆元$n(\mathrm{mod}\ p)$。

定理得证。

定理 8.39　有限整环都是域。

证明　设$\langle R,+,\cdot\rangle$为有限整环,由于$\langle R,\cdot\rangle$为阿贝尔群,因而$\langle R,+,\cdot\rangle$为域。

习题 8.3

8.4 群论在计算机中的应用

群论在计算机科学与技术领域有着广泛的应用。例如在编码、密码学、图形学、数据压缩等领域都有很多应用。本节就群论在编码理论中的一些应用进行了简单讨论。

编码理论是数据传输和存储中研究纠错和压缩编码的数学理论，它在编码理论中被广泛使用。在编码理论中，群论主要应用于纠错编码和压缩编码的设计及分析。具体来说，群论在以下几个方面均有应用。

(1)线性码。线性码是一种重要的纠错编码。在线性码的研究中，群论提供了一种有效的工具来描述和分析码字之间的线性关系。通过定义码字空间和对应的线性操作，可以利用群的性质和结构来设计纠错码和纠错算法。常见的线性码有汉明码、德布鲁因—佩林码等，它们都是基于群的线性操作进行构造的。

(2)循环码。循环码是一种特殊的线性码，其编码操作可以看作是群的循环移位操作。在群论的框架下，循环码可以通过生成多项式进行设计和分析。循环码利用循环移位操作的群性质，实现了高效的编码和解码技术。

(3)码距和纠错能力。在编码理论中，码距是衡量纠错效果的重要指标。群论提供了一种方法来计算线性码的码距，并根据码距来评估和比较不同编码方案的纠错能力。通过群论的方法，可以分析码距和纠错能力之间的关系，从而进行纠错码的设计和选择。

(4)基于生成矩阵的编码。群论提供了一种基于生成矩阵的编码方法。通过群的线性操作和生成矩阵的乘法，可以将数据编码为线性码的码字。这种基于生成矩阵的编码方法在计算等实际应用中非常高效。

(5)基于编码理论的差错检测。在通信和存储系统中，差错检测是重要的任务之一。利用群论的方法，可以设计出一些高效的差错检测码。这些码在检测、定位和纠正错误方面具有良好的性能。

总之，群论为编码理论提供了一种抽象的数学工具和方法，可用于设计及分析纠错编码和压缩编码。通过群论的应用，可以提高编码方案的纠错能力、压缩率和性能。

8.4.1 基本概念

设 S_n 是长度为 n 的子集，即

$$S_n=\{x_1x_2\cdots x_n \mid (x_i=0)\vee(x_i=1),i=1,2,\cdots,n\}。$$

在 S_n 上定义二元运算$\oplus$为：

$$\forall X,Y\in S_n,X=x_1x_2\cdots x_n,Y=y_1y_2\cdots y_n,$$

$$Z=X\oplus Y=z_1z_2\cdots z_n,$$

其中，$z_i=x_i\oplus y_i(i=1,2,\cdots,n)$，运算符$\oplus$为按位加运算，即 $0\oplus1=1\oplus0=1$，$1\oplus1=0\oplus0=0$。

显然，$\langle S_n,\oplus\rangle$是一个代数系统，且运算$\oplus$满足结合律，其幺元为 $00\cdots0$，每个元素的逆元都是它自身。因此，$\langle S_n,\oplus\rangle$是一个群。

定义 8.32 群码

设 C 是 S_n 的任一非空子集，若 $\langle C,\oplus\rangle$ 是群，即 C 是 S_n 的子群，则称码 C 是**群码**(group code)。

定义 8.33 汉明距离

设 $X=x_1x_2\cdots x_n$ 和 $Y=y_1y_2\cdots y_n$ 是 S_n 中的两个元素，称

$$H(X,Y)=\sum_{i=1}^{n}(x_i\oplus y_i)$$

为 X 与 Y 的**汉明距离**(Hamming distance)。

从定义可以看出，X 和 Y 的汉明距离是 X 和 Y 中对应位码元不同的个数。设 S_3 中两个码字为：000 和 011，这两个码字的汉明距离为 2；而 000 和 111 的汉明距离为 3。关于汉明距离，有以下定理。

定理 8.40

(1) $H(X,X)=0$。

(2) $H(X,Y)=H(Y,X)$。

(3) $H(X,Y)+H(Y,Z)\geqslant H(X,Z)$。

证明　(1)和(2)显然成立。

(3)定义 $H(x_i,y_i)=\begin{cases}0, & x_i=y_i,\\ 1, & x_i\neq y_i,\end{cases}$ 则 $H(x_i,z_i)\leqslant H(x_i,y_i)+H(y_i,z_i)$。从而

$$H(X,Z)=\sum_{i=1}^{n}H(x_i,z_i)\leqslant\sum_{i=1}^{n}H(x_i,y_i)+\sum_{i=1}^{n}H(y_i,z_i)=H(X,Y)+H(Y,Z)。$$

定义 8.34 最小距离

一个码 C 中所有不同码字的汉明距离的极小值称为码 C 的**最小距离**(minimum distance)，记为 $d_{\min}(C)$。即

$$d_{\min}(C)=\min_{\substack{X,Y\in C\\ X\neq Y}}H(X,Y)。$$

例如，$d_{\min}(S_2)=d_{\min}(S_3)=1$。

利用编码 C 的最小距离，依据以下两个定理，可以刻画出编码方式与纠错能力之间的关系。

定理 8.41　一个码 C 能检查出不超过 k 个错误的充分必要条件为 $d_{\min}(C)\geqslant k+1$。

定理 8.42　一个码 C 能纠正 k 个错误的充分必要条件是 $d_{\min}(C)\geqslant 2k+1$。

利用码 C 的最小距离刻画编码方式与纠错能力的实例如下：

对于 $C_2=\{01,10\}$，因为 $d_{\min}(C_2)=2=1+1$，所以 C_2 可以检查出单个错误。

对于 $C_3=\{101,010\}$，因为 $d_{\min}(C_3)=3$，所以 C_3 能够发现并纠正单个错误。

对于 S_2 和 S_3 分别包含了长度为 2 和 3 的所有编码，因而 $d_{\min}(S_2)=d_{\min}(S_3)=1$，从而 S_2 和 S_3 既不能检查错误也不能纠正错误。从而可知，若一个编码包含了某个长度的所有码字，则此编码一定无抗干扰能力。

关于奇偶校验码(parity bit)的编码,有以下相关内容。

已知,编码 $S_2=\{00,01,10,11\}$ 没有抗干扰能力,但可以在 S_2 的每个码字后增加一位(奇偶校验位),这一位的安排是它使每个码字所含 1 的个数为偶数,按这种方法编码后 S_2 就变为 $S'_2=\{000,011,101,110\}$。

而它的最小距离 $d_{\min}(S'_2)=2$,故由定理 8.41 可知,它可检查出一个错误。事实也是如此,若传递过程中发生单个错误则码字就变为含有奇数个 1 的废码。

类似地,当增加奇偶校验位使码字所含 1 的个数为奇数时也可得到相同的效果。

可以把上述结果推广到 S_n 之中,不论 n 取值多大,只要增加一位奇偶校验位就能查出一个错误。这是计算机中普遍使用的一种纠错码,其优点是所付出的代价较小(只增加一位附加的奇偶校验位),而且这种码的生成与检查也较为简单,其缺点是只能查出错误但无法进行纠正。

8.4.2 纠错码的选择

S_2 无纠错能力,但在 S_2 中选取 C_2 后,C_2 具有发现单个错误的能力。同样,S_3 也无纠错能力,但在 S_3 中选取 C_3 后,C_3 具有纠正单错的能力。由此可见,如何从一些编码中选取一些码字组成新码,使其具有一定的纠错能力是一个重要的课题。下面介绍一种重要的编码——汉明编码,这种编码能发现并纠正单个错误。以下是汉明编码的一种特例。

设在编码 S_4 中每个码字均为 $a_1a_2a_3a_4$,若增加三位校验 $a_5a_6a_7$,则使它成为长度为 7 的码字 $a_1a_2a_3a_4a_5a_6a_7$,其中校验位 $a_5a_6a_7$ 应满足下列方程:

(1)$a_1\oplus a_2\oplus a_3\oplus a_5=0$;

(2)$a_1\oplus a_2\oplus a_4\oplus a_6=0$;

(3)$a_1\oplus a_3\oplus a_4\oplus a_7=0$,

即:(1)$a_5=a_1\oplus a_2\oplus a_3$;

(2)$a_6=a_1\oplus a_2\oplus a_4$;

(3)$a_7=a_1\oplus a_3\oplus a_4$。

因此,一旦 $a_1a_2a_3a_4$ 确定,则校验位 $a_5a_6a_7$ 可根据上述方程唯一确定。故由 S_4 就可以得到一个长度为 7 的编码 C,如表 8-5 所示。

表 8-5 编码 C

a_1	a_2	a_3	a_4	a_5	a_6	a_7	a_1	a_2	a_3	a_4	a_5	a_6	a_7
1	1	1	1	1	1	1	0	1	1	1	0	0	0
1	1	1	0	1	0	0	0	1	1	0	0	1	1
1	1	0	1	0	1	0	0	1	0	1	1	0	1
1	1	0	0	0	0	1	0	1	0	0	1	1	0
1	0	1	1	0	0	1	0	0	1	1	1	1	1

续表

a_1	a_2	a_3	a_4	a_5	a_6	a_7	a_1	a_2	a_3	a_4	a_5	a_6	a_7
1	0	1	0	0	1	0	0	0	1	0	1	0	1
1	0	0	1	1	0	0	0	0	0	1	0	1	1
1	0	0	0	1	1	1	0	0	0	0	0	0	0

若 C 中码字发生单错，则上述 3 个方程必定至少有一个不满足；当 C 中码字发生单错后，不同的字位错误可使方程中不同的等式不成立，如当 a_2 发生错误时必有方程(1)和(2)不成立，而当 a_3 发生错误时必有方程(1)和(3)不成立，方程中 3 个等式的 8 种组合可对应 a_1 至 a_7 的 7 个码元中每个码的错误及 1 个正确的码字，因而编码 C 能发现并纠正单个错误。

为了方便讨论，建立 3 个谓词：

$$p_1(a_1,a_2,a_3,a_4,a_5,a_6,a_7): a_1\oplus a_2\oplus a_3\oplus a_5=0;$$

$$p_2(a_1,a_2,a_3,a_4,a_5,a_6,a_7): a_1\oplus a_2\oplus a_4\oplus a_6=0;$$

$$p_3(a_1,a_2,a_3,a_4,a_5,a_6,a_7): a_1\oplus a_3\oplus a_4\oplus a_7=0,$$

3 个谓词的真假与对应等式是否成立相一致，建立 3 个集合 S_1,S_2,S_3 分别对应 P_1,P_2,P_3。

令 $S_1=\{a_1,a_2,a_3,a_5\},S_2=\{a_1,a_2,a_4,a_6\},S_3=\{a_1,a_3,a_4,a_7\}$，

显然，S_i 是使 P_i 为假的所有出错字的集合，可构成下面 7 个非空集合：

$$\{a_1\}=S_1\cap S_2\cap S_3,$$

$$\{a_2\}=S_1\cap S_2\cap\overline{S_3},$$

$$\{a_3\}=S_1\cap\overline{S_2}\cap S_3,$$

$$\{a_4\}=\overline{S_1}\cap S_2\cap S_3,$$

$$\{a_5\}=S_1\cap\overline{S_2}\cap\overline{S_3},$$

$$\{a_6\}=\overline{S_1}\cap S_2\cap\overline{S_3},$$

$$\{a_7\}=\overline{S_1}\cap\overline{S_2}\cap S_3。$$

这 7 个集合可以决定出错位。例如，这 7 个集合即表示 $a_3\notin S_2,a_3\in S_1,a_3\in S_3$，所以 a_3 出错，则必有 P_2 为真，P_1、P_3 为假；反之亦然。依此类推，可得到如表 8-6 所示的纠错对照表。从表中可以看出这种编码 C 能纠正一个错误。

表 8-6　纠错对照表

P_1	P_2	P_3	出错码元
0	0	0	a_1
0	0	1	a_2
0	1	0	a_3

续表

P_1	P_2	P_3	出错码元
0	1	1	a_4
1	0	0	a_5
1	0	1	a_6
1	1	0	a_7
1	1	1	无

将该例加以抽象，首先将方程(1)、(2)、(3)表示为矩阵形式，有

$$\boldsymbol{H}\cdot\boldsymbol{X}^{\mathrm{T}}=\boldsymbol{\Theta}^{\mathrm{T}}$$

其中，$\boldsymbol{H}=\begin{bmatrix}1&1&1&0&1&0&0\\1&1&0&1&0&1&0\\1&0&1&1&0&0&1\end{bmatrix}$，$\boldsymbol{X}=(a_1,a_2,a_3,a_4,a_5,a_6,a_7)$，$\boldsymbol{\Theta}=(0,0,0)$，$\boldsymbol{x}^{\mathrm{T}}$、$\boldsymbol{\Theta}^{\mathrm{T}}$ 分别是 $\boldsymbol{X}$ 和 $\boldsymbol{\Theta}$ 的转置矩阵。

易见，一个编码可由矩阵 $\boldsymbol{H}$ 确定，而它的纠错能力可由 $\boldsymbol{H}$ 的特性决定。下面讨论矩阵 $\boldsymbol{H}$。

定义 8.35 重量

一个码字 X 所含 1 的个数称为此码字的**重量**(weight)，记为 $W(X)$。

例如，码字 001011 的重量为 3，码字 100000 的重量为 1，码字 00…0 的重量为 0，通常将 00…0 记为 0′或 Θ。利用码字的重量，可得到如下结论。

(1)设存在码 C，对于任意 $X,Y\in C$，有 $H(X,Y)=H(X\oplus Y,\Theta)=W(X\oplus Y)$。

(2)群码 C 中非零码字的最小重量等于此群码的最小距离。即

$$\min_{\substack{Z\in C\\Z\notin\Theta}}W(Z)=d_{\min}(C)。$$

(3)设 $\boldsymbol{H}$ 是 $k\times n$ 矩阵，$\boldsymbol{X}=(x_1,x_2,\cdots,x_n)$，并设集合 $G=\{\boldsymbol{X}\mid\boldsymbol{H}\cdot\boldsymbol{X}^{\mathrm{T}}=\boldsymbol{\Theta}^{\mathrm{T}}\}$，此处加法运算记为$\oplus$，则$\langle G,\oplus\rangle$是群，即 G 是群码。

以上介绍的汉明码就是群码。

定义 8.36　一致校验矩阵

群码 $G=\{\boldsymbol{X}\mid\boldsymbol{H}\cdot\boldsymbol{X}^{\mathrm{T}}=\boldsymbol{\Theta}^{\mathrm{T}}\}$称为由 $\boldsymbol{H}$ 生成的群码，而 G 中每一个码字均称为由 $\boldsymbol{H}$ 生成的码字，矩阵 $\boldsymbol{H}$ 称为**一致校验矩阵**。

设矩阵 $\boldsymbol{H}$ 为

$$\boldsymbol{H}=\begin{bmatrix}h_{11}&h_{12}&\cdots&h_{1n}\\h_{21}&h_{22}&\cdots&h_{2n}\\\vdots&\vdots&&\vdots\\h_{m1}&h_{m2}&\cdots&h_{mn}\end{bmatrix}，令\ \boldsymbol{h}_i=\begin{pmatrix}h_{1i}\\h_{2i}\\\vdots\\h_{mi}\end{pmatrix}，i=1,2,\cdots,n，$$

此时矩阵 $\boldsymbol{H}$ 可记为 $\boldsymbol{H}=(\boldsymbol{h}_1,\boldsymbol{h}_2,\boldsymbol{h}_3,\cdots,\boldsymbol{h}_n)$。$\boldsymbol{h}_i$ 为矩阵 $\boldsymbol{H}$ 的第 i 个**列向量**(column vector),

$$\boldsymbol{h}_i\oplus\boldsymbol{h}_j=\begin{pmatrix} h_{1i}\oplus h_{1j} \\ h_{2i}\oplus h_{1j} \\ \vdots \\ h_{mi}\oplus h_{mj} \end{pmatrix}。$$

关于一致校验矩阵,有如下结论:

(1)一致校验矩阵 $\boldsymbol{H}$ 生成一个重量为 p 的码字的充分必要条件是在 $\boldsymbol{H}$ 中存在 p 个列向量,它们的按位加为 $\boldsymbol{\Theta}^{\mathrm{T}}$。

(2)由 $\boldsymbol{H}$ 生成的群码的最小距离等于 $\boldsymbol{H}$ 中列向量按位加结果为 $\boldsymbol{\Theta}^{\mathrm{T}}$ 的最小列向量数。

这个结论建立了最小距离与列向量之间的联系。由前面结论可知:一个码的纠错能力由其最小距离决定。故有结论:一个群码的纠错能力可由其一致校验矩阵 $\boldsymbol{H}$ 中的列向量按位加结果为 $\boldsymbol{\Theta}^{\mathrm{T}}$ 的最小列向量数决定,只要选取适当的 $\boldsymbol{H}$ 就可使其生成的码能够达到预定的纠错能力。

对于上文所述的汉明码,它的一致校验矩阵 $\boldsymbol{H}$ 中没有零向量,且各列向量之间均互不相同,但它的第二、三、四列向量的按位加为 $\boldsymbol{\Theta}^{\mathrm{T}}$,由此结论可知这个码的最小距离为 3,因而此群码必能纠正单个错误。

将上述汉明码推广到一般情况,码 C 的每一个码字 X 均由信息位 $x_1x_2\cdots x_m$ 及附加校验位 $x_{m+1}x_{m+2}\cdots x_{m+k}$组成,其形式为 $X=x_1x_2\cdots x_mx_{m+1}x_{m+2}\cdots x_{m+k}$。$X$ 中信息位与校验位之间的关系如下:

$$x_{m+i}=q_{i1}x_1\oplus q_{i2}x_2\oplus\cdots\oplus q_{im}x_m(i=1,2,\cdots,k),$$

而 $q_{ij}\in\{0,1\}(i=1,2,\cdots,k;j=1,2,\cdots,m)$,作矩阵 $\boldsymbol{H}$ 为

$$\boldsymbol{H}=(\boldsymbol{Q}_{k\times m}\boldsymbol{I}_{k\times k}),其中:$$

$$\boldsymbol{Q}=\begin{pmatrix} q_{11} & q_{12} & \cdots & q_{1m} \\ q_{21} & q_{22} & \cdots & q_{2m} \\ \vdots & \vdots & & \vdots \\ q_{k1} & q_{k2} & \cdots & q_{km} \end{pmatrix}_{k\times m},\boldsymbol{I}=\begin{pmatrix} 1 & & & 0 \\ & 1 & & \\ & & \ddots & \\ 0 & & & 1 \end{pmatrix}_{k\times k},$$

码 C 的任意一个码字均满足方程 $\boldsymbol{H}\cdot\boldsymbol{X}^{\mathrm{T}}=\boldsymbol{\Theta}^{\mathrm{T}}$。

令 $n=m+k$,则称这种码为(n,m)码。

要使码 C 能纠正单个错误,由前面的结论可知,只要对 $\boldsymbol{H}$ 作适当赋值,使得 $\boldsymbol{H}$ 的列向量均不相同且无零列向量即可,这样可保证 C 的最小距离大于 2,即要求 $\boldsymbol{H}$ 中的 $\boldsymbol{Q}$ 的列向量均不为 $\boldsymbol{\Theta}$,也不会出现 $\boldsymbol{I}$ 中的 k 个向量且互不相同的情形。

$\boldsymbol{Q}$ 的列向量是 k 维的,故可能存在 2^k 个不同的列向量,而供 $\boldsymbol{Q}$ 选择的列向量是这 2^k 个列向量中除去 $\boldsymbol{I}$ 中的 k 个列向量及零列向量以外的所有 2^k-k-1 个列向量,故可在这些列向量中任选 m 个列向量组成 $\boldsymbol{Q}$,所以 m 与 k 必须满足:

$$m\leqslant 2^k-k-1 或 2^k\geqslant m+k+1=n+1 或 k\geqslant\log_2 n+1。$$

因此只要码 C 中校验位的位数 k 满足 $k\geqslant\log_2 n+1$,总可以在 2^k-k-1 个列向量看任

选 m 个列向量组成 Q，从而使 C 具有纠正单个错误的能力。

由上述分析也可得出组织具有一定纠错能力的纠错码的方法。

习题 8.4

【本章小结】

由非空集合和该集合上的一个或多个运算所组合的系统，被称为代数系统。代数系统中有 3 种特殊元素：幺元、零元和逆元。同态与同构是研究代数系统的重要手段，典型的代数系统包括群、环、域和布尔代数。群是一种重要的代数结构，典型的群包括循环群和对称群，群和布尔代数在计算机科学与技术领域有着广泛的应用。

第9章　格与布尔代数

【内容提要】

本章将讨论另外两种代数系统——格与布尔代数，它们与群、环、域的不同之处是：格与布尔代数的载体都是一个有序集。这一序关系的建立及其与代数运算之间的关系是讨论的要点。格与布尔代数在代数学、逻辑理论研究，以及实际应用（例如计算机与自动化领域）中都有重要的地位。

9.1　格的基本概念和性质

格与布尔代数是一种与群、环、域不同的代数系统。1847 年乔治·布尔(George Boole)在《逻辑的数学分析》一文中通过建立布尔代数来分析逻辑中的命题演算，以后布尔代数成为分析和综合开关电路的有力工具。布尔代数已成为计算技术和自动化理论的基础理论并直接应用到计算机科学中。比布尔代数更具一般性的概念是格。本章介绍格的一些基本概念、性质以及几种特殊类型的格——分配格、有补格等，在此基础上对布尔代数及其应用进行了介绍。

9.1.1　格的定义及实例

格是一种特殊的偏序集，由第 1 章可知，对于偏序集的任一子集，若上确界、下确界存在，则其上、下确界是唯一确定的。

定义 9.1 格

若偏序集$\langle L,\leqslant\rangle$中的任意两个元素的子集都有上确界和下确界，则称$\langle L,\leqslant\rangle$为**格**(lattice)。通常用$a\vee b$表示$\{a,b\}$的上确界，用$a\wedge b$表示$\{a,b\}$的下确界，其中，$\vee$和$\wedge$分别称为**保联**和**保交**运算。由于$\forall a\in L,\forall b\in L,a\vee b$及$a\wedge b$都是$L$中确定的元素，因此$\vee$和$\wedge$均为$L$上的运算。

以下是关于格的几个典型实例。

(1)对于任意集合A，偏序集$\langle P(A),\subseteq\rangle$为格，其中保联、保交运算即为集合的并、交运算，即$B\vee C=B\cup C, B\wedge C=B\cap C$。

(2)设$\mathbf{Z}^+$表示正整数集，$|$表示$\mathbf{Z}^+$上的整除关系，则$\langle\mathbf{Z}^+,|\rangle$为格，其中保联、保交运算即为求两正整数最小公倍数和最大公约数的运算，即

$$m \vee n = \mathrm{lcm}(m,n), m \wedge n = \gcd(m,n)。$$

(3)全序集(链)$\langle L,\leqslant\rangle$都是格,其中保联、保交运算可作如下规定:$\forall a\in L,\forall b\in L$,

$$a \vee b=\begin{cases}a, & b\leqslant a,\\ b, & a\leqslant b,\end{cases} \quad a \wedge b=\begin{cases}a, & a\leqslant b,\\ b, & b\leqslant a。\end{cases}$$

(4)设 P 为命题公式集合,逻辑蕴涵关系$\Rightarrow$为 P 上的序关系(指定逻辑等价关系$\Leftrightarrow$为相等关系),则$\langle P,\Rightarrow\rangle$为格,$\forall A\in P$, $\forall B\in P$,$A\vee B$ 和 $A\wedge B$ 即为逻辑运算符中的析取和合取。

(5)在图 9-1 中,哈斯图(1)、(2)、(3)所定义的偏序集是格,(4)、(5)、(6)所规定的偏序集不是格。

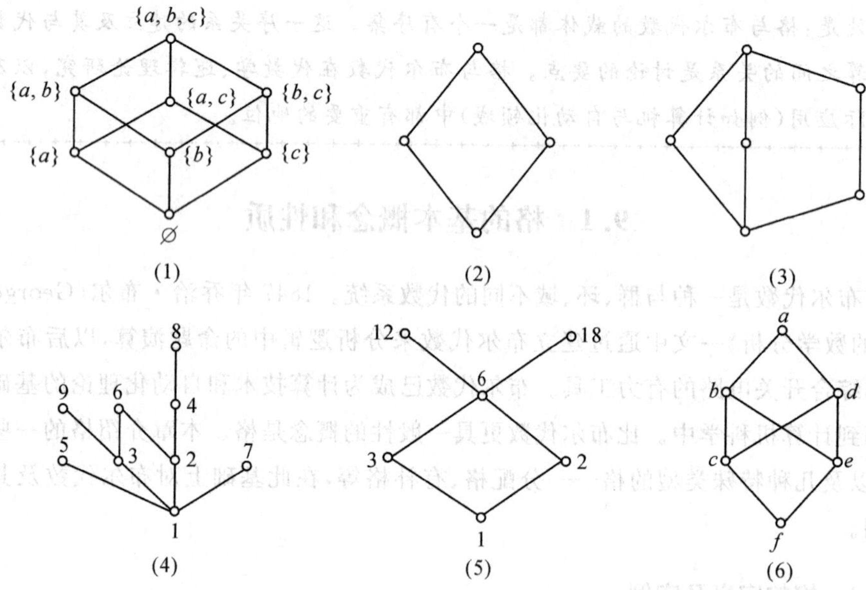

图 9-1 格的判断

9.1.2 格的性质及其对偶原理

设$\geqslant$表示序关系$\leqslant$的逆关系,则根据逆关系的性质可知:

定理 9.1 当$\langle L,\leqslant\rangle$为格时,$\langle L,\geqslant\rangle$也为格,且它的保联、保交运算$\widetilde{\vee}$和$\widetilde{\wedge}$对任意 a, $b\in L$满足

$$a\,\widetilde{\vee}\,b=a\wedge b\ ,a\,\widetilde{\wedge}\,b=a\vee b。$$

定理 9.2 对偶原理

A 为格$\langle L,\leqslant\rangle$上的真表达式,当且仅当 A^* 为$\langle L,\geqslant\rangle$上的真表达式,这里 A^* 称为 A 的**对偶式**,即将 A 中符号$\vee,\wedge,\leqslant$分别改为$\widetilde{\wedge},\widetilde{\vee},\geqslant$后所得的公式,$a\geqslant b$ 即 $b\leqslant a$。

上述对偶原理与命题演算、集合代数中所述对偶定理是一致的。

例如,格$\langle P(S),\subseteq\rangle$中的表达式 $A\cap B\subseteq A$ 有对偶表达式 $A\cup B\supseteq A$;格$\langle P,\Rightarrow\rangle$中的表达

式 $p\wedge q\Rightarrow q$ 有对偶表达式 $q\Rightarrow p\vee q$。

接下来讨论格的性质。

定理 9.3　设 $\langle L,\leqslant\rangle$ 为格，则对 L 中任意元素 a,b,c，有

(1) $a\leqslant a\vee b,b\leqslant a\vee b;a\wedge b\leqslant a,a\wedge b\leqslant b$。

(2)若 $a\leqslant b,a\leqslant c$，则 $a\leqslant b\vee c$；

若 $b\leqslant a,c\leqslant a$，则 $b\wedge c\leqslant a$。

(3)若 $a\leqslant b,c\leqslant d$，则 $a\vee c\leqslant b\vee d,a\wedge c\leqslant b\wedge d$。

(4)若 $a\leqslant b$，则 $a\vee c\leqslant b\vee c,a\wedge c\leqslant b\wedge c$。

证明　(1)、(2)由运算 $\wedge,\vee$ 的定义易证。

(3)设 $a\leqslant b,c\leqslant d$，此处只证 $a\vee c\leqslant b\vee d$，将 $a\wedge c\leqslant b\wedge d$ 的证明留给学生。

由(1)得 $b\leqslant b\vee d,d\leqslant b\vee d$，于是 $a\leqslant b\vee d,c\leqslant b\vee d$(由 $\leqslant$ 的传递性)。

于是由(2)得 $a\vee c\leqslant b\vee d$。

(4)是(3)的特例。

定理 9.4　设 $\langle L,\leqslant\rangle$ 为格，则对 L 中的任意元素 a,b,c，有

(1)幂等律：$a\vee a=a,a\wedge a=a$。

(2)交换律：$a\vee b=b\vee a,a\wedge b=b\wedge a$。

(3)结合律：$a\vee(b\vee c)=(a\vee b)\vee c$，

$a\wedge(b\wedge c)=(a\wedge b)\wedge c$。

(4)吸收律：$a\wedge(a\vee b)=a,a\vee(a\wedge b)=a$。

证明　(1)和(2)显然成立。

(3)此处只证 $a\wedge(b\wedge c)=(a\wedge b)\wedge c$。

因为　　$(a\wedge b)\wedge c\leqslant a\wedge b\leqslant a,(a\wedge b)\wedge c\leqslant a\wedge b\leqslant b,(a\wedge b)\wedge c\leqslant c$，

从而 $(a\wedge b)\wedge c\leqslant b\wedge c$，因此 $(a\wedge b)\wedge c\leqslant a\wedge(b\wedge c)$。

同理可证 $a\wedge(b\wedge c)\leqslant(a\wedge b)\wedge c$。

由 $\leqslant$ 的反对称性，得 $a\wedge(b\wedge c)=(a\wedge b)\wedge c$。

(4)显然，$a\wedge(a\vee b)\leqslant a$。另一方面，由于 $a\leqslant a,a\leqslant a\vee b$，故

$$a\leqslant a\wedge(a\vee b),$$

于是有

$$a\wedge(a\vee b)=a。$$

本定理给出了格的本质属性，格的其他性质都是它们的逻辑结果，包括序关系"$\leqslant$"的性质。

格还具有下列性质：

定理 9.5　设 $\langle L,\leqslant\rangle$ 为格，则对 L 中的任意元素 a,b,c，有

(1) $a\leqslant b\Leftrightarrow a\wedge b=a\Leftrightarrow a\vee b=b$。

(2) $a\vee(b\wedge c)\leqslant(a\vee b)\wedge(a\vee c)$。

证明　(1)首先设 $a\leqslant b$，则 $a\leqslant a\wedge b$。

另一方面，$a \wedge b \leqslant a$ 是已知成立的，因此有 $a \wedge b = a$。

再设 $a = a \wedge b$，则 $a \vee b = (a \wedge b) \vee b$，即 $a \vee b = b$（由吸收律可得）。

最后，设 $b = a \vee b$，则由 $a \leqslant a \vee b$ 立得 $a \leqslant b$。

因此(1)中 3 个命题的等价性得证。

(2)首先，$a \leqslant a \vee b, a \leqslant a \vee c$，故 $a \leqslant (a \vee b) \wedge (a \vee c)$。

其次，因为 $b \wedge c \leqslant b \leqslant a \vee b, b \wedge c \leqslant c \leqslant a \vee c$，所以 $b \wedge c \leqslant (a \vee b) \wedge (a \vee c)$，所以 $a \vee (b \wedge c) \leqslant (a \vee b) \wedge (a \vee c)$。

思考 (2)中的"$\leqslant$"能否换成"$=$"？即 $(a \vee b) \wedge (a \vee c) \leqslant a \vee (b \wedge c)$ 是否成立？

9.1.3 格代数

接下来从代数结构的角度研究格。

定义 9.2 格代数

设 L 为一个非空集合，$\vee, \wedge$ 为 L 上的两个二元运算，若 $\langle L, \vee, \wedge \rangle$ 中的运算 $\vee, \wedge$ 满足幂等律、交换律、结合律和吸收律，则称 $\langle L, \vee, \wedge \rangle$ 为**格代数**(lattice algebra)，简称为**格**。

格的子代数称为子格。

定理 9.6 定义 9.1 和定义 9.2 中所定义的格是等价的。

证明 定理 9.4 已经证明了：定义 9.1⇒定义 9.2。

接下来证明：定义 9.2⇒定义 9.1。

若 $\langle L, \vee, \wedge \rangle$ 中的运算 $\vee, \wedge$ 满足幂等律、交换律、结合律和吸收律，在 $\langle L, \vee, \wedge \rangle$ 上定义 $\leqslant$ 关系：$\forall a, b \in L, a \leqslant b$ 当且仅当 $a \wedge b = a$。

(1)证明 $\leqslant$ 为 L 上的偏序关系。

因为 $a \wedge a = a$，所以 $a \leqslant a$，故自反性得证。

设 $a \leqslant b, b \leqslant a$，则 $a \wedge b = a, b \wedge a = b$。由于 $a \wedge b = b \wedge a$，故 $a = b$。反对称性得证。

设 $a \leqslant b, b \leqslant c$，则 $a \wedge b = a, b \wedge c = b$，于是

$$a \wedge c = (a \wedge b) \wedge c = a \wedge (b \wedge c) = a \wedge b = a,$$

故 $a \leqslant c$。传递性得证。

(2)证明 $a \leqslant b$ 当且仅当 $a \vee b = b$。

设 $a \leqslant b$，则 $a \wedge b = a$，从而 $(a \wedge b) \vee b = a \vee b$，由吸收律即得 $b = a \vee b$。

反之，设 $a \vee b = b$，则 $a \wedge (a \vee b) = a \wedge b$，由吸收律可知 $a = a \wedge b$，即 $a \leqslant b$。

(3)证明 $a \vee b$ 为 $\{a, b\}$ 的上确界。

由吸收律 $a \wedge (a \vee b) = a, b \wedge (a \vee b) = b$ 可知，$a \leqslant a \vee b, b \leqslant a \vee b$，因而 $a \vee b$ 为 $\{a, b\}$ 的上界。

设 c 为 $\{a, b\}$ 的任意一个上界，即 $a \leqslant c, b \leqslant c$，则 $a \vee c = c$，$b \vee c = c$，于是

$$a \vee c \vee b \vee c = c \vee c,$$

即 $a \vee b \vee c = c$，故 $a \vee b \leqslant c$。这表明 $a \vee b$ 为 $\{a, b\}$ 的上确界。

(4)证明 $a \wedge b$ 为 $\{a,b\}$ 的下确界。

由吸收律和交换律可得，$(a \wedge b) \vee a = a \vee (a \wedge b) = a$，$(a \wedge b) \vee b = b \vee (a \wedge b) = b$，可知 $a \wedge b \leqslant a$，$a \wedge b \leqslant b$，因而 $a \wedge b$ 为 $\{a,b\}$ 的下界。

设 c 为 $\{a,b\}$ 的任意一个下界，即 $c \leqslant a$，$c \leqslant b$，则 $c \wedge a = c$，$c \wedge b = c$，于是

$$c \wedge a \wedge c \wedge b = c \wedge a \wedge b = c \wedge c = c,$$

故 $c \leqslant a \wedge b$，这表明 $a \wedge b$ 为 $\{a,b\}$ 的下确界。

以上内容说明 $\langle L, \leqslant \rangle$ 为一个格。

定理 9.6 给出了格的两个等价定义，这样对格的研究就可以从偏序关系和代数系统两个视角进行研究。

9.1.4　格的同态与同构

若两个格之间有同态、同构映射，则称这两个格同态、同构。

例题 9.1　证明：格 $L_1 = \langle \{1,2,3\}, \leqslant \rangle$ 与格 $L_2 = \langle \rho(\{1,2,3\}), \subseteq \rangle$ 是格同态的。

证明　定义函数 $f: \{1,2,3\} \to \rho(\{1,2,3\})$，$f(x) = \{y \mid y \leqslant x\}$。由于

$$f(x \vee y) = f(\max(x,y)) = \{z \mid z \leqslant \max(x,y)\} = \{z \mid z \leqslant x\} \cup \{z \mid z \leqslant y\} = f(x) \cup f(y),$$

$$f(x \wedge y) = f(\min(x,y)) = \{z \mid z \leqslant \min(x,y)\} = \{z \mid z \leqslant x\} \cap \{z \mid z \leqslant y\} = f(x) \cap f(y),$$

因此，f 为 L_1 到 L_2 的同态。

定理 9.7　设 $\langle L, \vee, \wedge \rangle$，$\langle L', \vee', \wedge' \rangle$ 为两个格，f 为 L 到 L' 的同态，则同态是保序的，即 $\forall a,b \in L, a \leqslant b \Rightarrow f(a) \leqslant' f(b)$。

证明　因为 $a \leqslant b$，所以 $a \vee b = b$。因此，$f(a) \vee' f(b) = f(a \vee b) = f(b)$，故 $f(a) \leqslant' f(b)$。

注意，本定理的逆不成立。

例如，已知 $L_1 = \langle \{1,2,3,4,6,12\}, | \rangle$（$|$ 为整除关系）和 $L_2 = \langle \{1,2,3,4,6,12\}, \leqslant \rangle$（$\leqslant$ 为整数集上的小于等于关系）都是格，函数 $f(x) = x$ 显然是保序的，但 f 不是 L_1 到 L_2 的同态。因为 $f(2 \vee_1 3) = f(6) = 6$，但 $f(2) \vee_2 f(3) = 2 \vee_2 3 = 3$，所以 $f(2 \vee_1 3) \neq f(2) \vee_2 f(3)$（$\vee_1$ 为 L_1 上的保联运算，$\vee_2$ 为 L_2 上的保联运算）。

对于同构映射有以下定理。

定理 9.8　设 $\langle S, \leqslant \rangle$ 和 $\langle S', \leqslant' \rangle$ 均为格，f 为 S 到 S' 的双射，则 f 为 S 到 S' 的同构映射，当且仅当 $\forall a,b \in S, a \leqslant b \Leftrightarrow f(a) \leqslant' f(b)$。

证明　(1)设 f 为 S 到 S' 的同构映射，则

当 $a \leqslant b$ 时，$f(a) \leqslant' f(b)$。

当 $f(a) \leqslant' f(b)$ 时，$f(a) \wedge f(b) = f(a)$，即 $f(a \wedge b) = f(a)$。由于 f 为双射，$a \wedge b = a$。因此 $a \leqslant b$。

$a \leqslant b \Leftrightarrow f(a) \leqslant' f(b)$ 得证。

(2)设 $\forall a,b \in S, a \leqslant b \Leftrightarrow f(a) \leqslant' f(b)$ 成立。

首先证明 $f(a\wedge b)=f(a)\wedge' f(b)$。

令 $a\wedge b=c, f(a)\wedge' f(b)=f(d)$。

由于 $c\leqslant a, c\leqslant b, f(a\wedge b)=f(c)$，且 $f(c)\leqslant' f(a), f(c)\leqslant' f(b)$，可知

$$f(c)\leqslant' f(a)\wedge' f(b)=f(d)。$$

另外，由于 $f(d)=f(a)\wedge' f(b)\leqslant' f(a), f(d)=f(a)\wedge' f(b)\leqslant' f(b)$，因而有 $d\leqslant a, d\leqslant b, d\leqslant a\wedge b$，进而得 $f(d)\leqslant' f(a\wedge b)=f(c)$。

由于 $f(c)\leqslant' f(d)$ 且 $f(d)\leqslant' f(c)$，故 $f(c)=f(d)$，即 $f(a\wedge b)=f(a)\wedge' f(b)$。

同上可证 $f(a\vee b)=f(a)\vee' f(b)$。

f 为 S 到 S' 的同构，得证。

习题 9.1

9.2 几类特殊格

本节将从代数系统的角度对格进行讨论，即把格定义为载体和满足特定公理的运算组成的代数系统，并用抽象代数研究工具进行讨论。

9.2.1 分配格

定义 9.3 完全格

若格 $\langle L, \vee, \wedge\rangle$ 的所有非空子集都有上确界和下确界，则称格 $\langle L, \vee, \wedge\rangle$ 为**完全格**(complete lattice)。

将 L 的上确界记为 1，L 的下确界记为 0。

定理 9.9 设 $\langle L, \vee, \wedge\rangle$ 为完全格，则 0 为 $\vee$ 运算的幺元、$\wedge$ 运算的零元；1 为 $\wedge$ 运算的幺元、$\vee$ 运算的零元。

证明 由定义知：对 L 中的任意元素 a 有 $0\leqslant a\leqslant 1$，从而

$$0\vee a=a\vee 0=a, 0\wedge a=a\wedge 0=0,$$

$$1\vee a=a\vee 1=1, 1\wedge a=a\wedge 1=a,$$

易见，有限格必是完全格。

定义 9.4 分配格

设 $\langle L, \vee, \wedge\rangle$ 为格。若满足分配律，即 $\forall a,b,c\in L$，

$$a\wedge(b\vee c)=(a\wedge b)\vee(a\wedge c),$$

$$a\vee(b\wedge c)=(a\vee b)\wedge(a\vee c),$$

则称格 $\langle L, \vee, \wedge\rangle$ 为**分配格**(distributive lattice)。

例题 9.2　判断图 9－2 中的(1)、(2)、(3)是否为分配格？

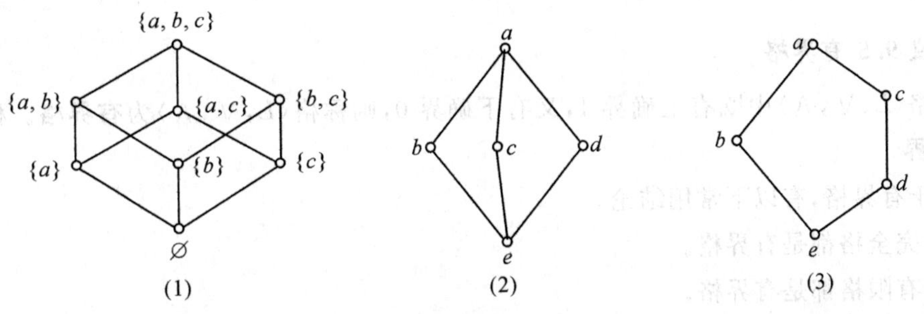

图 9－2　例题 9.5 图示

解　(1)因为集合的并和交运算满足分配律，所以图 9－2(1)是分配格。

(2)因为在图 9－2(2)中，

$$b\wedge(c\vee d)=b\wedge a=b,$$

$$(b\wedge c)\vee(b\wedge d)=e\vee e=e,$$

但 $b\neq e$，所以图 9－2(2)不是分配格。

(3)因为在图 9－2(3)中，

$$c\wedge(b\vee d)=c\wedge a=c,$$

$$(c\wedge b)\vee(c\wedge d)=e\vee d=d,$$

但 $c\neq d$，所以图 9－2(3)不是分配格 。

事实上，分配格定义中的两式可去掉一式。

定理 9.10　设$\langle L,\vee,\wedge\rangle$为格，则下列两式是等价的。

(1)$a\wedge(b\vee c)=(a\wedge b)\vee(a\wedge c)$，

(2)$a\vee(b\wedge c)=(a\vee b)\wedge(a\vee c)$。

证明　(1)⇒(2)：

设 a,b,c 为格$\langle L,\vee,\wedge\rangle$中的任意元素，则

$$\begin{aligned}a\vee(b\wedge c)&=(a\vee(a\wedge c))\vee(b\wedge c) && \text{(吸收律)}\\&=a\vee((a\wedge c)\vee(b\wedge c)) && \text{(结合律)}\\&=a\vee((a\vee b)\wedge c) && \text{(假设)}\\&=((a\vee b)\wedge a)\vee(a\vee c)\\&=(a\vee b)\wedge(a\vee c)。\end{aligned}$$

(2)⇒(1)：

$$\begin{aligned}a\wedge(b\vee c)&=(a\wedge(a\vee c))\wedge(b\vee c) && \text{(吸收律)}\\&=a\wedge((a\vee c)\wedge(b\vee c)) && \text{(结合律)}\\&=a\wedge((a\wedge b)\vee c) && \text{(假设)}\\&=((a\wedge b)\vee a)\wedge((a\wedge b)\vee c)\\&=(a\wedge b)\vee(a\wedge c)。\end{aligned}$$

9.2.2 有补格

定义 9.5 有界格

若格$\langle L,\vee,\wedge\rangle$中既有上确界 1,又有下确界 0,则称格$\langle L,\vee,\wedge\rangle$为**有界格**。称 0 和 1 为 L 的**界**。

关于有界格,有以下常用结论。

(1)完全格都是有界格。

(2)有限格都是有界格。

(3)例题 9.2 中的(1)、(2)、(3)所规定的格都是有界格。

(4)有界格未必是完全格。

令 $Q[0,1]$为$[0,1]$区间中全体有理数的集合,定义 $Q[0,1]\times Q[0,1]$上的序关系$\leqslant^2$,

$$\langle x,y\rangle\leqslant^2\langle u,v\rangle \text{当且仅当 } x\leqslant u \text{ 且 } y\leqslant v。$$

显然$\langle Q[0,1]\times Q[0,1],\leqslant^2\rangle$为格,分别定义$\vee$与$\wedge$为:

$$\langle x,y\rangle\vee\langle u,v\rangle=\langle\max(x,u),\max(y,v)\rangle,$$

$$\langle x,y\rangle\wedge\langle u,v\rangle=\langle\min(x,u),\min(y,v)\rangle。$$

这是一个有界格,界为$\langle 0,0\rangle$与$\langle 1,1\rangle$,但它不是完全格,因为它有子集

$$\{\langle 0,x\rangle\mid x\in\{0.4,0.41,0.414,\cdots\}\},$$

其中,0.4,0.41,0.414,…为$\sqrt{2}-1$的近似逼近序列,该子集在 $Q[0,1]$中没有上确界。

定义 9.6 补元

设$\langle L,\vee,\wedge\rangle$为有界格,$a$ 为 L 中的一个元素,若 $a\vee b=1,a\wedge b=0$,则称 b 为 a 的**补元**(complement)或补。

易见,补元是相互的,即 b 是 a 的补元,则 a 也是 b 的补元。0 和 1 互为补元。

并非有界格中的每个元素都有补元,而一个元素的补元也未必唯一。图 9-3(1)中除了 0,1 之外没有元素有补元;图 9-3(2)中的元素 a,b,c 两两互为补元;图 9-3(3)中的 c 有补元 a,b,而 a,b 的补元同为 c 。

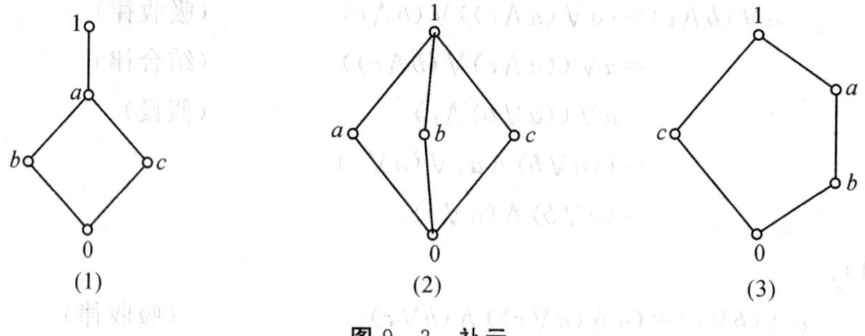

图 9-3 补元

定义 9.7 有补格

设$\langle L,\vee,\wedge\rangle$为有界格,若 L 中的每个元素都有补元,则称 L 为**有补格**(complemented lattice)。

定理 9.11　有补格 $\langle L,\vee,\wedge\rangle$ 中元素 0 和 1 的补元是唯一的。

证明　已知 0,1 互为补元。设 a 也是 1 的补元，则 $a\wedge 1=0$，即 $a=0$。因此 1 的补元仅为 0。同理可证 0 的补元仅为 1。

定理 9.12　有补分配格中每一个元素的补元都是唯一的。因此，有补分配格中元素 a 的补可用 a' 来表示。

证明　设 $\langle L,\vee,\wedge\rangle$ 为有补分配格，a 为 L 中的任意一个元素，b 和 c 都是 a 的补元，则

$$a\wedge b=0=a\wedge c, a\vee b=1=a\vee c,$$

因此，$b=c$。

定理 9.13　对有补分配格中每一个元素 a，均有

$$(a')'=a。$$

定理 9.14　设 $\langle L,\vee,\wedge\rangle$ 为有补分配格，则对 L 中任意元素 a,b，有

(1) $(a\vee b)'=a'\wedge b'$，

(2) $(a\wedge b)'=a'\vee b'$。

证明　由于

$$(a\vee b)\wedge(a'\wedge b')=(a'\wedge b)\wedge b=0,$$

$$(a\vee b)\vee(a'\wedge b')=(a\vee b\vee a')\wedge(a\vee b\vee b')=1,$$

因此 $a'\wedge b'$ 为 $a\vee b$ 的补元。由补元的唯一性得知

$$(a\vee b)'=a'\wedge b'。$$

同理可证(2)。

习题 9.2

9.3　布尔代数

9.3.1　布尔代数

定义 9.8 布尔代数

有补分配格称为**布尔代数**(Boolean algebra)。

也可以用少数的几个特性来定义布尔代数。

定义 9.9 布尔代数

若代数系统 $\langle B;\vee,\wedge,';0,1\rangle$（$\vee,\wedge$ 为 B 上的二元运算，$'$ 为 B 上的一元运算）满足下列条件：

(1)交换律：运算 $\vee,\wedge$ 满足交换律。即 $\forall a,b\in B, a\vee b=b\vee a; a\wedge b-b\wedge a$；

(2)分配律：$\vee$ 运算对 $\wedge$ 运算满足分配律，$\wedge$ 运算对 $\vee$ 运算也满足分配律。即

$$\forall a,b,c\in B, a\wedge(b\vee c)=(a\wedge b)\vee(a\wedge c); a\vee(b\wedge c)=(a\vee b)\wedge(a\vee c);$$

(3)同一律：$a\vee 0=a, a\wedge 1=a$；

(4)补元律：对 B 中的每一个元素 a，均存在元素 a'，使 $a\vee a'=1, a\wedge a'=0$，

则称 $\langle B;\vee,\wedge,';0,1\rangle$ 为**布尔代数**。

定义 9.10 子代数

设 $\langle B;\vee,\wedge,';0,1\rangle$ 为布尔代数，若 $A\subseteq B$，且 $\langle A;\vee,\wedge,';0,1\rangle$ 为布尔代数，则称 $\langle A;\vee,\wedge,';0,1\rangle$ 为布尔代数 $\langle B;\vee,\wedge,';0,1\rangle$ 的**子代数**。

定理 9.15 设 $\langle B;\vee,\wedge,';0,1\rangle$ 为布尔代数，若 $A\subseteq B$ 且 A 含有元素 0,1，对运算 $\vee$，$\wedge$，$'$ 封闭，则 $\langle A;\vee,\wedge,';0,1\rangle$ 为 B 的子代数。

定理 9.16 定义 9.9 与定义 9.10 等价。

证明 只需要证明 B 为格即可，进而由定义 9.10 中的(2)，(3)，(4)可断定 B 为有补分配格。

要证 B 为格，只需证 B 满足幂等律、结合律和吸收律。

因为对任意 $a\in B$，$a=a\wedge 1=a\wedge(a\vee a')=(a\wedge a)\vee(a\wedge a')=a\wedge a$，
所以 B 满足幂等律。

因为对 B 中任意元素 a,b，

$$a\vee(a\wedge b)=(a\wedge 1)\vee(a\wedge b)=a\wedge(1\vee b)=a,$$
$$a\wedge(a\vee b)=(a\vee 0)\wedge(a\vee b)=a\vee(0\wedge b)=a,$$

所以 B 满足吸收律。

因为对 B 中任意元素 a,b,c，可如下证明 $a\vee(b\vee c)=(a\vee b)\vee c$，从而对偶可证 $a\wedge(b\wedge c)=(a\wedge b)\wedge c$，
所以 B 满足结合律。

令 $N=a\vee(b\vee c)$，$M=(a\vee b)\vee c$，则

$$\begin{aligned}a\wedge N&=a\wedge(a\vee(b\vee c))=a,\\ a\wedge M&=a\wedge((a\vee b)\vee c)\\ &=(a\wedge(a\vee b))\vee(a\wedge c)\\ &=a\vee(a\wedge c)=a,\end{aligned}$$

故
$$\begin{aligned}a\wedge N&=a\wedge M,\\ a'\wedge N&=a'\wedge(a\vee(b\vee c))=a'\wedge(b\vee c)\\ &=(a'\wedge b)\vee(a'\wedge c),\\ a'\wedge M&=a'\wedge((a\vee b)\vee c)\\ &=(a'\wedge(a\vee b))\vee(a'\wedge c),\\ &=(a'\wedge b)\vee(a'\wedge c,)\end{aligned}$$

故
$$a'\wedge N=a'\wedge M,$$

得
$$(a\wedge N)\vee(a'\wedge N)=(a\wedge M)\vee(a'\wedge M),$$

即
$$(a\vee a')\wedge N=(a\vee a')\wedge M,$$
$$N=M。$$

$a\vee(b\vee c)=(a\vee b)\vee c$ 得证。

布尔代数通常用序组$\langle B;\vee,\wedge,';0,1\rangle$来表示。其中$'$为一元求补运算。

定理 9.17　若代数系统$\langle B;\vee,\wedge,';0,1\rangle$($\vee,\wedge$为$B$上的二元运算,$'$为$B$上的一元运算)满足:交换律、分配律、同一律、补元律,则所有其他运算律(包括结合律、吸收律、幂等律、德·摩根定律、双重否定律、零律、否定律)也都是成立的。

以下是关于布尔代数的几个典型实例。

(1) 在$\langle B;\vee,\wedge,';0,1\rangle$中取$B=\{0,1\}$,得$\langle\{0,1\};\vee,\wedge,';0,1\rangle$为一个布尔代数。

(2)对于任意集合A,$\langle P(A);\cup,\cap,^{-};\varnothing,A\rangle$,其中,$^{-}$为一元求补集的运算。

(3)$\langle P;\vee,\wedge,\neg;F,T\rangle$为布尔代数,其中$P$为命题公式集,$\vee,\wedge,\neg$为析取、合取、否定等真值运算,$F$和$T$分别为永假命题和永真命题。

(4)设B_n为由真值0,1构成的n元序组组成的集合,即

$$B_n=\{\langle a_1,a_2,\cdots,a_n\rangle\mid a_i=0\text{ 或 }a_i=1,i=1,2,\cdots,n\}。$$

在B_n上定义运算,以下用$\boldsymbol{a}$表示$\langle a_1,a_2,\cdots,a_n\rangle$,$\mathbf{0}$表示$\langle 0,0,\cdots,0\rangle$,$\mathbf{1}$表示$\langle 1,1,\cdots,1\rangle$,

$$\boldsymbol{a}\vee\boldsymbol{b}=\langle a_1\vee b_1,a_2\vee b_2,\cdots,a_n\vee b_n\rangle,$$
$$\boldsymbol{a}\wedge\boldsymbol{b}=\langle a_1\wedge b_1,a_2\wedge b_2,\cdots,a_n\wedge b_n\rangle,$$
$$\neg\boldsymbol{a}=\langle\neg a_1,\neg a_2,\cdots,\neg a_n\rangle,$$

则$\langle B_n;\vee,\wedge,\neg;\mathbf{0},\mathbf{1}\rangle$为一个布尔代数,常称为开关代数。

可以用同样的方法讨论子布尔代数的概念以及布尔代数间的同态——布尔同态的概念。

定义 9.11 同态映射与布尔同态

设$h:A\to B$为布尔代数$\langle A;\vee,\wedge,';0,1\rangle$到布尔代数$\langle B;\vee,\wedge,';0,1\rangle$的**同态映射**,即对于任意元素$a,b$,有

$$h(a\vee b)=h(a)\vee h(b),$$
$$h(a\wedge b)=h(a)\wedge h(b),$$
$$h(a')=(h(a))',$$

则称h为A到B的**布尔同态**。

定理 9.18　设h为布尔代数$\langle A;\vee,\wedge,';0,1\rangle$到布尔代数$\langle B;\vee,\wedge,';0,1\rangle$的布尔同态,则

$$h(0)=0,h(1)=1。$$

证明
$$h(0)=h(0\wedge 0')=h(0)\wedge h(0')=h(0)\wedge(h(0))'=0,$$
$$h(1)=h(1\vee 1')=h(1)\vee h(1')=h(1)\vee(h(1))'=1。$$

定理 9.19　设h为布尔代数$\langle A;\vee,\wedge,';0,1\rangle$到格$\langle B;\vee,\wedge\rangle$的格同态(仅保$\vee,\wedge$运算),则当$h$为满射时$\langle B;\vee,\wedge\rangle$为一个布尔代数。

定义 9.12 盖住

设$\langle B;\vee,\wedge,';0,1\rangle$为布尔代数,$\leqslant$为$B$作为格时的偏序关系,$x<y$表示$x\leqslant y$且$x\neq y$。若$a,b\in B,b<a$,但没有$B$中元素$c$,使$b<c,c<a$,则称元素$a$**盖住**$b$。

定义 9.13 原子

布尔代数中盖住元素0的元素称为该布尔代数的**原子**(atom)。

关于布尔代数的原子有以下定理。

定理 9.20 元素 a 是布尔代数 $\langle B;\vee,\wedge,';0,1\rangle$ 的原子，当且仅当 $a\neq 0$ 且对 B 中的任意元素 x，有

$$x\wedge a=a \text{ 或 } x\wedge a=0。$$

证明 设 a 是原子，显然 $a\neq 0$。又设 $x\wedge a\neq a$。由于 $x\wedge a\leqslant a$，故 $0\leqslant x\wedge a$，$x\wedge a<a$。根据原子的定义，有 $x\wedge a=0$。

反之，设 $a\neq 0$，且对任意 $x\in B$，$x\wedge a=a$ 或 $x\wedge a=0$ 成立。若 a 不是原子，则必有 $b\in B$，使 $0<b<a$。于是，$b\wedge a=b$。因为 $b\neq 0$，$b\neq a$，故 $b\wedge a=b$，产生矛盾。故 a 只能是原子。

定理 9.21 设 a 是布尔代数 $\langle B;\vee,\wedge,';0,1\rangle$ 的原子，x 为 B 中的任意元素，则 $a\leqslant x$ 和 $a\leqslant x'$ 有且只有一个式子成立。

证明 由于 a 为原子，故 $x\wedge a=a$ 或 $x\wedge a=0$。

当 $x\wedge a=a$ 时，$a\leqslant x$。当 $x\wedge a=0$ 时，令 $x'\wedge a=b$，于是 $(x\wedge a)\vee(x'\wedge a)=0\vee b$，即 $(x\vee x')\wedge a=b$，$a=b$，故 $x'\wedge a=a$，因而 $a\leqslant x'$。

若 $a\leqslant x$ 与 $a\leqslant x'$ 同时成立，则 $a\wedge a\leqslant x\wedge x'$，即 $a\leqslant 0$，与 a 为原子矛盾。

定理 9.22 设 $\langle B;\vee,\wedge,';0,1\rangle$ 为一个有限布尔代数，则对于 B 中任意一个非零元素 x，必有一个原子 $a\in B$，使 $a\leqslant x$。

证明 若 x 为原子，则命题已得证。

若 x 不是原子，则必有 $y\in B$，$0<y<x$。对 y 重复上面的讨论。

由于 B 有限，上述过程中产生的元素序列满足

$$0<\cdots<z<y<x,$$

其中必有一个原子（否则此序列无限长）。定理得证。

定理 9.23 设 a_1，a_2 为布尔代数 $\langle B;\vee,\wedge,';0,1\rangle$ 的任意两个不相同的原子，则 $a_1\wedge a_2=0$。

证明 由原子的性质可知：$a_1\wedge a_2\neq a_1$，$a_1\wedge a_2\neq a_2$（否则 $a_1<a_2$ 或 $a_2<a_1$）。

若 $a_1\wedge a_2\neq 0$，则

$$0<a_1\wedge a_2<a_1,\ 0<a_1\wedge a_2<a_2,$$

与 a_1，a_2 为原子矛盾，故 $a_1\wedge a_2=0$。

本定理也可叙述为：若原子 a_1，a_2 满足 $a_1\wedge a_2\neq 0$，则 $a_1=a_2$。

定理 9.24 设 $\langle B;\vee,\wedge,';0,1\rangle$ 为有限布尔代数，x 为 B 中任意非零元素，$a_1,a_2,\cdots,a_k$ 为满足 $a_i\leqslant x(i=1,2,\cdots,k)$ 的所有原子，则 $x=a_1\vee a_2\vee\cdots\vee a_k$（$x$ 的原子表示），且非零元素 x 的原子表示形式是唯一的。

证明 令 $y=a_1\vee a_2\vee\cdots\vee a_k$。

由于 $a_i\leqslant x(i=1,2,\cdots,k)$，因此 $y\leqslant x$ 。

要证 $x\leqslant y$，只需证 $x\wedge y'=0$. 假设 $x\wedge y'\neq 0$，从而有原子 a 使得

$$0<a\leqslant x\wedge y'\text{，进而有 } a\leqslant x, a\leqslant y'。$$

由于 $a\leqslant x$，a 为原子，因此 a 为 $a_1,a_2,\cdots,a_k$ 之一，故 $a\leqslant y$。根据定理 9.25 可知，$a\leqslant y$ 和 $a\leqslant y'$ 不可能同时成立。因此，$x\wedge y'=0$，即 $x\leqslant y$。

$x=y=a_1\vee a_2\vee\cdots\vee a_k$ 得证。

设 x 可表示为 $x=a_1\vee a_2\vee\cdots\vee a_k$，$x=b_1\vee b_2\vee\cdots\vee b_j$（$b_1,b_2,\cdots,b_j$ 也是原子）。

由于 $\{a_1,a_2,\cdots,a_k\}$ 为所有小于等于 x 的原子的集合，而 $b_i\leqslant x(i=1,2,\cdots,j)$，因此

$$\{b_1,b_2,\cdots,b_j\}\subseteq\{a_1,a_2,\cdots,a_k\}。$$

若 $j=k$，则 $\{b_1,b_2,\cdots,b_j\}=\{a_1,a_2,\cdots,a_k\}$，定理得证。

若 $j<k$，则必有 a_i 不同于所有 $b_h(h=1,2,\cdots,j)$。

由于 $a_i\wedge(b_1\vee b_2\vee\cdots\vee b_j)=a_i\wedge(a_1\vee a_2\vee\cdots\vee a_k)$，

而 $a_i\wedge(b_1\vee b_2\vee\cdots\vee b_j)=(a_i\wedge b_1)\vee(a_i\wedge b_2)\vee\cdots\vee(a_i\wedge b_j)=0$，

$$a_i\wedge(a_1\vee a_2\vee\cdots\vee a_k)=a_i。$$

因此，$a_i=0$，产生矛盾。故 $j<k$ 是不成立的，从而 $j=k$，定理得证。

定理 9.25(布尔代数表示定理)　设 $\langle B;\vee,\wedge,';0,1\rangle$ 为有限布尔代数，若 A 为 B 中所有原子的集合，则 B 同构于布尔代数 $\langle P(A);\cup,\cap,^{-};\varnothing,A\rangle$。

证明　定义映射 $h:B\to P(A)$，使得对任意 $x\in B$，

$$h(x)=\begin{cases}\varnothing, & x=0,\\ \{a\mid a\in A\wedge a\leqslant x\}, & x\neq 0。\end{cases}$$

首先证明 h 为双射。

对任意 $C\in P(A)$，令 $C=\{a_1,a_2,\cdots,a_k\}\subseteq A$，取

$$x=a_1\vee a_2\vee\cdots\vee a_k,$$

则 $h(x)=C$。h 为满射得证。

设 $x,y\in B$，$x\neq y$，则 $x\leqslant y$ 不成立或 $y\leqslant x$ 不成立。不失一般性，设 $x\leqslant y$ 不成立，则 $x\wedge y'\neq 0$，从而有原子 $a\leqslant x\wedge y'$，进而 $a\leqslant x$，$a\leqslant y'$，而 $a\leqslant y$ 不成立。这表明，$a\in h(x)$，$a\notin h(y)$。因此，$h(x)\neq h(y)$。h 为单射也得证。

其次证明 h 保运算。

设 x,y 为 B 中任意两个元素，它们的原子表示分别是

$$x=a_1\vee a_2\vee\cdots\vee a_k,\ y=b_1\vee b_2\vee\cdots\vee b_p,$$

于是

$$\begin{aligned}h(x)&=\{a_1,a_2,\cdots,a_k\},\\ h(y)&=\{b_1,b_2,\cdots,b_p\},\\ h(x\vee y)&=h(a_1\vee a_2\vee\cdots\vee a_k\vee b_1\vee b_2\vee\cdots\vee b_p)\\ &=\{a_1,a_2,\cdots,a_k,b_1,b_2,\cdots,b_p\}\\ &=h(x)\cup h(y),\\ h(x\wedge y)&=h((a_1\vee a_2\vee\cdots\vee a_k)\wedge(b_1\vee b_2\vee\cdots\vee b_p))\\ &=h(\vee_{1\leqslant i\leqslant k,1\leqslant j\leqslant p}a_i\wedge b_j)\\ &=\cup_{1\leqslant i\leqslant k,1\leqslant j\leqslant p}h(a_i\wedge b_j)。\end{aligned}$$

由于

$$a_i\wedge b_j=a_i(\text{当 }a_i=b_j\text{ 时}),a_i\wedge b_j=0(\text{当 }a_i\neq b_j\text{ 时}),$$

故

$$\begin{aligned}h(x\wedge y)&=\cup_{1\leqslant i\leqslant k,1\leqslant j\leqslant p}\{h(a_i)\mid a_i=b_j\}\\ &=\cup_{1\leqslant i\leqslant k,1\leqslant j\leqslant p}\{\{a_i\}\mid a_i=b_j\}\\ &=\{a_1,a_2,\cdots,a_k\}\{b_1,b_2,\cdots,b_p\}\\ &=h(x)\cap h(y)。\end{aligned}$$

$h(x')=\overline{(h(x))}$的证明如下：

对于任意原子$a\in A$，$a\in h(x')$当且仅当$a\leqslant x'$，当且仅当$\neg a\leqslant x$，当且仅当$a\notin h(x)$，当且仅当$a\in\overline{(h(x))}$。

h为布尔同构，定理得证。

本定理说明，有限布尔代数与集合代数同构，从而它总是包含2^n个元素，其中n是其原子的数目。

9.3.2 布尔表达式与布尔函数

布尔代数中的布尔表达式、布尔函数的范式表示及简化，在理论研究和实际应用中都有十分重要的意义。

定义 9.14 布尔表达式

设$\langle B;\vee,\wedge,';0,1\rangle$为布尔代数，如下递归地定义$B$上**布尔表达式**(Boolean expression)：

(1)布尔常元和布尔变元(取值于B的常元和变元)是布尔表达式.布尔常元常用a,b,c等字母表示，布尔变元常用x,y,z等字母表示。

(2)若e,e_1,e_2是布尔表达式，则(e')，$(e_1\vee e_2)$，$(e_1\wedge e_2)$也是布尔表达式。

(3)除有限次使用条款(1)和(2)生成的表达式是布尔表达式外，没有其他的布尔表达式。

为了省略括号，约定运算$'$的优先级高于运算$\vee$和$\wedge$，并约定表达式最外层括号省略。

常用$f(x_1,x_2,\cdots,x_n)$，$g(y_1,y_2,\cdots,y_m)$等分别表示含有n个变元$x_1,x_2,\cdots,x_n$的n元布尔表达式和含有m个变元$y_1,y_2,\cdots,y_m$的m元布尔表达式。

给定布尔表达式并确定其中变元的取值后，该表达式对应于一个确定的B的元素——布尔表达式的值(对应于变元的取值)，因此有下列定义。

定义 9.15 布尔函数

布尔表达式$f(x_1,x_2,\cdots,x_n)$所定义的函数$f:B\to B$称为**布尔函数**(Boolean function)。

设$\langle\{0,a,b,1\};\vee,\wedge,';0,1\rangle$为布尔代数，其上有表达式

$$f(x_1,x_2)=(x_1'\vee a)\wedge x_2,$$

$$g(x_1,x_2,x_3)=(x_1\wedge x_2\wedge x_3)'\vee(x_1\wedge x_2'\wedge x_3'),$$

$$f(1,b)=(1'\vee a)\wedge b=a\wedge b=0,$$

$$g(a,b,0)=(a\wedge b\wedge 0)'\vee(a\wedge b'\wedge 0'),$$

$$=0'\vee(a\wedge a\wedge 1)=1。$$

与命题逻辑一样，可以讨论布尔表达式的范式。

定义 9.16 极小项与极大项

称$\alpha_1\wedge\alpha_2\wedge\cdots\wedge\alpha_n$为$n$个变元的**极小项**，其中$\alpha_i$为变元$x_i$或$x_i'$，而表达式

称$\alpha_1\vee\alpha_2\vee\cdots\vee\alpha_n$为$n$个变元的**极大项**，其中$\alpha_i$为变元$x_i$或$x_i'$。

显然，n个变元的极小项和极大项各有2^n个，我们分别用

$$m_0,m_1,\cdots,m_{e(n)} \text{和} M_0,M_1,\cdots,M_{e(n)}$$

来进行表示，其中，$e(n)=2^n-1$。n 个变元的极小项与极大项满足下列性质：

(1)$m_i\wedge m_j=0, M_i\vee M_j=1(i\neq j)$，

(2)$\vee_{i=0}^{e(n)} m_i=1, \wedge_{i=0}^{e(n)} M_i=0$。

定义 9.17 主析取范式、主合取范式

布尔表达式 $f(x_1,x_2,\cdots,x_n)$的**主析取范式**和**主合取范式**分别指下列布尔表达式：

$$(a_0\wedge m_0)\vee(a_1\wedge m_1)\vee\cdots\vee(a_{e(n)}\wedge m_{e(n)}),$$

$$(a_0\vee M_0)\wedge(a_1\vee M_1)\wedge\cdots\wedge(a_{e(n)}\vee M_{e(n)}),$$

其中 a_i 为布尔常元，m_i 与 M_i 分别是极小项与极大项，且两式对 $x_1,x_2,\cdots,x_n$ 一切的取值可能均与 $f(x_1,x_2,\cdots,x_n)$等值。

求取主析取范式和主合取范式的方法与命题演算方法大体相同(参见 3.3 节相关内容)：

(1)将布尔常元看作变元，作同样的处理。

(2)利用德摩根律将运算符号$'$深入到每个变元(常元)上。

(3)利用分配律展开。

(4)当构成极小项或极大项缺少变元 x 时，添加合取项$(x\vee x')$或析取项$(x\wedge x')$。

(5)计算合并常元、变元和表达式(只要满足相应条件，这一步骤可随时进行)。

例题 9.3　已知布尔代数$\langle\{0,a,b,1\};\vee,\wedge,';0,1\rangle$上的布尔函数

$$f(x_1,x_2)=(a\wedge x_1)\vee(b\vee x_1)'\wedge(x_1\vee x_2),$$

求其主析取范式和主合取范式。

解　主析取范式如下：

$$\begin{aligned}f(x_1,x_2)&=(a\wedge x_1)\vee(b\vee x_1)'\wedge(x_1\vee x_2)\\&=((a\wedge x_1)\wedge(x_1\vee x_2))\vee((b'\wedge x_1')\wedge(x_1\vee x_2))\\&=(a\wedge x_1)\vee(a\wedge x_1\wedge x_2)\vee(b'\wedge x_1'\wedge x_1)\vee(b'\wedge x_1'\wedge x_2)\\&=(a\wedge x_1)\vee(b'\wedge x_1'\wedge x_2)\\&=(a\wedge x_1)\wedge(x_2\vee x_2')\vee(b'\wedge x_1'\wedge x_2)\\&=(a\wedge x_1\wedge x_2)\vee(a\wedge x_1\wedge x_2')\vee(a\wedge x_1'\wedge x_2)。\end{aligned}$$

主合取范式如下：

$$\begin{aligned}f(x_1,x_2)&=(a\wedge x_1)\vee(b\vee x)_1'\wedge(x_1\vee x_2)\\&=((a\wedge x_1)\vee b')\wedge((a\wedge x_1)\vee x_1')\wedge(x_1\vee x_2)\\&=(a\vee b')\wedge(b'\vee x_1)\wedge(a\vee x_1')\wedge(x_1\vee x_2)\\&=a\wedge(a\vee x_1)\wedge(a\vee x_1')\wedge(x_1\vee x_2)(b'=a)\\&=a\wedge(x_1\vee x_2)\\&=(a\vee x_1\vee x_2)\wedge(a\vee x_1\vee x_2')\wedge(a\vee x_1'\vee x_2)\wedge(a\vee x_1'\vee x_2')\wedge(x_1\vee x_2)\\&=(x_1\vee x_2)\wedge(a\vee x_1\vee x_2')\wedge(a\vee x_1'\vee x_2)\wedge(a\vee x_1'\vee x_2')\end{aligned}$$

由定义 9.17 可以看出，$\langle B;\vee,\wedge,';0,1\rangle$的不同的 n 元主析取范式和主合取范式分别是$|B|^{2^n}$个，因为 $a_0,a_1,\cdots,a_{e(n)}$ 各有 $|B|$ 种取值可能，其中 $e(n)=2^n-1$。这就表明，B 上不同的 n 元布尔函数至多是$|B|^{2^n}$个。因此应当注意并非所有的 B^n 到 B 的函数都是布尔函

数，B^n 到 B 的函数共有 $|B|^{|B^n|}$ 个. 只是在 $B=\{0,1\}$ 时两者数目相同，正如在命题演算中看到的，n 元真值函数与 n 元主析取（合取）范式的个数相同，都是 2^{2^n} 个。

习题 9.3

9.4 布尔代数在计算机中的应用

布尔代数是一种逻辑代数，它将逻辑表达式和操作符用数学符号表示，并通过逻辑运算进行推理和计算。布尔代数被广泛应用于逻辑电路设计。逻辑门（如，与门、或门、非门）和触发器等电子元件可以用布尔代数的逻辑运算来描述。通过布尔代数的推理和转换规则，可以设计出复杂的逻辑电路，实现各种逻辑功能，并使得整个电路设计过程更加直观化、系统化。

布尔代数是一种处理二值变量的逻辑数学。在数字系统中，二值表达为“开”和“关”、“高”和“低”、1 和 0。布尔表达式表达了对布尔变量的操作，常见的三种操作是与、或、非。

数字电路和布尔代数的关系是计算机中以数字电路实现布尔计算，布尔表达式越简单电路实现起来越容易（规模越小），为此，需要尽力化简布尔表达式。

9.4.1 逻辑门

定义 9.18 逻辑门

逻辑门（logical gate）是组合电路的基本构建块，它执行逻辑运算并产生输出。常见的逻辑门有与门、或门、非门、异或门等，它们可以通过电子元件（如晶体管或集成电路）实现，用于执行布尔运算。

常见的逻辑门有与门、或门、非门、异或门、与非门和或非门。逻辑门可以用标准的符号表示成图形，这些标准符号是由电气电子工程师学会制定的。其具体表示方法如下。

（1）与门、或门、非门的符号表示见图 9-4。

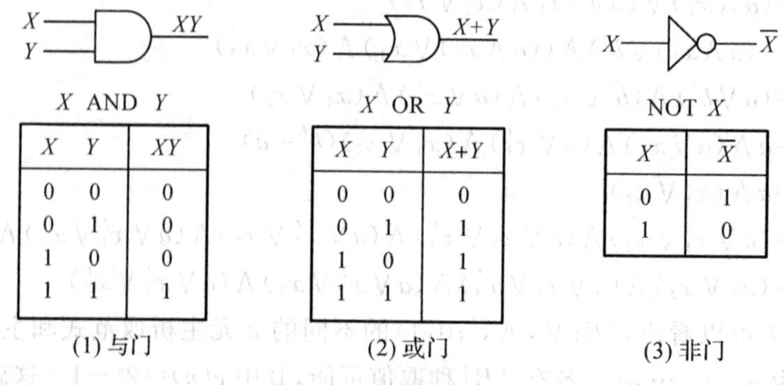

X	Y	XY
0	0	0
0	1	0
1	0	0
1	1	1

（1）与门

X	Y	X+Y
0	0	0
0	1	1
1	0	1
1	1	1

（2）或门

X	$\overline{X}$
0	1
1	0

（3）非门

图 9-4 与门、或门、非门

(2)异或门的符号表示见图 9-5。

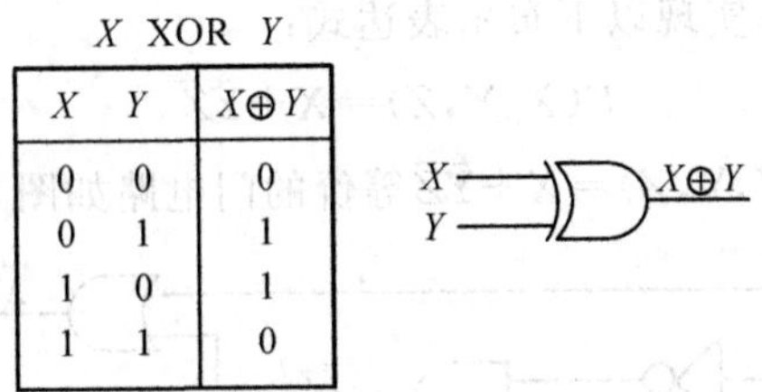

X XOR Y

X	Y	X⊕Y
0	0	0
0	1	1
1	0	1
1	1	0

图 9-5 异或门

(3)与非门、或非门的符号表示见图 9-6。

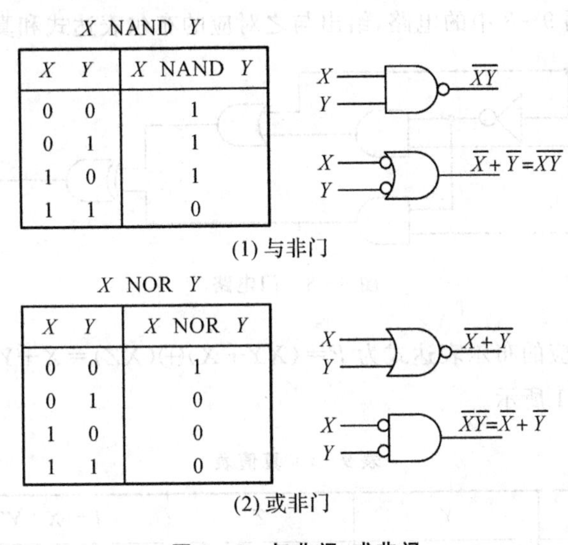

X NAND Y

X	Y	X NAND Y
0	0	1
0	1	1
1	0	1
1	1	0

(1) 与非门

X NOR Y

X	Y	X NOR Y
0	0	1
0	1	0
1	0	0
1	1	0

(2) 或非门

图 9-6 与非门、或非门

任何逻辑关系都可以仅使用与非和或非两种门电路构成，所以它们称为全能门，具有易生产、造价低的优点。

9.4.2 组合电路

定义 9.19 组合电路

基于逻辑输入变量，产生逻辑输出结果的电路称为**组合电路**或**逻辑门电路**，简称**门电路**(gate circuit)。组合电路中电路的输出(本教材只考虑有一个输出的电路)仅与当前即时输入状态有关。一个门电路由若干个晶体管组成的，但逻辑上仅看作是一个单元。一个组合电路由若干个门组成，以实现特定逻辑关系的变换。

一个组合电路与一个布尔表达式相对应，反之亦然。由于一个布尔表达式可能有多种等价的表达形式，因而，一个组合电路也可能有多种不同的形式，但都是等效的。

定义 9.20 组合电路等效

若两个电路对输入变量的所有可能的取值都得到相同的输出，则称这两个电路**等效**(equivalent)。

显然,两个等效的电路对应的布尔表达式也是等价的,反之亦然。

例题 9.4 设计门电路,实现以下布尔表达式:

$$F(X,Y,Z)=X+\overline{YZ}。$$

解 与布尔表达式 $F(X,Y,Z)=X+\overline{YZ}$ 等价的门电路如图 9-7 所示。

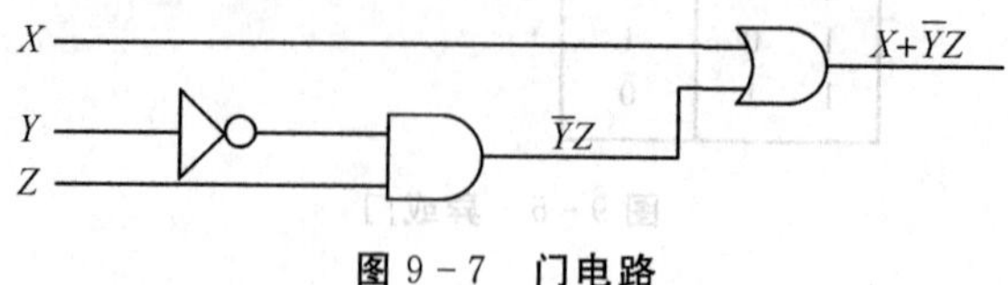

图 9-7 门电路

例题 9.5 依据图 9-8 中的电路,给出与之对应的布尔表达式和真值表。

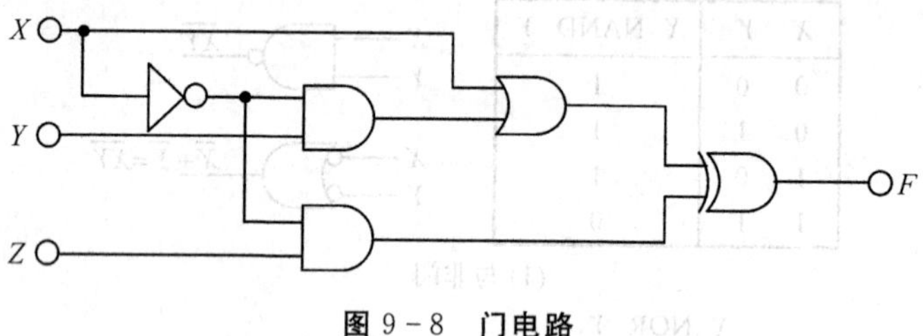

图 9-8 门电路

解 与图 9-8 对应的布尔表达式为 $F=(XY+X)\oplus(XZ)=X+YZ+YZ$。其真值表如表 9-1 所示。

表 9-1 真值表

X	Y	Z	$F=X+YZ+YZ$
1	1	1	1
1	1	0	1
1	0	1	1
1	0	0	1
0	1	1	0
0	1	0	1
0	0	1	1
0	0	0	0

9.4.3 应用实例

例题 9.6 设计汽车报警蜂鸣器对应的电路图。

解 令 K:钥匙在点火开关中;E:发动机在运转;

D:司机的门是关着的;B:蜂鸣器发出鸣声,

则有 $B=f(K,E,D)$,由经验可知,当钥匙在点火开关中,且发动机停止运转,同时司机的门是开着时，蜂鸣器才发出鸣声。因此得到真值表(表 9-2)。

表 9-2　真值表

K	E	D	B
1	1	1	0
1	1	0	0
1	0	1	0
1	0	0	1
0	1	1	0
0	1	0	0
0	0	1	0
0	0	0	0

其对应的布尔表达式为 $B=K\wedge\neg E\wedge\neg D$。

对应的电路图如图 9-9 所示。

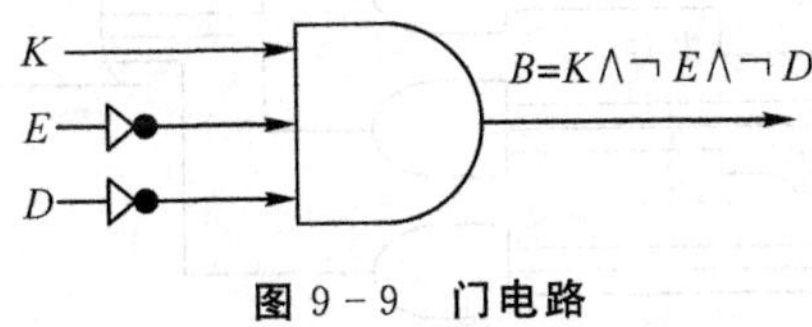

图 9-9　门电路

例题 9.7　一项方案是否通过由 3 位负责人共同决定，该方案通过须有 2 张或 3 张赞成票。以 3 位负责人的投票作为输入，并把方案是否通过作为输出，设计对应的门电路。

解　以 x,y,z 分别表示 3 位负责人投票的变量，1 表示投赞成票，0 表示投反对票。以 P 表示是否通过，1 表示通过，0 表示不通过。由已知条件得到真值表(表 9-3)。

表 9-3　真值表

x	y	z	P
1	1	1	1
1	1	0	1
1	0	1	1
1	0	0	0
0	1	1	1
0	1	0	0

续表

x	y	z	P
0	0	1	0
0	0	0	0

构造使得输出为 1 的对应极小项如下：

$$m_{111}=x\wedge y\wedge z,$$

$$m_{110}=x\wedge y\wedge \neg z,$$

$$m_{101}=x\wedge \neg y\wedge z,$$

$$m_{011}=\neg x\wedge y\wedge z,$$

因此，对应的布尔表达式为

$$\begin{aligned}P&=m_{111}\vee m_{110}\vee m_{101}\vee m_{011}\\&=(x\wedge y\wedge z)\vee(x\wedge y\wedge \neg z)\vee(x\wedge \neg y\wedge z)\vee(\neg x\wedge y\wedge z)。\end{aligned}$$

相应的门电路图如图 9－10 所示。

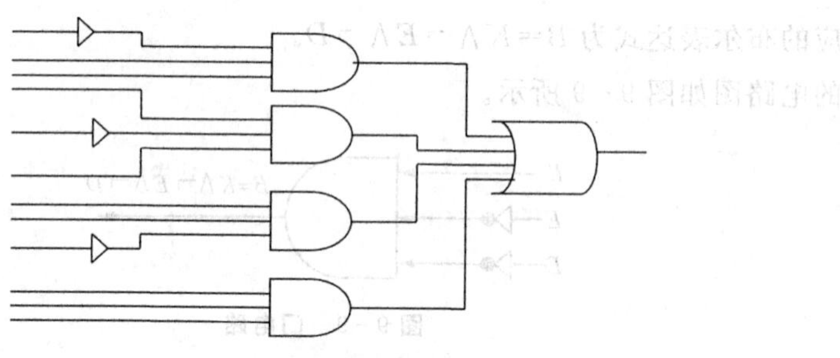

图 9－10 门电路

习题 9.4

【本章小结】

布尔代数是计算机科学领域技术的理论基础，也是一种重要的代数结构。任何有限布尔代数均与集合上的布尔代数 $\langle P(A),\cup,\cap,^{-},\varnothing,A\rangle$ 同构，这大大简化了有限布尔代数的研究。布尔代数是组合电路设计的基础，布尔表达式与组合电路具有对应关系，电路的设计可通过布尔表达式进行简化。

第 4 篇小组拓展研究

1. 群论的应用

群论在计算机中有诸多应用。以下列举几个常见的应用：

(1)密码学。密码学是计算机安全领域的重要分支，群论在其中发挥着至关重要的作用。具体来说，离散对数问题和椭圆曲线离散对数问题等基础性密码算法均依赖于有限域(也称作加法群)的群论性质。群论提供了一系列基础的数学工具和方法，用于设计和分析密码算法、密钥协商协议等。

(2)图形学。在图形学中，群论被用于描述和操控几何变换。对计算机图形学而言，几何变换(如平移、旋转、缩放)能够借助群的运算进行表示和处理。群论构建了一个抽象且统一的框架，用于描述和研究各种几何变换及其组合的性质。

(3)数据压缩。群论在数据压缩中领域也有所应用。例如，哈夫曼编码采用二叉树(一种特殊的群结构)来实现数据的有效编码和解码。此外，还有其他基于群论的压缩算法，如字典压缩、算术编码等。

选取上述你感兴趣的一个问题，深入研究并概括群论在该领域中的具体应用。

2. 电路的极小化问题与技术

简化布尔代数逻辑函数、最小化逻辑门数量是电路设计的目标，旨在构建更为可靠的电路并降低芯片的制造成本。这一技术也被称为布尔函数的最小化。最典型的电路极小化方法包括如下两种：

(1)卡诺图(Karnaugh map)。它以二维方格的形式直观展示逻辑函数的真值表，并通过分组和合并方格来识别逻辑函数的最小项和最简形式。

(2)Quine－McCluskey 方法。该方法由威拉德·冯·奥曼·蒯因(Willard van Orman Quine)和爱德华·J·麦克卢斯基(Edward J. McCluskey)两位学者于 20 世纪 50 年代提出，是一种可自动化的电路极小化流程，能够借助计算机程序来实现。

通过文献研究，深度总结上述两种电路极小化方法的原理与应用。

3. 通过文献研究，总结布尔代数在计算机科学与技术领域的典型应用实例。

第 4 篇算法设计及编程题

1. 给定一个 n 元布尔函数的所有值，其中 n 是正整数，构造该函数的主析取范式和主合取范式。

2. 构造一个表，列出所有 256 个三元布尔函数的值。

3. 设计算法并编程实现对布尔表达式的求值，例如$((x \wedge y) \vee z) \wedge (x \vee (y' \vee z))$。

第5篇　组合分析初步

组合数学是研究离散结构的存在、计数、分析及优化等问题的一门科学，它是数学学科中一个既古老又充满活力的分支。

组合数学的起源可追溯至中国古代首创的幻方。据传，在上古时期，大禹治水之时，于黄河支流洛水中浮现一只大乌龟，龟甲上呈现有9种花点的图案，图案中的花点数恰巧是1至9这9个数字，各数位置的排列也极为巧妙，横向3行、纵向3列以及两对角线上的3个数字之和均为15，如图10-1(1)所示。人们将其称为洛书，并总结有口诀：戴九履一，左三右七，二四为肩，六八为足，五居其中。

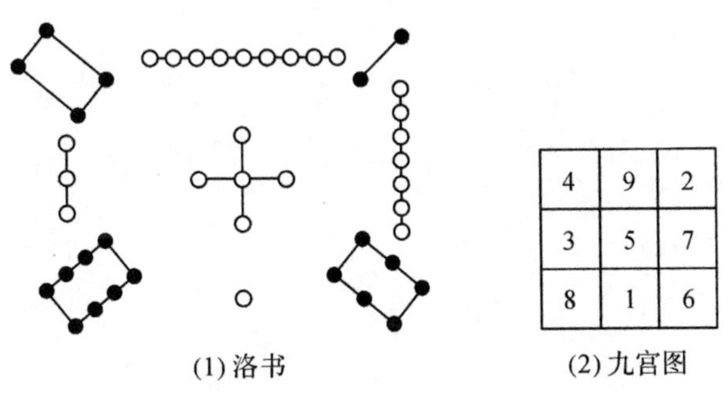

(1) 洛书　　　(2) 九宫图

图10-1　洛书与九宫图

若将洛书中的点数用数字表示，则可得到如图10-1(2)所示的数字方阵。古人称之为九宫图，它实际上就是数学模型中的3阶幻方。洛书是世界上最古老的3阶幻方，以“杨辉三角”闻名的南宋数学家杨辉，是系统研究幻方的第一人，他在《续古摘奇算法》中除了给出3阶幻方的构造方法外，还给出了4阶至10阶的幻方构造。

1666年，莱布尼茨所著的《组合数学论文》被公认为组合数学领域的首部专著，书中首次引入了“组合学”(combinatorics)这一术语。组合数学在20世纪60年代得到了迅速发展，主要原因有二：第一，在计算机运行程序的算法设计中，对运行时间效率和存储空间的需求分析极大地依赖于组合数学的思想；第二，组合数学的思想和技巧不仅在传统自然科学领域得到广泛应用，而且越来越多地渗透到社会科学、生物科学、信息论等领域。

组合数学不仅在基础数学研究中占据极其重要的地位，在其他学科如计算机科学、编码和密码学、物理学、化学、生物学等，乃至企业管理、交通规划、战争指挥、金融分析、城市物流等领域，也展现出广泛的应用价值。例如，在“二战”期间，著名的组合数学家威廉·托马斯·塔特(William T. Tutte)从德军的两条情报密码入手,运用组合数学的方法,成功重建了敌人的密码机,揭示了德军密码的内部结构,从而获取了极为重要的情报,为提前结束“二战”作出了不可磨灭的贡献。

本篇将详细介绍组合数学中的一些基本计数规则和计数原理——鸽巢原理,并探讨集合计数的两类重要工具——递归关系和生成函数。重点内容包括一般生成函数和指数生成函数的定义、性质,以及如何利用递归关系和这两类生成函数来求解计数问题的方法等。

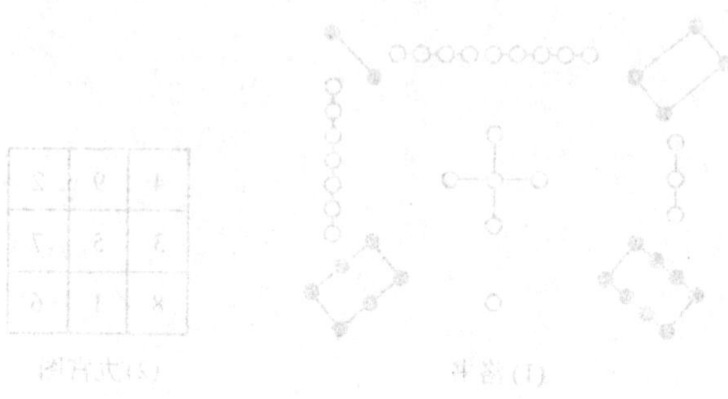

第10章　组合分析基础

【内容提要】

本章介绍了基本计数规则——加法规则与乘法规则、重要计数原理——鸽巢原理、两类重要工具——递归关系及生成函数的定义和性质，讲述了利用递归关系、一般生成函数和指数生成函数来求解计数问题的几种方法及具体应用等。

10.1　基本组合计数

计数问题是组合数学的主要研究内容之一。计数理论在数学、计算机科学等领域是基础性的理论，在数据结构、算法设计与分析等后续课程中也有着广泛的应用。

10.1.1　加法规则与乘法规则

1. 加法规则

设 $A_1, A_2, \cdots, A_m$ 是 m 个非空集合且 $\forall i \neq j, A_i \cap A_j = \varnothing, |A_i| = n_i$，则从 $A_1, A_2, \cdots, A_m$ 中任选一个元素的方法数为 $n_1 + n_2 + \cdots + n_m$，即集合 $A_1 \cup A_2 \cup \cdots \cup A_m$ 中一共含有 $n_1 + n_2 + \cdots + n_m$ 个元素。

加法规则中要求上述 m 个集合必须是两两互不相交的，否则不能直接用各集合的元素个数之和来计算它们的并集的元素个数。若完成一个任务可以采用多种不同的方法，而每种方法又含有若干种不同的选择，则完成该任务总的方法数即为每种不同方法的选择数量之和。

2. 乘法规则

假设完成一项工作总共需要 m 个步骤，完成第一步有 n_1 种不同的方法，完成第二步有 n_2 种不同的方法，……，完成第 m 步有 n_m 种不同的方法，则完成这项工作所有可能的方法数为 $n_1 \times n_2 \times \cdots \times n_m$。

乘法规则的使用条件是各步骤彼此独立，相互之间没有影响。其内涵是，当一份工作分为若干步骤完成时，每一步的方法数做乘积即可得到完成这项工作所有可能的方法总数。

例题 10.1　设集合 A 为有限集合，$|A| = n$。求：

(1) A 上不同的自反关系的数量。

(2) A 上不同的对称关系的数量。

(3) A 上不同的反对称关系的数量。

(4)A 上不同的函数的数量，并求出其中双射的数量。

解 利用关系矩阵求解上述二元关系的计数问题。

(1)集合 A 上自反关系的关系矩阵中共有 n^2 个元素，对角线上的 n 个元素必须为 1，其他 n^2-n 个元素为 0 或 1 均可。由乘法规则可知，集合 A 上不同的自反关系的个数为 2^{n^2-n}。

(2)考虑 A 上对称关系的关系矩阵。其 n 个主对角线元素均有 0 或 1 两种选择；非对角线上的 n^2-n 个元素必须满足对称性的要求，即第 i 行第 j 列元素必须与第 j 行第 i 列元素相等，它们的取值不是完全独立的。因此当该矩阵的上三角(下三角)元素确定后，另一半对称位置的元素即可唯一确定。从而在此关系矩阵中能够独立地选取 0 或 1 的元素仅有 $\frac{n^2-n}{2}$ 个。再加上主对角线上的 n 个元素，共有 $\frac{n^2+n}{2}$ 个元素可以独立的选取 0 或 1，根据乘法规则可知，此类矩阵共有 $2^{\frac{n^2+n}{2}}$ 个。

(3)记 $\boldsymbol{M}_R=(r_{ij})_{n\times n}$ 为集合 A 上任意一个反对称关系的关系矩阵。根据反对称性的定义，其关系矩阵主对角线元素 r_{ii} 取 0 或 1 均可，而非主对角线上的 n^2-n 个元素必然满足以下三者之一：① $\forall i\neq j$，$r_{ij}=1, r_{ji}=0$；② $r_{ij}=0, r_{ji}=1$；③ $r_{ij}=0, r_{ji}=0$。从而非主对角线元素分为 $\frac{n^2-n}{2}$ 组，每组元素有上述三种选择。根据乘法规则可知，此类矩阵有 $2^n 3^{\frac{n^2-n}{2}}$ 个。

(4)设集合 $A=\{a_1,a_2,\cdots,a_n\}$，f 为定义在集合 A 自身上的任意函数，则 f 可表示为

$$f=\{\langle a_1,b_1\rangle,\langle a_2,b_2\rangle,\cdots,\langle a_n,b_n\rangle\},$$

其中每个 $b_i\in A$ 有 n 种可能的取值。根据乘法规则，有 n^n 个不同的函数。若 f 是双射，则 b_i 的取值只能互不相同，即 $\{b_1,b_2,\cdots,b_n\}=A$。根据乘法规则，构成双射的方法数为 $n!$。

10.1.2 排列数与组合数

1. 排列数

定义 10.1 排列与排列数

设 n 为一个非负整数，S 是含有 n 个不同元素的集合，r 为一个非负整数且 $0\leqslant r\leqslant n$，称在集合 S 中随机、有序地选取 r 个不同元素所形成的序列为 S 的一个 r-**排列**，记其数量为 $P(n,r)$，称为**排列数**。若 $r=n$，则称这一排列为集合 S 的一个**全排列**，简称 S 的**排列**。

显然，当 $r>n$ 时，$P(n,r)=0$。规定，$P(n,0)=1$。

定理 10.1 对于满足 $1\leqslant r\leqslant n$ 的正整数 n 和 r，有

$$P(n,r)=n\times(n-1)\times(n-2)\times\cdots\times(n-r+1)=\frac{n!}{(n-r)!},$$

特别地，当 $r=n$ 时，$P(n,n)=n!$。

证明 从 n 元集合 S 中随机、有序地选取 r 个不同的元素：选取第 1 个元素有 n 种方法，选取第 2 个元素有 $n-1$ 种方法，……，随机选取第 r 个元素有 $n-r+1$ 种方法。从而 r-排列的总数为

$$P(n,r)=n\times(n-1)\times(n-2)\times\cdots\times(n-r+1)=\frac{n!}{(n-r)!}。$$

当 $r=n$ 时，$P(n,n)=n\times(n-1)\times(n-2)\times\cdots\times1=n!$。

例题 10.2　考虑数字 1 至 7 构成的排列中：

(1)有多少全排列含有子序列“345”。

(2)有多少全排列中恰好数字 3、4、5 连在一起(不计次序)。

解　(1)为使“345”形成全排列中的子序列，只需将三者看作一个整体，与其他 4 个数字 1、2、6、7 构成一个 5 -排列即可，故这样的排列总数为 $P(5,5)=5!$。

(2)根据题意，构成该排列需要两个步骤：第一，确定数字 3、4、5 的全排列，则有 $3!=6$ 种；第二，将 3、4、5 组成的全排列看作一个整体，与其他 4 个数字 1、2、6、7 构成一个 5 -排列，则有 $5!=120$ 种。根据乘法规则，满足条件的排列总数有 $6\times120=720$ 种。

例题 10.3　(圆排列)n 个不同颜色的珠子串成一条项链，共有多少种不同的串法？假设通过旋转得到的项链视为同一条。

解　设 n 个不同颜色的珠子为 $a_1,a_2,\cdots,a_n$。由于通过旋转得到的项链视为同一条，故不需要考虑第一颗珠子 a_1 的具体位置，对余下 $n-1$ 颗珠子 $a_2,\cdots,a_n$ 围绕第一颗珠子 a_1 顺时针串好即可，即 $n-1$ 颗珠子 $a_2,\cdots,a_n$ 的全排列即可构成一种串法，因此共有 $(n-1)!$ 种串法。

称具有上述特征的排列为 n **元圆排列**；从 n 个元素中随机选取 r 个元素构成的圆排列称为 r -**圆排列**。由例题 10.3 能够得到以下结论。

定理 10.2　含有 n 个不同元素的集合 S 上的不同的 r -圆排列数 $P_c(n,r)$ 为

$$P_c(n,r)=\frac{P(n,r)}{r}=\frac{n!}{r(n-r)!}。$$

例题 10.4　设有 m 个男孩、n 个女孩。问：

(1)他们排成一排且女孩都不相邻，有多少种排法？

(2)他们围成一个圆圈，有多少种排法？

解　(1)首先将 m 个男孩进行全排列，共有 $m!$ 种排法。为使女孩不相邻，将 m 个男孩视为 m 个隔板，将女孩插入到这些隔板构成的 $m+1$ 个空位(包括 m 个男孩全排列以后的首尾两个空位)，从中为女孩选 n 个空位即可，则有 $P(m+1,n)$ 种选法。根据乘法规则得到共 $m!P(m+1,n)$ 种排法。

(2)他们围成一个圆圈，即表示求解这 $m+n$ 个男孩和女孩构成的圆排列的数量，并且满足女孩不相邻。

首先仍将 m 个男孩进行圆排列，有 $(m-1)!$ 种排法，再将女孩放入 m 个男孩作为隔板后的 m 个空位中，因此放入女孩的方法数为 $P(m,n)$，所求的方法数为 $(m-1)!P(m,n)$。

2. 组合数

定义 10.2 组合与组合数

设 n 为一个非负整数，S 是含有 n 个不同元素的集合，r 为一个非负整数且 $0\leqslant r\leqslant n$，称在集合 S 中随机、无序地选取 r 个元素为 S 的一个 r -**组合**，记其数量为 $C(n,r)$，称为**组合数**。

当 $r=0$ 时，规定 $C(n,0)=1$. 显然，当 $r>n$ 时，$C(n,r)=0$。

定理 10.3 对满足 $0<r\leqslant n$ 的正整数 n 和 r 有 $P(n,r)=r!C(n,r)$，即

$$C(n,r)=\frac{P(n,r)}{r!}=\frac{n!}{r!(n-r)!}。$$

证明 构造一个 r-排列可以由以下两个步骤完成：第一，从 n 个元素中随机、无序地选出 r 个元素，则有 $C(n,r)$ 种选法；第二，把每一种选法得到的 r 个元素进行全排列，有 $r!$ 种排法。根据乘法规则可知，n 个元素的 r-排列数为 $P(n,r)=r!C(n,r)$。从而

$$C(n,r)=\frac{P(n,r)}{r!}=\frac{n!}{r!(n-r)!}。$$

下面给出有关组合数满足的一些恒等式。

定理 10.4 设 n,r 为正整数且 $r\leqslant n$，则

(1) $C(n,r)=\frac{n-r+1}{r}C(n,r-1)$。

(2) $C(n,r)=C(n,n-r)$。

(3) $C(n,r)=C(n-1,r-1)+C(n-1,r)$。

上述性质可以看作组合数 $C(n,r)$ 的递归关系式。式(3)被称作杨辉三角形或 Pascal 公式，利用这个公式可以由较小的组合数逐步求出所有的较大的组合数。

10.1.3 二项式定理

下面讨论组合数的性质以及组合恒等式的证明。首先引入一个新的符号 $\begin{pmatrix}n\\k\end{pmatrix}$，称之为**二项式系数**。当 n 和 k 均为自然数时，$\begin{pmatrix}n\\k\end{pmatrix}=C(n,k)$。

定理 10.5 二项式定理

设 n 是一个非负整数，对一切 x 和 y，有 $(x+y)^n=\sum_{k=0}^{n}\begin{pmatrix}n\\k\end{pmatrix}x^k y^{n-k}$。

此处使用组合分析方法进行证明。

证明 考虑左侧 n 项乘积展开的结果：每一项均为 $x^k y^{n-k}$ 的形式，其中 $k=0,1,2,\cdots,n$，而从 n 个括号的乘积的角度考虑，不难发现这一项的构成是从 n 个二项式 $(x+y)$ 中选择 k 个括号内的 x，再从余下 $n-k$ 个括号中选择 y 来得到的，因此该项的系数为组合数 $C(n,k)$。

在二项式定理中令 $y=1$ 能够得到以下推论：

推论 设 n 为正整数，则 $(x+1)^n=\sum_{k=0}^{n}C(n,k)x^k$。

在此给出有关二项式系数的一些主要的组合恒等式。

定理 10.6 设 n,k 为自然数且 $n\geqslant k$，则

(1) $\sum_{k=0}^{n}\begin{pmatrix}n\\k\end{pmatrix}=2^n$；

(2) $\sum_{k=0}^{n}(-1)^k\begin{pmatrix}n\\k\end{pmatrix}=0$；

(3) $\sum_{l=0}^{n}\begin{bmatrix}l\\k\end{bmatrix}=\begin{bmatrix}n+1\\k+1\end{bmatrix}$。

证明　利用二项式定理，分别令 $x=y=1$ 和 $x=1,y=-1$，不难得到(1)式和(2)式成立。

此处利用组合分析的方法仅给出(1)式的证明，(2)式的证明从略。构造(1)式等号两边的一类等价的组合解释，从而说明两边相等。求解有限集合 $S=\{1,2,\cdots,n\}$ 的子集的总数：一方面，可以考虑按照其子集中包含的元素数量进行分类，恰好含有 k 个元素的子集的数量为 $\begin{bmatrix}n\\k\end{bmatrix}$，其中 $k=0,1,2,\cdots,n$，因此子集总数为 $\sum_{k=0}^{n}\begin{bmatrix}n\\k\end{bmatrix}$；另一方面，构造某一子集时，考虑 S 中的每一个元素是否被选入这一子集：选入或未选入，即每个元素有两种情况，故有 2^n 种不同的子集。因此(1)式成立。

对(3)式仍然采用组合分析的方法来证明。令 $S=\{a_1,a_2,\cdots,a_{n+1}\}$ 为一个 $n+1$ 元集合，显然等式右边是 S 的 $k+1$ 元子集的数量。考虑另一种分类计数的方法，将所有的 $k+1$ 元子集分成如下 $n+1$ 类：

第 1 类：当含有元素 a_1 时，只需在余下的 n 个元素 $\{a_2,\cdots,a_{n+1}\}$ 中选取 k 个元素，则有 $\begin{bmatrix}n\\k\end{bmatrix}$ 种选法。

第 2 类：当不含元素 a_1，但含有元素 a_2 时，只需在余下的 $n-1$ 个元素 $\{a_3,\cdots,a_{n+1}\}$ 中选取 k 个元素，则有 $\begin{bmatrix}n-1\\k\end{bmatrix}$ 种选法。

第 3 类：当不含元素 a_1,a_2，但含有元素 a_3 时，只需在余下的 $n-2$ 个元素 $\{a_4,\cdots,a_{n+1}\}$ 中选取 k 个元素，则有 $\begin{bmatrix}n-2\\k\end{bmatrix}$ 种选法。

依此类推，当不含元素 $a_1,a_2,\cdots,a_n$，但含有元素 a_{n+1} 时，剩下的 k 个元素取自空集，有 $\begin{bmatrix}0\\k\end{bmatrix}$ 种选法。

根据加法规则可知，等式左边也是集合 S 的 $k+1$ 元子集的个数。

注意在定理 10.6 的(1)式和(2)式中，组合数 $\begin{bmatrix}n\\k\end{bmatrix}$ 中的 n 不变，而 k 是随项的序号而变化的，因此也简称为变下项的求和公式；在(3)式中，当 $l<k$ 时等式左边的项都等于 0，而且这个公式中组合数 $\begin{bmatrix}l\\k\end{bmatrix}$ 的下项 k 不变，上项 l 随项的序号而变化，简称为变上项的求和式。

例题 10.5　数据结构中栈输出的计数问题。

在计算机算法的设计中，栈是一种很重要的数据结构。下面求解一个涉及栈输出的计数问题。设有正整数 $1,2,\cdots,n$，并将它们从小到大排成一个队列。将这些整数按照排列的次序依次压入一个栈，遵循后进者先出栈的原则。数入栈时，已经在栈中的整数在此时输出或不输出均可。例如，整数 1,2,3 可能的输出序列有：

(1)1,2,3 对应的入栈、出栈操作：1 入栈、1 出栈、2 入栈、2 出栈、3 入栈、3 出栈；

(2)1,3,2 对应的入栈、出栈操作：1 入栈、1 出栈、2 入栈、3 入栈、3 出栈、2 出栈。

求可能有多少种不同的输出序列？

解 将入栈、出栈分别记作 1 和 -1。一个入栈、出栈操作对应了 n 个 1 和 n 个 -1 构成的一个序列，且任意前 k 个元素之和一定是大于等于 0 的，即任意前 k 个元素构成的子列中 1 的个数大于等于 -1 的个数。为求解此类序列的个数，这里采用构建格路的方法。设 m,n 为任意非负整数，一条长度为 $m+n$ 的格路是在 xOy 坐标系中从原点(0,0)到点(m,n)且由向右步 $U=(1,0)$、向上步 $D=(0,1)$ 构成的一条路。此格路的计数为 $\binom{m+n}{n}$。若设入栈对应一个向右步、出栈对应一个向上步，则正整数 $1,2,\cdots,n$ 的一个入栈、出栈操作恰好对应一条从原点(0,0)到点(n,n)的不穿过对角线 $y=x$、长度为 $2n$ 的格路。考虑所有长度为 $2n$ 的格路，计数为 $N_1=\binom{2n}{n}$。显然，若求解出穿过对角线 $y=x$ 的长度为 $2n$ 的格路的条数为 N_2，则所求格路的数量为 N_1-N_2。为了求解 N_2，采用构造一一对应的方法：注意到任何一条从原点(0,0)到点(n,n)、穿过对角线 $y=x$ 且长度为 $2n$ 的格路 P 中至少存在某一个点恰好位于直线 $y=x+1$ 上。记点 A 为此类点中横坐标最大的一个点。将格路 P 的前半段，即从原点(0,0)到点 A 的部分，以直线 $y=x+1$ 为轴进行对称翻转，生成一段新的从$(-1,1)$到点 A 的格路。将此段路替换格路 P 的前半段后得到一条从点$(-1,1)$到点(n,n)的格路，记为 P'。显然，格路 P 与格路 P' 之间存在一一对应关系，从而从原点(0,0)到点(n,n)、穿过对角线 $y=x$ 且长度为 $2n$ 的格路的数量等于从点$(-1,1)$到点(n,n)的格路的数量，因此 $N_2=\binom{2n}{n-1}$。综上可知，不同输出序列的计数为

$$N=N_1-N_2=\binom{2n}{n}-\binom{2n}{n-1}=\frac{1}{n+1}\binom{2n}{n}。$$

称数列 $C_n=\frac{1}{n+1}\binom{2n}{n}\ (n=0,1,2,\cdots)$ 为明图安序列或卡特兰序列，它是计数组合学中的一个著名序列，排列、格路等模型中的很多计数问题均可以利用这一序列求解。该序列以中国蒙古族数学家明安图和比利时数学家欧仁・查理・卡特兰(Eugène Challis Catalan)的名字命名。1730 年，蒙古族数学家明安图在对三角函数幂级数的推导过程中首次发现该序列，1774 年，他将这一发现发表在《割圜密率捷法》一书中。明图安序列具有以下递归关系式：

$$C_{n+1}=C_0C_n+C_1C_{n-1}+\cdots+C_nC_0,\ n\geqslant 0,\text{其中}C_0=1,$$

10.1.4 多项式定理

下面讨论允许重复的选取问题的计数方法。

1. 多重集与多项式系数

定义 10.3 多重集

称集合 $S=\{n_1\cdot a_1,n_2\cdot a_2,\cdots,n_k\cdot a_k\}$ 为一个**多重集**，若 $a_1,a_2,\cdots,a_k$ 是 k 个不同的元素，n_i 表示 a_i 在 S 中出现的次数，则称 n_i 为 a_i 的**重复度**，$0<n_i\leqslant+\infty,i=1,2,\cdots,k$。当 $n_i=+\infty$ 时表示有足够多的 a_i 以备选取。

例如，$S_1=\{3\cdot a,2\cdot b,4\cdot c\}$，$S_2=\{\infty\cdot 1,\infty\cdot 2,\cdots,\infty\cdot k\}$ 均为多重集。

多重集 S 的子集也是多重集，可以记作 $A=\{x_1\cdot a_1,x_2\cdot a_2,\cdots,x_k\cdot a_k\}$，其中 $0\leqslant x_i\leqslant n_i,i=1,2,\cdots,k$。若元素 a_i 没有出现在子集 A 中，则 $x_i=0$。

定义 10.4 多重集的排列与组合

设 $S=\{n_1\cdot a_1,n_2\cdot a_2,\cdots,n_k\cdot a_k\}$ 为一个多重集，$n=n_1+n_2+\cdots+n_k$ 表示其元素总数。从 S 中有序地选出 r 个元素，称为 S 的一个 r -**排列**。当 $r=n$ 时，该排列称为 S 的一个**全排列**；从 S 中无序地选出 r 个元素，称为 S 的一个 r -**组合**。

定理 10.7　设 $S=\{n_1\cdot a_1,n_2\cdot a_2,\cdots,n_k\cdot a_k\}$ 为多重集，则

(1)S 的全排列数为

$$\frac{n!}{n_1!\ n_2!\ \cdots n_k!}。$$

(2)若对任意 $i=1,2,\cdots,k$，均有 $0\leqslant r\leqslant n_i$，则 S 的 r -排列数是 k^r。

证明　(1)构造多重集 S 上的一个全排列可以按以下步骤进行：首先在 n 个位置中选出 n_1 个位置放 a_1，则有 $C(n,n_1)$ 种方法；再从余下的 $n-n_1$ 个位置中选择 n_2 个位置放 a_2，则有 $C(n-n_1,n_2)$ 种方法；依此类推；在最后 $n-n_1-n_2-\cdots-n_{k-1}$ 个位置中选择 n_k 个位置放 a_k，则有 $C(n-n_1-n_2-\cdots-n_{k-1},n_k)$ 种方法。根据乘法规则，有

$$\begin{aligned}&C(n,n_1)C(n-n_1,n_2)\cdots C(n-n_1-n_2-\cdots-n_{k-1},n_k)\\&=\frac{n!}{n_1!\ (n-n_1)!}\cdot\frac{(n-n_1)!}{n_2!\ (n-n_2-n_1)!}\cdot\frac{(n-n_1-\cdots-n_{k-1})!}{n_k!\ 0!}\\&=\frac{n!}{n_1!\ n_2!\ \cdots n_k!}。\end{aligned}$$

(2)r 个位置中的每一个位置都有 k 种取法，由乘法规则可得 k^r。

多重集 $S=\{n_1\cdot a_1,n_2\cdot a_2,\cdots,n_k\cdot a_k\}$ 的全排列数也记作 $\begin{pmatrix}n\\n_1,n_2,\cdots,n_k\end{pmatrix}$，其中 $n=n_1+n_2+\cdots+n_k$，这个数也称作多项式系数。

接下来讨论多重集 S 的 r -组合。

定理 10.8　当 $1\leqslant n_i\leqslant+\infty$ 且 $0\leqslant r\leqslant n$ 时，多重集 $S=\{n_1\cdot a_1,n_2\cdot a_2,\cdots,n_k\cdot a_k\}$ 的 r -组合数为 $N=C(k+r-1,r)$。

证明　设 S 的一个 r -组合为子多重集 $\{x_1\cdot a_1,x_2\cdot a_2,\cdots,x_k\cdot a_k\}$，满足

$$x_1+x_2+\cdots+x_k=r,x_i\ 为非负整数,i=1,2,\cdots,k。$$

上述等式可以看作关于 k 个未知数 $x_1,x_2,\cdots,x_k$ 的一个不定方程，故只需求解出该方

程有多少组非负整数解。令 $y_i = x_i + 1$，则上述方程的求解等价于求方程 $y_1 + y_2 + \cdots + y_k = k + r$ 的 k 个正整数解，即

$$y_1 + y_2 + \cdots + y_k = k + r, y_i \text{ 为正整数}, i = 1, 2, \cdots, k。$$

不难发现，此方程的解的数量是正整数 $k+r$ 的 k -有序分拆的数量，即将正整数 $k+r$ 表示为 k 个有序的正整数之和的方法数。为解决这一计数问题，在水平线上画出 $k+r$ 个方块■，在 $k+r$ 个方块之间的 $k+r-1$ 个间隙中，随机选取 $k-1$ 个插入隔板，即可将正整数 $k+r$ 划分为 k 个有序的正整数之和，如■■|■…|…■|■。因此有 $C(k+r-1, k-1) = C(k+r-1, r)$ 种方法，从而不定方程 $y_1 + y_2 + \cdots + y_k = k + r$（$y_i$ 为正整数，$i = 1, 2, \cdots, k$）有 $C(k+r-1, r)$ 组解，即得 $N = C(k+r-1, r)$。

2. 多项式定理

二项式定理可以推广为多项式定理。

定理 10.9 多项式定理

设 n 为非负整数，x_i 为实数，$i = 1, 2, \cdots, k$，则

$$(x_1 + x_2 + \cdots + x_k)^n = \sum_{\substack{\text{满足}n_1 + n_2 + \cdots + n_k = n \\ \text{的所有非负整数解}}} \begin{pmatrix} n \\ n_1, n_2, \cdots, n_k \end{pmatrix} x_1^{n_1} x_2^{n_2} \cdots x_k^{n_k}。$$

证明 左侧 n 次幂的展开式中的各项 $x_1^{n_1} x_2^{n_2} \cdots x_k^{n_k}$ 是如下构成的：在 n 个因式中选 n_1 个因式贡献 x_1，从剩下的 $n - n_1$ 个因式中选 n_2 个因式贡献 x_2，……，从剩下的 $n - n_1 - n_2 - \cdots - n_{k-1}$ 个因式中选 n_k 个因式贡献 x_k。根据乘法规则，这些项的个数是

$$\begin{pmatrix} n \\ n_1 \end{pmatrix} \begin{pmatrix} n - n_1 \\ n_2 \end{pmatrix} \cdots \begin{pmatrix} n - n_1 - n_2 - \cdots - n_{k-1} \\ n_k \end{pmatrix} = \frac{n!}{n_1! \, n_2! \cdots n_k!} = \begin{pmatrix} n \\ n_1, n_2, \cdots, n_k \end{pmatrix}。$$

易知二项式定理是多项式定理的特殊情况。当 $k = 2$ 时，有

$$\begin{pmatrix} n \\ n_1, n_2 \end{pmatrix} = \frac{(n_1 + n_2)!}{n_1! \, n_2!} = C(n, n_1)。$$

根据前文讲述的计数方法或对多项式定理中 x_i 取特殊值，可得多项式定理的以下推论：

推论 1 在多项式定理的展开式中，右边不同的项数是不定方程 $n_1 + n_2 + \cdots + n_k = n$ 的非负整数解的个数 $\begin{pmatrix} n+k-1 \\ n \end{pmatrix}$。

推论 2 $\sum \begin{pmatrix} n \\ n_1, n_2, \cdots, n_k \end{pmatrix} = k^n$，其中求和是对方程 $n_1 + n_2 + \cdots + n_k = n$ 的所有非负整数解求和。

习题 10.1

10.2　鸽巢原理

10.2.1　鸽巢原理的基本形式

鸽巢原理又称抽屉原理，是计数组合学中最简单、最基本的原理，常用于解决具体给定性质的对象是否存在的问题。当利用鸽巢原理求解问题时，只能得到对象存在，却不能得到有多少个对象、如何逐一列出它们。先来看以下几个例子：

(1)若每年有 365 天，则 366 人中必然至少有两个人的生日是同一天。

(2)抽屉里散放着 10 双手套，从中任意抽取 11 只，其中至少有两只是成双的。

(3)任给 5 个整数，其中至少有 3 个数之和被 3 整除。

上述例子涉及的道理都比较容易理解，以(3)为例，考虑 5 个整数分别除以 3 的余数，可以分为以下两种情况：①至少存在 3 个数有相同的余数，显然它们的和可以被 3 整除；②如果至多存在 2 个数具有相同的余数，那么从这 5 个数中分别选取 3 个余数不同的数，则它们的和必然可以被 3 整除。此类问题被称为鸽巢问题，其求解原理称为鸽巢原理，该原理最早是由 19 世纪的德国数学家狄里克莱提出来的，所以又被称为“狄里克莱原理”。

定理 10.10 鸽巢原理

若 n 只鸽子飞入 k 个巢，其中 $k<n$，则至少存在 1 个巢中有至少 2 只鸽子。

注意到，鸽巢原理并没有说明如何确定包含两只鸽子或更多鸽子的巢是哪一个，只能说明至少存在 1 个巢中有两只或两只以上的鸽子。在利用鸽巢原理求解问题时，需要弄清楚哪种事物代表鸽子、哪种事物代表鸽巢。

例题 10.6　对 9×3 的方格用黑、白两色进行涂色，证明：存在两列涂色方案相同。

证明　每一列可能的涂色方案由图 10-2 列出，总共有 $2\times2\times2=8$ 种。由于一共有 9 列，对应 8 种涂色，因此必然存在两列涂色相同。

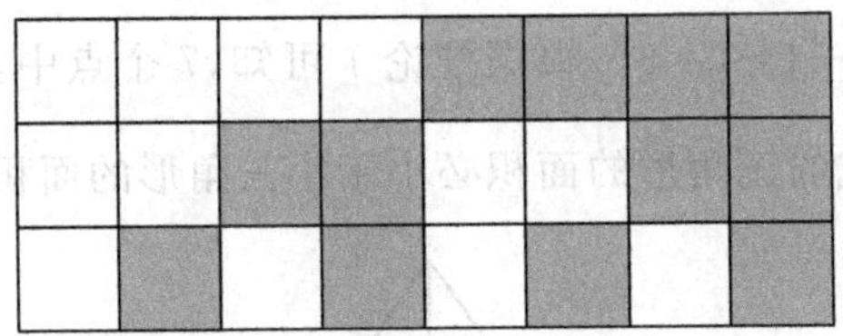

图 10-2　每一列可能的涂色方案

10.2.2　鸽巢原理的推广形式

定理 10.11 鸽巢原理的推广形式之一

设 k 和 n 都是任意正整数，若至少有 $kn+1$ 只鸽子被分配在 n 个鸽巢里，则至少存在一个鸽巢中有不少于 $k+1$ 只鸽子。

推论 1　现有 m 只鸽子、n 个鸽巢，则至少有一个鸽巢中有不少于 $[\frac{m-1}{n}]+1$ 只鸽子。

证明 假设每个鸽巢里的鸽子不超过$\lfloor\frac{m-1}{n}\rfloor$只，则 n 个鸽巢里的鸽子数不超过

$$n\times\lfloor\frac{m-1}{n}\rfloor\leqslant m-1,$$

与假设矛盾。

推论 2 若取 $n(m-1)+1$ 个球放进 n 个盒子中，则至少有 1 个盒子中有不少于 m 个球。

定理 10.12 鸽巢原理的推广形式之二(平均形式)

若 $m_1,m_2,\cdots,m_n$ 是 n 个正整数，且$\frac{m_1+m_2+\cdots+m_n}{n}>r-1$，则 $m_1,m_2,\cdots,m_n$ 中至少有一个数不小于 r。

证明 由已知条件得 $m_1+m_2+\cdots+m_n\geqslant n(r-1)+1$，若对于任意 $m_i(i=1,2,\cdots,n)$，都有 $m_i\leqslant r-1$，则产生矛盾。

定理 10.13 鸽巢原理的推广形式之三

设有 $m_1+m_2+\cdots+m_n-n+1$ 只鸽子，有标号分别为 $1,2,\cdots,n$ 的鸽巢，则存在至少一个标号为 j 的鸽巢有不少于 m_j 只鸽子，$j=1,2,\cdots,n$。

证明 反证法。设第一个鸽巢最多只有 m_1-1 只鸽子，第二个鸽巢最多只有 m_2-1 只鸽子，……，第 n 个鸽巢最多不超过 m_n-1 只鸽子，则鸽子总数最多为 $m_1+m_2+\cdots+m_n-n$，与定理条件矛盾。

例题 10.7 在边长为 1 的正三角形内，任取 7 个点，证明：其中必有 3 个点连成的小三角形的面积不超过正三角形面积的$\frac{1}{3}$。

证明 如图 10-3 所示，$\triangle ABC$ 是边长为 1 的正三角形，点 O 是$\triangle ABC$ 的重心。连接 OA、OB 和 OC，显然可将$\triangle ABC$ 分成面积相等的 3 个小三角形。将这 3 个小三角形看作鸽巢，7 个点看作鸽子，且$\lfloor\frac{7-1}{3}\rfloor+1=3$。根据推论 1 可知，7 个点中至少有 3 个点在同一个小三角形中，则这 3 个点连成的三角形的面积必小于小三角形的面积。

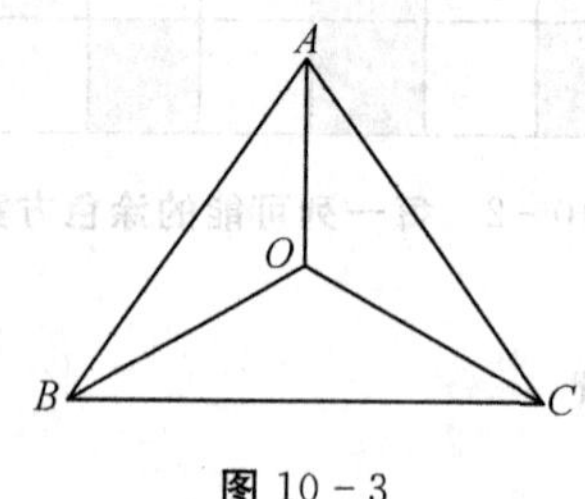

图 10-3

例题 10.8 由 n^2+1 个不同的数组成的序列 $a_1,a_2,\cdots,a_{n^2+1}$，必包含一个长度为 $n+1$ 的递增子序列或长度为 $n+1$ 的递减子序列。

证明 假设不存在长度为 $n+1$ 的递增子序列，则只需证明必存在长度为 $n+1$ 的递减子序列。

对于任何 $k=1,2,\cdots,n^2+1$，令 m_k 是从 a_k 开始的递增子序列的最大长度，则 $1\leqslant m_k\leqslant n$。考虑 n^2+1 个数 $m_1,m_2,\cdots,m_{n^2+1}$，其中每个数都只能在 1 到 n 之间取值且 $\frac{n^2+1}{n}>n$。根据推论 1 可知，至少有 $n+1$ 个数相等，即有 $m_{k_1}=m_{k_2}=\cdots=m_{k_{n+1}}\overset{记}{=}m$，其中 $1\leqslant k_1<k_2<\cdots<k_{n+1}\leqslant n^2+1$。

若存在某个 i 使得 $a_{k_i}<a_{k_{i+1}}$，则在 $a_{k_{i+1}}$ 开始的最长子序列的前面加入 a_{k_i} 就可以得到长度为 $m+1$ 的从 a_{k_i} 开始的递增子序列，与 $m_{k_i}=m$ 矛盾。于是 $a_{k_1},a_{k_2},\cdots,a_{k_{n+1}}$ 就构成一个长度为 $n+1$ 的递减子序列。

习题 10.2

10.3　生成函数与指数生成函数

在组合数学中，集合的计数是组合数学中的一类重要问题。这里的集合是广义的，针对不同问题，集合有不同的含义。集合计数中除了之前讲到的纯粹的排列、组合等问题和方法以外，还有 2 个非常重要的方法——利用生成函数或递归关系。本节主要介绍了一般型生成函数和指数生成函数。

10.3.1　生成函数

例题 10.9　证明：$\binom{m}{0}+\binom{m}{1}+\cdots+\binom{m}{m}=2^m$。

解　利用二项式定理对 $(1+x)^m$ 展开后得到

$$(1+x)^m=\binom{m}{0}+\binom{m}{1}x+\binom{m}{2}x^2+\cdots+\binom{m}{m}x^m。$$

在上式中，令 $x=1$，即证得

$$\binom{m}{0}+\binom{m}{1}+\cdots+\binom{m}{m}=2^m。$$

此外，根据多项式乘积关系 $(1+x)^{m+n}=(1+x)^m\,(1+x)^n$ 以及二项式定理可证得以下等式成立：

$$\binom{m+n}{m}=\binom{m}{0}\binom{n}{m}+\binom{m}{1}\binom{n}{m-1}+\cdots+\binom{m}{m}\binom{n}{0}。$$

由上述等式与多项式的关系能够说明：通过对函数 $(1+x)^n$ 相关形式的讨论可以得到二项式系数 $\binom{n}{k}$ 这一序列的诸多性质，且两者之间存在着紧密的联系。生成函数就是将数列与函数建立起联系，通过函数的性质来反映数列的性质。而生成函数是与序列相对应的形式幂级数，利用生成函数可以直接求解组合计数序列。为处理幂级数的需要，首先介绍牛顿二项式定理。

1. 牛顿二项式定理

定义 10.5 牛顿二项式系数

设 r 为实数，n 为整数，引入形式符号

$$\binom{r}{n}=\begin{cases}0, & n<0,\\ 1, & n=0,\\ \dfrac{r(r-1)\cdots(r-n+1)}{n!}, & n>0,\end{cases}$$

称之为**牛顿二项式系数**。

显然，当 r 为自然数时，牛顿二项式系数即为普通的二项式系数，才可以表达某些集合的计数问题。

由于牛顿二项式系数构成的一类幂级数具有与二项式定理类似的结论，称之为牛顿二项式定理。

定理 10.14 牛顿二项式定理

设 α 为实数，则对一切实数 x,y，其中 $\left|\dfrac{x}{y}\right|<1$，有

$$(x+y)^{\alpha}=\sum_{n=0}^{+\infty}\binom{\alpha}{n}x^{n}y^{\alpha-n}, \text{其中} \binom{\alpha}{n}=\frac{\alpha(\alpha-1)\cdots(\alpha-n+1)}{n!}。$$

注意到若 m 是一个正整数，当定理中的 $\alpha=m$ 时，此定理即为二项式定理；当 $\alpha=-m$ 时，有

$$\begin{aligned}\binom{\alpha}{n}&=\binom{-m}{n}\\&=\frac{(-m)(-m-1)\cdots(-m-n+1)}{n!}\\&=\frac{(-1)^{n}m(m+1)\cdots(m+n-1)}{n!}\\&=(-1)^{n}\binom{m+n-1}{n},\end{aligned}$$

此时令 $x=z,y=1$，则牛顿二项式定理变为

$$(1+z)^{-m}=\frac{1}{(1+z)^{m}}=\sum_{n=0}^{+\infty}(-1)^{n}\binom{m+n-1}{n}z^{n}, \text{其中}, |z|<1。$$

在上式中用 $-z$ 代替 z，即可得

$$(1-z)^{-m}=\frac{1}{(1-z)^{m}}=\sum_{n=0}^{+\infty}\binom{m+n-1}{n}z^{n}, \text{其中}, |z|<1。$$

特别地，当 m 分别取值为 1 和 2 时，得到

$$\frac{1}{1-z}=1+z+z^2+\cdots,$$

$$\frac{1}{(1-z)^2}=\sum_{n=0}^{+\infty}(n+1)z^n。$$

当 $\alpha=\frac{1}{2}$ 且 $y=1$ 时，牛顿二项式定理为

$$\begin{aligned}(1+x)^{\frac{1}{2}}&=\sum_{n=0}^{+\infty}\binom{\frac{1}{2}}{n}x^n\\&=1+\sum_{n=1}^{+\infty}\frac{\frac{1}{2}\left(\frac{1}{2}-1\right)\cdots\left(\frac{1}{2}-n+1\right)}{n!}x^n\\&=1+\sum_{n=1}^{+\infty}\frac{(-1)^{n-1}1\cdot3\cdot5\cdot\cdots\cdot(2n-3)}{2^n\cdot n!}x^n\\&=1+\sum_{n=1}^{+\infty}\frac{(-1)^{n-1}(2n-2)!}{2^n n!\cdot2^{n-1}(n-1)!}x^n\\&=1+\sum_{n=1}^{+\infty}\frac{(-1)^{n-1}}{2^{2n-1}n}\binom{2n-2}{n-1}x^n。\end{aligned}$$

2. 生成函数的定义和性质

定义 10.6 生成函数

设序列 $\{a_n\}$，$n=0,1,2,\cdots$，构造形式幂级数

$$G(x)=a_0+a_1x+a_2x^2+\cdots+a_nx^n+\cdots=\sum_{n=0}^{+\infty}a_nx^n,$$

称其为序列 $\{a_n\}(n=0,1,2,\cdots)$ 的**生成函数**(generating function)。

关于生成函数，有以下常用结论。

(1)二项式系数构成序列 $\left\{\binom{n}{k}\right\}(k=0,1,2,\cdots,n)$，其生成函数为

$$G(x)=\binom{n}{0}+\binom{n}{1}x+\binom{n}{2}x^2+\cdots+\binom{n}{n}x^n=(1+x)^n,$$

即可以利用 $(1+x)^n$ 来讨论序列 $\left\{\binom{n}{k}\right\}$ 的性质，能够取得很多有用的结果。

(2)给定正整数 k，序列 $\{k^n\}(n=0,1,2,\cdots)$ 的生成函数为

$$G(x)=1+kx+k^2x^2+k^3x^3+\cdots=\frac{1}{1-kx}。$$

生成函数均为形式幂级数，即对其一般不考虑是否收敛、发散，而是把整个幂级数看作一个对象来研究，只需求和这一形式。因此，它满足幂级数运算的相关性质。

定义 10.7 幂级数相等

两个形式幂级数 $\sum\limits_{n\geqslant0}a_nx^n$ 与 $\sum\limits_{n\geqslant0}b_nx^n$ 相等，当且仅当对任意 $i=0,1,2,\cdots$，均有 $a_i=b_i$。

定理 10.15 幂级数具有如下性质：

(1) $\sum_{n\geqslant 0} a_n x^n \pm \sum_{n\geqslant 0} b_n x^n = \sum_{n\geqslant 0} (a_n \pm b_n) x^n$。

(2) 对于任意常数 k，有 $k\sum_{n\geqslant 0} a_n x^n = \sum_{n\geqslant 0} (ka_n) x^n$。

(3) $\left(\sum_{n\geqslant 0} a_n x^n\right)\left(\sum_{n\geqslant 0} b_n x^n\right) = \sum_{n\geqslant 0} c_n x^n$，其中 $c_n = \sum_{k=0}^{n} a_k b_{n-k}$。

关于幂级数，有以下常用结论。

(1) $\left(\sum_{n\geqslant 0} x^n\right)^2 = \sum_{n\geqslant 0} c_n x^n$，其中 $c_n = \sum_{k=0}^{n} (1\times 1) = n+1$，

因此 $\left(\sum_{n\geqslant 0} x^n\right)^2 = \sum_{n\geqslant 0} (n+1) x^n$。

(2) $\left(\sum_{n\geqslant 0} a_n x^n\right)\left(\sum_{n\geqslant 0} x^n\right) = \sum_{n\geqslant 0} c_n x^n$，

其中 $c_n = \sum_{k=0}^{n} a_k = a_0 + a_1 + a_2 + \cdots + a_n$，即数列 $\{a_n\}$ 的前 $n+1$ 项之和。

因此，通过将某序列的生成函数与级数 $\sum_{n\geqslant 0} x^n$ 相乘，所得生成函数的系数即为该序列的前 $n+1$ 项之和。

关于生成函数，有如下性质。

定理 10.16 设数列 $\{a_n\}$，$\{b_n\}$，$\{c_n\}$ 的生成函数分别为 $A(x)$，$B(x)$，$C(x)$，p 为一个非零常数。则有如下性质：

(1) 若 $b_n = p\cdot a_n$，则 $B(x) = pA(x)$。

(2) 若 $c_n = a_n + b_n$，则 $C(x) = A(x) + B(x)$。

(3) 若 $c_n = \sum_{k=0}^{n} a_k b_{n-k}$，则 $C(x) = A(x)\cdot B(x)$。

(4) 若 $b_n = \begin{cases} 0, & n < l \\ a_{n-l}, & n \geqslant l \end{cases}$，则 $B(x) = x^l \cdot A(x)$。

(5) 若 $b_n = a_{n+l}$，则

$$B(x) = x^{-l} \cdot \left[A(x) - \sum_{n=0}^{l-1} a_n x^n\right]。$$

(6) 若 $b_n = \sum_{k=0}^{n} a_k$，则

$$B(x) = \frac{A(x)}{1-x}。$$

(7) 若 $b_n = \sum_{k=n}^{+\infty} a_k$ 且 $A(1) = \sum_{k\geqslant 0} a_k$ 收敛，则

$$B(x) = \frac{A(1) - xA(x)}{1-x}。$$

(8) 若 $b_n = p^n \cdot a_n$，则 $B(x) = A(px)$。

(9) 若 $b_n = n\cdot a_n$，则 $B(x) = xA'(x)$，其中，$A'(x)$ 表示将 $A(x)$ 看作 x 的一元函数，对

x 求导后的导函数。

(10) 若 $b_n = \dfrac{a_n}{n+1}$，则

$$B(x) = \frac{1}{x}\int_0^x A(u)\mathrm{d}u。$$

3. 生成函数的实例

生成函数与序列是一一对应的，因此求解某一计数问题时，可利用生成函数求解其计数序列的通项公式或递归关系式。

例题 10.10　求以下序列的生成函数。

(1) $a_n = 5 \cdot 4^n$。

(2) $a_n = (-1)^n(n+1)$。

(3) $a_n = n(n+1)$。

解　(1) 由生成函数的定义，有

$$G(x) = \sum_{n=0}^{+\infty} a_n x^n = 5\sum_{n=0}^{+\infty} 4^n x^n = 5\sum_{n=0}^{+\infty}(4x)^n = \frac{5}{1-4x}。$$

(2) 由生成函数定义，有

$$G(x) = \sum_{n=0}^{+\infty} a_n x^n = \sum_{n=0}^{+\infty}(-1)^n(n+1)x^n,$$

注意到对 $G(x)$ 积分可得

$$\begin{aligned}\int_0^x G(x)\mathrm{d}x &= \int_0^x\Big[\sum_{n=0}^{+\infty}(-1)^n(n+1)x^n\Big]\mathrm{d}x \\ &= \sum_{n=0}^{+\infty}(-1)^n\int_0^x(n+1)x^n\mathrm{d}x \\ &= \sum_{n=0}^{+\infty}(-1)^n x^{n+1} \\ &= x\sum_{n=0}^{+\infty}(-x)^n \\ &= \frac{x}{1+x},\end{aligned}$$

对上式两边同时对 x 求导数即得

$$G(x) = \left(\frac{x}{1+x}\right)' = \frac{1}{(1+x)^2}。$$

(3) 由生成函数的定义，有

$$\begin{aligned}G(x) &= \sum_{n=0}^{+\infty} a_n x^n = \sum_{n=0}^{+\infty} n(n+1)x^n = x\sum_{n=1}^{+\infty} n(n+1)x^{n-1} \\ &= x \cdot \frac{\mathrm{d}^2\Big[\sum\limits_{n=0}^{+\infty} x^{n+1}\Big]}{\mathrm{d}^2 x} = x \cdot \left[\frac{x}{1-x}\right]'' = \frac{2x}{(1-x)^3}。\end{aligned}$$

反之，给定某一序列$\{a_n\}$的生成函数$G(x)$，可以通过部分分式的待定系数法将原来的函数转化成常见生成函数的表达式之和，再将其展开后求得a_n的通项公式。

例题 10.11 已知序列$\{a_n\}$的生成函数为

$$G(x)=\frac{1+3x-9x^2}{1-3x},$$

求a_n的通项公式。

解 $G(x)=\frac{1+3x-9x^2}{1-3x}=\frac{1+3x(1-3x)}{1-3x}=\frac{1}{1-3x}+3x=\sum_{n=0}^{+\infty}3^n x^n+3x,$

因此

$$a_n=\begin{cases}6, & n=1,\\ 3^n, & n\neq 1。\end{cases}$$

生成函数还可以用来求解多重集的r-组合数的问题，能够使复杂的问题变成形式上的初等代数的运算。设$S=\{n_1\cdot a_1,n_2\cdot a_2,\cdots,n_k\cdot a_k\}$是一个多重集，$S$的一个$r$-组合就是它的一个子多重集$\{x_1\cdot a_1,x_2\cdot a_2,\cdots,x_k\cdot a_k\}$，其中$x_i$表示在这个$r$-组合中元素$a_i$的个数。因此$x_i$是非负整数且满足$0\leqslant x_i\leqslant n_i$，$i=1,2,\cdots,k$，并且所有$x_i$之和应等于$r$，即

$$x_1+x_2+\cdots+x_k=r,0\leqslant x_i\leqslant n_i,i=1,2,\cdots,k,$$

从而建立了S的r-组合与该不定方程的一组解之间的一一对应关系。

另一方面，考虑函数

$$G(y)=(1+y+\cdots+y^{n_1})(1+y+\cdots+y^{n_2})\cdots(1+y+\cdots+y^{n_k})。$$

注意到$G(y)$右侧的展开式中每一项恰好是k个因式y^{t_i}相乘的形式，即$y^{t_1+t_2+\cdots+t_k}$，其中，$0\leqslant t_i\leqslant n_i$，$i=1,2,\cdots,k$。若$t_1+t_2+\cdots+t_k=r$，则恰好为上述不定方程的一组解，因此$G(y)$右侧的展开式中$y^r$的系数就是不定方程的解的个数，也就是多重集$S$的$r$-组合数。

例题 10.12 求$S=\{2\cdot a,3\cdot b,5\cdot c\}$的7-组合数$N$。

解 设生成函数

$$\begin{aligned}G(y)&=(1+y+y^2)(1+y+y^2+y^3)(1+y+y^2+y^3+y^4+y^5)\\&=(1+2y+3y^2+3y^3+2y^4+y^5)(1+y+y^2+y^3+y^4+y^5)\\&=1+3y+6y^2+9y^3+11y^4+12y^5+11y^6+9y^7+6y^8+3y^9+y^{10},\end{aligned}$$

其中y^7的系数为9，因此$N=9$。

例题 10.13 利用生成函数的方法，求解以下不定方程的解的个数。设k为一个正整数，r为一个非负整数。

(1)不定方程$x_1+x_2+\cdots+x_k=r$，x_i为非负整数，$i=1,2,\cdots,k$。

(2)对x_i存在限制条件的不定方程$x_1+x_2+\cdots+x_k=r$，$l_i\leqslant x_i\leqslant t_i$，$i=1,2,\cdots,k$。

(3)由正整数作为系数的不定方程：设$p_1,p_2,\cdots,p_k$为正整数，$p_1x_1+p_2x_2+\cdots+p_kx_k=r$，$x_i$为非负整数，$i=1,2,\cdots,k$。

解 (1)设该不定方程解的个数为$a_r(r=0,1,2,\cdots)$，其生成函数为

$$G(y)=\sum_{r=0}^{+\infty}a_r y^r=(1+y+y^2+\cdots)^k=\frac{1}{(1-y)^k}=(1-y)^{-k},$$

根据牛顿二项式定理展开,得

$$G(y)=\sum_{r=0}^{+\infty}\frac{(-k)(-k-1)\cdots(-k-r+1)}{r!}(-y)^r$$

$$=\sum_{r=0}^{+\infty}\frac{(-1)^r k(k+1)\cdots(k+r-1)}{r!}(-1)^r y^r$$

$$=\sum_{r=0}^{+\infty}\binom{k+r-1}{r}y^r,$$

其中 y^r 的系数是上述不定方程解的个数,即 $a_r=\binom{k+r-1}{r}$。

(2)设此不定方程解的个数为 $a_r(r=0,1,2,\cdots)$,其生成函数为

$$G(y)=\sum_{r=0}^{+\infty}a_r y^r$$

$$=(y^{l_1}+y^{l_1+1}+\cdots+y^{t_1})(y^{l_2}+y^{l_2+1}+\cdots+y^{t_2})\cdots(y^{l_k}+y^{l_k+1}+\cdots+y^{t_k}),$$

其展开式中 y^r 的系数就是不定方程的解的个数。

(3)设生成函数为

$$G(y)=(1+y^{p_1}+y^{2p_1}+\cdots)(1+y^{p_2}+y^{2p_2}+\cdots)\cdots(1+y^{p_k}+y^{2p_k}+\cdots),$$

其展开式中 y^r 的系数就是不定方程的解的个数。

需要说明的是,在不定方程中如果存在既对解 x_i 的限制条件,方程系数又不为 1 的情况,那么仍可以参照上述方法写出对应的生成函数。

10.3.2 指数生成函数

接下来介绍指数生成函数及其在有序计数中的应用。

定义 10.8 指数生成函数

设 $\{a_n\}(n=0,1,2,\cdots)$为一个序列,称 $G_e(x)=\sum_{n=0}^{+\infty}a_n\frac{x^n}{n!}$ 为该序列的**指数生成函数**。

以下为几种常见数列的指数生成函数。

(1)设 $a_n=1,n=0,1,2,\cdots$, 则$\{a_n\}$的指数生成函数为

$$G_e(x)=\sum_{n=0}^{+\infty}\frac{x^n}{n!}=e^x。$$

(2)设 $a_n=k^n,n=0,1,2,\cdots$,则$\{a_n\}$的指数生成函数为

$$G_e(x)=\sum_{n=0}^{+\infty}k^n\cdot\frac{x^n}{n!}=\sum_{n=0}^{+\infty}\frac{(kx)^n}{n!}=e^{kx}。$$

(3)设 $a_n=n!,n=0,1,2,\cdots$,则$\{a_n\}$的指数生成函数为

$$G_e(x)=\sum_{n=0}^{+\infty}n!\cdot\frac{x^n}{n!}=1+x+x^2+\cdots+x^n+\cdots=\frac{1}{1-x}。$$

(4)设 $a_r=P(n,r)=C(n,r)\cdot r!,r=0,1,2,\cdots,n$,则$\{a_r\}$的指数生成函数为

$$G_e(x)=\sum_{r=0}^{n}P(n,r)\cdot\frac{x^r}{r!}=\sum_{r=0}^{n}C(n,r)\cdot r!\cdot\frac{x^r}{r!}=\sum_{r=0}^{n}C(n,r)x^r=(1+x)^n。$$

注意到，$(1+x)^n$ 既是组合数序列 $\{C(n,r)\}$ 的一般生成函数，也是排列数序列 $\{P(n,r)\}$ 的指数生成函数。

定理 10.17 设序列 $\{a_n\}$，$\{b_n\}$ 的指数生成函数为

$$A(x)=\sum_{n\geqslant 0}a_n\frac{x^n}{n!},B(x)=\sum_{n\geqslant 0}b_n\frac{x^n}{n!},$$

则
$$A(x)\cdot B(x)=\left(\sum_{n\geqslant 0}a_n\frac{x^n}{n!}\right)\left(\sum_{n\geqslant 0}b_n\frac{x^n}{n!}\right)=\sum_{n\geqslant 0}c_n\frac{x^n}{n!},$$

其中
$$c_n=\sum_{k=0}^{n}C(n,k)a_kb_{n-k}。$$

根据指数函数 $y=\mathrm{e}^x$ 的运算性质可知：

定理 10.18

(1) $\left(\sum_{n\geqslant 0}\frac{x^n}{n!}\right)^k=\sum_{n\geqslant 0}\frac{k^n}{n!}x^n$。

(2) $\sum_{n\geqslant 0}\frac{(-x)^n}{n!}=\frac{1}{\sum_{n\geqslant 0}\frac{x^n}{n!}}$。

(3) $\left(\sum_{n\geqslant 0}\frac{x^n}{n!}\right)\left(\sum_{n\geqslant 0}\frac{y^n}{n!}\right)=\sum_{n\geqslant 0}\frac{(x+y)^n}{n!}$。

下面给出利用指数生成函数求解多重集的排列问题的完整证明。

例题 10.14 求多重集中 r-排列数的指数生成函数。

已知 $S=\{n_1\cdot a_1,n_2\cdot a_2,\cdots,n_k\cdot a_k\}$ 为多重集。证明：S 的 r-排列数 t_r 的指数生成函数为

$$G_{\mathrm{e}}(x)=\sum_{r=0}^{+\infty}t_r\frac{x^r}{r!}=f_{n_1}(x)f_{n_2}(x)\cdots f_{n_k}(x),$$

其中
$$f_{n_i}(x)=1+x+\frac{x^2}{2!}+\cdots+\frac{x^{n_i}}{n_i!},i=1,2,\cdots,k。$$

证明 考虑 $G_{\mathrm{e}}(x)$ 右侧展开式中 x^r 的项，它是由 k 个因式的乘积构成的且具有以下形式：

$$\frac{x^{m_1}}{m_1!}\cdot\frac{x^{m_2}}{m_2!}\cdot\cdots\cdot\frac{x^{m_k}}{m_k!}。$$

注意到 $m_1,m_2,\cdots,m_k$ 满足以下不定方程：

$$m_1+m_2+\cdots+m_k=r,0\leqslant m_i\leqslant n_i,i=1,2,\cdots,k,$$

所以
$$\frac{x^{m_1+m_2+\cdots+m_k}}{m_1!\ m_2!\ \cdots m_k!}=\frac{x^r}{r!}\cdot\frac{r!}{m_1!\ m_2!\ \cdots m_k!},$$

因此
$$t_r=\frac{r!}{m_1!\ m_2!\ \cdots m_k!},$$

其中求和是对满足上述不定方程的所有非负整数解来求的。一个非负整数解对应了 S 的一个子多重集 $\{m_1\cdot a_1,m_2\cdot a_2,\cdots,m_k\cdot a_k\}$，即 S 的一个 r-组合，而该组合的全排列数是

$$\frac{r!}{m_1!\ m_2!\ \cdots m_k!},$$

因此 t_r 代表了 S 的所有 r-排列数。

例题 10.15　由 1,2,3 构成的 5 位数中,要求数字 1 至少出现 1 次且至多出现 3 次、数字 2 出现不超过 2 次、数字 3 出现偶数次。求满足上述条件的 5 位数的个数 N。

解　根据题意,设满足题目条件的 r 位数的个数为 a_r,其指数生成函数为

$$G_e(x)=\left(x+\frac{x^2}{2!}+\frac{x^3}{3!}\right)\left(1+x+\frac{x^2}{2!}\right)\left(1+\frac{x^2}{2!}+\frac{x^4}{4!}\right)$$

$$=x+3\cdot\frac{x^2}{2!}+10\cdot\frac{x^3}{3!}+28\cdot\frac{x^4}{4!}+85\cdot\frac{x^5}{5!}+\cdots$$

因此 $N=a_5=85$。

习题 10.3

10.4　递推关系

本节将介绍求解计数问题的另一种方法——递推关系法,并介绍 3 种求解递推方程的常用方法。

10.4.1　递推方程的建立及实例

例题 10.16　Hanoi 塔问题

在图 10-4 中,有 A,B,C 三个柱子,在 A 柱上放着 n 个圆盘(图中 $n=6$),其中小圆盘放在大圆盘的上面,需要将这些圆盘从 A 柱移到 C 柱上。若将一个圆盘从一个柱子移到另一个柱子称为一次移动,在移动和放置时允许使用 B 柱,但不能将大圆盘放于小圆盘上面。试问把所有的 n 个圆盘从 A 柱移到 C 柱,一共需要移动多少次?

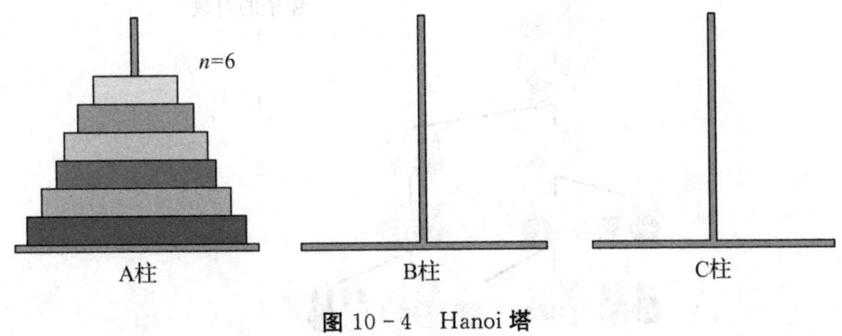

图 10-4　Hanoi 塔

解　设将 n 个圆盘从 A 柱移到 C 柱的移动次数为 a_n。根据题设要求,可将其分为以下三步:

第一步：将 A 柱上方从小到大的前 $n-1$ 个圆盘移动到 B 柱上，则需要移动 a_{n-1} 次。

第二步：将 A 柱最下方的最大的 1 个圆盘移动到 C 柱上，则需要移动 1 次。

第三步：将 B 柱上的 $n-1$ 个圆盘移到 C 柱上，需要移动 a_{n-1} 次。

因此得到以下关系式：$a_n=2a_{n-1}+1, n\geqslant 1$，且 $a_0=0$。

这一关系式体现了 a_n 与 $a_i(i<n)$ 之间的某种联系，称为 Hanoi 移动次数的递推方程。后面将通过求解此递推方程得到 $a_n=2^n-1$。

定义 10.9 递推方程

设序列 $\{a_n\}$，$n=0,1,2,\cdots$，将 a_n 与某些 $a_i(i<n)$ 联系起来的等式称为关于序列 $\{a_n\}$ 的**递推方程**。

例题 10.17 Fibonacci 数列

意大利数学家 Fibonacci 在其著作《算盘书》中提出兔子繁殖问题：若一对兔子每一个月可以生一对小兔子，则从刚出生的一对小兔算起，请问满一年总共有多少对兔子？（注：小兔出生后第二个月就能生育）

解 设第 n 个月一共有 f_n 对兔子，则根据兔子的繁殖规律（图 10-5），易得该序列的前几项为 1，1，2，3，5，8，13，21，…，并且当 $n\geqslant 2$ 时，必有

$$f_n=f_{n-1}+f_{n-2}\text{，其中 } f_0=f_1=1,$$

称序列 $\{f_n\}$ 为 Fibonacci 数列，上述等式即为 Fibonacci 数列的递推方程，后面将证明该方程的解是

$$f_n=\frac{1}{\sqrt{5}}\left(\frac{1+\sqrt{5}}{2}\right)^{n+1}-\frac{1}{\sqrt{5}}\left(\frac{1-\sqrt{5}}{2}\right)^{n+1}。$$

Fibonacci 数列与许多计数问题相关。考虑一个串的计数问题，有 n 位长的二进制串，若要求其中没有两个连续的 0，则求这样的串的个数 c_n。考虑满足上述条件的 n 位二进制串：如果它的最后一位是 1，那么它的前 $n-1$ 位也构成满足上述要求的串，这样的串有 c_{n-1} 个；如果它的最后一位是 0，那么它的第 $n-1$ 位只能是 1，剩下的 $n-2$ 位构成满足上述要求的串，这样的串有 c_{n-2} 个。由加法规则得到，$c_n=c_{n-1}+c_{n-2}$，其中初值 $c_0=1$（空串），$c_1=2$（串 0 和 1）。

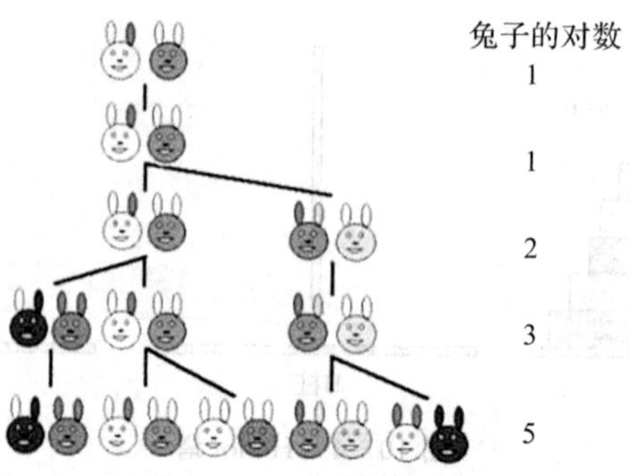

图 10-5 兔子繁殖问题

易知，$c_n=f_{n+1}$，两个序列满足的递推式相同，序列的项之间的依赖关系相同，但由于初

值不同,项不相等。而这一递推方程虽然用前面的项给出了第 n 项 c_n 的表达式,但没有给出 c_n 的值,由此无法得到随着 n 的增长,c_n 的取值究竟有多大。但当通过求解递推方程得到 $c_n=f_{n+1}$ 是指数函数时,就清楚地了解到任何枚举上述 n 位二进制串的算法对于比较大的 n 来说都是不可能实现的。接下来讨论递推方程的几种主要求解方法。

10.4.2　递推关系的解法及实例

1. 递推关系的解法一:特征根法

常系数线性递推方程是一类常用的递推方程,前面关于 Hanoi 塔和 Fibonacci 数列的递推方程都是常系数线性的递推方程,可以使用特征根法求解。首先给出定义。

定义 10.10 k 阶常系数线性递推方程

设递推方程满足

$$\begin{cases}F(n)-a_1F(n-1)-a_2F(n-2)-\cdots-a_kF(n-k)=t(n),\\F(0)=b_0,F(1)=b_1,F(2)=b_2,\cdots,F(k-1)=b_{k-1},\end{cases}$$

其中 $a_1,a_2,\cdots,a_k$ 为常数且 $a_k\neq0$,称此方程为 k 阶常系数线性递推方程,$b_0,b_1,\cdots,b_{k-1}$ 为 k 个初值。当 $t(n)=0$ 时,称此递推方程为齐次方程。

例如,Fibonacci 数列的递推关系是当 $n\geqslant2$ 时,$f_n=f_{n-1}+f_{n-2}$,其中 $f_0=f_1=1$. 这是一个二阶常系数齐次线性递推方程,而 Hanoi 塔问题的递推方程不是齐次的。

为说明常系数线性递推方程的解的结构,需要在齐次线性方程中引入特征根的概念。

定义 10.11 常系数齐次线性递推方程的特征方程与特征根

给定 k 阶常系数齐次线性递推方程如下:

$$\begin{cases}F(n)-a_1F(n-1)-a_2F(n-2)-\cdots-a_kF(n-k)=0,\\F(0)=b_0,F(1)=b_1,F(2)=b_2,\cdots,F(k-1)=b_{k-1},\end{cases}$$

将方程 $x^k-a_1x^{k-1}-\cdots-a_k=0$ 称为上述递推方程的**特征方程**,将其根称为递推方程的**特征根**。

以下定理说明了递推方程与其特征根之间的关系。

定理 10.19 k 阶常系数齐次线性递推方程与其特征根之间的关系

设 q 是非零复数,则 q^n 是上述 k 阶常系数齐次线性递推方程的解,当且仅当 q 是其特征根。

证明　因为 q^n 是上述 k 阶常系数齐次递推方程的解,所以

$$q^n-a_1q^{n-1}-a_2q^{n-2}-\cdots-a_kq^{n-k}=0,$$

提取公因子 q^{n-k} 得到

$$q^{n-k}(q^k-a_1q^{k-1}-a_2q^{k-2}-\cdots-a_k)=0。$$

又因为 q 是非零复数,所以

$$q^k-a_1q^{k-1}-a_2q^{k-2}-\cdots-a_k=0,$$

从而,q 是特征方程 $x^k-a_1x^{k-1}-\cdots-a_k=0$ 的根,即 q 是特征根。

定理 10.20 k 阶常系数齐次线性递推方程的解的性质

设 $f_1(n)$ 和 $f_2(n)$ 是上述 k 阶常系数齐次线性递推方程的两个解，c_1,c_2 为任意常数，则 $c_1f_1(n)+c_2f_2(n)$ 也是这个递推方程的解。

根据定理 10.19 和定理 10.20，对 k 进行归纳，进一步可得以下推论：

推论 若 $q_1,q_2,\cdots,q_k$ 是常系数齐次线性递推方程的特征根，则

$$c_1q_1^n+c_2q_2^n+\cdots+c_kq_k^n$$

是该递推方程的解，其中 $c_1,c_2,\cdots,c_k$ 是任意常数。

接下来考虑常系数齐次线性递推方程除了上述形式的解以外，是否存在其他形式的解？首先介绍通解的概念。

定义 10.12 常系数齐次线性递推方程的通解

若常系数齐次线性递推方程的每一个解 $f(n)$ 都存在一组常数 $c_1',c_2',\cdots,c_k'$，使得 $f(n)=c_1'q_1^n+c_2'q_2^n+\cdots+c_k'q_k^n$ 成立，则称 $c_1'q_1^n+c_2'q_2^n+\cdots+c_k'q_k^n$ 为该递推方程的通解。

定理 10.21 设 $q_1,q_2,\cdots,q_k$ 是常系数齐次线性递推方程的 k 个互不相等的特征根，则

$$F(n)=c_1\,q_1^n+c_2\,q_2^n+\cdots+c_k\,q_k^n$$

是该递推方程的通解，其中，$c_1,c_2,\cdots,c_k$ 为一组常数。

证明 根据前面的推论可知，$F(n)$ 是常系数线性齐次递推方程的解，下面证明它是通解。根据常系数线性齐次递推方程的定义可知，$F(0),F(1),F(2),\cdots,F(k-1)$ 由初值 b_0，$b_1,b_2,\cdots,b_{k-1}$ 唯一确定。将初值代入得到以下线性方程组：

$$\begin{cases}c_1+c_2+\cdots+c_k=b_0,\\ c_1q_1+c_2q_2+\cdots+c_kq_k=b_1,\\ \quad\cdots\\ c_1q_1^{k-1}+c_2q_2^{k-1}+\cdots+c_kq_k^{k-1}=b_{k-1},\end{cases}$$

此方程组的系数行列式为范德蒙行列式，即

$$\prod_{1\leqslant i<j\leqslant k}(q_i-q_j)。$$

又因为 $q_1,q_2,\cdots,q_k$ 互不相等，所以此系数行列式不等于零，上述方程组有唯一解 c_1'，$c_2',\cdots,c_k'$，即 $F(n)=c_1'q_1^n+c_2'q_2^n+\cdots+c_k'q_k^n$，从而证明了 $F(n)$ 递推方程的通解。

例题 10.18 求解 Fibonacci 数列的递推方程。

解 Fibonacci 数列的递推方程是 $f_n-f_{n-1}-f_{n-2}=0$，初值 $f_0=1,f_1=1$，是常系数齐次线性递推方程，其特征方程和两个不等的特征根为

$$x^2-x-1=0,q_1=\frac{1+\sqrt{5}}{2},q_2=\frac{1-\sqrt{5}}{2}。$$

因此递推方程的通解为

$$f_n=c_1\left(\frac{1+\sqrt{5}}{2}\right)^n+c_2\left(\frac{1-\sqrt{5}}{2}\right)^n,$$

其中，c_1,c_2 为待定常数。根据初值 $f_0=1,f_1=1$，有

$$\begin{cases} c_1+c_2=1, \\ c_1\left(\dfrac{1+\sqrt{5}}{2}\right)+c_2\left(\dfrac{1-\sqrt{5}}{2}\right)=1, \end{cases}$$

解得

$$c_1=\frac{1}{\sqrt{5}}\times\frac{1+\sqrt{5}}{2},c_2=-\frac{1}{\sqrt{5}}\times\frac{1-\sqrt{5}}{2},$$

从而得到递推方程的解为

$$f_n=\frac{1}{\sqrt{5}}\left(\frac{1+\sqrt{5}}{2}\right)^{n+1}-\frac{1}{\sqrt{5}}\left(\frac{1-\sqrt{5}}{2}\right)^{n+1},n=0,1,2,\cdots。$$

上述方法是针对 k 阶常系数齐次线性递推方程中 k 个特征根互不相等的情况，但当 q_1，q_2，…，q_k 中存在重根时，上述方法就不适用了，$c_1q_1^n+c_2q_2^n+\cdots+c_kq_k^n$ 就不再是该递推关系的通解。这是因为把 k 个初值代入以后得到的方程组中有 k 个方程，但是至多有 $k-1$ 个未知数，而这样的方程组可能无解。从而说明只有在 $q_1,q_2,\cdots,q_k$ 都互不相等时才能得到递推关系的通解。

例题 10.19　求解常系数齐次递推方程

$$\begin{cases} f_n=4f_{n-1}-4f_{n-2},n\geqslant 2, \\ f_0=1,f_1=3。 \end{cases}$$

解　此递推方程的特征方程及特征根为

$$x^2-4x-4=0,q_1=q_2=2。$$

易知 2^n 是该递推方程的解。不妨将 $n2^n$ 代入原递推关系，得到

$$\begin{aligned} & n2^n-4(n-1)2^{n-1}+4(n-2)2^{n-2} \\ &=n2^n-(n-1)2^{n+1}+(n-2)2^n \\ &=2^n[n-2(n-1)+(n-2)] \\ &=0。 \end{aligned}$$

这说明 $n2^n$ 也是该递推方程的解，而它与 2^n 是线性无关的，所以原递推方程的通解是

$$f_n=c_12^n+c_2n2^n。$$

例题 10.19 给出了一种出现特征方程的特征根有重根时求解递推方程通解的一种方法。更一般地，设递推方程为

$$F(n)-a_1F(n-1)-a_2F(n-2)-\cdots-a_kF(n-k)=0,n\geqslant k,a_k\neq 0,$$

记其特征方程为

$$P(x)=x^k-a_1x^{k-1}-a_2x^{k-2}-\cdots-a_k=0。$$

令

$$P_n(x)=x^{n-k}\cdot P(x)=x^n-a_1x^{n-1}-a_2x^{n-2}-\cdots-a_kx^{n-k},$$

则两边对 x 求导，得到

$$P_n'(x)=nx^{n-1}-a_1(n-1)x^{n-2}-a_2(n-2)x^{n-3}-\cdots-a_k(n-k)x^{n-k-1},$$

$$xP_n'(x)=nx^n-a_1(n-1)x^{n-1}-a_2(n-2)x^{n-2}-\cdots-a_k(n-k)x^{n-k}。$$

若 $x=q$ 是 $P(x)$ 的二重根，则 $x=q$ 也是 $P_n(x)$ 的二重根，同时也是 $P'_n(x)$ 的一个根，则 $x=q$ 是 $xP'_n(x)$ 的根。将 $x=q$ 代入 $xP'_n(x)$，得到

$$qP'_n(q)=nq^n-a_1(n-1)q^{n-1}-a_2(n-2)q^{n-2}-\cdots-a_k(n-k)q^{n-k}=0,$$

说明 nq^n 恰好能够满足原递推方程，是递推方程的解。

类似地可以证明，若 $x=q$ 是 $P(x)$ 的三重根，则它也是 $xP'_n(x)$ 的二重根，即 $x=q$ 是 $xP'_n(x)$ 的根，也是 $x[xP'_n(x)]'$ 的根，既而得到 nq^n 和 n^2q^n 均为原递推方程的根。

通过以上分析，可以得到以下定理。

定理 10.22 设 $q_1,q_2,\cdots,q_t$ 是递推方程

$$F(n)-a_1F(n-1)-a_2F(n-2)-\cdots-a_kF(n-k)=0(n\geqslant k,a_k\neq 0)$$

的不相等的特征根，则该递推方程的通解中对应于 $q_i(i=1,2,\cdots,t)$ 的部分是

$$F_i(n)=c_1q_i^n+c_2nq_i^n+c_3n^2q_i^n+\cdots+c_{e_i}n^{e_i-1}q_i^n,$$

其中 e_i 是 q_i 的重数，且 $F(n)=F_1(n)+F_2(n)+\cdots+F_t(n)$ 是该递推关系的通解。

由上述定理易知 $F(n)$ 是原递推方程的解，但要证明它是通解，还需要考察代入初值以后所得的方程组的系数矩阵的行列式是否为 0. 这一证明比较复杂，仅需要了解此结论即可。

例题 10.20 求递推方程

$$\begin{cases}F(n)+F(n-1)-3F(n-2)-5F(n-3)-2F(n-4)=0,n\geqslant 4,\\F(0)=1,F(1)=0,F(2)=1,F(3)=2。\end{cases}$$

解 该递推方程的特征方程和特征根分别是

$$x^4+x^3-3x^2-5x-2=0,$$

$$q_1=q_2=q_3=-1,q_4=2。$$

根据上述定理可知，对应于三重根 $q_1=q_2=q_3=-1$ 的解是

$$F_1(n)=c_1(-1)^n+c_2n(-1)^n+c_3n^2(-1)^n,$$

对应于 $q_4=2$ 的解是

$$F_2(n)=c_42^n。$$

递推关系的通解为

$$F(n)=F_1(n)+F_2(n)=c_1(-1)^n+c_2n(-1)^n+c_3n^2(-1)^n+c_42^n。$$

代入初值得到如下方程组

$$\begin{cases}c_1+c_4=1,\\-c_1-c_2-c_3+2c_4=0,\\c_1+2c_2+4c_3+4c_4=1,\\-c_1-3c_2-9c_3+8c_4=2,\end{cases}$$

求解此方程组得到

$$c_1=\frac{7}{9},c_2=-\frac{1}{3},c_3=0,c_4=\frac{2}{9},$$

所以原递推关系的通解是

$$F(n)=\frac{7}{9}(-1)^n-\frac{1}{3}n(-1)^n+\frac{2}{9}2^n。$$

下面考虑常系数非齐次线性递推方程的求解，其一般形式如下：

$$F(n)-a_1F(n-1)-a_2F(n-2)-\cdots-a_kF(n-k)=t(n),$$

其中 $n\geqslant k, a_k\neq 0, t(n)\neq 0$。

其通解是齐次的通解与特解之和，即 $F(n)=F_0(n)+F^*(n)$，其中 $F_0(n)$ 是该递推关系对应的齐次递推关系 $F(n)-a_1F(n-1)-a_2F(n-2)-\cdots-a_kF(n-k)=0$ 的通解，$F^*(n)$ 是该递推关系的特解。实际上，将 $F(n)$ 代入上述非齐次递推方程的左边，可得

$$\begin{aligned}&[F_0(n)+F^*(n)]-a_1[F_0(n-1)+F^*(n-1)]-\cdots-a_k[F_0(n-k)+F^*(n-k)]\\&=[F_0(n)-a_1F_0(n-1)-\cdots-a_kF_0(n-k)]+[F^*(n)-a_1F^*(n-1)-\cdots-a_kF^*(n-k)]\\&=0+t(n)\\&=t(n)。\end{aligned}$$

接下来讨论特解 $F^*(n)$ 的求解方法。对于一般的 $t(n)$，没有特别普遍的方法，只能在某些简单的情况下利用待定系数法求出 $F^*(n)$。一般来说，当 $t(n)$ 是 n 的 m 次多项式时，对应的特解形式为 $F^*(n)=d_1n^m+d_2n^{m-1}+\cdots+d_mn+d_{m+1}$，其中 $d_1,d_2,\cdots,d_{m+1}$ 为待定系数。

例题 10.21　求解递推方程 $F(n)-F(n-1)=7n$ 的特解。

分析　假如设 $F^*(n)=d_1n+d_2$ 并将其代入原递推关系后，得到

$$(d_1n+d_2)-[d_1(n-1)+d_2]=7n,$$

只能得到 $d_1=7n$，无法求解系数 d_1,d_2. 这是因为当原递推方程的特征根是 1 时，若设特解中的 n 的最高幂次与 $t(n)=7n$ 的幂次相同，在代入原递推方程后，等式左侧的 n 的最高幂次就会被消去，从而等式左侧的多项式比右侧的幂次低。为解决这一问题，要将特解中的 n 的幂次提高，并且可以不设常数项，具体解法如下：

解　设 $F^*(n)=d_1n^2+d_2n$，代入原递推方程中得到

$$(d_1n^2+d_2n)-[d_1(n-1)^2+d_2(n-1)]=7n,$$

即 $2d_1n+d_2-d_1=7n$，从而 $d_1=d_2=\frac{7}{2}$。因此特解为

$$F^*(n)=\frac{7}{2}n(n+1)。$$

例题 10.22　求解 Hanoi 塔问题的递推方程

$$\begin{cases}h(n)=2h(n-1)+1,\\h(0)=0\end{cases}$$

的特解。

解　首先，其对应的齐次递推方程为 $h(n)-2h(n-1)=0$，特征方程是 $x-2=0$，则齐次解为 2^n。设其特解为 d，代入原递推方程，有 $d-2d=1$，即 $d=-1$。因此递推关系的通解为 $h(n)=c\cdot 2^n-1$。

其次，代入初值 $h(0)=c\cdot 2^0-1=0$，解得 $c=1$。故

$$h(n)=2^n-1, n\geqslant 0。$$

对于一部分非线性递推关系，可以通过变换将其转化为常系数线性递推关系，如例题 10.23 所示。

例题 10.23 求解递推方程

$$\begin{cases} h^2(n)-2h^2(n-1)=1, h(n)>0, \\ h(0)=2。\end{cases}$$

解 令 $g(n)=h^2(n)$，则原递推方程转换为

$$\begin{cases} g(n)-2g(n-1)=1, \\ g(0)=h^2(0)=4, \end{cases}$$

解这一关于 $g(n)$ 的递推方程可得

$$g(n)=5\cdot 2^n-1,$$

从而得到

$$h(n)=\sqrt{5\cdot 2^n-1}。$$

2. 递推关系的解法二：迭代归纳法

针对某些非线性递推方程，不存在类似齐次递推关系的特征根法，可以用迭代归纳法进行求解。所谓迭代就是从原始递推方程开始，利用方程所表达的数列中后项对前项的依赖关系，将表达式中的后项用相等的前项的表达式不断逐层代入，直到表达式中没有函数项为止。这时等式右边可能是一系列迭代后的项的和，将这些项求和并对该结果进行化简。为了保证这一结果的正确性，往往还需要代入原始递推方程中进行验证。

例题 10.24 求解 Hanoi 塔问题的递推方程

$$\begin{cases} h(n)=2h(n-1)+1, n\geqslant 1, \\ h(0)=0。\end{cases}$$

解 上述递推关系是常系数非齐次线性递推关系，可以利用迭代和归纳的方法求解。

$$\begin{aligned} h(n)&=2h(n-1)+1 \\ &=2[2h(n-2)+1]+1 \\ &=2^2h(n-2)+(2+1) \\ &=2^2[2h(n-3)+1]+2+1 \\ &=2^3h(n-3)+(2^2+2+1) \\ &\quad\cdots \\ &=2^nh(0)+(2^{n-1}+\cdots+2^2+2+1) \\ &=2^{n-1}+\cdots+2^2+2+1 \\ &=2^n-1, n\geqslant 1。\end{aligned}$$

迭代上述结果，通过归纳法加以证明。

显然当 $n=1$ 时，上述等式成立；假设当 $n=k$ 时，等式也成立，即 $h(k)=2^k-1$；则当 $n=k+1$ 时，$h(k+1)=2h(k)+1=2\cdot(2^k-1)+1=2^{k+1}-1$。故由归纳法可知，Hanoi 塔问题中的 n 个盘子从 A 柱移动到 C 柱需要移动 2^n-1 次。

例题 10.25 求解递推方程

$$\begin{cases} w(n)=2w\left(\dfrac{n}{2}\right)+n-1, n=2^k, \\ w(1)=0。\end{cases}$$

分析　在上述递推关系中，函数项是 $w(n)$。通过一次迭代，$w(n)$ 被 $w\left(\frac{n}{2}\right)$ 替换，重复这一过程，则 $w\left(\frac{n}{2}\right)$ 被 $w\left(\frac{n}{4}\right)$ 替换，$w\left(\frac{n}{4}\right)$ 被 $w\left(\frac{n}{8}\right)$ 替换，……，直到右边的函数项只有 $w(1)$ 为止。

解

$$\begin{aligned}
w(n) &= 2w\left(\frac{n}{2}\right)+n-1 \\
&= 2w(2^{k-1})+2^k-1 \\
&= 2[2w(2^{k-2})+2^{k-1}-1]+2^k-1 \\
&= 2^2w(2^{k-2})+2^k-2+2^k-1 \\
&= 2^2[2w(2^{k-3})+2^{k-2}-1]+2^k-2+2^k-1 \\
&= 2^3w(2^{k-3})+2^k-2^2+2^k-2+2^k-1 \\
&\cdots \\
&= 2^kw(2^0)+k2^k-(2^{k-1}+2^{k-2}+\cdots+2+1) \\
&= 2^kw(1)+k2^k-(2^k-1) \\
&= k2^k-2^k+1 \\
&= n\log_2 n-n+1。
\end{aligned}$$

对结果进行验证，利用数学归纳法：

当 $n=1$ 时，$w(1)=1\cdot\log_2 1-1+1=0$，符合初始条件；假设对 $2\leqslant t\leqslant n-1$，

$$w(t)=t\log_2 t-t+1$$

均成立。考虑 $w(n)$，

$$\begin{aligned}
w(n) &= 2w(2^{k-1})+2^k-1 \\
&= 2[2^{k-1}\log_2(2^{k-1})-2^{k-1}+1]+2^k-1 \\
&= 2^k(k-1)-2^k+2+2^k-1 \\
&= k2^k-2^k+1 \\
&= n\log_2 n-n+1,
\end{aligned}$$

因为 $n=2^k$，即说明迭代得到的解符合原递推方程。

3. 递推关系的解法三：生成函数法

利用生成函数也可以求解递推关系。

例题 10.26　求解递推关系

$$\begin{cases} a_n-5a_{n-1}+6a_{n-2}=0, \\ a_0=1, a_1=-2。\end{cases}$$

解　设数列 $\{a_n\}$ 的生成函数为

$$A(x)=a_0+a_1x+a_2x^2+\cdots,$$

由此可得

$$\begin{aligned}
-5x\cdot A(x) &= -5a_0x-5a_1x^2-5a_2x^3-\cdots, \\
6x^2\cdot A(x) &= 6a_0x^2+6a_1x^3+6a_2x^4+\cdots。
\end{aligned}$$

将以上三个式子相加，由 $a_n-5a_{n-1}+6a_{n-2}=0$，得到

$$(1-5x+6x^2)\cdot A(x)=a_0+(a_1-5a_0)x,$$

代入初值 $a_0=1,a_1=-2$，得

$$A(x)=\frac{1-7x}{1-5x+6x^2}。$$

由部分分式法得到

$$A(x)=\frac{1-7x}{1-5x+6x^2}=\frac{5}{1-2x}-\frac{4}{1-3x}=5\sum_{n=0}^{+\infty}2^n x^n-4\sum_{n=0}^{+\infty}3^n x^n,$$

故 $a_n=5\cdot 2^n-4\cdot 3^n,n\geqslant 0$。

例题 10.27 利用生成函数的方法求解例题 10.8 数据结构中的栈的输出的计数问题：考虑字符序列 1,2,3,…,n。当某个字符 X 入栈时，在 X 前面记录一个左括号“(”，当 X 出栈时，在 X 后面记录一个右括号“)”。在两个括号之间，除了 X 以外的其他字符就是在 X 之后入栈并且在 X 之前出栈的字符。如“(1(2(3))(4))”表示的入栈出栈过程是：

1 入栈、2 入栈、3 入栈、3 出栈、2 出栈、4 入栈、4 出栈、1 出栈。

按照上述对应规则，栈的任何一种输出都对应了 n 个字符的入栈、出栈的一种操作序列，而这一序列又与 n 对括号的合理配对的方法一一对应。不仅如此，由于在 n 次入栈、出栈的操作序列中，从开始到中间任何位置，入栈的次数不能少于出栈次数，所以在括号配对的序列中从左起到序列任何位置，左括号的数量都不能少于右括号的数量。

设 n 对括号的配对方法数为 $t(n)$。设在第一个左括号和与其配对的右括号之间有 k 对其他括号，它们的右边有 $n-1-k$ 对括号，$k=0,1,2,\cdots,n-1$。因此得到递推方程

$$\begin{cases}t(n)=\displaystyle\sum_{k=0}^{n-1}t(k)t(n-1-k),\\ t(0)=1。\end{cases}$$

设序列 $\{t(n)\}$ 的生成函数为 $T(x)=\sum_{n=0}^{+\infty}t(n)x^n$，从而

$$\begin{aligned}T^2(x)&=\Big[\sum_{i=0}^{+\infty}t(i)x^i\Big]\Big[\sum_{j=0}^{+\infty}t(j)x^j\Big]\\&=\sum_{n=1}^{+\infty}\Big[\sum_{k=0}^{n-1}t(i)t(n-1-i)\Big]x^{n-1}\\&=\sum_{n=1}^{+\infty}t(n)x^{n-1}\\&=\frac{T(x)-1}{x},\end{aligned}$$

这是关于 $T(x)$ 的一个一元二次方程 $xT^2(x)=T(x)-1$。进而

$$2xT(x)=1\pm\sqrt{1-4x}。$$

由于 $x\to 0$ 时，上式左边趋于 0，因而此根为

$$T(x)=\frac{1-\sqrt{1-4x}}{2x},$$

将其展开为幂级数，得到

$$T(x)=\sum_{n=0}^{+\infty}\frac{1}{n+1}\binom{2n}{n}x^n,$$

最终得到不同输出结果的计数为 $T(x)$ 的系数，即 $t(n)=\frac{1}{n+1}\binom{2n}{n}$，$t(n)$ 为卡特兰序列（又称明图安序列）。

综合上述解题过程，总结生成函数求解序列 $\{a_n\}$ 递推方程的主要步骤：

第 1 步：设定序列 $\{a_n\}$ 的生成函数 $G(x)$。

第 2 步：利用递推方程导出一个关于 $G(x)$ 的方程，可能是关于 $G(x)$ 的一次方程、二次方程，也可能是方程组、微分方程等不同形式。

第 3 步：求解上述方程或方程组得到 $G(x)$ 的函数表达式，注意利用 a_n 的特殊取值等限制条件得到 $G(x)$ 的唯一函数表达式。

第 4 步：将 $G(x)$ 展开为幂级数，得到其 x^n 项的系数即为 a_n。

习题 10.4

10.5　递推关系在动态规划算法中的应用

10.5.1　递归和递推——利用算法求解 Fibonacci 数列

已知 Fibonacci 数列的递推方程为

$$f_n=f_{n-1}+f_{n-2}，其中\ f_0=f_1=1。$$

求解 Fibonacci 数列可以利用两种不同的算法——递归和递推。

例如，求 f_7 有自顶向下和自底向上两种不同的方法。

递归算法的伪码如下：

```
F(n)
if n=0 or n=1 then
    return 1
else
    return F(n−1)+F(n−2)
```

递推算法的伪码如下：

```
F(n)
F[0]=F[1]←1
```

```
for    i←2 to n do
F[i]←F[i-1]+F[i-2]
    return F(n)
```

易见,递归算法是一种自顶向下的算法,而递推算法是一种自底向上的算法。比较这两种求解算法的效率,不难发现,递归算法的效率远比递推算法的效率低。

若采用递归算法求解,则过程中有大量的重复计算。例如,求 f_7 时,f_2 需要重复计算 8 次,f_3 需要重复计算 5 次,这样势必会造成算法效率低下,为了提高算法效率,需要解决重复计算这一问题。

一个简单的方法就是采用自底向上的计算过程,并把每次计算的结果都保存下来。这就是递推算法的思路,可以节约大量无用的递归调用。

利用递推算法的效率优势,可以将递推算法应用于满足一定性质的动态规划问题的求解。

10.5.2 动态规划算法的基本思想

很多优化问题可分为多个子问题,子问题相互关联,子问题的解被重复使用。在这种情况下可考虑采用动态规划(dynamic programming)策略求解。

动态规划策略是由理查德·贝尔曼(Richard E. Bellman)于 1957 年提出的。同年,贝尔曼和莱斯特·福特(Lester Ford Jr.)一起设计了求图中最短路径的 Bellman - Ford 算法。该算法克服了 Dijkstra 最短路径算法的缺陷,能够求解负权图的最短路径问题。动态规划本质上是一种分而治之的策略,在许多优化问题中得到了广泛的应用,如矩阵链乘问题、0 - 1 背包问题、最长公共子序列问题、最优二叉搜索树(Optimal Binary Search Tree,OBST)问题等。

接下来,介绍矩阵链乘问题。

设矩阵:$\boldsymbol{U}_{p\times q}$ 和 $\boldsymbol{V}_{q\times r}$,易知,其乘法运算的事件复杂度为 pqr,也称之为标量乘法次数。

对于 3 个矩阵的乘法运算,设 3 个矩阵分别为 $\boldsymbol{U}_{p\times q}$,$\boldsymbol{V}_{q\times r}$,$\boldsymbol{W}_{r\times s}$。由于矩阵乘法运算满足结合律,即 $(\boldsymbol{UV})\boldsymbol{W}=\boldsymbol{U}(\boldsymbol{VW})$,从而产生了一个问题:两种计算顺序的效率是否相同?若不同,则哪种方式效率更高?

例如,设矩阵维度数分别为 $p=40$,$q=8$,$r=30$,$s=5$。易见,

按 $(\boldsymbol{UV})\boldsymbol{W}$ 计算,标量乘法次数:$pqr+prs=15600$,

按 $\boldsymbol{U}(\boldsymbol{VW})$ 计算,标量乘法次数:$qrs+pqs=2800$,

其效率差异显著。

问题描述:设有 n 个矩阵组成的矩阵链 $\boldsymbol{U}_{1..n}=\langle \boldsymbol{U}_1,\boldsymbol{U}_2,\cdots,\boldsymbol{U}_n\rangle$,矩阵链 $\boldsymbol{U}_{1..n}$ 对应的维度数分别为 p_0, p_1, $\cdots$, p_n,其中 $\boldsymbol{U}_i$ 的维度为 $p_{i-1}\times p_i(i=1,2,\cdots,n)$。$n$ 个矩阵相乘也称为矩阵链乘法。

要求找到一种加括号的方式,以确定矩阵链乘法的计算顺序,使得矩阵链标量乘法的次数最小化。

例如，给定矩阵链 $\boldsymbol{U}_{1..4}=\langle \boldsymbol{U}_1,\boldsymbol{U}_2,\boldsymbol{U}_3,\boldsymbol{U}_4\rangle$，有如图 10－6 所示的加括号方式：

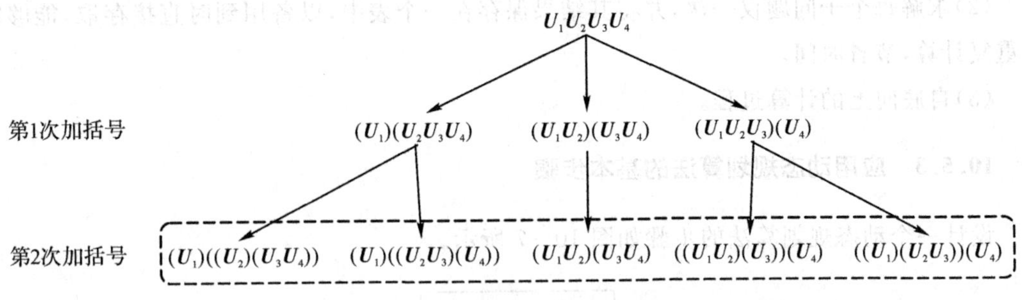

图 10－6　标量乘法次数的加括号方式

令 $D[i,j]$ 表示计算矩阵链 $\boldsymbol{U}_{i..j}$ 所需标量乘法的最小次数。$D[1,n]$ 就是计算矩阵链 $U_{1..n}$ 所需标量乘法的最小次数。

可以将计算矩阵链 $\boldsymbol{U}_{i..j}$ 划分成两个子问题：

$$\boldsymbol{U}_{i..j}=\boldsymbol{U}_i\cdots\boldsymbol{U}_k\boldsymbol{U}_{k+1}\cdots\boldsymbol{U}_j\ (i\leqslant k<j),$$

因此，$D[i,j]=D[i,k]+D[k+1,j]+p_{i-1}p_kp_j$。

枚举所有 k，得到递推式 $D[i,j]=\min\limits_{i\leqslant k<j}D[i,k]+D[k+1,j]+p_{i-1}p_kp_j$。

按照自底向上的计算顺序，即可得到 $D[1,n]$。

上述求解过程体现了动态规划的求解最优问题的策略。

动态规划算法通常用于求解具有某种最优性质的问题。在这类问题中，可能有许多可行解。每一个解都对应于一个值，目标是找到具有最优值的解。动态规划算法的基本思想也是将待求解问题分解成若干个子问题，先求解子问题，然后从这些子问题的解中得到原问题的解。

如果只是单纯进行问题分解，那么就会得到数目过多的子问题，有些子问题被重复计算多次。如果能够保存已得到的子问题的答案，在需要时直接找出该已求得的答案，那么就可以避免大量的重复计算。可以用一个表来记录所有已解得的子问题的答案。不论该子问题以后是否被用到，只要它被计算过，就将该结果填入表中。这就是动态规划算法的基本思路。

使用动态规划算法求解的问题必须具备如下性质：

(1)最优化原理。若问题的最优解包含的子问题的解也是最优的，则称该问题具有最优子结构，即满足最优化原理。最优子结构能够完成自底向上的求解过程，而表达这种最优子结构最合适的方式就是递推关系。

(2)无后效性。即某阶段状态一旦确定，就不受这个状态以后决策的影响。也就是说，某状态以后的过程不会影响以前的状态，只与当前状态有关。

(3)重叠子问题。即每次产生的子问题不总是新问题，有些子问题可能会反复出现多次。动态规划算法正是利用了该性质，以获得较高的运算效率。该性质并不是动态规划适用的必要条件，但是如果没有这条性质，那么动态规划算法同其他算法相比就不具备优势。

动态规划算法的特点包括：

(1)把原始问题划分成一系列子问题。

(2)求解每个子问题仅一次,并将其结果保存在一个表中,以备用到时直接存取,能够减少重复计算,节省时间。

(3)自底向上的计算过程。

10.5.3 应用动态规划算法的基本步骤

设计一个动态规划算法的步骤如图 10-7 所示。

图 10-7 动态规划算法的步骤

第 1 步,问题结构分析。给出问题表示,明确原始问题,分析优化解的结构。

第 2 步,递推关系建立。分析最优结构,构造递推公式,定义最优解的代价。

第 3 步,自底向上计算。自底向上计算优化解的代价并保存,获取构造最优解的信息。

第 4 步,最优方案追踪。记录决策过程并构造最优解,输出最优方案。

动态规则算法的关键步骤是按照问题结构建立递推关系。

接下来,介绍 0-1 背包问题。

例题 10.28 超市允许顾客使用一个体积大小为 13 的背包,选择一件或多件商品带走,商品的价格和体积情况见表 10-1。问:如何带走总价最多的商品?

表 10-1 商品的价格与体积信息

商品	价格	体积
啤酒	24	10
汽水	2	3
饼干	9	4
面包	10	5
牛奶	9	4

解　0－1 背包问题可一般性地描述为：设 n 个商品组成集合 O，每个商品均有体积和价格两个属性，分别用 v_i 和 p_i 表示，背包容量为 C。求解一个商品子集 $S\subseteq O$，令

$$\max\sum_{i\in S}p_i,\text{s.t.}\sum_{i\in S}v_i\leqslant C。$$

求解此问题有诸多策略，见表 10－2。

表 10－2　问题的求解策略

策略	商品列表	总体积	总价格	说明
策略 1	啤酒＋汽水	13	26	非最优解
策略 2	汽水＋牛奶＋饼干	11	20	非最优解
策略 3	啤酒＋汽水	13	26	非最优解

策略 1：按商品价格由高到低排序，优先挑选价格高的商品。

策略 2：按商品体积由小到大排序，优先挑选体积小的商品。

策略 3：按商品价值与体积的比由高到低排序，优先挑选比值高的商品。

可以看出，以上策略均未求得问题的最优解。

策略 4：动态规划策略。

设 $P[i,c]$ 表示在前 i 个商品中选择、背包容量为 c 时的最优解（最大总价格）。分析该问题的结构，易得问题的递推关系如下：

$$P[i,c]=\max\{P[i-1,c-v_i]+P[i],P[i-1,c]\}。$$

求得最优解（表 10－3）为：

表 10－3　动态规划最优解

策略	商品列表	总体积	总价格	说明
策略 1	啤酒＋汽水	13	26	非最优解
策略 2	汽水＋牛奶＋饼干	11	20	非最优解
策略 3	啤酒＋汽水	13	26	非最优解
策略 4	饼干＋面包＋牛奶	13	28	最优解

总之，动态规划算法是一种经典的优化算法和策略，尤其适合具有最优子结构和重叠子问题特点的优化问题的求解。

【本章小结】

第 1 章所介绍的容斥原理和本章介绍的鸽巢原理是组合计数的两个重要的计数原理。递归关系和生成函数是组合论中的两类重要工具。动态规划求解优化问题的策略本质上是一种基于递推关系的方法。

第 5 篇小组拓展研究

1. 双 Hanoi 塔问题：Hanoi 塔问题的一种推广，与 Hanoi 塔问题不同的是具有 $2n$ 个圆盘，分成大小不同的 n 对，每对圆盘完全相同。初始，这些圆盘按照从大到小的次序从下到上放在 A 柱上，最终要把它们全部移到 C 柱上(图 10－8)，移动的规则与 Hanoi 塔相同：

(1)设计一种移动的算法；

(2)计算此算法所需要的移动次数。

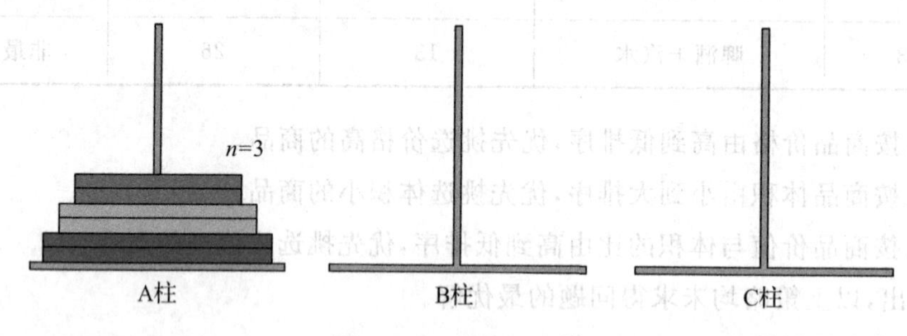

图 10－8　双 Hanoi 塔

2. 错排问题的推广：设 $N=\{1,2,\cdots,n\}$，从 N 中取 r 个进行排列，得 $a_1a_2\cdots a_r$，要求其中只有 k 个数满足 $a_i=i$。这样的错排的数量用 $D(n,r,k)$ 来表示。也就是说，其中 $r-k$ 个数是错排。例如当 $n=4$ 时，取长度为 $r=3$ 的全排列有 $P(4,3)=24$，其中：

(1)$D(4,3,0)=11$，即 231，312，214，241，412，314，341，431，234，342，432；

(2)$D(4,3,1)=9$，即 132，213，321，142，421，134，413，243，324；

(3)$D(4,3,2)=3$，即 124，143，423；

(4)$D(4,3,3)=1$，即 123。

试证：对于整数 n,r,k，若 $n\geqslant r\geqslant k$，则有

$$D(n,r,k)=\frac{\binom{r}{k}}{(n-r)!}\sum_{i=0}^{r-k}(-1)^i\binom{r-k}{i}(n-k-i)!。$$

第 5 篇算法设计及编程题

1. 针对矩阵链乘问题，写出其动态规划算法及程序。

2. 针对 0－1 背包问题，写出其动态规划算法及程序。

3. 写出最长子序列问题的动态规划算法及其程序。最长子序列问题定义如下：设有两个序列 $S_1[1..m]$ 和 $S_2[1..n]$，找出它们之间的一个最长公共子序列。公共子序列不一定必

须是连续的，即中间也可以被其他字符分开，但它们的顺序必须是一致的，例如，假设

S_1：I N T H E B E G I N N I N G，

S_2：A L L T H I N G S A R E L O S T，

则和的一个最长公共子序列为 THING。

4. 研究最优二叉搜索树问题的动态规划算法及其程序。最优二叉搜索树定义如下：

一棵二叉搜索树需要满足下列条件：

(1)每个顶点包含一个键值 k_i。

(2)每个顶点最多有两个孩子。

(3)对于任意的两个顶点 x 和 y，均满足下述搜索性质：若 y 在 x 的左子树里，则 $\mathrm{key}[y]\leqslant \mathrm{key}[x]$；若 y 在 x 的右子树里，则 $\mathrm{key}[y]\geqslant \mathrm{key}[x]$。

最优二叉搜索树就是整个搜索成本最低的二叉搜索树。具体来说就是给定键值序列 $K=\langle k_1,k_2,\cdots,k_n\rangle$，$k_1<k_2<\cdots<k_n$，其中键值 k_i 被搜索的概率为 p_i，求以这些键值构建的 1 棵二叉搜索树 T，使得搜索的期望成本最低。

对于键值 k_i，若它在构造的二叉搜索树 T 里的深度(离开树根的分支数)为 $\mathrm{depth}_T(k_i)$，则搜索该键值的成本为 $\mathrm{depth}_T(k_i)+1$(需要加上深度为 0 的树根)，故二叉搜索树 T 的期望搜索成本为：

$$E[T\text{ 的搜索成本}]=\sum_{i=1}^{n}(\mathrm{depth}_T(k_i)+1)p_i=\sum_{i=1}^{n}\mathrm{depth}_T(k_i)+\sum_{i=1}^{n}p_i。$$

若每次搜索都是针对二叉搜索树中存在的某个顶点，则所有顶点被搜索的概率之和为 1。上式可化简为

$$E[T\text{ 的搜索成本}]=\sum_{i=1}^{n}(\mathrm{depth}_T(k_i)+1)p_i=\sum_{i=1}^{n}\mathrm{depth}_T(k_i)+1。$$

参考文献

[1] 多西，奥托，思朋斯，等. 离散数学[M]. 章炯民，王新伟，曹立，译. 5版. 北京：机械工业出版社出版，2021.

[2] 约翰逊鲍夫. 离散数学[M]. 8版. 张文博，张丽静，徐尔，译. 北京：电子工业出版社，2020.

[3] 科尔曼，巴斯比，罗斯. 离散数学结构[M]. 罗平，译. 5版. 北京：高等教育出版社，2005.

[4] 罗森. 离散数学及其应用[M]. 徐六通，杨娟，吴斌，译. 8版. 北京：机械工业出版社，2019.

[5] 耿素云，屈婉玲，张立昂. 离散数学[M]. 6版. 北京：清华大学出版社，2021.

[6] 左孝凌. 离散数学[M]. 北京：经济科学出版社，2011.

[7] 邹恒明. 算法之道[M]. 北京：机械工业出版社，2010.

[8] 王桂平，王衍，任嘉辰. 图论算法理论、实现及应用[M]. 北京：北京大学出版社，2010.

[9] 卢开澄，卢华明. 组合数学[M]. 5版. 北京：清华大学出版社. 2016.

[10] 张瑞勋，邵秀丽，任明明. 离散数学[M]. 北京：机械工业出版社，2021.